Naturwissenschaftliche Bildung in der Migrationsgesellschaft

Tanja Tajmel

Naturwissenschaftliche Bildung in der Migrationsgesellschaft

Grundzüge einer Reflexiven
Physikdidaktik und
kritisch-sprachbewussten Praxis

 Springer VS

Tanja Tajmel
Berlin, Deutschland

Dissertation an der Mathematisch-Naturwissenschaftlichen Fakultät der Humboldt-Universität zu Berlin, 2016

ISBN 978-3-658-17122-3   ISBN 978-3-658-17123-0   (eBook)
DOI 10.1007/978-3-658-17123-0

Die Deutsche Nationalbibliothek verzeichnet diese Publikation in der Deutschen Nationalbibliografie; detaillierte bibliografische Daten sind im Internet über http://dnb.d-nb.de abrufbar.

Springer VS

Gedruckt auf säurefreiem und chlorfrei gebleichtem Papier

Springer VS ist Teil von Springer Nature
Die eingetragene Gesellschaft ist Springer Fachmedien Wiesbaden GmbH
Die Anschrift der Gesellschaft ist: Abraham-Lincoln-Str. 46, 65189 Wiesbaden, Germany

Vorwort

Der vorliegende Band versteht sich als ein Beitrag zur Frage der Bildung in einer Gesellschaft, die von Migration aufgrund unterschiedlichster Ursachen geprägt ist. Das Hauptinteresse gilt dabei der naturwissenschaftlichen Bildung und insbesondere dem Unterrichtsfach Physik. Aus drei Gründen kommt diesem Fach im Kontext der Frage von Bildungsbeteiligung eine besondere Rolle zu. Erstens: Physik gilt als exklusiv und für die meisten als nicht zugänglich. Zweitens: Im Fach Physik ist traditionell und bis heute eine soziale Differenzziehung insbesondere in Bezug auf die Kategorie Geschlecht wirksam. Drittens: Aufgrund ihrer Bedeutung für technologische Entwicklungen und die Rekrutierung entsprechender Fachkräfte stehen naturwissenschaftliche Kompetenzen und das Unterrichtsfach Physik als Ort der Vermittlung dieser Kompetenzen im zentralen Interesse von Ökonomie und Politik. Wie also sind naturwissenschaftliche Bildung und diskriminierungsfreie Teilhabe an dieser Bildung im migrationsgesellschaftlichen Kontext denk- und begründbar?

Ein erster Schritt, sich dieser komplexen Zusammenhänge aus unterschiedlichen Wissensdisziplinen zu nähern, wurde 2004 mit der Initiierung des Projekts PROMISE - Promotion of Migrants in Science Education - unternommen. In den darauf folgenden Jahren fokussierte sich der allgemeine Diskurs um Bildungsbeteiligung auf das Thema Sprache. Deutsch als Zweitsprache und Sprachbildung wurden zu einem Thema der Lehrer_innenbildung und pädagogischen Professionalisierung. Aus sozialwissenschaftlicher Perspektive blieben die naturwissenschaftlichen Bildungsdisparitäten vergleichsweise unbeleuchtet.

Diese Arbeit nimmt sich vor, naturwissenschaftliche Bildung und physikdidaktische Forschung in ihrer gesellschaftlichen Dimension zu fassen. Das Unbeleuchtet-Bleiben bestimmter Zusammenhänge wird nicht lediglich als Forschungslücke, sondern als Teil eines Phänomens und seiner Entwicklung behandelt. Dies soll in seiner Komplexität einer genaueren Betrachtung unterzogen werden. Diese Arbeit stellt somit das Ergebnis einer Auseinandersetzung mit Fragen zum Verhältnis von naturwissenschaftlicher Bildung und Macht, Ungleichheit, Sprache und der Fachkultur Physik dar.

Ich danke allen, die diese Fragen in freundschaftlicher, interessierter, kritischer und erhellender Weise mit mir diskutiert haben. Besonders danke ich Lutz-Helmut Schön und Heidi Rösch für den Austausch zu einem Verständnis von Didaktik und Bildung, welches über Standards und Kompetenzen hinausreicht. Für den Einblick in die Migrationspädagogik und den spannenden Austausch zu einer kritischen

DaZ-Perspektive bedanke ich mich insbesondere bei İnci Dirim und Marion Döll. Ein herzlicher Dank geht an Sara Hägi, Constanze Niederhaus und Julia Settinieri für Ihre Unterstützung und für die Gelegenheit zur konzentrierten Forschung während meines Aufenthalts am Fachbereich DaZ/DaF der Universität Paderborn. In dieser Zeit entstand ein zentraler Teil dieser Arbeit. Heike Baake danke ich für die wertvollen Vorschläge zur Strukturierung der Arbeit. Marie Lessing, Maike Löhden und Dorothee Wieser danke ich für die geschätzten Berliner Forschungsgespräche. Für die kritische Lektüre der physikalischen Kapitel bedanke ich mich bei Georg Heimel. Ingo Salzmann danke ich für seine physikalische Expertise, für die großartige Hilfe bei der technische Umsetzung des Manuskripts und für die vielen geführten Diskussionen zu dieser Arbeit.

Ganz besonderer Dank gilt Ingrid Gogolin und allen, die ich im Austausch mit dem Projekt FörMig - Förderung von Kindern und Jugendlichen mit Migrationshintergrund - kennenlernen durfte. Sie haben meine Ansätze unterstützt, als das Thema Sprachbildung noch ganz neu war. Die vielen im Rahmen von FörMig stattgefundenen Fortbildungsveranstaltungen waren Gelegenheiten steter Weiterentwicklung und stellen die relevanten Rückmeldungen für die praktischen Ansätze dieser Arbeit dar.

Für die wunderbare PROMISE-Projektarbeit danke ich allen Beteiligten, insbesondere Klaus Starl, Johannes Neuwirth, Jörg Holtschke, Münire Erden, Seval Fer, Zalkida Hadžibegović und Lamija Tanović. Die Zusammenarbeit mit Klaus Starl war für die Initiierung, Beantragung und erfolgreiche Durchführung des Projekts PROMISE ausschlaggebend und für die Ausformulierung des menschenrechtlichen Ansatzes dieser Arbeit zentral. Entsprechend groß ist mein Dank. Evi Poblenz gebührt Dank für ihren unermüdlichen Einsatz für Chancengleichheit am Institut für Physik der Humboldt-Universität zu Berlin und für ihr Engagement für das Schülerinnenprojekt Club Lise, welches im Rahmen von PROMISE gegründet wurde. Bei Wolfgang Gollub und dem Arbeitgeberverband Gesamtmetall bedanke ich mich für die Co-Finanzierung des Projekts PROMISE. Ohne diese hätten viele für diese Arbeit wichtige Ansätze nicht realisiert werden können.

Schließlich danke ich all jenen Schüler_innen und Lehr_innen sowie allen Studierenden in Berlin, Paderborn und Wien, die bereitwillig an meinen Explorationen mitgewirkt haben.

Tanja Tajmel
Berlin im Dezember 2016

Inhaltsverzeichnis

Teil II Reflexive Physikdidaktik 125

Abbildungsverzeichnis

Tabellenverzeichnis

Einleitung

„Mädchen und Migranten verschlechtern deutsches Ergebnis"
(Focus Online, 01.04.2014)

Mit dieser Schlagzeile betitelte die Zeitschrift Focus einen Artikel ihrer Online-Ausgabe, in dem über die Ergebnisse der 2012 durchgeführte PISA-Studie berichtet wurde. Im Artikel wurde davon gesprochen, dass „die Migrantenförderung (...) deshalb noch intensiver in das deutsche Schulsystem integriert werden" müsse, denn es fiele „Schülern mit Migrationshintergrund laut Pisa-Forschern schwerer, Alltagsprobleme zu lösen, als Schülern ohne Migrationshintergrund." Ob der Artikel gut recherchiert wurde und ob die genannten PISA-Forscher richtig zitiert wurden, sei dahingestellt. Die Tatsache, dass diese Schlagzeile als solche funktioniert, ist weniger ein Zeichen dafür, dass dadurch neue Informationen in einen Diskurs eingebracht werden, als vielmehr dafür, dass ein Diskurs bereits existiert, der sowohl Titel als auch Artikel funktionieren lässt. Das Verstehen des Artikels ist ein Verstehen auf der Basis eines allgemeinen Vorwissens: Jede_r *weiß*, dass es „Schüler_innen mit Migrationshintergrund" *gibt* und jede_r *weiß*, dass diese Schüler_innen „Leistungsdefizite" aufweisen und daher „Fördermaßnahmen" ergriffen werden *müssen*. Es kann angenommen werden, dass zu dem, was allgemein *gewusst* wird, auch der wissenschaftliche Diskurs einen Beitrag geleistet hat. Das, was der Artikel ko-konstruiert, wurde bereits vor-konstruiert, die Schlagzeile ist deshalb lesbar, weil sie gedacht werden kann. Ich möchte sie daher als Anker verwenden, um in meine Analyse zu naturwissenschaftlicher Bildung in der Migrationsgesellschaft und zur Entwicklung eines Ansatzes für eine *Reflexive* Physikdidaktik einzuleiten.

Mein Anliegen ist es, den aktuellen Diskurs aus unterschiedlichen Perspektiven auszuleuchten, um Ungleichheitsphänomene in der naturwissenschaftlichen Bildung in ihrer Mehrdimensionalität der Forschung zugänglich zu machen. Ich möchte damit das *Prinzip einer reflexiven physikdidaktischen Haltung* begründen, welche eine *reflexive physikdidaktische Handlungsfähigkeit* – sowohl in der Forschungs- als auch in der Unterrichtspraxis – ermöglichen soll. Hauptmerkmal dieser Haltung ist die kritische Reflexion hegemonialer Strukturen und ihrer Exklusions- und Selektionsmechanismen in Bezug auf naturwissenschaftliche Bildung.

Grundsätzlich stellen sich die folgenden Fragen:

- Wie kann die Förderung naturwissenschaftlicher Bildung begründet werden, ohne auf ökonomisch-utilitaristische, moralische oder andere teleologische Argumente zu rekurrieren?
- Mit welchen theoretischen Ansätzen können Exklusionsmechanismen erforscht werden, die der Physikdidaktik und dem Physikunterricht immanent sind und den Zugang zu naturwissenschaftlicher Bildung behindern?
- Welche physikdidaktischen Ansätze können gefunden werden, um solchen exkludierenden Prozessen entgegenzuwirken?
- Wie kann Physikunterricht in der Migrationsgesellschaft ohne Reproduktion hegemonialer Strukturen handlungsfähig sein?

Zur Veranschaulichung der Mehrdimensionalität des Themas der Leistungsdisparitäten komme ich zur oben zitierten Schlagzeile („Mädchen und Migranten verschlechtern deutsches Ergebnis") zurück und stelle ihre Lesarten aus drei unterschiedlichen Forschungsperspektiven vor, denen ein Vorschlag für eine physikdidaktische Perspektive folgt: (i) der kompetenzorientierten Outputperspektive, (ii) der an Nicht-Diskriminierung orientierten normativen Perspektive, (iii) der hegemoniekritischen Perspektive und (iv) einer möglichen physikdidaktische Perspektive.

(i) Die Output-Perspektive – Kompetenzen und Defizite

Die Lesart der Output-Perspektive ist jene, dass bestimmte Gruppen von Schüler_innen schlechtere Leistungen erbringen als wirtschaftlich angestrebt werden und dass daher Maßnahmen zur Leistungsverbesserung jener Gruppen angesetzt werden müssen. Die leistungsschwächeren Gruppen werden im Diskurs als Humanressourcen oder Bildungsreserven bezeichnet, welche mit Fördermaßnahmen erschlossen werden sollen. Zu den Forschungsgegenständen der Output-Perspektive zählen etwa die zu Fördernden und ihre Merkmale, um den Förderbedarf so genau wie möglich bestimmen zu können, die Leistungen und Kompetenzen, die angestrebt und gefördert werden sollen, sowie die Fördermaßnahmen und deren Wirksamkeit.

(ii) Die rechtlich-normative Perspektive – Chancengleichheit und Barrieren

Aus rechtlich-normativer Perspektive steht die Schlagzeile für einen Befund, der anzeigt, dass bestimmte Gruppen, welche durch Differenzlinien erzeugt werden, schlechtere Chancen auf Bildungserfolg haben als andere. Ausgehend von einem Recht auf Bildung, das uneingeschränkt alle Menschen besitzen, ist der Befund daher ein Hinweis darauf, dass dieses Recht nicht für alle gleichermaßen verwirklicht ist. Eine Besser- bzw. Schlechterstellung dieser Art wird als Diskriminierung bezeichnet und jene Gründe, welche zur Schlechterstellung führen, als Exklusionsmechanismen und Barrieren. Diese ungleichheitsgenerierenden Prozesse stehen im Fokus der Forschung.

(iii) Die hegemoniekritische Perspektive – *Wir* und die *Anderen*

Aus hegemoniekritisch-postkolonialer Perspektive zeigt die Schlagzeile den relationalen Zusammenhang einer hierarchischen Struktur. Es werden von einer Norm abweichende Gruppen konstruiert. Das *Othering*,[1] die Konstruktion von *Anderen*, zeigt sich u.a. darin, dass nicht von einem „schlechten deutschen Ergebnis" gesprochen wird, sondern von einem „deutschen Ergebnis", das durch „Mädchen und Migranten" verschlechtert wurde. Das deutsche Ergebnis steht in diesem Fall für das Wir, das die Norm repräsentiert, die Migranten und Mädchen stehen für die Anderen. Charakteristisch für das Wir ist, dass es sich selbst nicht genauer charakterisiert. Es ist die Norm, über die nichts gesagt werden muss, weil sie selbstverständlich ist. Forschungsgegenstände der machtkritischen Perspektive sind jene Prozesse, durch welche Andere erzeugt und hegemoniale Strukturen reproduziert werden.

(iv) Die physikdidaktische Perspektive – Naturwissenschaften und Bildung

Ziel der vorliegenden Arbeit ist es, eine physikdidaktische Perspektive zu entwickeln, welche ohne die Argumente einer zweckgerichteten Förderung von naturwissenschaftlicher Bildung schlüssig ist und sich allein darin begründet, dass naturwissenschaftliche Bildung einen relevanten Teil von *Bildung* darstellt. Ich erachte es als zielführend, die Disparitäten in der naturwissenschaftlichen Bildung als Anlass zu nehmen, um die Frage nach dem Verhältnis von naturwissenschaftlicher Bildung und Macht zu stellen.[2] Ich meine, dass dieser Diskurs um natur-

---

[1] Vgl. Said 1978; Spivak 1985

[2] Dem aktuellen Bildungsdiskurs zufolge könnte man meinen, dass entsprechend qualifizierte und in Sprachbildung kompetente Lehrkräfte die Disparitäten lösen können und daher Physik und Sprache das zu befragende Verhältnis darstellt. Ich komme an mehreren Stellen der Arbeit und insbesondere in den Teilen III und IV ausführlich auf die Rolle der Sprache zurück, stelle sie jedoch absichtlich nicht ins Zentrum meiner einleitenden Überlegungen, a) weil der Sprachbildungsdiskurs als Derivat eines Outputdiskurses geführt wird, in vielerlei Hinsicht jedoch einen Hegemoniediskurs darstellt

wissenschaftliche Bildung gar nicht geführt werden kann, ohne diese Frage zu stellen. Aus zwei Gründen. Erstens: Bildung ermächtigt und die ungleiche Verteilung von Bildung bedeutet daher immer auch eine Ungleichheit von Macht. Diese Erkenntnis hat Tradition. Auch im Humboldt'schen Bildungsideal spielen Begriffe wie Emanzipation und Befreiung aus Abhängigkeit eine wesentliche Rolle. Der naturwissenschaftlichen Bildung wird die Bedeutung zugemessen, Schüler_innen zu kritischen und demokratischen Menschen zu erziehen, um Macht und Autorität hinterfragen zu können. Aus diesem Ziel heraus ist es ein ureigenstes Anliegen von naturwissenschaftlicher Bildung, dass nicht nur *einige* kritikfähig sind, sondern dass Kritikfähigkeit gleich verteilt sein muss, da sonst einige nicht kritisieren könnten, was der Demokratiefähigkeit wiedersprechen würde. Die Vermittlung und Verteilung von naturwissenschaftlicher Bildung als Befähigung zu kritischem Denken ist damit ein wesentliches Ziel von Physikunterricht. Kritik *äußern* zu können, ist die eine Komponente der Ermächtigung – *gehört* zu werden, ist die andere. Und damit komme ich zu Grund Zwei: Naturwissenschaft ist ein soziales Feld und wie in jedem sozialen Feld nehmen Menschen unterschiedliche Positionen ein, die sie nicht vollständig selbst bestimmen können, sondern die durch Strukturen bestimmt sind. Diese Strukturen werden durch unterschiedliche Prozesse reproduziert, sie bestimmen, wer gehört wird und wer nicht. Ein solcher Prozess ist die Konstruktion von Anderen, beispielsweise von Schüler_innen „mit Migrationshintergrund". Wenn davon die Rede ist, Mädchen oder Migrant_innen zu fördern, dann geht es niemals nur um die Fähigkeiten oder Kompetenzen, die gefördert werden sollen, sondern immer auch um die Konstruktion von Normalität und Abweichung im Physikunterricht, von Mädchen und Migrant_innen als Förderbedürftigen und damit um die Anerkennung und Reproduktion jener hegemonialen Strukturen, welche diese Anderen hervorbringen. Aus diesen beiden Gründen sind die Forschungsgegenstände einer physikdidaktischen Perspektive daher einerseits die *Möglichkeiten* der Vermittlung und Verteilung von naturwissenschaftlicher Bildung, andererseits jene *Selektions-* und *Exklusionsmechanismen*, welche die Vermittlung und Verteilung naturwissenschaftlicher Bildung behindern. Für eine solche physikdidaktische Perspektive möchte ich mit dieser Arbeit einen geeigneten Rahmen formulieren.

---

und daher einer eigenen Problematisierung bedarf (Gogolin 1994; Mecheril & Quehl 2006; Dirim & Mecheril 2010; Thoma & Knappik 2015), b) weil die Bildungsdisparitäten nicht auf ein Problem der Sprache reduziert werden können (Gomolla 1997; Leiprecht & Lutz 2006; Gomolla & Radtke 2009; Herzog-Punzenberger 2009; Fürstenau & Gomolla 2011; Walgenbach 2014a) und daher c) der Sprachbildungsdiskurs aufgrund seines Gewichts an dieser Stelle in jedem Fall zu kurz kommen und von der Suche nach einer physikdidaktischen Perspektive ablenken würde.

Zum Aufbau der Arbeit

Die Arbeit besteht aus vier Teilen. Mit Teil I begründe ich das Desiderat nach einer reflexiven physikdidaktischen Perspektive, indem ich die Perspektiven des aktuellen Migrationsdiskurses untersuche und feststelle, dass bestimmte Blickwinkel noch nicht eingenommen wurden. In Teil II entwickle ich die Grundlagen für eine reflexive physikdidaktische Perspektive und stelle interdisziplinäre Ansätze vor, die sowohl theoretisch als auch methodisch Anknüpfungspunkte bieten. In Teil III betrachte ich die Rolle der Sprache im Kontext schulischer naturwissenschaftlicher Bildung aus einer bedarfsanalytischen reflexiven Perspektive. An unterschiedlichen Beispielen zeige ich sprachbezogene Bedingungen für naturwissenschaftlichen Bildungserfolg auf und illustriere damit das Anliegen der Vermittlung einer reflexiven Haltung. Ich argumentiere die Notwendigkeit von Sprachbewusstheit als Teil professioneller Reflexivität und schlage das Konzept einer *Kritischen Sprachbewusstheit im Kontext von Fachunterricht* vor. In Teil IV stelle ich Ansätze für eine reflexive physikdidaktische Praxis auf der Ebene der Unterrichtsplanung, der Unterrichtsdurchführung und der Durchführung universitärer Projekte vor. Im Detail gehe ich u.a. den folgenden Fragen nach:

Teil I: Der Diskurs zur Förderung naturwissenschaftlicher Bildung

- Mit welchen Argumenten werden im aktuellen Bildungsdiskurs die Disparitäten in der naturwissenschaftlichen Bildung problematisiert?
- Welche Positionen nimmt die physikdidaktische Forschung im Diskurs ein?

In Kapitel 1 zitiere ich Befunde zu Disparitäten in der naturwissenschaftlichen Bildung und stelle die aktuellen Erklärungsansätze dar. In Kapitel 2 stelle ich zentrale Begriffe und Konzepte des Bildungsdiskurses gemeinsam mit der kritischen Diskussion dieser Begriffe dar. Zu diesen zählen *Kompetenzen, Scientific Literacy, MINT-Förderung, Migrationshintergrund, Heterogenität, Diversität/Diversity, Kultur* und *Interkulturelle Kompetenz, Mehrsprachigkeit, Deutsch als Zweitsprache, Sprachförderung/Sprachbildung* und *Bildungssprache*. Ich komme an unterschiedlichen Stellen immer wieder auf diese Begriffe zurück. In Kapitel 3 stelle ich die Geschichte des Förderdiskurses zu naturwissenschaftlicher Bildung und die politische Dimension naturwissenschaftlicher Bildung in ihrer historischen Eingebundenheit dar. Dazu vergleiche ich die Diskurse der MINT-Förderung von heute mit jenen Bildungsreformen, die in den 1960er Jahren durch den sogenannten Sputnik-Schock ausgelöst wurden. In Kapitel 4 suche ich nach kritischen nationalen und internationalen Ansätzen der Naturwissenschaftsdidaktik, welche die gesellschaftspolitische Dimension von naturwissenschaftlicher Bildung thematisieren. In Kapitel 5 stelle ich meine Exploration zum Migrationsdiskurs in der physik- und chemiedidaktischen Forschung dar, welche Perspektiven dazu eingenommen werden und in welche Richtungen geforscht wird. Damit begründe ich das Desiderat nach einer *machtinformierten* Perspektive der Physikdidaktik.

Teil II: Reflexive Physikdidaktik

- Wie kann naturwissenschaftliche Bildung ohne Rekurs auf Verwertbarkeitsargumente begründet werden?
- Welche Rahmung leitet sich daraus für die *Reflexive* Physikdidaktik ab?
- Welche wissenschaftlichen Disziplinen und Forschungsperspektiven können dafür produktiv gemacht werden?

In Kapitel 8 stelle ich mit dem Recht auf Bildung und dem daraus abgeleiteten Recht auf naturwissenschaftliche Bildung eine normative Basis für eine Reflexive Physikdidaktik vor. Zur Analyse von Barrieren im Zugang zu naturwissenschaftlicher Bildung schlage ich eine intersektionale Analysestruktur vor. Auf Basis des Intersektionalitätsansatzes konzeptualisiere ich den naturwissenschaftlichen Bildungszugang in Form eines Drei-Faktoren-Modells. In Kapitel 10 erörtere ich jenes Verständnis von Reflexivität, welches der mit dieser Arbeit vorgeschlagenen Reflexiven Physikdidaktik zugrunde liegt. In Kapitel 11 stelle ich ausgewählte Studien und Ansätze aus benachbarten Disziplinen vor, die meines Erachtens ein hohes Anknüpfungspotenzial für eine reflexive physikdidaktische Forschung bieten. Zum einen ist dies die Perspektive der *Migrationspädagogik*, die danach fragt, ob und wie pädagogisches Handeln im migrationsgesellschaftlichen Kontext ohne Reproduktion postkolonial-hegemonialer Strukturen möglich ist. Zum anderen zeigt die *Fachkulturforschung* Perspektiven auf, wie etwa mit dem Habituskonzept Bourdieus Einblicke in die Prestigeverteilung der Fachkultur Physik gewonnen werden können. Die *Geschlechterforschung* liefert Hinweise darauf, welche Exklusionsmechanismen Vergeschlechtlichungen und Geschlechterkonstruktionen darstellen und machtkritische Ansätze des Fachgebiets *Deutsch als Zweitsprache* zeigen die postkolonialen Aspekte des Sprachförderdiskurses auf.

Teil III: Sprachbewusstheit als reflexive Professionalität

- Über welche Sprachbewusstheit müssen Lehrende und Forschende verfügen, um Exklusion und Selektion aufgrund von Sprache erkennen und einen nichtdiskriminierenden Zugang zu naturwissenschaftlicher Bildung ermöglichen zu können?

Die zweite Hälfte dieser Arbeit ist dem Thema der Sprache und ihrer Rolle im Kontext naturwissenschaftlicher Bildung gewidmet. Die Notwendigkeit der Thematisierung von Sprache in diesem Kontext legitimiert sich nicht mit der Aktualität und Popularität des Diskurses zu Sprachbildung. Mein Anliegen ist auch nicht, den zweifelsohne bedeutungsvollen Zusammenhang von Sprache und Physiklernen aus lerntheoretischer Perspektive zu befördern. Bedeutungsvoll für die Reflexive Physikdidaktik ist das Thema Sprache deshalb, weil mit Sprache auf unterschiedlichste Arten selektiert und von Bildung exkludiert werden kann und daher die Thematisierung von Sprache als Selektionsmittel für einen diskriminierungsfreien Zugang zu Bildung unerlässlich ist. Gemäß einer reflexiven Perspektive nehme ich in den Kapiteln 14, 15 und 16 ausgewählte Bereiche des Physikunterrichts in den Blick, die „sprachliches Selektionspotenzial" beinhalten und daher eine reflexiv-physikdidaktische Achtsamkeit erfordern. Daraus leite ich das Desiderat einer professionsbezogenen *Kritisch-reflexiven Sprachbewusstheit im Kontext von Fachunterricht* ab und schlage in Kapitel 17 ein entsprechendes Konzept vor.

Teil IV: Reflexive Ansätze für die Praxis

- Wie kann eine reflexive und kritisch-sprachbewusste Haltung in der Praxis des Physikunterrichts, in der Aus- und Fortbildung der Lehrenden sowie in der Projektarbeit auf universitärer Ebene Berücksichtigung finden?

In Kapitel 19 gehe ich in Anknüpfung an Teil III der Frage nach, wie die kritische Sprachbewusstheit von Lehrenden aktiviert werden kann und stelle mit dem *Prinzip Seitenwechsel* eine entsprechende Möglichkeit vor. Die Exploration des *Prinzip Seitenwechsel* mit Lehrenden und Studierenden illustriert die Aktivierung der Sprachbewusstheit auf unterschiedlichen Ebenen. In Kapitel 21 wird die Sprachhandlungsfähigkeit der Schüler_innen als zentrales Anliegen eines nicht-diskriminierenden Unterrichts dargestellt. An einem Beispiel zum Thema *Schwimmen-Sinken* wird illustriert, dass lexikalische Mittel die Sprachhandlungsfähigkeit unterstützen können. In Kapitel 22 stelle ich mit dem *Konkretisierungsraster* ein Instrument zur systematischen Analyse von Sprachhandlungen vor, welches die Identifikation sprachlicher Lernziele im Kontext fachunterrichtlicher Aufgabenstellungen ermöglicht. An einem Beispiel aus den Bildungsstandards erarbeite ich einen Vorschlag für die Explizierung jener mit den fachlichen Zielen verbundenen sprachlichen Ziele. In Kapitel 23 stelle ich am Beispiel des Projekts PROMISE einen machtkritisch-reflexiven Ansatz für Projekte im Kontext von naturwissenschaftlicher Bildung und Migrationsgesellschaft vor.

In dieser Gesamtheit möchte ich mit der vorliegenden Arbeit einen Rahmen schaffen, um Ungleichheitsphänomene in der naturwissenschaftlichen Bildung aus diskriminierungsanalytischer Perspektive der physikdidaktischen Forschung zugänglich zu machen, womit ein noch wenig erschlossenes Feld physikdidaktischer Forschung eröffnet wird. Ich erachte es aus reflexiver Perspektive als notwendig, dass die Physikdidaktik eine eigene Position im Diskurs zu Disparitäten in der naturwissenschaftlichen Bildung findet, welche sich nicht der Verwertbarkeitsargumentation unterordnet. Dass naturwissenschaftliche Bildung allein aufgrund der Tatsache, dass sie relevante Bildung *ist*, rechtlich-normativ für alle Schüler_innen zugänglich sein muss, ermöglicht eine Argumentation unabhängig vom Verwertbarkeitsgedanken und unabhängig von ökonomischen Nachfrageschwankungen nach Humankapital. Ich hoffe, dass ich mit meiner Arbeit einen entsprechenden Vorschlag für eine solche Position einbringen kann.

Teil I

Die Förderung der naturwissenschaftlichen Bildung

Einleitung zu Teil I

Naturwissenschaftliche Bildung ist ein Gut und dieses Gut ist ungleich verteilt. Mit der Verteilung von Wissen und Bildung geht einher, dass diejenigen, die haben, bessergestellt sind als diejenigen, die nicht haben. Die Schlechterstellung derjenigen, die nicht haben, zeigt sich darin, dass sie in geringerer Weise mitsprachefähig, weil kenntnislos sind, dass sie bestimmte Lebens- und Berufswege nicht beschreiten können, weil die dazu formalen Voraussetzungen fehlen und dass sie naturwissenschaftliche Entwicklung, Forschung und Anwendung nicht mitgestalten können. Auf didaktischer und pädagogischer Ebene besteht breiter Konsens, dass ein solcher Zustand nicht erstrebens- und erhaltenswert ist. Aus demokratischer Perspektive ist die Ungleichverteilung von Mitsprachefähigkeit bedenklich. Aus bildungssoziologischer Perspektive kann jedoch angenommen werden, dass es auch Interessen an einem Erhalt einer ungleichen Verteilung von naturwissenschaftlicher Bildung gibt, weil die verfolgten Interessen andere sind, als die Herstellung von Chancengleichheit. Aus physikdidaktischer Perspektive stellen sich daher die Fragen (i) ob und wie sich die Physikdidaktik zur Ungleichverteilung positioniert, (ii) welche Maßnahmen die Physikdidaktik ergreift, um der Ungleichverteilung entgegenzuwirken und (iii) auf welche Weise die Fachkulturen des Physikunterrichts und der Physik zur Herstellung oder zur Vermeidung von Chancenungleichheit beitragen. Dazu soll der Diskurs zur Förderung der naturwissenschaftlichen Bildung der letzten Jahrzehnte in seiner gesellschaftspolitischen Kontextualisierung beleuchtet werden.

Der erste Teil dieser Arbeit stellt eine Bestandsaufnahme des Diskurses zu naturwissenschaftlicher Bildung im Kontext von Migrationsgesellschaft dar. Themen sind die naturwissenschaftliche Bildungsbeteiligung in der Migrationsgesellschaft, die geführten (und nicht-geführten) Bildungsdiskurse im Zusammenhang mit Migrationsgesellschaft sowie die Argumente zur Förderung der naturwissenschaftlichen Bildung. Neben Erklärungsansätzen, welche die Ursachen der Bildungsdisparitäten in den Merkmalen der zu bildenden Menschen verorten, werden auch Perspektiven vorgestellt, die die Ursachen in der Institution Schule und in den Naturwissenschaften selbst sehen. Es wird der Verwobenheit von naturwissenschaftlicher Bildung und politischen Interessen nachgegangen und es wird gefragt, in welchem Ausmaß diese traditionell enge Beziehung auf naturwissenschaftsdidaktischer Ebene reflektiert wird, ob also physikdidaktische Diskurse naturwissenschaftliche Bildung politisieren oder entpolitisieren.

Die zentralen Fragen, welchen in Teil I nachgegangen wird, können daher folgendermaßen formuliert werden:

- Welche Argumente werden im aktuellen Bildungsdiskurs angeführt, warum eine ungleiche Verteilung der naturwissenschaftlichen Bildung problematisch ist?
- Welche Positionen nimmt die physikdidaktische Forschung in diesem Diskurs ein?
- In welchem Ausmaß spiegelt sich der durch PISA geprägte politisch-ökonomische Diskurs in der physikdidaktischen Forschung wider?

Mit den Darstellungen der Schieflagen wird nicht das Ziel verfolgt, Grundlagen für die genauere Ausleuchtung von naturwissenschaftlichen Kompetenzen und deren Vermittlung zu schaffen. Genauso wenig sollen Besonderheiten der „Schüler-innen mit Migrationshintergrund" und ihre Unterschiede zu „Schüler-innen ohne Migrationshintergrund" genauer untersucht werden, um daraus Maßnahmen zur Förderung ableiten zu können. Solche und andere Dichotomien werden grundsätzlich als Differenzen gefasst, die *erzeugt* werden (siehe Kapitel 8.2 und Kapitel 11.1). Gefragt wird danach, welches Denken durch die Rede von Kompetenzen und Migrationshintergrund gestützt und welches Denken dadurch nicht gestützt wird. Beleuchtet werden sollen daher jene gesellschaftlichen – und physikdidaktischen – Haltungen, aus denen heraus die Konstruktion einer Gruppe von „Schüler-innen mit Migrationshintergrund mit Förderbedarf" einer bestimmten Logik folgt. Die Schieflagen sind daher nicht nur in der naturwissenschaftlichen Bildungsbeteiligung zu finden, sondern auch im wissenschaftlichen Diskurs zu Bildungsbeteiligung.

Um die Genese solcherart Diskurse wie etwa des „Förderdiskurses" besser zu verstehen, werden Parallelen zu historisch ähnlichen Diskursen gesucht und dargestellt. All dies ist in seiner Kombination geeignet, um die Schieflagen und die aktuellen didaktischen Reaktionen zu verdeutlichen und einer interdisziplinären Betrachtung zu unterziehen, die mit einem Desiderat nach einer kritisch-reflexiven Physikdidaktik und die Suche nach einem geeigneten theoretischen Rahmen für eine solche Didaktik in den Teil II der Arbeit überführt.

1 Schieflagen der naturwissenschaftlichen Bildung

Im Folgenden sollen zunächst Befunde zitiert werden, welche die Schieflagen – also die ungleiche Verteilung der naturwissenschaftlichen Bildung – aus unterschiedlichen Perspektiven dokumentieren. Geschlechterdisparitäten sowie Disparitäten in Bezug auf „Migrationshintergrund" und Sprache stehen dabei im Fokus. Neben den Befunden der Schulleistungsstudien TIMSS (Baumert et al. 2000; Bos et al. 2008, 2012) und PISA (PISA-Konsortium 2001; Stanat et al. 2002; Stanat 2006; Klieme et al. 2010; Ehmke et al. 2013) sind dies *Nationale Bildungsberichte* (Autorengruppe Bildungsberichterstattung 2014) mit Daten zur Verteilung der formalen Bildungsabschlüsse und Erwerbstätigkeit, der *Genderdatenreport* (Cornelißen 2005), der über die unterschiedliche Studien- und Berufswahl von Frauen und Männern Aufschluss gibt, sowie Statistiken zum Hochschulzugang (Wolter 2011) und zur Geschlechterverteilung unter Erfinder_innen und Patentinhaber_innen (Haller et al. 2007), die als Maß für den Beitrag der Geschlechter an der Gestaltung der (informations-)technologisierten Gesellschaft herangezogen werden können. Die Berichte der Schulleistungsstudien werden zu einem großen Teil direkt und ohne Paraphrasierung zitiert, da sie zur Entstehung des Diskurses um Schüler_innen „mit Migrationshintergrund" beigetragen haben (weshalb insbesondere die Berichte nach den ersten TIMSS- und PISA-Erhebung von Interesse sind). Diese Ergebnisse waren und sind bis heute prägend für die Ausrichtung der Ursachenforschung (Selbst- vs. Fremdselektionsansätze, vgl. Radtke 2013b). Daran anknüpfend werden Erklärungsansätze und Antworten vorgestellt, die sich ausgehend von den durch die Studien dokumentierten Schieflagen der naturwissenschaftlichen Bildung entwickelt haben.

1.1 Evidenz der aktuellen Schieflagen

1.1.1 Schulleistungsstudien

TIMSS – Trends in International Mathematics and Science Study

TIMSS, eine Studie zu den Leistungen von Schüler_innen der Grundschule sowie der Sekundarstufe I und II, stellte die erste Leistungsüberprüfung auf breiter internationaler Ebene mit standardisierten Methoden dar und hatte damit auch einen Einfluss auf den Stellenwert der empirischen Forschung („empirische Wende") in Erziehungswissenschaft und Didaktik (Baumert et al. 2000). International wird TIMSS in vierjährigem Turnus von der *International Association for the Evaluation of Educational Achievement* (IEA), einem internationalen Verband für Bildungsforschung der UNESCO, durchgeführt. Erklärtes Ziel der UNESCO ist es, die Bewahrung und Verbreitung von Bildung, Wissenschaft und Kultur zum Zwecke des Friedens und der internationalen Verständigung zu fördern (UNESCO 2001). Die IEA führt seit Ende der 1960er Jahre Schulleistungsstudien durch (FIMS/SIMS 1964/1980 – First/Second International Mathematics Study, und FISS/SISS 1968/1982 – First/Second International Science Study). Deutschland hat sich in den Jahren 1995, 2007 und 2011 beteiligt.

Die zentralen Befunde der ersten TIMSS-Erhebung waren, dass die Leistungen von deutschen Schüler_innen im unteren Bereich angesiedelt waren und auch die besten deutschen Schüler_innen mit internationalen Spitzen nicht mithalten konnten.

Ursachen: Familie, „nicht-deutsche Heimatkultur" und „kulturelles Kapital"

Innerhalb der Gruppe deutscher Schüler_innen wurden Disparitäten in Bezug auf die soziale und „ethnische Herkunft" festgestellt. Eines der Resümees war:

> „Insgesamt geht eine zunehmende Nähe der Familie zu einer nicht-deutschen Heimatkultur tendenziell mit einer geringeren Bildungsbeteiligung einher." (Watermann & Baumert 2000:299)

Die Studie von 2007 zeigte, dass in Deutschland der Zusammenhang zwischen Bildungshintergrund der Familie, welcher über Buchbesitz operationalisiert wird, und der Leistung in Mathematik und Naturwissenschaften besonders stark ausgeprägt ist.

> „Für die in Deutschland getesteten Kinder zeigt sich hier eine besonders enge Kopplung. Der Zusammenhang zwischen Buchbesitz und Kompetenz ist im mathematischen Bereich nur in Ungarn stärker ausgeprägt, im naturwissenschaftlichen Bereich ist der Zusammenhang in keinem der TIMSS-Teilnehmerstaaten enger." (Bos et al. 2008:8)

Der Migrationshintergrund wird über die Geburtsländer der Eltern erhoben:

> „Ist deine Mutter (oder Stiefmutter oder weibliche Erziehungsberechtigte) in Deutschland geboren?"
> „Ist dein Vater (oder Stiefvater oder männlicher Erziehungsberechtigter) in Deutschland geboren?"
> „In welchem Land bist du geboren und wo sind deine Eltern geboren."

Zur Auswahl stehen: Deutschland, Türkei, Italien, ehemalige Sowjetrepublik, Bosnien-Herzegowina, Kroatien, Serbien, Polen, In einem anderen Land (Bos et al. 2009).

Zur Erhebung des *kulturellen Kapitals* wird unter anderem nach den kulturellen Praxen der Eltern gefragt. Diese sollen im Elternfragebogen angeben, wie oft sie ins Theater, Museum, in ein klassisches Konzert, zu einer Opern/Ballettaufführung, zu einer Buchlesung gehen, wie oft sie in der Freizeit lesen, über politische und soziale Fragen sprechen, über Bücher, Filme und Fernsehsendungen reden, ins Kino gehen und gemeinsam Musik hören (Bos et al. 2009).

Ursache: „Migrationshintergrund"

Ergebnis der Studie ist, dass Schüler_innen „mit Migrationshintergrund" hinter den Leistungen der Schüler_innen „ohne Migrationshintergrund" zurückbleiben.

> „Im naturwissenschaftlichen Bereich zeigt sich in Deutschland eine noch größere Differenz zwischen Kindern mit und ohne Migrationshintergrund, die einzig in Österreich übertroffen wird. (...) Größere Unterschiede zwischen Schülerinnen und Schülern ohne Migrationshintergrund und solchen, deren Eltern beide im Ausland geboren worden sind, lassen sich in keinem anderen der aufgeführten Staaten feststellen." (Bos et al. 2008:17)

Ursache: „Sprachgebrauch"

In der Interpretation der Daten wird der Sprachgebrauch in der Familie der Kinder „mit Migrationshintergrund" problematisiert:

> „Betrachtet man den heimischen Sprachgebrauch der Schülerinnen und Schüler mit Migrationshintergrund in Deutschland, so fällt auf, dass die Kinder mit Migrationshintergrund zu einem im internationalen Vergleich relativ geringen Prozentsatz Deutsch als Umgangssprache pflegen. Dies erweist sich als problematisch, da in allen TIMSS-Staaten die nur gelegentliche Nutzung der Testsprache im Elternhaus mit einem relativ niedrigeren Kompetenzniveau einhergeht – gemessen am jeweiligen Staatenmittelwert. (...) Vor dem Hintergrund dieser national wie international sichtbaren Zusammenhänge erhalten Bemühungen um eine systematische Sprachförderung von Kindern mit Migrationshintergrund auch aus empirischer Sicht eine deutliche Berechtigung." (Bos et al. 2008:17)

Neben den sozio-ökonomischen Disparitäten sind auch die Geschlechterdisparitäten in Deutschland besonders hoch:

> „Betrachtet man die Unterschiede zwischen Jungen und Mädchen, so zeigt sich, dass Deutschland derjenige Staat unter den teilnehmenden OECD- und EU-Staaten mit den größten Geschlechterdifferenzen in den naturwissenschaftlichen Kompetenzen ist." (Bos et al. 2008:13)

Die TIMSS-Erhebung 2011 zeigte nur geringe Verbesserung der Schieflage (Bos et al. 2012). Zwar konnte im Vergleich zu 2007 eine Verbesserung der Leistung jener Kinder festgestellt werden, bei denen ein Elternteil im Ausland geboren wurde. Kinder, von denen beide Eltern im Ausland geboren wurden, zeigten keine Verbesserung. Auch in der Erklärung der Ergebnisse von 2011 wird auf die zu Hause gesprochene Sprache zurückgegriffen:

> „Fast jedes dritte Kind, bei dem zu Hause manchmal oder nie Deutsch gesprochen wird, erzielt Leistungen unterhalb von Kompetenzstufe III." (Bos et al. 2012:23)

PIRLS/IGLU

Auch PRILS/IGLU ist eine Studie der *International Association for the Evaluation of Educational Achievement* (IEA). An der *Internationalen Grundschul-Lese-Untersuchung* (IGLU) oder *Progress in International Reading Literacy Study* (PIRLS) nimmt Deutschland seit 2001 teil, die Studie wird in Fünfjahresabständen durchgeführt, getestet werden Schüler_innen der vierten Jahrgangsstufe. Zu den in Bezug auf ungleiche Verteilung von Bildung wichtigsten Ergebnissen gehört die deutliche soziale Selektion von Schüler_innen beim Übergang von der Grundschule ins Gymnasium. Kinder aus schlechter gestellten sozialen Schichten müssen höhere Kompetenzen aufweisen, um eine Gymnasialempfehlung zu bekommen. In allen seit 2001 durchgeführten Erhebungen schnitten Kinder „mit Migrationshintergrund" in der Leseleistung schlechter ab als Kinder „ohne Migrationshintergrund" (Bos et al. 2007).

PISA – Programme for International Student Assessment

Im Gegensatz zu TIMSS oder PRILS/IGLU wird die PISA-Studie von der OECD – der *Organisation for Economic Co-operation and Development* – durchgeführt, nach eigener Definition eine Organisation, die sich der Demokratie und Marktwirtschaft verpflichtet fühlt (www.oecd.org). Zentrales Interesse der OECD ist die Auswirkung von Bildung auf die Innovationskraft und den Arbeitsmarkt der Staaten. In den Empfehlungen orientiert man sich an einer liberalen, marktwirtschaftlichen Wirtschaftsordnung. Seit 2000 führt die OECD im Dreijahresabstand internationale Schulleistungsstudien (PISA) durch, welche die alltags- und berufsrelevanten Kenntnisse und Fähigkeiten 15-jähriger Schüler_innen testen sollen, also zu einem Zeitpunkt, zu dem viele in den Arbeitsmarkt eintreten bzw. eintreten könnten, weil sie die Pflichtschulzeit absolviert haben. In den PISA-Studien werden Schüler_innen unterschieden in (1) *Schüler_innen „ohne Migrationshin-*

tergrund" (im Erhebungsland geborene Schüler_innen mit mindestens einem im Erhebungsland geborenen Elternteil; in einem anderen Land geborene Schüler_innen, die wenigstens einen Elternteil haben, der im Erhebungsland geboren ist), (2) *Schüler_innen „mit Migrationshintergrund" der zweiten Generation* (im Erhebungsland geborene Schüler_innen mit in einem anderen Land geborenen Elternteil) und (3) *Schüler_innen „mit Migrationshintergrund" der ersten Generation* (nicht im Erhebungsland geborene Schüler_innen mit ebenfalls in einem anderen Land geborenen Elternteil (OECD 2014:143).

Im internationalen Vergleich zeigen sich für Deutschland große Disparitäten von Schüler_innen „mit" und „ohne Migrationshintergrund", die sich nach der Korrektur des sozio-ökonomischen Faktors zwar verringern, aber noch immer bestehen. Schon die Ergebnisse von PISA 2000 zeigten auf, dass Deutschland im Vergleich zu anderen OECD-Ländern erhebliche Disparitäten der Bildungsbeteiligung zugewanderter Kinder und Jugendlicher und jener ohne Zuwanderungsgeschichte aufweist. Obwohl schon davor bekannt war, dass Kinder und Jugendliche aus zugewanderten Familien geringeren Schulerfolg aufweisen als jene ohne Zuwanderungsgeschichte, konnten mit PISA 2000 belastbare Zahlen vorgelegt werden, die zentrale Probleme des deutschen Bildungssystems deutlich machen.

Ursache: „Sprachliche Defizite"

Dem Zusammenhang von Sprache und Sachlernen wird durch PISA vermehrte Aufmerksamkeit gewidmet und es wird von „sprachlichen Defiziten" und „Sprachkompetenz" im Zusammenhang mit Kompetenzerwerb in Mathematik und Naturwissenschaften gesprochen:

> „Die sprachlichen Defizite scheinen sich auch auf die Leistungen in Mathematik und den Naturwissenschaften auszuwirken. Unzureichendes Leseverständnis beeinträchtigt also auch den Kompetenzerwerb in den Sachfächern." (Stanat et al. 2002:14)
> „Diese Unterschiede in den Chancen der Bildungsbeteiligung verschwinden, wenn man die Lesekompetenz der Schülerinnen und Schüler kontrolliert. Vergleicht man also Jugendliche, die ähnlich gut lesen können, ist keine Benachteiligung von Kindern aus Zuwanderungsfamilien mehr zu beobachten. Demnach ist für diese Gruppe die Sprachkompetenz die entscheidende Hürde in ihrer Bildungskarriere." (Stanat et al. 2002:13)

Im internationalen Vergleich wird festgestellt, dass es anderen Ländern besser gelingt, Kinder aus zugewanderten Familien an der Bildung zu beteiligen. Gesprochen wird von „Familien, die an ihrer Herkunftssprache festhalten".

> „Die Zuwanderungsprozesse in den PISA-Teilnehmerstaaten sind zum Teil sehr unterschiedlich. Deutschland ist in Bezug auf die Zuwanderungsraten am ehesten mit Schweden vergleichbar. Es zeigt sich, dass die Situation von Zuwanderern in Schweden (wie auch in fast allen anderen Staaten) deutlich günstiger ist als in Deutschland. Auch wenn die Familien an ihrer Herkunftssprache festhalten, sind sie sozial besser integriert, und ihre Kinder erreichen erheblich bessere Leistungen im Lesen (...)." (Stanat et al. 2002:14)

„Weder die soziale Lage noch die kulturelle Distanz als solche sind primär für Disparitäten der Bildungsbeteiligung verantwortlich; von entscheidender Bedeutung ist vielmehr die
Beherrschung der deutschen Sprache auf einem dem jeweiligen Bildungsgang angemessenen Niveau. Für Kinder aus Zuwandererfamilien ist die Sprachkompetenz die entscheidende
Hürde in ihrer Bildungskarriere." (Artelt et al. 2001:38)

In Bezug auf die Leistungen männlicher und weiblicher Schüler_innen zeigte die
Erhebung von 2009 keine signifikanten Unterschiede (Klieme et al. 2010). Das
Selbstkonzept und die Selbstwirksamkeit von Schülerinnen ist jedoch bei gleicher
Leistung erheblich geringer als bei Schülern, wie die aktuelle OECD-Studie zur
Geschlechtergerechtigkeit in der Bildung belegt.

„Gender differences in mathematics and science self-efficacy and self-concept remain large
even among students who perform at the same level in mathematics and science. Girls who
perform as well as boys reported much lower levels of mathematics and science self-efficacy
and lower levels of mathematics and science self-concept" (OECD 2015:75)

Schüler_innen „mit Migrationshintergrund" wiesen sowohl in der Lesekompetenz als auch in der mathematischen und naturwissenschaftlichen Kompetenz in
allen bisherigen PISA Erhebungen (2000, 2003, 2006, 2009, 2012) geringere
Werte auf als Schüler_innen „ohne Migrationshintergrund" bei gleichem sozio-
ökonomischen Hintergrund.

Die Lesekompetenz gilt als ausschlaggebend für die Leistungen im Papier-und-
Bleistift-Test der internationalen Untersuchung und spielt eine größere Rolle als
die kognitiven Grundfertigkeiten (Leutner et al. 2004:169). Die bei Vergleich der
Ergebnisse von PISA 2000 und 2009 festzustellenden Leistungszuwächse sind
größtenteils (zu 82%) auf Veränderungen in der Bildungsbeteiligung, auf die Verteilung auf Jahrgangsstufe (mehr 10. Klasse, weniger 8. Klasse) und auf Veränderung von Hintergrundmerkmalen, wie z.B. dem Sprachgebrauch in der Familie
zurückzuführen (Ehmke et al. 2013).

„Entsprechend geringer fällt – folgt man der Logik dieser Modellrechnungen – der Anteil
aus, der potenziell auf Reformen im Bildungssystem oder auf spezifische Förderung in Schule und Elternhaus zurückgeführt werden kann." (Ehmke et al. 2013:147)

Chancengerechtigkeit

Zur Ermittlung der Chancengerechtigkeit[3] werden einerseits schülerbezogene Faktoren wie Familienstruktur, berufliche Stellung der Eltern, Migrationshintergrund,
und andererseits schulbezogene Faktoren, wie die Verteilung der Ressourcen auf
die verschiedenen Schulen mit den Leistungen in Zusammenhang gestellt.

---

[3] Anzumerken ist, dass im englischen Text der OECD von einer „Equality of chances" gesprochen
wird, was auch als Chancengleichheit übersetzt werden könnte.

Eine Definition von Chancengerechtigkeit ist nicht zu finden. Wohl aber findet sich eine Definition von Bildungsgerechtigkeit, die wie folgt lautet:

> „In PISA bedeutet Bildungsgerechtigkeit, dass allen Schülerinnen und Schülern, unabhängig von ihrem Geschlecht, ihrem familiären Hintergrund oder ihrem sozioökonomischen Status, die gleichen Bildungschancen geboten werden. Nach dieser Definition heißt Bildungsgerechtigkeit nicht, dass alle die gleichen Ergebnisse erzielen sollten. Vielmehr ist sie so zu verstehen, dass der sozioökonomische Status der Schülerinnen und Schüler oder die Tatsache, dass sie einen Migrationshintergrund haben, kaum oder gar keinen Einfluss auf ihre Leistungen hat und dass allen Schülerinnen und Schülern unabhängig von ihrer Herkunft Zugang zu qualitativ hochwertigen Bildungsressourcen und Lernmöglichkeiten geboten wird." (OECD 2014:13)

Wie in Kapitel 8.1 dargestellt wird, setzt sich der für Chancengleichheit relevante *Zugang* zu Bildung aus unterschiedlichen Aspekten zusammen (4 A-Schema, Kapitel 8.1.3). Eine Modellierung des Zugangs zu naturwissenschaftlicher Bildung stelle ich in Kapitel 9.2 vor. Statistische Leistungsunterschiede von bestimmten Gruppen gelten als wichtiger Indikator dafür, dass der Zugang zu Bildung *nicht* für alle gleichermaßen erfüllt ist.

Nationale Bildungsberichte

Im Gegensatz zu PISA/TIMSS liefern Nationale Bildungsberichte Daten über die Verteilung formaler Bildungsabschlüsse innerhalb der Bevölkerung. Damit stellen die Berichte wichtige Grundlagen dar, um die tatsächlichen, auf dem Arbeitsmarkt spürbaren Schieflagen der Bildung einschätzen zu können, da formale Abschlüsse im Hinblick auf Chancen am Arbeitsmarkt bedeutsam werden (Autorengruppe Bildungsberichterstattung 2014:40).

Der Bildungsbericht 2014 verzeichnet einen generellen Anstieg des Bildungsstandes in der Bevölkerung, insbesondere bei den 30- bis 35-Jährigen. Demgegenüber steht allerdings ein weiterhin geringerer Bildungsstand von Personen „mit Migrationshintergrund". Am gravierendsten ist dieser Unterschied in der Personengruppe ohne allgemeinbildenden oder beruflichen Abschluss. 30- bis 35-Jährige „mit Migrationshintergrund" sind 5- bis 3-mal so häufig betroffen wie Personen „ohne Migrationshintergrund". In der Gruppe der 30- bis 35-Jährigen Personen sind insbesondere die „türkischstämmigen Personen" betroffen: Von ihnen haben 53% keinen beruflichen Abschluss. Aus der Personengruppe „mit Migrationshintergrund" sind 17% frühzeitige Schulabgänger_innen (Autorengruppe Bildungsberichterstattung 2014:39).

In den Schullaufbahnen zeigen sich erhebliche soziale Disparitäten. In Jahrgangstufe 5 besuchen Schüler_innen mit niedrigem sozioökonomischen Status ca. 5-mal häufiger die Hauptschule als Schüler_innen mit hohem sozioökonomischen Status (34% vs. 7%). Demgegenüber steht der Schulbesuch des Gymnasiums, in welchem Schüler-innen mit hohem sozioökonomischen Status ca. 3-mal stärker repräsentiert sind (64% vs 21%). In Jahrgangsstufe 9 ist der Unterschied 4-mal so hoch (62% vs. 15%). Schüler-innen mit niedrigem sozioökonomischem Status verweilen auch länger im Schulsystem, im Schnitt um bis zu fünf Monate. Bei gleichem sozioökonomischem Status besuchen Schüler-innen „mit Migrationshintergrund" häufiger die Hauptschule und seltener das Gymnasium als Schüler-innen „ohne Migrationshintergrund". In Jahrgangstufe 5 und 9 sind sie im Schnitt um drei Monate älter (Autorengruppe Bildungsberichterstattung 2014:76).

Hochschulzugang

Als klassischer Indikator für soziale Ungleichheit gilt der Anteil an Arbeiterkindern. Für den Hochschulzugang ist dieser im letzten Jahrhundert von 3% (vor dem Ersten Weltkrieg) auf heute 20% angestiegen (Wolter 2011:9). Im Vergleich zum „sozialen Filter" der Schule gilt die Selektionsfunktion des Hochschulzugangs allerdings als schwach.

> „Die Population derjenigen, die ihre Schulzeit mit dem Erwerb einer Studienberechtigung abschließen und aus denen sich dann die Studienanfänger-innen rekrutieren, bildet eine bereits hochgradig nach sozialen Merkmalen vorgefilterte Gruppe. Die Schwelle der Hochschulzulassung bildet zwar auch einen sozial wirksamen Filter. Der eigentliche Filterungsprozess findet aber nicht an dieser Stelle statt, sondern erstreckt sich über den ganzen vorangegangenen vorschulischen und schulischen Bildungsverlauf. Soziale Selektivität wird dadurch biographisch kumulativ stufenweise aufgebaut." (Wolter 2011:9f)

Dass jedoch auch unter erfolgreichen Abiturient-innen die Studienentscheidung noch mit der Herkunft variiert, spricht dafür, dass der Hochschulzugang nicht nur an Schulleistungen und schulischen Laufbahnentscheidungen scheitert, sondern eine Barriere an sich darstellt.

> „Kinder aus Akademikerfamilien nehmen auch dann häufiger ein Studium auf, wenn ihre Schulleistungen unterdurchschnittlich sind. Dagegen verzichten Kinder aus Familien ohne akademische Tradition häufiger auf ein Studium, selbst wenn ihre Leistungen überdurchschnittlich ausfallen." (Wolter 2011:10)

1.1.2 Daten zum Gender Gap

Studium und Beruf

Zur Bewertung der Gleichstellung von Frauen und Männern in der BRD liefert der Genderdatenreport entsprechende Grundlagen (Cornelißen 2005). Es werden

Daten zur sozialen Lage sowie zur Lebensführung von Frauen und Männern ausgewertet und interpretiert. Aus Perspektive der Physikdidaktik sind insbesondere
die Daten zur Studienwahl von Interesse. Im internationalen Vergleich zeigt sich
ein sehr unterschiedliches Bild des Frauenanteils in den MINT-Fächern.[4] Während in Portugal eine nahezu paritätische Situation erreicht wird (49,8% Frauen in
MINT-Studienfächern), liegt der Frauenanteil unter den Studierenden naturwissenschaftlicher Fächer in Deutschland bei 33% und damit unter dem Durchschnitt der
15 alten EU-Länder. Werden die Naturwissenschaften differenziert nach Physik,
Chemie und Biologie betrachtet, so ergibt sich ein noch geringerer Frauenanteil
in Physik. Trotz intensiver Werbemaßnahmen konnte dieser Anteil kaum erhöht
werden. In Teil IV wird ein Vergleich entsprechender Daten von Deutschland und
Bosnien-Herzegowina vorgestellt, siehe Kapitel 23.3.1.

In den 20 von Frauen am häufigsten gewählten Studienfächern kommt Physik
nicht vor, Biologie steht an 8. und Chemie an 16. Stelle. Bei Männern steht Physik in der Studienwahl an 10. Stelle, die Fächer Biologie und Chemie folgen an
16. und 17. Stelle. Obwohl der Anteil der Frauen unter den Studienanfänger_in-
nen nahezu gleich hoch wie jener der Männer ist, sind in den höheren Stadien der
akademischen Laufbahn über alle Fächer gerechnet nach wie vor Männer überre-
präsentiert. Der Anteil aller weiblichen Professor_innen lag 2002 bei 12,8%, der
Anteil an männlichen C4-Professor_innen lag bei 91,4%.

Betrachtet man Aspekte wie Gehalt und Aussicht auf Beschäftigung, die einen
Beruf attraktiv machen, so sind naturwissenschaftliche Berufe im nicht-öffentlich-
en Sektor für Frauen weniger attraktiv. Frauen sind fast doppelt so häufig von
Arbeitslosigkeit betroffen (Steurer 2015) und sie verdienen um teilweise mehr
als 20% weniger als ihre männlichen Kollegen. Erklärt werden die großen Unterschiede u.a. damit, dass die Berufslaufbahn von Frauen familienbedingt häufig
unterbrochen ist und daher keine Gehaltsprogression im selben Maße besteht (Ge-
halt.de 2012). Dass dies allerdings nicht die alleinige Ursache darstellt, ist an den
Gehaltsunterschieden ersichtlich, die bereits zu Beginn der Berufslaufbahn in den
Einstiegsgehältern von Frauen und Männern existieren.

Schule, Leistungskurse, Abitur

In der von der DPG durchgeführten Studie zum Wahlverhalten von Schülerinnen
und Schülern bezogen auf das Fach Physik (Heise et al. 2014) kommen die Au-
tor_innen zum Schluss, dass in allen Bundesländern sowohl in der Sekundarstufe
I als auch in der Qualifikationsphase zum Abitur der Anteil der Schülerinnen erheblich unterrepräsentiert ist.

---

[4] MINT steht für Mathematik, Informatik, Naturwissenschaften und Technik

Der Anteil der weiblichen Schüler-innen , die in der Sekundarstufe I einen naturwissenschaftlichen Schwerpunkt wählen, beträgt 33%. Der Anteil jener, die in
der Sekundarstufe II Physik wählen, beträgt 24%. Daten zum Anteil von Frauen
unter den Physikabiturient-innen liegen nur für die Bundesländer Bayern, Berlin
und Brandenburg vor. Unter allen Abiturientinnen haben 3-6% Physik als Abitur-
fach.

Die Autor-innen betonen, dass die geringe Beteiligung von Schülerinnen im
Bereich Physik ein gesellschaftliches Problem darstellt.

> „Dass es nur sehr bedingt gelingt, Mädchen in größerer Zahl für die Physik zu gewinnen –
> womit wichtige Zukunftschancen vergeben werden – erscheint als gesamtgesellschaftliches
> Problem. Mit der Arbeit in diesem Bereich dürfen die Physiklehrkräfte nicht alleine gelassen
> werden." (Heise et al. 2014:11)

Weniger als 10% der in dieser Studie befragten Schulen gaben an, Maßnahmen zur
gezielten Förderung von Mädchen im Bereich Physik zu setzen.

Auch in Initiativen zur Begabtenförderung, wie etwa bei Physikolympiaden
sind Schülerinnen erheblich unterrepräsentiert. Im Februar 2014 traten die „52
besten Physikschülerinnen und –schüler Deutschlands" (Petersen 2014) zum Auswahlwettbewerb für die 45. Internationale Physikolympiade an. Unter den 15 Sie-
ger-innen waren zwei Schülerinnen. Im vom IPN (*Institut für Pädagogik der Naturwissenschaften*) in Kiel als Wettbewerbsleitung ausgehenden und an die Fachlehrkräfte adressierten Schreiben wurde schon vor einigen Jahren auf diesen Missstand hingewiesen und es wurden die Lehrkräfte explizit aufgefordert, auch Schülerinnen zur Teilnahme zu ermuntern.

> „Es ist festzustellen, dass leider immer noch verhältnismäßig wenig Mädchen an diesem
> Wettbewerb teilnehmen. Daher möchten wir Sie bitten, insbesondere diese zu ermuntern,
> die Aufgaben zu bearbeiten. Wir freuen uns sehr über Ihre Mitarbeit und wünschen Ihnen
> sowie Ihren Schülerinnen und Schülern viel Erfolg." (Petersen 2011)

Forschung und Entwicklung

Zur Erfassung des Outputs an Forschung und Entwicklung gelten Patente und Publikationen als geeignete Indikatoren (Haller et al. 2007; Grupp 1997). Patente
repräsentieren als „schutzrechtliche Sicherung einer technischen Erfindung, die
durch qualitativ neue Merkmale gekennzeichnet ist" (Haller et al. 2007:9), die
technische Entwicklung, dagegen repräsentieren wissenschaftliche Publikationen
neue wissenschaftliche Erkenntnisse und deren Verbreitung. Im Folgenden ist die
Verteilung von Frauen auf Basis der Indikatoren *Erfinderbeitrag* und *Autorenbeitrag*[5] dargestellt.

---

[5] Auf die Unterscheidung der Indikatoren *Erfinder-/Autorenbeteiligung*, *Erfinder-/Autorennennung*
und *Erfinder-/Autorenbeitrag* wird hier nicht weiter eingegangen. Siehe dazu Haller et al. 2007.

Im internationalen Vergleich sind die Beiträge von Frauen an Erfindungen in Australien (16,3%) und Spanien (15,8%) am höchsten, in Deutschland liegt die Frauenbeteiligung bei 4,9%, Österreich bildet das Schlusslicht mit 3,7%. (Haller et al. 2007:34)

Differenziert nach Technologiefeldern ist der Anteil von Frauen am *Erfinder-beitrag* in der Pharmazie am höchsten (ca. 21,2%), im Bereich Energie-Maschinen mit 1% am geringsten. Auch im Bereich der Optik fällt der Anteil an Erfinderinnen mit 2,6% sehr gering aus.

Im an wissenschaftlichen Publikationen messbaren Forschungsoutput ist der Frauenanteil nach *Autorenbeitrag* in Italien am höchsten (32,8%) und in Deutschland (19,3%) und der Schweiz (19,2%) am geringsten. Deutschland bildet damit das Schlusslicht unter den untersuchten EU Ländern (Haller et al. 2007:14).

Mit den hier dargestellten Befunden wurden Disparitäten in Bezug auf Geschlecht und in Bezug auf Sprache/Herkunft auf unterschiedlichen Ebenen naturwissenschaftlicher Bildung veranschaulicht. Der nun folgende Teil widmet sich den Erklärungsansätzen dieser Schieflagen.

1.2 Erklärungsansätze der Schieflagen

1.2.1 Politische Gründe

Einwanderungspolitische Gründe

Als Erklärung für die Disparitäten in der Bildungsbeteiligung von Schüler_innen „mit und ohne Migrationshintergrund" werden häufig die unterschiedlichen Migrationspolitiken der Zielländer herangeführt. Eine diesbezügliche Interpretation gibt es für die Schweizer Daten. In der Schweiz sind die Leistungen der Schülerinnen und Schüler „mit Migrationshintergrund" schlechter als jene der Schülerinnen und Schüler ohne Zuwanderungsgeschichte. Seit der ersten PISA Erhebung 2000 konnte bis 2009 eine Verbesserung im Bereich der Lesekompetenz festgestellt werden. Die Annahme, dass die Verbesserung der Leseleistung auf verstärkte Bemühungen zur Förderung der Unterrichtssprache zurückzuführen sei, wird jedoch von der Schweizerischen Koordinationsstelle für Bildungsforschung (SKBF) nicht unterstützt. In einer von der SKBF durchgeführten Studie kommen die Autor_innen zu dem Schluss, dass insbesondere der Paradigmenwechsel in der Schweizer Migrationspolitik, seit den 1990er Jahren gezielt hochqualifizierte Menschen anzuziehen, zu den verbesserten Werten führte. Der Anstieg der Leseleistung um 43

Punkte, was in etwa einem Schuljahr gleichzusetzen wäre, wird auf die Veränderung des sozioökonomischen Hintergrunds der Migrantenkinder zurückgeführt. Die Autor_innen betonen explizit, dass die großen Leistungsunterschiede nicht dem Bildungssystem sondern vielmehr einer Migrationspolitik zuzuschreiben seien (Cattaneo & Wolter 2012). Wolter kritisiert, dass bei PISA die Einwanderungspolitik bei der Interpretation der Ergebnisse zu wenig Berücksichtigung finde und die großen Leistungsunterschiede lediglich auf mangelnde Integrationspolitik zurückgeführt werde. Die klassischen Einwanderungsländer Kanada und Australien seien ein Beispiel dafür, dass selektive Einwanderungspolitik in diesem Kontext stärker zu berücksichtigen wäre.

Bildungspolitische Gründe

Dass die Bildungspolitik des Migrationsziellandes offenbar doch einen bedeutenden Einfluss auf die Bildungsverteilung hat, zeigt sich in den nationalen Unterschieden bezüglich der Leistungen von immigrierten Schülerinnen und Schülern gleicher sozioökonomischer und nationaler Herkunft. Beispielsweise zeigen Schüler_innen türkischer Herkunft, die in Belgien leben, bessere Leistungen als türkische Schüler_innen „mit Migrationshintergrund" und ähnlichem sozioökonomischem Status, die in Finnland leben. Es kann daher davon ausgegangen werden, dass Schule und Bildungspolitik in den Migrationszielländern die Schulleistungen der Schülerinnen und Schüler erheblich beeinflussen (OECD 2014:90).

Um zu einem kohärenten Bild sozialer Ungleichheit zu gelangen, analysierten Solger und Dombrowski die Daten aus IGLU und PISA und konnten verschiedene Strukturebenen sozialer (Bildungs-)Ungleichheit feststellen (Solga & Dombrowski 2009:11).

Zu den Ergebnissen ihrer Analyse zählen, dass von einer Reproduktion und Weitergabe von sozialer Ungleichheit auszugehen ist und dass es eine spezifische Benachteiligung gibt, welche allein darauf beruht, dass der *Migrationshintergrund* als solcher bei gleicher sozialer Herkunft im Bildungssystem relevant wird. Jugendliche türkischer und italienischer Herkunft sind besonders benachteiligt. Zudem stellen die Autorinnen fest, dass im deutschen Schulsystem das Beherrschen der Unterrichtssprache eine größere Rolle für Kompetenzerwerb und Schultypbesuch spielt als in anderen Ländern. (Solga & Dombrowski 2009:26).

> „Dies signalisiert, dass Lernen, Unterricht und Allokationsprozesse im deutschen Schulsystem sehr sprachbetont sind. Von daher ist hier im Unterschied zur gängigen Praxis zu fragen, ob Benachteiligungen aufgrund von Sprachschwierigkeiten wirklich ein „Defizit" der Schülerinnen und Schüler oder nicht eher ein Defizit der deutschen Schule sind." (Solga & Dombrowski 2009:27)

Aufgrund dieser Befunde liegt nach Solga und Drombowski die Vermutung nahe, dass

> „die Ursachen für das schlechte Abschneiden von Schülerinnen und Schülern mit Migrationshintergrund in Deutschland nicht nur auf der individuellen Ebene – einseitig bei Betroffenen und ihren Familien oder bei den Lehrenden – zu finden sind, sondern dass es innerhalb des deutschen Bildungssystems Mechanismen gibt, die den Bildungserfolg von Kindern mit Migrationshintergrund behindern." (Solga & Dombrowski 2009:30)

1.2.2 Personenbezogene Gründe

Interesse

Für die Geschlechterdisparitäten in der naturwissenschaftlichen Bildung werden aktuell das Interesse von Schülerinnen und das Image der Physik als Erklärungen herangezogen. Mit der groß angelegten IPN-Interessensstudie Physik wurde das Sach- und Fach-Interesse an Physik von etwa 8000 Schüler_innen erhoben. Die Autor_innen gingen der Frage nach den Ursachen für das geringe Sach- und Fach-Interesse der Schüler und insbesondere der Schülerinnen am Fach Physik nach. Das geringe Interesse von Mädchen wurde darauf zurückgeführt, dass der Unterricht generell zu wenig an der Lebenswelt von Schüler_innen orientiert ist und wenn, dann tendenziell an der Lebenswelt von Schülern als an jener von Schülerinnen (Hoffmann et al. 1998a). Auf Basis der Ergebnisse wurden Leitfragen für einen interessensförderlichen Unterricht erarbeitet. Beispiele dafür sind:

> „Wird Schülerinnen und Schülern Gelegenheit gegeben, zu staunen und neugierig zu werden, und wird erreicht, daß daraus ein Aha-Erlebnis wird?
> Wird erreicht, daß Schülerinnen und Schüler einen Bezug zum Alltag und zu ihrer Lebenswelt herstellen können?
> Wird dazu angeregt, die Bedeutung der Physik für den Menschen und die Gesellschaft zu erkennen und danach zu handeln?
> Wird vorzeitige Abstraktion vermieden zugunsten eines spielerischen Umgangs und unmittelbaren Erlebens?" (Häußler & Hoffmann 1998:53)

Image

Dass das Interesse auch wesentlich von Geschlechterzuschreibungen bedingt ist, zeigen Studien wie jene von Kessels und Hannover (Hannover & Kessels 2004; Kessels 2002). Demnach wird Physik als „Jungenfach" eingeschätzt, Musik und Kunst eher als „Mädchenfächer". Das geringere Interesse von Schülerinnen an Physik ist damit verbunden, ein „richtiges" Mädchen sein zu wollen. Ein Interesse an Physik widerspricht der Charakteristik eines Mädchens, das Selbst der Schülerin ist mit dem Image des Prototyps von MINT-Fächern nicht kompatibel, Physikprototypen gelten als unweiblich. Zudem nehmen Schülerinnen an, dass Mädchen, die sich für Physik interessieren, für Jungen weniger attraktiv sind. Ein Interesse an Physik zu haben, würde also insbesondere in der Adoleszenz mit psychologischen Kosten verbunden sein. Der Fach-„Prototyp" für Physik im Vergleich zu neusprachlichen Fächern ist intelligent, verfügt aber über eher geringe soziale Kompetenz, ist wenig kreativ und wenig emotional (Hannover & Kessels 2004). Dass das *Self-to-prototype-matching* auch für Lehrer_innen unterschiedlicher Unterrichtsfächer anwendbar ist und die Studienwahl von Lehramtsstudierenden mitbeeinflusst, konnte in einer weiteren Studie gezeigt werden (Kessels & Taconis 2011).

> „Besonders in der Pubertät, in der Jungen und Mädchen ihre Geschlechtsidentität aufbauen, führt das Image der Physik als männliches Fach dazu, dass Mädchen sich von der Physik abwenden. Geschlechtsstereotype bestimmen aber darüber hinaus auch, wie Jungen und Mädchen erzogen werden, wie Lehrerinnen und Lehrer mit ihnen umgehen, welches Selbstbewusstsein Jungen und Mädchen entwickeln, usw." (Wodzinski 2009:584)

Als Faktoren werden unterschiedliche Vorerfahrungen, Selbstbilder und Interaktionsmuster auf der Seite der Schüler_innen sowie eine an Jungen orientierte Unterrichtsgestaltung genannt (Wodzinski 2009:586).

Zu den Maßnahmen, welche dem *Gender Gap* entgegenwirken sollen, zählen bildungspolitische Maßnahmen wie Koedukation, wobei nach aktuellen Erkenntnissen temporäre Monoedukation überlegenswert wäre (Kessels 2002), didaktische Maßnahmen wie z.B. die Anknüpfung des Unterrichts an Interessen von Schülerinnen (Zwiorek 2006), außerschulische Maßnahmen wie z.B. Mädchenprojekte und entsprechende Lehrer_innentrainings und Reattribuationstrainings (Wodzinski 2009:587f).

1.2.3 Selbstselektion und Fremdselektion

Grundsätzlich kann die Tatsache eines Bildungserfolgs oder Bildungsmisserfolgs mit zwei unterschiedlichen Ansätzen betrachtet werden: der Selbstselektion sowie der Fremdselektion (Radtke 2013b). Geht man vom Ansatz der Selbstselektion aus, so werden die Ursachen des Bildungsmisserfolgs primär in den Individuen bzw. den Gruppen selbst verortet, beispielsweise indem dieser Gruppe bestimmte Defizite zugeschrieben werden.

Geht man hingegen von Fremdselektion aus, stehen Themen wie bestimmte Selektionspraktiken, institutionelle und strukturelle Diskriminierung im Vordergrund (Gomolla 2010; Radtke 2013a). Die überproportionale Sonderschulzuweisung von Kindern „mit Migrationshintergrund" ist ein Beispiel hierfür (Gomolla 2010; Kornmann 2010).

Durch die Redeweise von „Kindern mit Migrationshintergrund" werden, wie Radtke konstatiert, Fremd- und Selbstselektion zunehmend ununterscheidbar gemacht, weil sie die Möglichkeit bietet, verhaltensdeterministische und individualisierende Zuschreibungen als Erklärung zu benutzen.

In der aktuellen Bildungsforschung ist Selbstselektion die dominante Forschungslinie, um Unterschiede im Bildungserfolg zu erklären. Fokussiert wird auf die Individualebene, wie etwa die familiale literale Sozialisation (Bos et al. 2007), den sozioökonomischen Hintergrund oder die familiale Sprachpraxis (Stanat 2006). Bildungsbenachteiligung wird vorranging als Effekt individueller und familiärer Defizite erforscht und weniger als Produkt schulischer und institutioneller Praxen.

Radtke formuliert deutliche Kritik an der aktuellen Situation. Die Ursachen für die mangelnde Forschung zu fremdselektiven Ansätzen vermutet er einerseits in der Zugänglichkeit des Forschungsgegenstandes, andererseits aber auch in der Vergabe von Forschungsmitteln und der damit verbundenen Steuerung von Forschung.

> „Im Unterschied zu den Merkmalen der Eltern und Kinder sind die Selektionsmechanismen in Organisationen nur schwer zugänglich. Es kann aber auch an der Forschungsförderung liegen, daran, dass bestimmte Forschungsstränge politisch bevorzugt werden. Zwischen den politischen Auftraggebern und den von Drittmitteln abhängigen Forschern dürfte zumindest ein wechselseitiges Erwartungsverhältnis bestehen." (Radtke 2013a)

Auf die Frage zu anderen Forschungslinien meint Radtke:

> „Ich habe den Eindruck, dass auch in der Bildungsforschung nicht "in alle Richtungen ermittelt" wird. Man müsste bei der Forschungsförderung darauf achten, dass auch die Spuren im Bildungssystem verfolgt werden, die für Schule und Politik nicht so angenehm sind. Ein Bildungssystem, das einen von der Herkunft unabhängigen Bildungserfolg nicht garantieren kann, ist in einer modernen Einwanderungsgesellschaft ein Skandal. Ein Skandal, der nicht so ohne weiteres mit ein paar zusätzlichen Förderstunden und Kindergartenplätzen zu erledigen ist." (Radtke 2013a)

Kritik übt Radtke auch an der Konstruktion des Merkmals *Migrationshintergrund*.

> „Der unerwünschte Zustand mangelnden Schulerfolgs und darauf folgender sozialer Desintegration wird auf ein nationales, ethnisches, sprachliches und religiöses Kollektiv und seine „bis ins dritte Glied" unverlierbaren Eigenschaften zugerechnet. „Migrationshintergrund" ist die modernste, wissenschaftlich eingekleidete Formulierung des Gegensatzes von „Wir" und „Sie", der die Integrationsdebatte und ihre mediale Repräsentation wie ein roter Faden durchzieht." (Radtke 2013b:7)

Den aktuellen Maßnahmen zur Bildungsförderung prognostiziert Radtke mäßigen Erfolg, weil sie auf mikropolitischer Schulebene ansetzen und damit nicht an jenen makropolitischen Hebeln rühren, welche die eigentliche Verteilung von Macht regeln.

„Versuche, die normativ vermißte Egalität von Bildungschancen durch sozialtechnische Maßnahmen zu erhöhen, scheitern nicht, weil die Erkenntnisse fehlen, sondern weil die Ziele selbst umkämpft sind: Die Durchsetzung einer gerechteren Verteilung von Bildungschancen ist vorrangig keine wissenschaftliche, keine technische und auch keine moralische, sondern eine Frage der Macht, die vor dem Hintergrund des makropolitisch determinierten ›Einwanderungsklimas‹ in einem Gemeinwesen prominent auf der Ebene der Mikropolitik der Schulen ausgefochten wird." (Radtke 2008:7)

Strukturelle Veränderungen sieht Radtke als wesentliche Bedingung für die Wirksamkeit von Fördermaßnahmen. Als Beispiel verweist er auf die Bildungsbeteiligung der vielzitierten „Katholischen Arbeitertochter vom Land" als synonym für Mehrfachbenachteiligung (Dahrendorf 1966), welche nicht aufgrund eines "Förderunterrichts für Mädchen" (Radtke 2013a) an der Universität angekommen sei, sondern aufgrund von gesellschaftspolitischen Änderung des Frauenbildes sowie erheblichen struktureller Änderungen, wie etwa mehr Studienplätzen, mehr Bildungsangeboten und mehr Schulen in ruralen Gegenden.

Woran sind also selbstselektive Ansätze zu erkennen? Ein Indiz hierfür könnte der Ruf nach Fördermaßnahmen sein. So wurden etwa in der PISA-Studie über die Zugehörigkeit zu Kompetenzstufen Risiko- und Spitzengruppen definiert. Zur Risikogruppe zählen jene Schüler_innen, die sich auf Kompetenzstufe I befinden. In dieser Gruppe ist der Anteil an Schüler_innen „mit Migrationshintergrund" besonders hoch.

„Ein erheblicher Anteil der 15-Jährigen erreicht in den Basisqualifikationen Lesen und Mathematik nicht das Bildungsminimum, das für selbstständiges Weiterlernen und das Erlernen eines zukunftsfähigen Berufs vorausgesetzt wird. Damit erfüllt die Schule eine elementare Qualifikationsaufgabe nur unzureichend." (Baumert 2008)

Risikoschüler_innen müssen zum Ausgleich der Bildungsdefizite stärker in den Blick genommen und gefördert werden. Entsprechende Professionalisierungsmaßnahmen der Lehrer_innen dienen der möglichst wirksamen Umsetzung der entsprechenden Fördermaßnahmen.

1.2.4 Zwischenfazit

Die Identifikation einer „förderbedürftigen Gruppe" kann als Indiz für *selbstselektive* Ansätze herangezogen werden. Dementsprechend konzentriert sich die Forschung auf die Merkmale dieser Gruppe und ihrer Mitglieder. Geforscht wird daher vordergründig auf Identitiätsebene. Damit bleiben andere Ursachen, etwa auf struktureller Ebene, unbeleuchtet (vgl. intersektionale Analyseebenen, Kapitel 8.3).

Die Ununterscheidbarkeit von Fremd- und Selbstselektion wird auch deutlich, wenn vom „Versagen der Schule" die Rede ist. Ist dieses Eingeständnis bereits ein

Zeichen für einen fremdselektiven Ansatz, da er auf die Institution Schule rekurriert? Nicht unbedingt, denn ein wesentliches Merkmal des Ansatzes der Fremdselektion ist es, Praktiken der Diskriminierung und der Existenz von Barrieren anzunehmen. Werden Barrieren innerhalb der Strukturen hingegen nicht thematisiert
und entsprechend auch nicht untersucht, so spricht dies eher für einen selbstselek-
tiven Ansatz, auch wenn die Rhetorik vom „Versagen der Schule" einen anderen
Eindruck erwecken mag. Das Problem wird als pädagogisches Problem aufgefasst,
die Lösungsansätze sind entsprechend pädagogische und in Hinblick auf hegemoniale Strukturen tendenziell unkritisch. Zu den Lösungsansätzen zählen die verstärkte Sprachförderung und Sprachbildung sowie die entsprechende Ausbildung
der Lehrkräfte. Zur Terminologie diese Ansatzes zählen u.a. die Begriffe *Ressourcen, Probleme/Defizite, Förderung, Professionalisierung, Qualifikation* und *Kompetenzen.*

Im Gegensatz dazu stehen im Ansatz der *Fremdselektion* Exklusionspraktiken
im Vordergrund, die nicht als Versäumnisse pädagogischen Handelns zu sehen
sind, sondern als aktive Prozesse. Thematisiert werden daher soziale Ordnungs-
prinzipien, die zur Aufrechterhaltung der hegemonialen Strukturen beitragen. In
Bezug auf Sprache und die monolingual deutsche Schule wird etwa deren politische Dimension in ihrer historischen Entwicklung thematisiert und hinterfragt
(Gogolin 1994). Ein die sprachliche Bildung der Schüler_innen fördernder Unterricht und eine entsprechende Ausbildung der Lehrer_innen sind begrüßenswert,
werden aber in fremdselektiven Ansätzen nicht losgelöst von machttheoretischen
Zusammenhängen betrachtet. Zentrale Termini fremdselektiver Ansätze sind u.a.
Diskriminierung, Differenzkategorien, Konstruktion, Zuschreibung und *Othering*
(siehe Kapitel11.1).

Der Terminologie des aktuellen Bildungsdiskurses ist das folgende Kapitel gewidmet.

2 Die Terminologie des aktuellen Diskurses

In diesem Kapitel werden einige Schlüsselbegriffe des insbesondere von den PISA-Ergebnissen geprägten Bildungsdiskurses vorgestellt. Ergänzend werden kritische Positionen zu den Begriffen dargestellt. Die ausgewählten Begriffe werden thematisch zu vier Themenfeldern zusammengefasst: (1) Qualifikation (*Kompetenzen, Scientific Literacy*), (2) Migration (*Migrationshintergrund, Heterogenität, Kultur*, (2) Heterogenität (*Heterogenität, Diversität/Diversity, Kultur*), (3) Sprache (*Deutsch als Zweitsprache, Mehrsprachigkeit, Bildungssprache*) und (4) Förderung (*MINT-Förderung, Sprachförderung*). Einige dieser Begriffe werden an anderer Stelle der Arbeit nochmals aufgegriffen und ausführlich behandelt. Verweise dazu werden im Text angegeben.

2.1 Qualifikation

2.1.1 Kompetenzen

Im Zentrum des neuen Bildungsbegriffs stehen Kompetenzen. Das Referenzzitat zu Kompetenz, auf das u.a. auch Eckhard Klieme (2004) rekurriert, stammt von Franz E. Weinert (2002). In seinem Text zu Leistungsmessung in Schulen erwähnt er, dass es auf einen mehrfachen Vorschlag der OECD zurückgeht, den Begriff der Leistung durch das Konzept der Kompetenz zu ersetzen.

> „Dabei versteht man unter Kompetenzen die bei Individuen verfügbaren oder durch sie erlernbaren kognitiven Fähigkeiten und Fertigkeiten, um bestimmte Probleme zu lösen, sowie die damit verbundenen motivationalen, volitionalen und sozialen Bereitschaften und Fähigkeiten um die Problemlösungen in variablen Situationen erfolgreich und verantwortungsvoll nutzen zu können." (Weinert 2002:27f)

Nach Weinert wird Kompetenz von Fähigkeit, Wissen, Verstehen, Können, Handeln, Erfahrung und Motivation bestimmt. Entsprechend der Kompetenzen[6] wurden Bildungsstandards formuliert:

> „Bildungsstandards konkretisieren die Ziele in Form von Kompetenzanforderungen. Sie legen fest, über welche Kompetenzen ein Schüler, eine Schülerin verfügen muss, wenn wichtige Ziele der Schule als erreicht gelten sollen. Systematisch geordnet werden diese Anfor-

---

[6] Zur Modellierung physikalischer Kompetenzen siehe Neumann et al. 2007a.

derungen in Kompetenzmodellen, die Aspekte, Abstufungen und Entwicklungsverläufe von Kompetenzen darstellen." (Klieme et al. 2007:21)

Der Output der Bildung, die angestrebten Ergebnisse von Bildung, werden durch diese Bildungsstandards beschrieben, die am Ende eines Lernprozesses gemessen werden. Schulleistungs- und Vergleichsstudien messen Kompetenzen. Die Ausgewogenheit in der Orientierung der Standards an Fachsystematik, funktionalen Anforderungen der Arbeitswelt und unterschiedlichen Lernvoraussetzungen und Entwicklungsbedürfnisse der Lernenden sieht Klieme „eindeutig zugunsten der funktionalen Anforderungen verschoben" (Klieme 2004:10). In einem funktionalen Bildungsverständnis haben Kompetenzen einen höheren Stellenwert als Bildungsinhalte. Die vorrangige Begründung der Kompetenzorientierung ist die Verwertbarkeit der Bildung am Arbeitsmarkt.

> „Am stärksten war dieser Trend in der beruflichen Bildung ausgeprägt, weil die Arbeitsmarkt- und Qualifikationsforschung zeigte, dass sich zukünftige berufliche Anforderungen angesichts schnellen technologischen Wandels nicht mehr rein inhaltlich spezifizieren lassen." (Klieme 2004:10)

Die „Output-Orientierung" der Bildung tritt in den Mittelpunkt: Bildung soll zum Erwerb von bestimmten Fähigkeiten, Fertigkeiten und Bereitschaften (Kompetenzen) führen. Auch Raidt stellt in ihrer Analyse den verstärkt instrumentellen Charakter von Bildung fest.

> „Die OECD sieht Bildung und Schulsystem demnach als Bestandteil des Wirtschaftssystems und weist ihnen entsprechende Funktionen zu. Alle in PISA beschriebenen Kompetenzen, von den fachlichen über die sprachlichen bis hin zu den kommunikativen Fähigkeiten, sind somit vor allem instrumentell zu sehen." (Raidt 2009:46)

Entsprechende Beschlüsse zur Einführung der Bildungsstandards in bestimmten Fächern und auf bestimmten Schulstufen wurden von der Kultusministerkonferenz 1995 und 1997 getroffen. Ob und in welchem Ausmaß Schüler_innen diese Standards erreicht haben, soll durch regelmäßige Überprüfung (Assessments) sicher gestellt werden. Seit 2004 werden die Bildungsstandards vom IQB (Institut für Qualitätsentwicklung im Bildungswesen) – einem von den Ländern gemeinsam getragenen und an der Humboldt-Universität zu Berlin angesiedelten Institut – weiterentwickelt und überprüft.

Der Begriff der *Qualifikation* ist vor PISA nahezu ausschließlich im Kontext beruflicher Bildung verwendet worden, seit PISA wird von Qualifikation auch im Kontext von allgemeinbildender Schule gesprochen, wie z.B. die „Qualifizierungsinitiative" der Bundesregierung. Die Grenzen von Allgemeinbildung und Berufsbildung verschwimmen (Raidt 2009:196).

Kritische Stimmen

Die PISA-Studie wird aus unterschiedlichen Perspektiven kritisiert. Bildungswis-
senschaftler_innen wie Svein Sjøberg appellieren, bei der Einschätzung der Bedeutung der PISA-Ergebnisse den Kontext, nämlich die wirtschaftliche Verwertbarkeit
von Bildung, nicht aus den Augen zu verlieren (Sjøberg 2007).

Kritik aus bildungstheoretischer Perspektive wird etwa von Hartmut von Hentig geäußert, der das Literacy-Konzept von PISA als nicht stringent theoretisch begründet erachtet (Hentig 2003). So undeutlich die Eingrenzung der Grundbildung
ist, so deutlich grenzen die PISA-Autor_innen die in PISA erfassten Kompetenzen
von der Allgemeinbildung ab:

> „Man kann gar nicht nachdrücklich genug betonen, dass PISA keineswegs beabsichtigt, den
> Horizont moderner Allgemeinbildung zu vermessen, oder auch nur die Umrisse eines inter-
> nationalen Kerncurriculums nachzuzeichnen. Es ist gerade die Stärke von PISA, sich sol-
> chen Allmachtsfantasien zu verweigern und sich stattdessen mit der Lesekompetenz und
> mathematischen Modellierungsfähigkeit auf Basiskompetenzen zu konzentrieren, die nicht
> die einzigen, aber wichtige Voraussetzungen für die (...) Generalisierung universeller Prä-
> missen für die Teilhabe an Kommunikation und damit auch für Lernfähigkeit darstellen."
> (PISA-Konsortium 2001:21)

Die PISA-Autor_innen betonen also, dass die durch PISA getesteten Kompetenzen
nur einen Teil der Schulbildung abdecken und keinesfalls mit Bildung oder Allgemeinbildung gleichzusetzen sind. Wie Raidt jedoch anmerkt, werden aber gerade
durch PISA bildungspolitische Konsequenzen für die Schule abgeleitet und auf
deren Basis Verbesserungen der Funktion von Schule eingefordert (Raidt 2009).

2.1.2 Von der Bildung zur Qualifikation

Tabea Raidt (2009) ist in ihrer Studie der Frage nachgegangen, was jenen Paradigmenwechsel in der Bildungspolitik ausgelöst hat, der durch Schlüsselbegriffe
wie Kompetenzen, Qualifikation, Effizienz und Humanressourcen geprägt ist und
durch die beiden zentralen Ideen *Standardisierung* und *Outputsteuerung* charakterisiert werden kann. Raidt stellt fest, dass PISA ein wesentlicher Auslöser war,
dass aber schon davor ein reformoffenes Klima bestand, das maßgeblich vom Wertewandel der 1990er Jahre beeinflusst war, in welchem Leistung und Anpassung eine Wiederaufwertung erlebten (Raidt 2009). Raidt beschreibt die normative, funktionale und katalytische Funktion von PISA:

> „Für Reformen, die nach der ersten Veröffentlichung von PISA begonnen wurden, stand
> diese [normative, T.T.] Funktion im Vordergrund. Für Reformen, die zur Zeit der Veröffent-
> lichung bereits geplant oder schon umgesetzt wurden, diente PISA vor allem als Katalysator,
> da die Reformen aufgrund des großen öffentlichen Konsenses schneller und wirkungsvoller

umgesetzt werden konnten, sowie als Legitimation, da aufgrund der umfassenden Themen-
breite der Studien sich für viele Maßnahmen (mindestens scheinbar) die entsprechenden
Argumente finden ließen." (Raidt 2009:89)

Das funktionalistische Bildungsverständnis von PISA wurde mit den neuen Reformen ins deutsche Bildungswesen übernommen. Standards, Leistungsvergleiche
und Evaluationen sind Ergebnisse dieser Reformen. Eine wesentliche Rolle in der
Argumentation spielt die internationale Konkurrenzfähigkeit (Raidt 2009:146).

Nach Raidts Analyse sind die Werte des neuen Bildungsverständnisses *Adaptivität, Relativität* und *Funktionalität*: Mit der Zunahme des Qualifikationsnive-
aus aller Berufsfelder und den raschen Veränderungen des Arbeitsmarktes besteht
ein erhöhter Druck auf die Schüler_innen zur Qualifikation und Adaptivität (Anpassung). Daher ist die zentrale Qualifikation die Fähigkeit zum „lebenslangen
Lernen". Die Ausbildungsfähigkeit und Generierung von sogenannten *Humanressourcen* sind zu einem wesentlichen Ziel geworden. *Relativität* der Bildung bedeutet, dass nicht mehr das, was zu lehren und lernen ist, im Mittelpunkt steht,
sondern das, was zu können ist. Dieses Können soll hoch adaptierbar sein, sich an
internationalen Qualifikationen orientieren und damit möglichst wenig an spezielle regionale und kulturelle Inhalte gebunden sein. In Form von Bildungsstandards
werden Kompetenzen formuliert, die im Wesentlichen mit Fähigkeiten gleichgesetzt werden. Der treffendere Begriff wäre daher eher *Kompetenzstandards* als
Bildungsstandards. Nicht Inhalte sondern *effizientes Lernen* werden zum zentralen Gegenstand der Bildungsforschung. Die Funktionalität des neuen Bildungsverständnisses zeigt sich in den verwendeten Begrifflichkeiten selbst: Es werden
besser operationalisierbare Konzepte verwendet, wie etwa das über Kompetenzen
besser konkretisierbare Konzept der Qualifikation, das einen direkten Bezug zur
Arbeitswelt und das Ziel der Verwertbarkeit impliziert.

Auch Chancengleichheit wird unter dem Funktionalitätsaspekt gesehen und
eher mit für den Arbeitsmarkt ungenutzten Humanressourcen konnotiert als mit so-
zialtheoretischen Gerechtigkeitszielen. Zu den Humanressourcen zählen: Frauen,
die aufgrund von Kinderbetreuung nicht erwerbstätig sind, Frauen und Mädchen,
die keine MINT-Berufe wählen und Schüler_innen „mit Migrationshintergrund".
Sie sollen durch Förderprogramme mobilisiert werden. Dazu zählen insbesondere die MINT-Programme und Programme zur Sprachförderung für Schüler_innen
„mit Migrationshintergrund". Dieser Logik entspricht es, Sprachbildung in der Unterrichtssprache Deutsch so effizient wie möglich zu gestalten, damit die Kompetenzvermittlung im Unterricht innerhalb der Schulzeit wirksam werden kann.

2.1.3 Scientific Literacy

In der didaktischen Diskussion der naturwissenschaftlichen Fächer besteht Konsens darüber, dass die Vermittlung von *Scientific Literacy* ein wesentliches Ziel naturwissenschaftlicher Bildung ist. Allerdings gibt es keine einheitliche Definition, was genau unter *Scientific Literacy* zu verstehen ist. Die am meisten verbreitete Auffassung ist jene, dass Schülerinnen und Schüler durch den naturwissenschaftlichen Unterricht in die Lage versetzt werden sollen, gesellschaftlich relevante Themen mitgestalten und beurteilen zu können (DeBoer & Bybee 1995; Fischer 1998; Gräber & Nentwig 2002). Nach OECD/PISA (PISA-Konsortium 2000; OECD 1999) ist *Scientific Literacy* als naturwissenschaftliche Grundbildung

> „die Fähigkeit, naturwissenschaftliches Wissen anzuwenden, naturwissenschaftliche Fragen zu erkennen und aus Belegen Schlussfolgerungen zu ziehen, um Entscheidungen zu verstehen und zu treffen, die die natürliche Welt und die durch menschliches Handeln an ihr vorgenommenen Veränderungen betreffen." (Baumert et al. 2001:25)

Neben den fachlichen werden also mit dem Konzept der Scientific Literacy auch bildungspolitische Ansprüche an den naturwissenschaftlichen Unterricht gestellt. Die naturwissenschaftliche Grundbildung umfasst nach OECD/PISA drei Aspekte: *naturwissenschaftliche Prozesse, naturwissenschaftliche Konzepte* und *Situationen*. Die Operationalisierung von Scientific Literacy erfolgt durch Aufgabenkonstruktion sowie Charakterisierung der Schüler_innenleistung hinsichtlich der beiden ersten Aspekte. Diese werden in Situationen, welche relevante Kontexte darstellen sollen, eingebettet.

In jenem, der aktuellen Bildungsdiskussion zugrunde gelegten Modell der Scientific Literacy von Bybee (1997) werden vier Stufen einer „naturwissenschaftlicher Grundbildung" benannt (vgl. Gräber & Nentwig 2002:11):

- *Nominale Scientific Literacy*: Kenntnis naturwissenschaftlicher Themenstellungen und Begriffe, die jedoch im wissenschaftlichen Sinne falsch verstanden werden,
- *funktionale Scientific Literacy*: Faktenwissen, korrekte Verwendung von naturwissenschaftlichem Vokabular und von Formalismen,
- *konzeptionelle und prozedurale Scientific Literacy*: Verständnis zentraler naturwissenschaftlicher Ideen und Verfahren, Herstellung von Beziehungen zwischen Fakten, Begriffen und Prinzipien,
- *multidimensionale Scientific Literacy*: Verständnis der Besonderheiten naturwissenschaftlichen Denkens; Fähigkeit zur Einordnung in soziale und kulturelle Zusammenhänge.

Eine die grundlegenden literalen Fähigkeiten explizierende Auffassung im Diskurs um Scientific Literacy wird insbesondere von Norris und Phillips vertreten.

Demnach ist allgemeine *Literacy* (Literalität) ein zentrales Element der Scientific Literacy (Phillips & Norris 1999; Norris & Phillips 2003; Phillips et al. 2009; Yore et al. 2007). Unterschieden wird zwischen einem *fundamental sense* (grundlegende Dimension) und einem *derived sense* (abgeleitete Dimension) von Scientific Literacy (Norris & Phillips 2003). Die grundlegende Dimension umfasst nicht nur eine naturwissenschaftsbezogene Lese- und Schreibfähigkeit, sondern fachunspezifische linguistische, kognitive und technische Fähigkeiten wie Lesen-Können, Interpretieren, Analysieren, Kritisieren (Nitz 2012). Die Generierung von naturwissenschaftlichem Verständnis im Sinne der abgeleiteten Dimension von Scientific Literacy ist ohne fundamentale Scientific Literacy nicht möglich. Für Schule und Unterricht kann daraus abgeleitet werden, dass Scientific Literacy in ihrer grundlegenden Dimension nicht nur ein auf die naturwissenschaftlichen Fächer beschränktes Bildungsziel darstellt, sondern vielmehr ein Bildungsziel aller Fächer ist. Im Diskurs um Sprachbildung und Hinführung zu Bildungssprache als durchgängigem Unterrichtsprinzip aller Fächer scheint diese Konzept von Scientific Literacy das adäquatere zu sein.

2.2 Migration

2.2.1 Migration – rechtliche Definition

Migration ist die Überschreitung von Staatsgrenzen (im Orig. „crossing of the boundary of a political or administrative unit" (UNESCO online)) für eine bestimmte Zeit. Diese Definition schließt Flucht und Dislokation gleichermaßen ein wie auch Wegzug aufgrund ökonomischer Gründe. Lediglich zweierlei Arten der Ortsveränderung von Personen fällt nicht unter diese Definition: Tourismus als eine Ortsveränderung, die keine Veränderung der sozialen Eingebundenheit der Person zur Folge hat und sowohl für die Person als auch für das soziale Umfeld am neuen Aufenthaltsort ohne weitere Konsequenzen bleibt, und organisierter Transfer von Personen, die der Ortsveränderung gegenüber passiv sind, wie z.B. organisierte sichere Unterbringung von Flüchtlingen.

Migrationshintergrund – Definition

Nach Definition der Vereinten Nationen gilt jede Person, die für mindestens ein Jahr in ein anderes Land zieht, sodass das neue Aufenthaltsland zu ihrem regulären

Wohnsitz wird, als Migrant_in (United Nations Statistical Division, Department of Economic and Social Affairs 1998).

Das Statistische Bundesamt Deutschland definiert „Personen mit Migrationshintergrund" folgendermaßen:

> „Zu den Menschen mit Migrationshintergrund zählen alle Ausländer und Ausländerinnen sowie eingebürgerte ehemalige Ausländer und Ausländerinnen, alle nach 1949 als Deutsche auf das heutige Gebiet der Bundesrepublik Deutschland Zugewanderten, sowie alle in Deutschland als Deutsche Geborenen mit zumindest einem zugewanderten oder als Ausländer/in in Deutschland geborenen Elternteil." (Statistisches Bundesamt online)

Etwa ein Drittel der Europäischen Bevölkerung unter 35 Jahren hat nach dieser Definition einen Migrationshintergrund (auf die Problematik der Begrifflichkeit „einen Migrationshintergrund zu haben" wird weiter unten eingegangen). Für das in (West-)Deutschland stattfindende Wanderungsgeschehen nach 1945 können vier Wanderungstypen unterschieden werden.

- **Aus- und Übersiedlung**: Die Aussiedler_innen stellen die größte Zuwanderungsgruppe dar. Als Aussiedler_innen werden Nachkommen der deutschen Siedler_innen bezeichnet, die als Minderheiten in geschlossenen Siedlungen im europäischen Teil des Russischen Reichs bis zur Aussiedlung lebten. Etwa jede_r vierte Einwohner_in Deutschlands hat Vorfahren, die nach 1945 aus Osteuropa zugewandert sind (Mecheril 2010c:26). Aussiedler_innen haben gegenüber anderen Einwanderungsgruppen einen deutlich privilegierteren Status, der aus dem Konstrukt der Abstammungsgemeinschaft und dem Verständnis von nationaler Zugehörigkeit herrührt. So galt bis zur Umstellung des deutschen Staatsbürgerrechtes im Jahre 2000 jede_r als Deutsche_r, die_der von Deutschen abstammte. Aussiedler_innen gelten somit als deutsche „Volkszugehörige", relativ geringe Sprachdifferenzen und massive finanzielle Eingliederungshilfen hatten letztlich einen relativ erfolgreichen Eingliederungsprozess als Konsequenz, der Aussiedler_innen allerdings nicht vor Alltagsdiskriminierung schützte (Mecheril 2010c:27).
- **Arbeitsmigration**: Im Zuge des „Wirtschaftswunders" in der zweiten Hälfte des 20. Jahrhunderts wurden Arbeitsplätze benötigt und geschaffen. Anwerbekommissionen warben Frauen und Männer aus den Peripherien Europas (Italien, Spanien, Griechenland, Türkei, Marokko, Portugal, Tunesien, Jugoslawien) an. 1955 wurde der erste Anwerbevertrag zwischen der deutschen Bundesregierung und Italien abgeschlossen. Das Ende der Anwerbung kam mit der Weltwirtschaftskrise 1973. Diese Phase wird in der Migrationsforschung als „Gastarbeiterphase" oder „Anwerbephase" bezeichnet.
- **Flucht**: Nach der Genfer Konvention von 1951 ist jede Person ein Flüchtling, die

> „infolge von Ereignissen, die vor dem 1. Januar 1951 eingetreten sind, und aus der begründeten Furcht vor Verfolgung wegen ihrer Rasse, Religion, Nationalität, Zuge-

hörigkeit zu einer bestimmten sozialen Gruppe oder wegen ihrer politischen Überzeugung sich außerhalb des Landes befindet, dessen Staatsangehörigkeit sie besitzt, und
den Schutz dieses Landes nicht in Anspruch nehmen kann oder wegen dieser Befürchtungen nicht in Anspruch nehmen will; oder die sich als staatenlose infolge solcher Ereignisse außerhalb des Landes befindet, in welchem sie ihren gewöhnlichen Aufenthalt
hatte, und nicht dorthin zurückkehren kann oder wegen der erwähnten Befürchtungen
nicht dorthin zurückkehren will." (GFK 1951:2)

Im Fluchtzielland wird das Leben von Flüchtlingen durch den juristischen
Diskurs bestimmt. Um Asyl zu bekommen, ist ein Asylantrag zu stellen. In
Deutschland sind die einzelnen formalen Schritte des Asylantrags rechtlich
vorgeschrieben. Menschen, die einen Asylantrag gestellt haben, werden als
Asylbewerber-innen bezeichnet.

- **Irreguläre Migration**: Die irreguläre Migration hat insbesondere in den
  1980er Jahren nach dem Fall der Berliner Mauer und dem Zerfall der sozialis-
  tischen Regime zugenommen. Irreguläre Migration bezeichnet eine illegitime
  Grenzüberschreitung, etwa ohne Papiere und/oder ohne gültige Arbeitserlaub-
  nis. Wird der Asylantrag abgelehnt, werden Flüchtlinge aufgefordert, binnen
  kurzer Zeit das Land zu verlassen. Tun sie dies nicht, ist ihr Aufenthalt in
  Deutschland illegal. Die Bezeichnungen *sans papier*, „papierlose" Flüchtlinge oder *illegalisierte Menschen* werden als Alternative zum stigmatisierenden
  Begriff des „illegale Menschen" verwendet (vgl. auch das Netzwerk „kein
  mensch ist illegal" (kmii Köln online)). Diese Menschen sind nahezu vollständig rechtlos und müssen quasi „unsichtbar" sein.

2.2.2 „mit Migrationshintergrund"

Ist von Menschen bzw. *Schüler-innen „mit Migrationshintergrund"* die Rede, so
sind in den Medien, die den Diskurs widerspiegeln, in der Regel nicht die Kinder
eines französischen Journalisten oder einer aus den USA stammenden Lehrerin
gemeint, sondern vielmehr Menschen, die vormals als *Gastarbeiter* bzw. *Auslän-
der* bezeichnet wurden, sowie deren Kinder (zur Entwicklung des Diskurses siehe
Kapitel 11.1). Mecheril und Teo schlagen das Konzept der *Anderen Deutschen* vor
und meinen damit Menschen, die wesentliche Teile ihrer Sozialisation in Deutschland erlebt und die Erfahrung gemacht haben und machen, aufgrund sozialer oder
physiognomischer Merkmale nicht dem fiktiven Idealtyp des oder der Standard-
Deutschen zu entsprechen, weil ihre Eltern oder nur ein Elternteil oder ihre Vorfahren als nicht-deutsch betrachtet werden (Mecheril & Teo 1994:177). Demnach
ist eine Person *„mit Migrationshintergrund"* ein Konstrukt der Mehrheitsgesellschaft, die dieser Person aufgrund von physiognomischen und sozialen Merkmalen

weitere Merkmale attribuiert, wie etwa *kulturelle Zugehörigkeit*, die der Identität der Person zugesprochen wird. Diese Identifikation mit einer Kultur geht also nicht von der Person aus sondern wird ihr von der Mehrheitsgesellschaft zugesprochen. Mecheril und Teo gehen nicht davon aus, dass es den Standard-Deutschen tatsächlich gibt, vielmehr ist auch dieser ein ideales Konstrukt in der Vorstellung der Mehrheitsgesellschaft. Da damit alle Deutschen selbst vom Standard-Deutschen abweichen, wäre jeder reale Deutsche ein *Anderer* Deutscher. Hier spezifizieren Mecheril und Theo die Anwendbarkeit des Konzepts auf all jene Gruppen, die aufgrund von Abweichungen diskriminiert werden, insbesondere auf Gruppen, denen eine nicht-deutsche ethnische oder kulturelle Herkunft zugesprochen wird. Der Migrationshintergrund liefert keine Aussage über die Sprache(n), über die eine Person verfügt. Die Unterstellung eines „Sprachförderbedarfs" von Menschen „mit Migrationshintergrund" ist daher ebenfalls als Zuschreibung zu sehen. In Kapitel 11.1 werden die Termini *Migrationshintergrund* und *Migrationsandere* im Zusammenhang mit Migrationspädagogik nochmals thematisiert.

2.2.3 Migrationsgesellschaft

Im Gegensatz zu Einwanderungsgesellschaft umreißt der Begriff Migrationsgesellschaft ein weiteres Spektrum. Der Begriff der Einwanderung und die Bezeichnung Deutschlands als Einwanderungsland hatte insbesondere eine historisch-politische Funktion, weil er als Statement die Zugehörigkeit der eingewanderten Personen betonte (im Gegensatz zur politischen Position „Deutschland ist kein Einwanderungsland"). Da der Begriff der Einwanderung wesentliche bildungsrelevante Migrationsphänomene ausblendet (s.o.), ist der für die pädagogische Reflexion angemessenere Terminus jener der Migrationsgesellschaft.

Mecheril nennt als Beispiele die folgenden Phänomene, die durch den Begriff *Migration* im Gegensatz zu *Einwanderung* erfasst werden (Mecheril 2010c:11):

- Phänomene der Ein- und Auswanderung sowie der Pendelmigration
- Formen regulärer und irregulärer Migration
- Vermischung von Sprachen und kulturellen Praktiken als Folge von Migration
- Entstehung von Zwischenwelten und hybriden Identitäten
- Phänomene der Zurechnung auf Fremdheit
- Strukturen und Prozesse alltäglichen Rassismus
- Konstruktionen des und der Fremden
- Erschaffung neuer Formen von Ethnizität
- Migrationsgesellschaftliche Selbstthematisierung: Diskurse über Migration oder „die Fremden"

2.3 Heterogenität

2.3.1 Heterogenität – Begriffsklärung

In den letzten Jahren ist zu beobachten, dass im Bildungsdiskurs der Begriff Migrationshintergrund durch die Begriffe Heterogenität oder Diversität abgelöst wurde. Die Gesellschaft für Didaktik der Chemie und Physik (GDCP) veranstaltete ihre 41. Jahrestagung an der Universität Bremen im September 2014 zum Thema „Heterogenität und Diversität – Vielfalt der Voraussetzungen im naturwissenschaftlichen Unterricht" (Bernholt 2015). Generell ist eine „Konjunktur des Konzepts der Heterogenität" (Koller 2014) in der deutschsprachigen Erziehungswissenschaft festzustellen. *Sprachförderung*, *Deutsch als Zweitsprache* und *Umgang mit Heterogenität* werden nahezu synonym verwendet, wie auch die methodische Überlegung zu einer Analyse zeigt, mit welcher Lehramtsstudien in allen deutschen Bundesländern auf ihren Anteil an *Sprachförderung* und *Deutsch als Zweitsprache* hin untersucht werden sollten (Baumann & Becker-Mrotzek 2014). Laut Autor_innen der Studie hat es sich als methodisch sinnvoll erwiesen, auch nach Begriffen wie *heterogen-* und *interkultur-* zu suchen, da auch diese als Stichwörter für Sprachförderung „im weiteren Sinne" fungieren:

> „Sprachförderung und Deutsch als Zweitsprache wird in dieser Analyse im weiteren Sinne aufgefasst, indem auch Module mit Stichwörtern wie heterogen- und interkultur- im Titel als Treffer gewertet werden. Dieser Blick scheint der Thematik angemessen: Studierende müssen im Umgang mit sprachlich und kulturell heterogenen Klassen nicht ausschließlich über linguistisches Wissen sowie sprachdiagnostische und Sprachförderkompetenz verfügen. Es geht auch um ein Bewusstsein für eine durch Migration geprägte Gesellschaft und die Entwicklung interkultureller Kompetenzen." (Baumann & Becker-Mrotzek 2014:69)

Mit der Konjunktur des Begriffs Heterogenität ist jedoch keine, wie etwa Koller und andere Erziehungswissenschaftler_innen konstatieren, theoretische Schärfung oder begriffliche Präzisierung des Heterogenitätskonzepts verbunden (Koller 2014; Mecheril & Vorrink 2014; Walgenbach 2014a). Nach Koller stellen sich in diesem Zusammenhang drei Fragen: (i) die Frage nach einer präziseren begrifflichen Fassung und einer theoretischen Einordnung des Konzepts, (ii) die Frage, worauf die Konjunktur des Konzepts zurückzuführen ist und (iii) die Frage, welche Erkenntnisse und welche Probleme mit dem Konzept verbunden sind (Koller 2014:10).

Auf didaktischer Ebene wird Heterogenität vordergründig als didaktische Herausforderung diskutiert (Walgenbach 2014a:32). Es ist vom „Umgang mit Heterogenität" und von „Heterogenität als Chance" die Rede. Diese Bedeutungsdimension von Heterogenität ist auch auf bildungspolitischer Ebene, wie etwa in den inhaltlichen Standards in der Lehrer_innenbildung der Kultusministerkonferenz zu finden, wenn von „Heterogenität und Vielfalt als Bedingung von Schule und

Unterricht" die Rede ist (Kultusministerkonferenz 2005:5). Auf die „Herausforderung im Umgang mit Heterogenität" wird von didaktischer Seite insbesondere mit Unterrichtskonzepten zu *Differenzierung, Individualisierung* und *Gemeinsamem Unterricht* reagiert. Aus der Perspektive sozialer Ungleichheit ist das Konzept von Heterogenität als „didaktischer Herausforderung" die Reduktion eines Differenzdiskurses auf didaktische Fragen, eine „Pädagogisierung sozialer Ungleichheit" (Mecheril & Vorrink 2014:106) und daher als problematisch zu bewerten (Walgenbach 2014a).

2.3.2 Diversität, Diversity

Die Termini *Diversität* oder *Diversity* werden seit Anfang der 1990er Jahre im deutschsprachigen Raum verwendet. *Diversity* wird als Bereicherung für Unternehmen dargestellt, *Diversity Management* gilt als Mittel zum wirtschaftlichen Erfolg, weil damit unterschiedliche Potenziale ausgeschöpft werden können. Damit ist eine Entpolitisierung von Diversität („Vielfalt") verbunden, die von vielen Forscher‗innen aus machtkritischer Perspektive als problematisch erachtet wird. Mecheril sieht in Diversity:

> „die raffinierte Fortsetzung von Machtverhältnisses mit auf den ersten Blick irgendwie „achtbar wirkenden" Mitteln." (Mecheril 2007:online)

Mineva und Salgado betonen den Instrumentalisierungscharakter:

> „Konzepte, die (kulturelle) »Vielfalt« einfordern, verfestigen zugleich Zugehörigkeitsordnungen und zementieren zugewiesene Subjektpositionen, instrumentalisieren letztlich die »Anderen«." (Mineva & Salgado 2015:248)

Dhawan (zitiert nach Schirilla) attestiert das Fehlen von Dekonstruktion bestehender Strukturen:

> „Ebenso betonen diese Ansätze Nutzen und Gewinn von Vielfalt, ohne dass eine dekonstruktive Selbstkritik geleistet wird." (Dhawan (2011) in Schirilla (2014:163))

Mecheril schlägt daher vor, kritisch danach zu fragen, wer von Diversity profitiert. Als Reaktion auf die ökonomische Einnahme und die Entpolitisierung des Diversity-Konzepts entwickelten sich in der englischsprachigen Forschung die *Critical Diversity Studies* (Zanoni et al. 2009).

Aus antidiskriminierender Perspektive geht es bei Diversität oder Diversity um Differenzkategorien, die bestimmte Machtverhältnisse strukturieren. Eine Thematisierung von Diversity oder Diversität ohne Rekurs auf Differenz, auf Machtverhältnisse und auf Diskriminierung entspricht einer Entpolitisierung des Differenzdiskurses und wird daher als problematisch angesehen.

Ein wesentlicher Widerspruch des Verständnisses von Diversity lässt sich in der Legitimation von Diversitymaßnahmen erkennen: Aus ökonomisch-utilitaristischer Perspektive sind „Diversity-Maßnahmen" nur so lange sinnvoll, solange es eine entsprechende Nachfrage nach entsprechend qualifizierten Humanressourcen gibt. Besteht diese Nachfrage nicht mehr, so ist aus der ökonomischen Logik eine weitere Förderung nicht sinnvoll – unabhängig davon, ob ein Zustand der Chancengleichheit erreicht wurde oder nicht. Aus der menschenrechtlichen Perspektive sind Maßnahmen gegen die Unterrepräsentanz bestimmter Gruppen solange zu ergreifen, bis diese Gruppen nicht mehr unterrepräsentiert sind – unabhängig davon, ob ein ökonomischer Bedarf besteht oder nicht (vgl. Spintig & Tajmel 2017).

2.4 Kultur

2.4.1 Bildungsstandards

Sowohl in den Bildungsstandards als auch in den Lehrplänen wird an mehreren Stellen Bezug auf Kultur genommen, wie die folgenden Beispiele zeigen:

- „Kulturelle Identität":

  „Naturwissenschaft und Technik prägen unsere Gesellschaft in allen Bereichen und bilden heute einen bedeutenden Teil unserer kulturellen Identität." (Kultusministerkonferenz 2005:6)

- „Interkulturelle Kompetenz": Im Rahmenlehrplan für Physik des Landes Berlin wird auf die Bedeutung der *interkulturellen Kompetenz* und auf die „Menschen unterschiedlicher kultureller Prägung" hingewiesen:

  „Die Lernenden erweitern ihre interkulturelle Kompetenz und bringen sich im Dialog und in der Kooperation mit Menschen unterschiedlicher kultureller Prägung aktiv und gestaltend ein." (SenBJS, Senatsverwaltung für Bildung, Jugend und Sport Berlin 2006:5)

- „Kulturabhängigkeit der Wahrnehmung": Für das Wahlpflichtfach Physik findet man unter Kompetenzbezug im Themenfeld „Klänge und Geräusche hören" einen Hinweis auf die „Kulturabhängigkeit der Wahrnehmung":

  „Die Schülerinnen und Schüler präsentieren Beispiele für die kulturabhängige Wahrnehmung von Harmonien und Dissonanzen." (SenBJS, Senatsverwaltung für Bildung, Jugend und Sport Berlin 2006:63)

In den Bildungsstandards und im Berliner Rahmenlehrplan wird das zugrundeliegende Verständnis von Kultur nicht weiter expliziert.

Alltagsverständnis von Kultur

Kulturmodelle wie jenes von Geert Hofstede oder das Konzept der „Kulturstandards" von Alexander Thomas sind mit einer Auffassung von Kultur kompatibel, in welcher die Existenz „kultureller Missverständnisse" als plausibel und unvermeidbar erscheint.

> "Wenn die einander begegnenden Partner über die Art der Handlungswirksamkeit zentraler Kulturstandards in der anderen Kultur informiert und sich ihrer eigenen Kulturstandards bewusst sind, dann steigen die Chancen zur Reduktion kulturbedingter Missverständnisse, (...) dann steigt die Fähigkeit zum interkulturellen Verstehen, und es wächst die interkulturelle Handlungskompetenz." (Thomas 1996:133)

Nach Hofstede setzt sich Kultur aus sichtbaren und unsichtbaren Elementen zusammen, was er mit einem „Zwiebelschalenmodell" verdeutlicht. Der innerste Kern einer Kultur wird von den Werten gebildet, die für Außenstehende nur indirekt sichtbar werden. Die Symbole hingegen stellen kulturelle Praktiken dar, die auch für Außenstehende wahrnehmbar sind. Hofstede geht davon aus, dass die Inhalte der Bereiche umso veränderbarer und beeinflussbarer sind, je weiter außen sie liegen.

> „Kultur [ist] die kollektive Programmierung des Geistes, die Mitglieder einer Gruppe von denen einer anderen unterscheidet." (Hofstede 2001:4)

Die Unterschiede – häufig bezogen auf nationale Gebundenheit – werden damit zum zentralen Thema, die Mitglieder erscheinen ihrer gruppenspezifischen Programmierung ausgeliefert. Im Alltagsverständnis ist diese Auffassung von Kultur weit verbreitet. Das Modell von Hofstede findet im Bereich von interkulturellen Trainings, aber auch in der Analyse von Unternehmenskulturen Verwendung.

2.4.2 Interkulturelle Kompetenz

Die ersten interkulturelle Konzepte für den Schulbereich entstanden in der BRD in den 1980er Jahren (Gültekin 2006:372). In der Diskussion um interkulturelle Kommunikation, interkulturelles Lernen und interkulturelle Kompetenzen liegt der Fokus zumeist auf kultureller Differenz. Gültekin identifiziert eine Dominanz von Hinweisen auf kulturelle Inhalte, da es häufig „lediglich um das ‚Entschlüsseln' von ‚fremden' Regeln und Symbolen, oder das Erfahren des ‚Fremden'" gehe, „wodurch eine gewisse professionelle Sicherheit erlangt werden soll" (Gültekin 2006:368). Gültekin verweist hier auf Trainings-Programme, in denen gesellschaftliche Regeln fiktiver Stammeskulturen eingeübt und in Rollenspielen die Verunsicherung gegenüber der fremden Kultur verständlich gemacht werden sollen. Im fachlichen Diskurs ist dieser Ansatz umstritten und wird als kulturalisierend bzw. ethnisierend gewertet (Kalpaka 1998; Leiprecht 2002).

Umstritten ist die Frage nach der Rolle der Kultur in Bezug auf interkulturelle Kompetenz, der Funktion ihres Einsatzes und der Gefahr der Kulturalisierung und Ethnisierung (Auernheimer 2002; Mecheril 2002). Kalpaka spricht von der ,Kulturalisierungsfalle', in der sich die pädagogische Professionalität wiederfindet (Kalpaka 2015).

2.4.3 Antiessentialistische Perspektive

Im antiessentialistischen Sinn ist Kultur keine statische, homogene und deterministische Makrostruktur, nichts Abgeschlossenes sondern etwas Prozesshaftes und sich in Wechselwirkung zwischen Individuum, Gesellschaft und Lebenssituation Veränderndes darstellt. Eine Festlegung von Interaktionspartnerinnen und -partnern auf eine bestimmte ethnisch-kulturelle Zugehörigkeit ist abzulehnen[7] (Leiprecht 2002:87). Die Reduktion von Kultur auf eine ,Nationalkultur' ist ebenso unzulässig (Leiprecht 2006:26).

> „,Kulturen' werden dabei als eine Art von Großkollektiven betrachtet, deren Synonyme ,Länder', ,Gesellschaften', ,Staaten', ,Völker' oder ,Nationen' sind. Diese Großkollektive werden zudem als homogen und statisch vorgestellt; und es wird weiterhin davon ausgegangen, dass die einzelnen Menschen, die als Angehörige solcher Großkollektive eingeordnet werden, durch diese Zugehörigkeit bestimmte psycho-soziale Eigenschaften und Fähigkeiten aufweisen und in ihrem Denken, Fühlen und Handeln determiniert sind. Mit dem beschriebenen Alltagsverständnis werden die Anderen gleichsam als Marionetten, die an den Fäden ihrer Kultur hängen, wahrgenommen (...)." (Leiprecht 2004:12f)

Man kann demnach nicht von der Kultur einer bestimmten Gruppe von Menschen sprechen, deren Merkmale in Kursen erlernbar wären, um alle Menschen derselben Herkunft besser zu verstehen. Der Einwanderungsprozess verändert sowohl Menschen, die der ethnisch-kulturellen Minderheit angehören, als auch Angehörige der dominanten Kultur der Einwanderungsgesellschaft (Gültekin 2006:370).

Cultural Studies

Aus der Perspektive der *Cultural Studies* wird Kultur als ein Landkarte der Bedeutung gefasst, welche die Dinge für ihre Mitglieder verstehbar machen und ihnen einen Sinn gibt. Identitäten und Differenzen werden als Konstruktionen gefasst, die immer wieder neu definiert werden. Besondere Beachtung finden

---

[7] Zur Verwendung des Begriffs Kultur als Sprachversteck für Rasse siehe Kapitel 8.2.5.

Machtverhältnisse. Kalpaka und Mecheril beschreiben Kultur nach der Perspektive der *Cultural Studies* als

> „alltägliche soziale symbolische Praxis (...), als Art und Weise, in der sich Individuen unter spezifischen gesellschaftlichen Bedingungen ihre Lebensbedingungen symbolisch aneignen und dem eigenen Leben einen Sinn geben. Das Kulturelle ist damit Bestandteil *jeder* Praxis. (...) Im Fokus einer praxistheoretischen Kulturanalyse steht die Frage, *wie* Menschen in bestimmten sozialen Zusammenhängen *was* und mit welchen Konsequenzen unterscheiden. Das zentrale Interesse dieser Blickrichtung ist nicht auf die als gegeben angenommene Verschiedenheit, sondern auf die Machtverhältnisse, in denen sich kulturelle Formen begegnen, in denen sie hergestellt werden und sich jeweils durchsetzen, gerichtet." (Kalpaka & Mecheril 2010:96)

Fragt man Praktiker_innen aus dem sozial-pädagogischen Bereich, welche Informationen sie aus ihrer Erfahrung mit missglückten Kommunikationssituationen bräuchten, ist der Wunsch nach Explikation der anderen Kultur vorrangig und verdrängt die Möglichkeit, durch Selbstreflexion eine Klärung herbeizuführen. Ob das Wissen um andere Kulturen für pädagogische Berufe tatsächlich relevant ist, bleibt fraglich (Auernheimer 2002:201).

„Kompetenzlosigkeitskompetenz"

Menschen gleicher kulturell-ethnischer Herkunft können sich in ihren individuellen Lebensabläufen, Wertvorstellungen und Haltungen genauso unterscheiden, wie Menschen unterschiedlicher kulturell-ethnischer Herkunft ähnliche Haltungen einnehmen und gleiche Wertvorstellungen teilen können. Die daraus resultierende kollektive Form hängt von den Lebensbedingungen wie etwa der sozialen Lage ab. Nach Mecheril besteht eine Spannung zwischen „Anerkennung sozialer Zugehörigkeit und Anerkennung individueller Einzigartigkeit" (Mecheril 2002:31). Er sieht eine Chance für „Interkulturelle Professionalität" darin, diese „Ambivalenz" anzuerkennen und jegliche Kompetenz von Professionellen hinsichtlich „kulturell-ethnischer Differenz" anzuzweifeln. Jegliches Expertentum in Bezug auf andere Kulturen ist somit zu hinterfragen.

> „Die entscheidende Frage für pädagogisches Handeln unter Bedingungen von auch migrationsbedingter Differenz lautet nicht: Gibt es kulturelle Unterschiede? Bedeutsamer sind vielmehr folgende Fragen: Unter welchen Bedingungen benutzt wer mit welchen Wirkungen die Kategorie ‚Kultur'!" (Mecheril 2004:116)

Mecheril plädiert für „Kompetenzlosigkeitskompetenz" als erstrebenswerte Haltung in interkulturellen Situationen, da jegliche Auffassung einer interkulturellen Kompetenz, welche sich durch „Verstehen" oder „Wissen über den *Anderen*" auszeichnet, Dominanz und Machtaspekte impliziert, welche durch ein Nicht-Verstehen und ein Nicht-Wissen geschwächt werden (Mecheril 2002). In Teil II und Teil III dieser Arbeit wird im Zuge der Frage nach professioneller Reflexivität im migrationsgesellschaftlichen Kontext (Kapitel 11.1) und der Konzeptualisierung einer *Kritisch-reflexiven Sprachbewusstheit* (Kapitel 17) das Thema nochmals aufgegriffen.

2.5 Sprache

2.5.1 Deutsch als Zweitsprache

In den 1960er Jahren entwickelte sich das Fach *Deutsch als Fremdsprache* (DaF). Einerseits sollte damit dem Bedarf an Vorbereitung zum Fachstudium für die zunehmenden ausländischen Studierenden begegnet werden, andererseits nahm die Anzahl an ausländischen Schüler-innen in den deutschen Schulen zu und damit der Bedarf an ausgebildeten Lehrkräften für Deutschkurse. Der erste Lehrstuhl für DaF wurde in den 1960er Jahren am Herder-Institut der Universität Leipzig eingerichtet, gefolgt von weiteren Lehrstühlen in Hamburg 1975 und Bielefeld 1979 (Götze et al. 2010:21).

Deutsch als Zweitsprache (DaZ), der Erwerb des Deutschen im deutschsprachigen Kontext, wurde als Teil des Fachbereichs Deutsch als Fremdsprache behandelt. Mit den Ergebnissen der Schulleistungsstudien Ende der 1990er Jahre wurde vermehrtes Augenmerk auf die Notwendigkeit von Sprachförderung in der Schule und auf die speziellen Spracherwerbsbedingungen des Deutschen als Zweitsprache gelegt. Es wurden Handreichungen verfasst, um Lehrkräfte im Unterricht von Schüler-innen, die Deutsch als Zweitsprache erwerben, zu unterstützen (Neuner et al. 1998; Thon 1998; Rösch et al. 2001). Eine für die weitere Entwicklung des Bereichs Deutsch als Zweitsprache in Berlin grundlegende Arbeit war die vom Berliner Senat herausgegebene Handreichung Deutsch als Zweitsprache (Rösch et al. 2001) mit einer Charakterisierung der Zielgruppe, die mit dem Konzept *Deutsch als Zweitsprache* gemeint war:

> „Die vorliegende Handreichung Deutsch als Zweitsprache ist in erster Linie konzipiert für den Förderunterricht, die Deutschkurse und den Deutschunterricht in Förderklassen mit Schülern und Schülerinnen nichtdeutscher Herkunftssprache, meist türkischer Herkunft, die zum Zeitpunkt der Einschulung keine bzw. unzureichende Deutschkenntnisse besitzen." (Rösch et al. 2001:9)

Deutsch als Zweitsprache wird als Unterrichtsprinzip folgendermaßen charakterisiert:

> „DaZ als Unterrichtsprinzip bedeutet, dass die sprachlichen Probleme der Kinder bei jeder Unterrichtsplanung bedacht und bei der Durchführung berücksichtigt werden. Dabei lassen sich folgende Prinzipien feststellen:

- Der Einsatz der mündlichen und schriftlichen Lehrersprache im Unterricht sollte reflektiert erfolgen. Ein Nichtverstehen kann potentiell immer auch durch eine nicht angemessene Lehrersprache bedingt sein.
- Die sprachlichen Angebote sollten sich an den Möglichkeiten der Kinder orientieren und ihnen prinzipiell ein Verstehen ermöglichen.
- Sprachliche Strukturen, die für unterschiedliche Sprachhandlungen (z.b. begründen, erklären, beschreiben usw.) benötigt werden, müssen auch im Fachunterricht explizit vermittelt werden.
- Bei Hilfen und Lernbrücken darf nicht auf ein deutsches Sprachgefühl zurückgegriffen werden, das diese Kinder nicht haben (können).

Nur wenn sich jede Lehrkraft im Unterricht mit Kindern nichtdeutscher Herkunftssprache für deren sprachliche Förderung verantwortlich fühlt (und diese Verantwortung nicht auf den DaZ-Förderunterricht abschiebt), haben diese Kinder eine echte Chance, eine angemessene Kompetenz in ihrer Zweitsprache zu erwerben" (Rösch et al. 2001:10)

Rösch spricht von der Verantwortung der Lehrkräfte für die Chancen der Kinder, eine Formulierung, welche die Lehrkräfte in ihrer sozialen und professionellen Rolle in den Fokus rückt.

Mit den Ergebnissen der Schulleistungsstudien, mit der Erkenntnis, dass auch deutschsprachige Schüler_innen schlechte Lesekompetenzen aufwiesen und dass ein deutschsprachiger Fachunterricht auch in hohem Maße von deutschsprachigen Lesekompetenzen abhängt, sowie mit der politischen Vorgabe der *Lissabon-Ziele* zur Erschließung ungenutzter Humanressourcen (Europäischer Rat 2000) wurde Deutsch als Zweitsprache vom Thema für den Integrationsunterricht zu einem Thema für alle Schulfächer. Wenige Jahre später wurden Module zu Sprachbildung oder zu Deutsch als Zweitsprache in den Lehramtsstudien vieler Bundesländer eingeführt. Die Berliner Universitäten starteten 2007 mit dem für alle Lehramtsstudierenden verpflichtenden Modul „Deutsch als Zweitsprache" (Lütke & Tajmel 2009). Mittlerweile gibt es in mehreren Bundesländern teils fakultative, teils obligatorische Angebote. Aktuell ist Sprachförderung in der Lehramtsausbildung der Länder Baden-Württemberg, Bayern und Nordrhein-Westfalen auch in der Landesgesetzgebung verankert (Baumann & Becker-Mrotzek 2014).

Reflexive DaZ-Perspektive

Eine machtkritisch-reflexive Perspektive auf das Fachgebiet „Deutsch als Zweitsprache" und die damit verbundenen und reproduzierten Dominanzverhältnisse wurde von İnci Dirim 2013 formuliert. Dieses „Wiener ‚DaZ'-Verständnis" (Dirim 2015a:309), hebt den potentiell inferiorisierenden Konstruktcharakter der Fachbezeichnung *DaZ* hervor und apelliert an eine entsprechend reflektierte Verwendung des Begriffs:

„Da der Begriff „Deutsch als Zweitsprache" als Bezeichnung für den persönlichen Sprachbesitz inferiorisierende Effekte für als DaZ-SprecherInnen geltende Personen nach sich ziehen kann, ist er mit Bedacht zu verwenden. Jenseits didaktischer und methodischer Notwendigkeiten der Verwendung des Begriffs „Deutsch als Zweitsprache" ist Deutsch Deutsch, unabhängig davon, ob jemand diese Sprache als Erst- oder Zweitsprache verwendet und in jeglicher Perspektive gleichermaßen wertvoll." (Dirim 2015a:310)

In Teil III, Kapitel 13.3.2 komme ich auf die reflexive DaZ-Perspektive zurück.

2.5.2 Mehrsprachigkeit

Die Begriffe „sprachliche Heterogenität" oder „sprachliche Diversität" werden im aktuellen Bildungsdiskurs verwendet, um eine Schüler_innenschaft zu charakterisieren, die über unterschiedliche Erstsprachen verfügt. Wie weiter oben für den Begriff Heterogenität und Diversität gezeigt, impliziert dies einerseits eine ressourcen- im Gegensatz zu einer defizitorientierten Perspektive, andererseits ist mit der Thematisierung „sprachlicher Heterogenität" im Kontext von Unterricht auch eine Pädagogisierung und Verlagerung der Frage nach sprachlicher Anerkennung auf Unterrichtsebene verbunden, die eigentlich eine institutionelle Frage darstellt. Institutionell hat sich der „monolinguale Mythos" (Gogolin 1994:30) durchgesetzt. Sprachliche Homogenität stellt auch nach PISA die Norm dar, an ihr orientieren sich Bildungsstandards und andere schulische Rahmenvorgaben.

> „Die Beherrschung der Nationalsprache und die Erfüllung der Aufgabe einer Orientierung der Schülerschaft auf sie hin als berufstypische Fähigkeit und Haltung gelten offenbar so sehr als gesichert, daß man sie nur dann (besorgt) thematisiert, wenn die Gefahr gesehen wird, daß sie infrage stünden. Dann aber wird nicht die Norm selbst bezweifelt sondern ihre Einhaltung (...)" (Gogolin 1994:30)

Es gibt keine einheitliche Definition, was als Mehrsprachigkeit gilt. Wird Mehrsprachigkeit ganz allgemein als das Verfügen über mehrere Sprachen verstanden, so ist eine Person, welche sich weitere Sprachen im Rahmen eines Fremdsprachenunterrichts angeeignet hat, als mehrsprachig zu bezeichnen. Im Kontext von Migration ist eine spezifische Form von Mehrsprachigkeit bedeutsam, die *lebensweltliche Mehrsprachigkeit* (Dirim & Auer 2004; Dirim 2015b; Tracy 2008; Gogolin 2005)). Erziehungswissenschaftliche und linguistische Studien zur lebensweltlichen Mehrsprachigkeit erforschen die spezifischen Spracherwerbsbedingungen und sprachlichen Praxen von Kindern und Jugendlichen. Besonderes Merkmal dieser Studien ist, dass sie Multilingualität und nicht Monolingualität als Normalfall betrachten (vgl. Fürstenau & Niedrig 2011b).

Eva Vetter fasst die linguistischen Befunde zu Mehrsprachigkeit in drei Punkten zusammen (Vetter 2013:246f):

- Mehrsprachige Sprecher_innen sind besondere und eigenständige Sprecher_innen

- Es gibt keine ausgeglichene/perfekte Zwei- und Mehrsprachigkeit
- Nicht alle Elemente der Sprachkenntnisse sind im schulischen Kontext gleich bedeutsam

Für eine differenzierte Betrachtung von *Mehrsprachigkeit* schlägt Brigitta Busch drei Perspektiven vor: die *Subjektperspektive*, die *Diskursperspektive* und die *Raumperspektive*.

> „(1) von der des erlebenden, sprechenden und agierenden Subjekts, das mit anderen inter-agiert; (2) aus der Perspektive von Diskursen, durch die das Subjekt als erlebendes, spre-chendes, agierendes positioniert wird und denen gegenüber es sich positioniert; (3) und aus der von Räumen, eigentlich Raum-Zeiten, die aufgespannt werden durch spezifische Formen des Zusammentreffens von Subjekten und Diskursen." (Busch 2013:11)

Codeswitching

Dass Mehrsprachigkeit eher als Defizit denn als Ressource angesehen wird, zei-gen die defizitären Perspektiven, welche auf einer europäisch-nationalstaatlichen Denktradition, in welcher Nation mit Standardsprache gleichgesetzt wird, beru-hen. Unter dieser Perspektive werden Phänomene wie etwa das *Codeswitching*, das Verwenden von zwei Sprachen innerhalb eines Gesprächs, oder *Codemixing*, der satzinterne Wechsel zweier Sprachen, als Kompetenzdefizit betrachtet und es wird zwischen „kompetenter" und „nicht-kompetenter Bilingualität" (Esser 2006) unterschieden. Dass Codeswitching und Codemixing sehr wohl als kompetente Bi-lingualität verstanden werden können, legen Forscher_innen wie Auer oder Dirim dar (Auer 1995, 2009; Dirim & Auer 2004). Zum einen erfordert der Wechsel zwi-schen den Sprachen eine grammatische Kompetenz, die höher einzustufen ist, als die Kompetenz für monolingualen Sprachgebrauch, weil zwei Sprachen nach einer Metagrammatik prozessiert werden müssen, welche das sprachliche Wissen über zwei Sprachen und über die Kombinationsmöglichkeiten bedingen, denn nicht je-de Kombination ist möglich. Zum anderen sind die Sprachenwechsel nicht belie-big sondern finden an bestimmten Stellen statt, um etwa rhetorische oder stilisti-sche Effekte zu erzielen. Nach Auer sind Codemixing und Codeswitching daher Hinweise auf „(meta)grammatische und (meta)diskursive Kompetenzen und daher Ausdruck ‚kompetenter Bilingualität'" (Auer 2009:93).

Linguizismus

Die merkbare Zuspitzung auf das Thema Sprache im Kontext des PISA-Diskurses übernimmt nach Dirim eine Funktion, nämlich die Ermöglichung einer „Kanali-sation verschiedener Vorbehalte[n] gegen Migrant/inn/en auf das Merkmal ‚Sprache'" (Dirim 2010:95). Für diese Zuspitzung schlägt Dirim den Begriff des *Linguizismus* bzw., in Abgrenzung zu historischen Formen des Linguizismus, *Neo-Linguizismus* vor. Neo-Linguizismus ist damit als eine Form von Rassismus zu verstehen, wobei die Sprache bzw. „Herkunftssprache" als Deckmantel für *Rasse* fungiert (zur Problematik des verdeckten Rassismus siehe auch Kapitel 8.2).

Der Zusammenhang von Sprache und Macht in der Migrationsgesellschaft wird insbesondere im Kontext postkolonialer Theorien diskutiert (Mecheril & Quehl 2006; Dirim & Mecheril 2010; Castro Varela & Dhawan 2015; Niedrig 2015; Thoma & Knappik 2015) u.a.).

Ob sprachliche Heterogenität oder Mehrsprachigkeit einen Wert darstellt, der im Sinne einer „Wertschätzung von Mehrsprachigkeit" auch formal *geschätzt* wird, hängt von gesellschaftspolitischen und institutionellen Rahmenbedingungen ab und ist somit nicht nur auf der pädagogischen Ebene zu verorten. Im deutschen Schulsystem liegt der Fokus nicht auf den Sprachen, die ein_e Schüler_in spricht, sondern darauf, dass er oder sie Deutsch oder *nicht Deutsch* als Familiensprache oder Herkunftssprache oder Erstsprache spricht bzw. nicht ausschließlich deutschsprachig aufgewachsen ist. Wird mit *Deutsch als Zweitsprache* ohne nähere Spezifizierung eine Gruppe von Schüler_innen charakterisiert, so wird damit eigentlich eine Kategorie von Schüler_innen geschaffen, welche über eine Negation, *nicht-deutsch* oder *Deutsch-zweitsprachig*, also über das Fehlen eines Merkmals, nämlich deutschsprachig, definiert wird. Die Gruppe wird damit nur scheinbar charakterisiert, in Wirklichkeit jedoch *ent*charakterisiert.

2.5.3 Bildungssprache

In den letzten Jahren hat sich für die Beschreibung jener für Schulerfolg notwendigen sprachlichen Kompetenzen auf wissenschaftlicher Ebene der Begriff *bildungssprachlich* bzw. *Bildungssprache* durchgesetzt (Gogolin & Lange 2011; Feilke 2012; Riebling 2013a; Gantefort 2013). Dass deutsche bildungssprachliche Kompetenzen für erfolgreiches Lernen in allen Fächern im deutschsprachigen Unterricht notwendig sind, ist unumstritten. Es wäre jedoch zu kurz gegriffen, Bildungssprache nur als sprachliches *Register* (siehe auch Kapitel 14.2) zu behandeln. Mit dem Konzept der Bildungssprache sind sowohl linguistische als auch machttheoretische Aspekte eng verbunden.

In der Literatur findet sich der Terminus *Bildungssprache* u.a. in pädagogischen Lexika (Drach 1928) als Definition für die „hohe" und „reine" Sprache. Bei Habermas findet sich eine Definition von Bildungssprache in ihrer sozialen Dimension:

„In der Öffentlichkeit verständigt sich ein Publikum über Angelegenheiten allgemeinen Interesses. Dabei bedient es sich weitgehend der Bildungssprache. Die Bildungssprache ist die Sprache, die überwiegend in den Massenmedien, in Fernsehen, Rundfunk, Tages- und Wochenzeitungen benutzt wird. Sie unterscheidet sich von der Umgangssprache durch die Disziplin des schriftlichen Ausdrucks und durch einen differenzierteren, Fachliches einbeziehenden Wortschatz; andererseits unterscheidet sie sich von Fachsprachen dadurch, daß sie grundsätzlich für alle offensteht, die sich mit den Mitteln der allgemeinen Schulbildung ein Orientierungswissen verschaffen können." (Habermas 1977)

Wiederaufgenommen wurde der Begriff insbesondere durch das Modellprogramm FörMig (Gogolin et al. 2003), das sich in der Auslegung des Begriffs auf die *Functional Grammar* von Halliday und die konzeptionelle Unterscheidung zwischen *Basic Interpersonal Communication Skills* (BICS) und *Cognitive Academic Language Proficiency* (CALP) von Cummins stützt (Gogolin et al. 2010; Gogolin & Lange 2011; Gogolin et al. 2013). Der charakteristische Bedeutungsbereich des Konzepts „Bildungssprache" im Rahmen von FörMig ist

„(...) die spezifische Funktion des Registers für die Schulbildung, und zugleich: die spezifische Funktion der Schulbildung für die Aneignung des Registers." (Gogolin & Lange 2011:107)

Eine vollständige Systematisierung der Merkmale von Bildungssprache steht noch aus. Reich schlägt als Ansatz eine Charakterisierung nach diskursiven, lexikalisch-semantischen und syntaktischen Merkmalen vor (Gogolin et al. 2010:13).

Diskursive Merkmale:

- eine klare Festlegung von Sprecherrollen und Sprecherwechsel
- ein hoher Anteil monologischer Formen (z.B. Vortrag, Referat, Aufsatz)
- fachgruppentypische Textsorten (z.B. Protokoll, Bericht, Erörterung)
- stilistische Konventionen (z.B. Sachlichkeit, logische Gliederung, angemessene Textlänge)

Lexikalisch-semantische Merkmale:

- differenzierende und abstrahierende Ausdrücke (z.B. „nach oben transportieren" statt „raufbringen")
- Präfixverben, darunter viele mit untrennbarem Präfix und mit Reflexivpronomen (z.B. erhitzen, sich entfalten, sich beziehen)
- nominale Zusammensetzungen (z.B. Winkelmesser)
- normierte Fachbegriffe (z.B. rechtwinkelig, Dreisatz)

Syntaktische Merkmale:

- explizite Markierung der Kohäsion
- Satzgefüge (z.B. Konjunktionalsätze, Relativsätze, erweiterte Infinitive)
- unpersönliche Konstruktionen (z.B. Passivsätze, man-Sätze)
- Funktionsverbgefüge (z.B. „zur Explosion bringen", „einer Prüfung unterziehen", „in Betrieb nehmen")
- umfängliche Attribute (z.B. „die nach oben offene Richter-Skala", „der sich daraus ergebende Schluss")

Bildungssprache ist nicht gleich Fachsprache (siehe dazu Teil III, Kapitel 14.2). Nach linguistischen Modellen ist Fachsprache eine durch unterschiedliche Eigenschaften gekennzeichnete Sprachvarietät: Sie ist eine Sprache, die an Fachleute und Expert-innen gebunden ist und welche diese zur fachlichen Kommunikation nutzen. Typische Eigenschaften der Fachsprache können auf den Ebenen der Lexik (Fachwortschatz), der Morphosyntax (grammatische Strukturen) und der Textstruktur festgestellt werden, wobei dem Wortschatz bisweilen eine besonders hohe Bedeutung beigemessen wird. Eine klare Abgrenzung der Fachsprache von Bildungssprache ist wohl nicht möglich, da Fachsprache eben auch allgemein- bzw. bildungssprachliche Mittel beinhaltet.

Wird Bildungssprache als jenes Register, was Cummins unter der *Cognitive Academic Language Proficiency* (CALP) versteht, aufgefasst, so verfügen mehrsprachige Kinder relativ schnell über gute Kompetenzen für die mündliche Alltagskommunikation (*Basic Interpersonal Communication Skills* (BICS)), aber erst nach mehreren Jahren über die sprachlichen Fähigkeiten zur Bewältigung von Kommunikationssituationen, wie sie in Schule und Fachunterricht zu finden sind (CALP). Diese Annahmen legen nahe, dass der Ausbau von CALP in der Schule gefördert werden muss. Zwischen CALP, Bildungssprache und konzeptioneller Schriftlichkeit besteht also eine große Ähnlichkeit.

Neben der funktionalen und sozialen Dimension impliziert das Konzept *Bildungssprache* eine normative Komponente. Nach Hans Reich ist Bildungssprache

„(...) eine Art, Sprache zu verwenden, die durch die Ziele und Traditionen der Bildungseinrichtungen geprägt ist. Sie dient der Vermittlung fachlicher Kenntnisse und Fähigkeiten und zugleich der Einübung anerkannter Formen der beruflichen und staatsbürgerlichen Kommunikation." (Reich (2008) in Lengyel (2010:596))

Dass Bildungssprache nicht immer nur aus funktionalen Gründen verwendet wird, sondern mit ihrer Verwendung Sekundärfunktionen, wie etwa der Ausdruck von Autorität (Dieckmann 1998), dominieren, zeigt sich darin, wenn durch bildungssprachliche Merkmale ein Text sprachlich aufgewertet werden soll, z.B. durch ein unnötiges Ausmaß an Fach- oder Fremdwörter oder den Gebrauch unnötig vieler erweiterter Nominalgruppen. Ickler bezeichnet dies als „imponiersprachliche Aufblähung" (Ickler 1997:356). Kritik an der „Reduktion des Themenfeldes Migration und Bildung auf ‚Bildungssprache'" (Mecheril & Quehl 2015:158) üben Mecheril und Quehl und benennen dafür drei Gründe:

> „a) Diskriminierungsstrukturen werden zu wenig benannt und beachtet, b) das Bildungsversprechen im Konzept der Bildungssprache verschleiert kapitalistische Ungleichheitsverhältnisse, c) durch den Sprachfokus gerät die Auseinandersetzung mit Inhalten in den Hintergrund." (Mecheril & Quehl 2015:159)

Ich komme auf *Bildungssprache* im Kontext von Physikunterricht noch ausführlich in den Kapiteln 14 und 15 zurück.

2.6 Förderung

2.6.1 MINT-Förderung

Nach TIMSS und PISA wurden bundesweit Projekte zur Förderung der *naturwissenschaftlichen Grundbildung*(„scientific literacy", siehe Kapitel 2.1.3) ins Leben gerufen. Als Kurzform für Förderung in den mathematisch-naturwissenschaftlichen Fächern hat sich das Akronym MINT durchgesetzt. Es steht für *Mathematik, Informatik, Naturwissenschaften und Technik* und wird im Kontext von Unterricht, Studium und Ausbildung sowie Berufen verwendet.

Zu den MINT-Förderprojekten der letzten Jahre zählen etwa SINUS, ein Projekt zur „Steigerung der Effizienz des mathematisch-naturwissenschaftlichen Unterrichts", das bis zum Jahr 2003 vom Bundesministerium für Bildung und Forschung (BMBF) mit mehr als 13 Millionen Euro unterstützt wurde. Aufgrund der vielversprechenden Ergebnisse wurden für das Nachfolgeprojekt SINUS-Transfer für weitere vier Jahre bis 2007 33 Mio. Euro zur Verfügung gestellt.

Die Bundesregierung stellt MINT in Zusammenhang mit einer Vergrößerung der individuellen beruflichen Wahlmöglichkeiten, wie dem folgenden Zitat auf der Internetseite des BMBF zu entnehmen ist:

> „Die Entwicklung der vergangenen Jahre zeigt vielmehr, dass sich immer wieder neue Möglichkeiten oder sogar ganz neue Berufsfelder für die persönliche, und fachliche, aber auch die finanzielle Weiterentwicklung ergeben. Mit einem MINT-Beruf kann man also langfristig einen vielversprechenden Weg einschlagen." (BMBF 2014)

Auf der selben Seite wird aber auch deutlich gemacht, dass es einen „Bedarf" gibt:

> „Die Zahl der Absolventinnen und Absolventen in den Natur- und Technikwissenschaften ist zwar angestiegen, doch ist der Bedarf noch bei weitem nicht gedeckt. Deshalb gibt es die MINT-Förderung des BMBF."

Auf die Frage „Warum MINT-Förderung?" wird in der Antwort des BMBF der Zusammenhang von MINT mit Wettbewerb, Diversity, Frauen, Headhunting und Unternehmen deutlich:

> „Die nächste Generation MINT steht vor vielfältigen neuen Herausforderungen: Wie können die Herausforderungen neuer Technologien angenommen und aktiv gestaltet werden, um im globalen Wettbewerb weiter bestehen zu können? (...) Ein Schlüsselfaktor wird sicherlich die Talentschöpfung durch gezielte Diversity-Förderung sein" so Cornelia Galle, Partnerin beim führenden "Frauen-Headhunter" HUNTING/HER HR-Partners, einem der Botschafter der Initiative „MINT-Zukunft schaffen" des Bundesfamilienministeriums und Veranstalter der „MINTme"-Karrieremesse für Frauen. (...) Mit der speziell auf Frauen mit MINT-Hintergrund zugeschnittenen Veranstaltung #MINTme geht Deutschlands „Frauen-Headhunter" HUNTING/HER einen Schritt weiter und möchte insbesondere unter weiblichen Nachwuchskräften das Interesse für Technologieberufe wecken und auch Unternehmen mit potenziellen neuen Mitarbeiterinnen in Kontakt bringen." (http://crosswater-job-guide.com/archives/47911)

Gefördert wird der Bereich MINT sowohl mit öffentlichen als auch mit privaten Geldern aus Stiftungen, wie etwa der Telekom-Stiftung, welche Projekte zur Ausbildung von MINT-Lehrkräften unterstützt (ProMINT), oder dem Stifterverband, der Projekte in unterschiedlichen Bildungsbereichen finanziert. Die MINT-Förderung von Frauen wird explizit vom BMBF durch den vom BMBF initiierten *Nationalen Pakt für Frauen in MINT-Berufen* mit dem Slogan „Komm, mach MINT" forciert. Beteiligt an dieser Initiative sind Partner_innen aus Gewerkschaft, Politik, Wirtschaft und Wissenschaft.

In die physik- und chemiedidaktische Forschung in Deutschland, Österreich und der Schweiz ist der Begriff MINT erst nach 2010 eingegangen, wie in der Exploration zum Migrationsdiskurs in der Physikdidaktik (Kapitel 5, Abb. 5.3) dargestellt wird.

Zeigen die MINT-Förderinitiativen Wirkung? Aus einer vom Deutschen Gewerkschaftsbund im Jahr 2013 veröffentlichten Studie geht hervor, dass die Anzahl der Ingenieurinnen und Angestellten naturwissenschaftlicher Fachkräfte steigt, allerdings kommen diese nicht und bei weitem weniger als erwartet in der Leitungsebene und im Top-Management an. Zudem sind Frauen nach wie vor im wissenschaftlichen MINT-Bereich erheblich unterrepräsentiert. Im MIN-Bereich (ohne Technik) ist der Frauenanteil im Studienjahr 2011/2012 stärker zurückgegangen als im ingenieurwissenschaftlichen Bereich (DGB Bundesvorstand 2013:6).

2.6.2 Sprachförderung, Sprachbildung

Die durch PISA festgestellte mangelnde Lesekompetenz sowie der enge Zusammenhang zwischen Lesekompetenz und getesteter naturwissenschaftlicher Kompetenz soll durch Maßnahmen zur Sprachförderung bzw. Sprachbildung der Schüler-innen verbessert werden. In der Regel ist darunter die Förderung der deutschen Sprache zu verstehen und nicht die Förderung mehrsprachiger Kompetenzen der Schüler-innen. Der chronologisch ältere Terminus ist jener der *Sprachförderung*. So lautet der Titel eines Handbuchs und Standardwerks zu dieser Thematik auch „Sprachförderung im Unterricht. Handbuch für den Sach- und Sprachunterricht in mehrsprachigen Klassen" (Portmann-Tselikas 1998).

Ein stärkerer Fokus auf den Fachunterricht wird durch den Begriff der *durchgängigen Sprachförderung* gelegt (Gogolin et al. 2003). Damit ist gemeint, dass Sprachförderung sich nicht nur auf additive Maßnahmen beschränkt, sondern ein Bestandteil des Fachunterrichts sein soll und darüber hinaus auch außerschulische Angebote geschaffen werden. Die Durchgängigkeit der Sprachförderung soll daher nicht nur in allen Fächern einer Klassenstufe bestehen, sondern auch vertikal über die gesamte Bildungsbiographie sowohl innerhalb als auch außerhalb der Schule gewährleistet sein (vgl. FörMig Handreichungen).

In den letzten Jahren wurde der Begriff Sprachförderung zunehmend durch Sprachbildung ersetzt. Dies kann u.a. auf eine Initiative von FörMig zurückgeführt werden, zu der man sich aufgrund der Rückmeldung aus den Länderprojekten entschlossen hatte. Diese besagten,

> „(...) dass die in den Basiseinheiten Beteiligten mit dem Terminus ,Förderung' vielfach die Vorstellung von additiven Maßnahmen verknüpften, nicht aber die Assoziation einer die Bildungsaufgaben insgesamt durchdringenden Perspektive." (FörMig-Handreichung)

Mit Sprachbildung anstelle von Sprachförderung ist die Betonung der Ressourcenorientierung im Gegensatz zu einer Defizitorientierung intendiert.

Aktuell wird der Begriff *Sprachbildung* insbesondere im Zusammenhang mit Bildungssprache, mit schulsprachlichen Registern und der allgemeinen Ausbildung bildungssprachlicher Kompetenzen, die allen Schülerinnen und Schülern zu Beginn ihrer Bildungsbiographie noch nicht zu eigen ist, verwendet, während der Begriff *Sprachförderung* auf eine bestimmte, zielgruppenspezifische, pädagogische ,Sonderbehandlung' hinweist. Eine solche begriffliche Differenzierung findet sich auch in den Expertisen zur Sprachförderung wieder, die in den letzten Jahren entstanden sind (Ehlich et al. 2012; Schneider et al. 2012).

> „In den Bildungsplänen der Länder werden sowohl sprachliche Bildung im Alltag der Kindertageseinrichtungen für alle Kinder als auch zusätzliche Sprachfördermaßnahmen für Kinder mit Sprachförderbedarf vorgesehen, insbesondere für Kinder im Alter ab fünf Jahren als Vorbereitung auf die Schule." (Schneider et al. 2012:24)
>
> „Sprachbildung als zentrale Aufgabe der Schule betrifft alle dort unterrichteten Gegenstandsbereiche und betrifft die Gesamtheit des pädagogischen Handelns. (...) sobald die Sprachbildung als eine zentrale und allseitige Aufgabe der Schule erkannt wird, sobald Sprachbildung aus dem Bereich des scheinbar Selbstverständlichen heraustritt, stellt sich die Frage, wie sich die Sprachförderung für alle und für einzelne, in einzelnen Phasen der Spracaneignung besonders auf Sprachförderung angewiesene Gruppen darstellt." (Ehlich et al. 2012:16)

„Für alle Lehrämter ist der Bereich Sprachbildung/DAZ bzw. sprachliche Grundlagen des
Lernens verpflichtend." (Lehrerbildung 2012:7)

Aus dominazkritischer Perspektive sind die verallgemeinernden Termini *Sprach*förderung bzw. *Sprach*bildung zu problematisieren, wenn es eigentlich um die Förderung oder Bildung der *deutschen* Sprache geht.

„Der Begriff ‚Sprachförderung' ist aus diesen Gründen ein Spiegel der Machtverhältnisse:
Sprache heißt Deutsch und Sprachförderung hat sich fraglos auf das Deutsche zu beziehen,
sodass es überflüssig erscheint, ihr den Namen zu geben, der sie richtig bezeichnet, nämlich
‚Deutschförderung'." (Dirim & Mecheril 2010:138)

3 Die politische Dimension naturwissenschaftlicher Bildung

Aufgrund ihres Einflusses auf die Bildungspolitik und der Bereitschaft zu Bildungsreformen wird die durch PISA ausgelöste Bildungsreform gerne mit jener durch Sputnik ausgelösten Bildungsreform der 1960er Jahre verglichen (Radtke 2005, 2003; Seiverth 2007; Barz 2011; Euler 2014). Ich möchte die beiden Ereignisse insbesondere in Bezug auf die Entstehung des „Förderdiskurses" in der naturwissenschaftlichen Bildung beleuchten. Dies ermöglicht eine historisch sozialpolitische Einordnung des Diskurses und unterstützt das Desiderat nach der Ausleuchtung anderer Perspektiven.

3.1 Das Ereignis Sputnik

3.1.1 USA

Als im Jahr 1957 die Sowjetunion mit Sputnik den ersten Satelliten ins Weltall befördert hatte, war sowohl von sowjetischer als auch US-amerikanischer Seite klar, dass die Sowjetunion damit einen – zumindest vorläufigen – Sieg im Rennen um die technologische Vorherrschaft errungen hatte.

Das Ereignis Sputnik verstärkte die Bildungsreformbewegungen in den USA und lenkte sie in eine bestimmte, naturwissenschaftlich orientierte Richtung. Dass Sputnik alleine für die Bildungsreformen der USA in dieser Zeit ausschlaggebend war, wäre eine verkürzte Betrachtung der Geschichte. Die USA hatten schon seit Beginn der 1950er Jahre Maßnahmen zu Bildungsreformen gesetzt, die auch aus demographischen Gründen notwendig wurden. Im 1951 verabschiedeten „Educational Policy Commission's Report" wird eine „Education for All American Children" proklamiert. Die dazugehörige Curriculumsentwicklung umfasste Fächer mit den Titeln „practical arts", „family living" und „civic participation" (Bybee 1997). Im Vordergrund stand „life adjustment", was als „am Leben ausgerichtet" übersetzt werden kann. Die mathematische, technische und naturwissenschaftliche Bildung nahm in diesem Curriculum keine Sonderstellung ein. Der Staat hielt sich in seiner Einflussnahme auf Curricula und Schule sehr zurück, was dem amerikanischen Ansatz entsprach.

Mit Sputnik rückte die mathematisch-naturwissenschaftliche Bildung in den Vordergrund. Fächer wie Haushaltsführung wurden zugunsten von Fächern wie Mathematik, Physik und Chemie aus den Lehrplänen entfernt. Vormals ohne Sonderstellung innerhalb des Fächerkanons wurde sie nun zum „national interest", zu einem nationalen Interesse. Zu den bildungsstrukturellen Maßnahmen zählten der Bau neuer Schulen, die Erweiterung des Schulbusverkehrs, um auch Kindern aus entlegenen Gegenden den Schulbesuch zu ermöglichen. 1958 wurde der National Defense Education Act (NDEA) verabschiedet, eine staatliche Förderinitiative zur Förderung der naturwissenschaftlich-technischen Bildung in noch nie dagewesenem Ausmaß. Jede Institution, die in den Genuss der Fördermittel kommen wollte, musste einen Eid schwören, sich nicht regierungskritisch zu verhalten, ja regierungskritische Haltungen abzulehnen. Einige Universitäten, darunter Barnard, Yale und Princeton, weigerten sich, den Eid abzulegen. Der Eid war generell umstritten und wurde unter Kennedy aus dem NDEA entfernt. Es wurden Förderprogramme ins Leben gerufen und erstmals trat eine damit verbundene Flut an Förderprojekten und ihren Akronymen im Bereich der naturwissenschaftlichen Bildung auf. Um nur einige zu nennen:

- **PSSC** (Physical Science Study Committee)
- **ChemStudy** (Chemical Education Materials Study)
- **BSCS** (Biological Sciences Curriculum Study)
- **ESCP** (Earth Sciences Curriculum Project)
- **ESS** (Elementary Science Study)
- **SCIS** (Science Curriculum Improvement Study)
- **S-APA** (Science – A Process Approach)

Auch die Gründung der **NASA** (National American Space Agency) fällt in diese Zeit.

3.1.2 BRD

Der sogenannte „Sputnikschock" löste 1957 eine Diskussion um das Bildungswesen aller westlichen Staaten aus. Die Bildungsreform der 1960er- und 1970er-Jahre beinhaltete eine Bildungsexpansion und emanzipatorische Bestrebungen. Frauen und sozial schlechter gestellte Schichten rückten in den Fokus der Aufmerksamkeit. Naturwissenschaftliche Bildung wurde nicht nur aus humanistischer Perspektive als wertvoll, sondern auch als wirtschaftlicher und machtpolitischer Wert erkannt. Dieser pragmatische Aspekt war im anglo-amerikanischen Raum stärker als in Deutschland ausgeprägt, wurde aber durch den Sputnikschock auch in Europa verstärkt. Selbstkritisch fand man die Ursachen des technischen Rückstands vor allem in den reformbedürftigen Bildungssystemen und man erkannte, dass die Reproduktion bestehender Verhältnisse den gesellschaftlichen Fortschritt behinderte. In der BRD kritisierte Georg Picht (1964) Modernisierungsdefizite in der Bildung, wie etwa die im internationalen Vergleich zu geringen Ausgaben für Bildung sowie die Bildungsunterschiede zwischen städtischer und ländlicher Bevölkerung. Er prägte den Begriff „Bildungskatastrophe" (Picht 1964). Die ausgelöste breite Debatte zu Bildungsreformen führte zur Gründung des Deutschen Bildungsrates (1966 – 1975) als eine von Bund und Ländern gegründete Kommission zur Bildungsplanung in der BRD (vgl. Kultusministerkonferenz, Sekretariat der KMK 1998). In Ausschüssen und Unterausschüssen wurden Themen wie „Begabtenförderung", „Differenzierung", „Chancengleichheit" und „Lehrerbildung" behandelt. Ein Begriff, der auch in dieser Zeit geprägt wurde, ist jener der „Weiterbildung". Die Bildungsreformdebatte wurde sowohl aus ökonomisch-wettbewerbsorientierter Perspektive als auch aus der Perspektive der Chancengleichheit geführt (Solga & Powell 2006). Die „Bildungsoffensive" beruhte daher sowohl auf den Argumenten der Modernisierung als auch auf gesellschaftspolitischen Argumenten. Auch für die Bildungsreformdebatte der BRD gilt, dass sie schon vor Sputnik begonnen hatte und auch aus demographischen Gründen zu führen war (vgl. Radtke 2003), dass jedoch das Ereignis Sputnik der Debatte einen kräftigen Anschub leistete und die technisch-naturwissenschaftlichen Fächer in den Fokus gerückt wurden.

Die Bildungsbeteiligung aus demokratischpolitischen Beweggründen ging Hand in Hand mit der durch den Kalten Krieg wettbewerbsmotivierten Forderung nach westlichem wissenschaftlichen Fortschritt, welcher nur mit qualifizierten Fachkräften und Wissenschaftler‗innen zu erreichen sein würde. Hier musste so früh wie möglich angesetzt und die Jugend verstärkt für Naturwissenschaft und Technik interessiert werden. Dies führte zur Gründung von Wettbewerben wie „Jugend forscht" im Jahr 1965. Auch der Rückstand von Schülerinnen im mathematisch-naturwissenschaftlichen Bereich wurde aus der Wettbewerbsperspektive und nicht nur aus der Perspektive der Chancengleichheit diskutiert. Die westlichen Nationen und insbesondere die BRD konnten es sich schlichtweg nicht leisten, auf Frauen als Fachkräfte und Wissenschaftlerinnen zu verzichten, um mit anderen Nationen Schritt halten zu können. Die gesetzten Maßnahmen waren eher ökonomisch als bildungstheoretisch-didaktisch motiviert und begründet (Euler 2014).

Auch auf universitärer Ebene erlebten die Naturwissenschaften und ihre Didaktik und Pädagogik neue Bedeutung. 1966 wurde das Leibniz-Institut für die Pädagogik der Naturwissenschaften (IPN) in Kiel gegründet und widmete sich in seiner Anfangsphase der Entwicklung von naturwissenschaftlichen Curricula und Unterrichtsmaterialien (Aufschnaiter 1970; Duit & Rhöneck 1971). In dieser Zeit formierte sich auch eine *Kritische Naturwissenschaftsdidaktik* (vgl. Kremer 2003a, siehe Kapitel 4).

3.1.3 Gleichstellung der Geschlechter

Neben der technisch-wirtschaftlichen Motivation für Bildungsreformen gab die neue Frauenbewegung in den 1970er Jahren ideologische Anstöße für Veränderungen. Die Novellierung des Hochschulrahmengesetztes 1985 verpflichtete die Hochschulen der BRD zur Förderung der Chancengleichheit für Wissenschaftlerinnen. Staatlich institutionell werden Frauen seit Ende der 1980er Jahre mit Hochschulsonderprogrammen gefördert.

Auf schulischer Ebene war die Einführung von koedukativem Unterricht in den 60er und 70er Jahren eine Maßnahme zur Herstellung von Chancengleichheit. Für Kritik an der Koedukation sorgten Studien in den 80er Jahren, welche belegten, dass Studentinnen naturwissenschaftlich-technischer Fächer zu einem überproportionalen Anteil von Mädchenschulen (also aus monoedukativem Unterricht) kamen. Zudem bestand die begründete Vermutung, dass der tatsächlich praktizierte Unterricht Mädchen benachteilige, da er einem „geheimen" Lehrplan folgte, welcher für Jungen förderlicher war als für Mädchen. Dies führte zu einem Wiederaufgreifen der Debatte um Mono- oder Koedukation und es wurde die Forderung laut, Lehrkräfte bereits in ihrer Ausbildung für Geschlechterfragen zu sensibilisieren. Das Thema wurde insbesondere für den Sachunterricht der Grundschule aufgegriffen (Kaiser 1985).

Eingang in die physikdidaktische Forschung fanden Geschlechterfragen erst in den 1990er Jahren. Gefragt wurde etwa nach der Beliebtheit des Unterrichtsfachs Physik (Muckenfuß 1995) und nach dem Interesse am Physikunterricht (Hoffmann et al. 1998a). Zu den Ergebnissen zählten, dass Physik das unbeliebteste Fach war, sowohl von Jungen als auch von Mädchen, und dass das Interesse von Mädchen am Physikunterricht besonders gering war.

Die vom schweizerischen Nationalfond initiierte Studie „Koedukation im Physikunterricht" setzte sich von 1994-1998 mit der Frage auseinander, wie ein Physikunterricht gestaltet werden kann, der beiden Geschlechtern zugute kommt. Zu einem besonderen Merkmal des Forschungsprojekts gehörte, dass auch darauf geachtet wurde, das Projektteam interdisziplinär und geschlechterheterogen zusammenzusetzen. Es wurde ein Kriterienkatalog für geschlechtergerechten Unterricht ausgearbeitet, in welchem etwa empfohlen wird, an der Alltagswelt der Schülerinnen anzuknüpfen (Arbeitsgruppe Geschlechterrollen und Gleichstellung auf der Sekundarstufe II 1998). Die Arbeitsgruppe trat für reflexive Koedukation, also eine gemeinsame Erziehung von Mädchen und Jungen, in welcher die Unterschiede der Geschlechter jedoch bewusst wahrgenommen und berücksichtigt werden, ein. In dem im Rahmen des Projektes nach den aufgestellten Kriterien durchgeführten Unterricht gelang es, sowohl Motivation als auch die Leistungen der Schülerinnen zu steigern (Herzog et al. 1999).

Außerhalb spezifischer Projekte fand das Geschlechterthema bis heute nur geringe Berücksichtigung im Physikunterricht. Wohl aber ist eine Veränderung der Darstellungen von Mädchen und Jungen in Schulbüchern zu verzeichnen. In einer Untersuchung von sieben Schulbüchern aus 53 Jahren (Zeitraum 1957-2010) konnte Spillner seit den 1990er Jahren eine Zunahme der Darstellung von Mädchen feststellen, jedoch vorrangig in Situationen, die der Kategorie Freizeitaktivitäten zuzurechnen sind. In der Kategorie Tätigkeiten/Berufe sind sowohl in Textform als auch in bildlicher Darstellung selbst in den neuesten Schulbüchern weniger als 1% Frauen dargestellt (Spillner 2011). In einer ähnlichen Studie gelangt Sunar zu vergleichbaren Ergebnissen für Großbritannien (Sunar 2011).

Als einzige breite Maßnahme gegen die Chancenungleichheit der Geschlechter im Physikunterricht blieb somit die Koedukation. Dass das Problem damit nicht alleine zu lösen war, zeigte sich in den Ergebnissen, die weit hinter den Erwartungen zurückblieben (Jahnke-Klein 2013).

Die Realisierung des Konzeptes des Gender Mainstreaming Ende der 1990er Jahre gab Frauenfördermaßnahmen einen politischen Anschub. Das Prinzip des Gender Mainstreaming wurde in dem 1999 in Kraft getretenen Amsterdamer Vertrag als EU-Richtlinie festgeschrieben. Gleichberechtigung der Geschlechter sollte damit auf allen gesellschaftlichen Ebenen erreicht und als Querschnittaufgabe in der Politik verankert werden (Jösting & Seemann 2006).

Ost – West

In der DDR galt die Gleichberechtigung von Mann und Frau per Verfassung und die berufliche Qualifizierung von Frauen wurde seit den 1950er Jahren durch gesetzliche Maßnahmen gefördert. Technik, Naturwissenschaften und Frausein war kein Widerspruch und im Gegensatz zur BRD studierten eine hohe Anzahl an jungen Frauen technische oder mathematisch-naturwissenschaftliche Fächer. In die Wiedervereinigung sind Frauen aus der DDR und Frauen aus der BRD mit ganz anderen Erlebniswelten gegangen: DDR-Frauen mit „deutlich flacher hierarchisierten Geschlechterverhältnissen" (Schlegel 2014) und BRD-Frauen mit einer ganz anderen Sensibilisierung für die Benachteiligung aufgrund von Geschlecht.

Physikdidaktische Forschung

Die physikdidaktische Forschung nahm zu, die Wissenschaftlerinnen und Wissenschaftler waren in ihrer Wissenschaftsbiographie zumeist Physiker und Physikerinnen, die sich der Didaktik der Physik zuwandten. In Forschungsmethoden und Forschungsthemen orientierten sie sich, wenn es um die Beforschung von Unterricht ging, eher an der Psychologie als an Soziologie, Ethnographie, Philosophie oder Kulturwissenschaften. Insbesondere die Lehr- und Lernforschung wurde breit ausgebaut. Dies mag auch die Ursache dafür sein, dass es trotz Sputnikschock, trotz nachgewiesener Leistungs- und Interessensdefizite bestimmter sozialer Gruppen wie Mädchen oder Kinder aus unteren sozialen Schichten und trotz erheblicher Unterrepräsentanz von Frauen in den technisch-naturwissenschaftlichen Fächern nur vereinzelte Forschung in der Physikdidaktik aus sozial- und kulturwissenschaftlicher Perspektive gibt.

3.2 Das Ereignis PISA

Die Veröffentlichung der Ergebnisse der ersten PISA Studie 2001 lösten eine mediale Präsenz aus, die in vielerlei Hinsicht vergleichbar ist mit dem Ereignis Sputnik. Wie Kritiker-innen meinen, entspricht diese Medienpräsenz nicht der eigentlichen Bedeutung der Untersuchung, nämlich eine von vielen Untersuchungen zu Schülerleistungen zu sein. Aus bildungsinteressierter didaktischer, gesellschaftspolitischer, sozialwissenschaftlicher Perspektive sind die Ergebnisse deshalb brisant, weil sie Belege dafür sind, dass eine bestimmte Art von Bildung (jene, die als ökonomisch relevant erachtet wird) auf die unterschiedlichen Schüler-innengruppen höchst ungleich verteilt ist.

Europapolitik

Im Jahr 2000 wurde vom Europäischen Rat in Lissabon die so genannte Lissabon-Strategie festgelegt (Europäischer Rat 2000). Sie umfasst ökonomische, soziale, ökologische und nachhaltigkeitsbezogene Ziele. Eine Zielsetzung der Strategie ist unter der Überschrift „Modernisierung des europäischen Gesellschaftsmodells durch Investitionen in die Menschen" (ebd., S.8) zusammengefasst. Im Rahmen der vom Europarat in Lissabon im Jahr 2000 verabschiedeten Lissabon-Strategie sollte „Beschäftigung, Wirtschaftsreform und sozialer Zusammenhalt als Bestandteil einer wissensbasierten Wirtschaft gestärkt werden" (Europäischer Rat 2000:1).

Darauf folgend hat die Europäische Kommission einen auf Indikatoren basierenden Beobachtungsrahmen zur Überprüfung der Fortschritte festgelegt. Ein Benchmark ist die Erhöhung der Anzahl der Hochschulabsolvent_innen mathematischer, naturwissenschaftlicher und technischer Fächer um mindestens 15 Prozent. Als politisches Ziel wird unter anderem die Verbesserung der Gerechtigkeit angegeben, die sich auf Chancen, Zugang und Gleichbehandlung verschiedener Gruppen bezieht.

OECD (Organisation for Economic Co-operation and Development)

Das deklarierte Ziel der OECD ist die Steigerung der Wettbewerbsfähigkeit der nationalen Volkswirtschaften ihrer Mitgliedstaaten. Die favorisierte Strategie ist, die Staatsquote am Sozialprodukt zu senken und statt dessen private Initiativen zu mobilisieren (Radtke 2003). Im Mittelpunkt steht Effizienzsteigerung im Sinne einer „Performance oriented culture" (Radtke 2003:113), was als „kompetenzorientierte Kultur" übersetzt werden kann. Der Begriff „Kompetenz" wird mit PISA zu einem zentralen Begriff der deutschen Bildungspolitik und in weiterer Folge auch der didaktischen Forschungslandschaft. Von Beginn an ist PISA mit Wissenschaft und Forschung eng verzahnt, sowohl in der Erstellung der Tests als auch in der Auswertung der Ergebnisse.

Laut PISA-Konsortium Deutschland ist „PISA (...) Teil des Indikatorenprogramms der OECD, dessen Ziel es ist, den OECD Mitgliedsstaaten vergleichende Daten über Ressourcenausstattung, individuelle Nutzung sowie Funktions- und Leistungsfähigkeit ihrer Bildungssysteme zur Verfügung zu stellen" (PISA-Konsortium 2001:15). Die Rede ist von Ressourcen, Nutzung, Funktions- und Leistungsfähigkeit – Begriffe, die aus der ökonomischen Rhetorik stammen.

Mit der Veröffentlichung der Ergebnisse der TIMSS- und der ersten PISA-Erhebung 2001 wurde die Bildungsdebatte erneut entfacht. Es wurde von „Bildungsverlierern" gesprochen. Zu diesen zählen wiederum Mädchen und eine bis dato nicht im Fokus naturwissenschaftlicher Bildungsreformen stehende Gruppe, nämlich jene der Schüler_innen „mit Migrationshintergrund". Zu den maßgeblich mit und durch PISA entstandenen Diskursen zählen: *Scientific Literacy, Bildungsstandards* und *Kompetenzen*, sowie Schüler_innen *„mit Migrationshintergrund"*, *MINT* und *Sprachförderung*.

„Migrationshintergrund"

Die Gruppe der Schüler-innen *„mit Migrationshintergrund"* wird als besonders
förderbedürftig eingestuft. Die im Vergleich erheblich schlechteren Leistungen
dieser Gruppe werden maßgeblich auf die „mangelnde Sprachkompetenz" zurückgeführt. Damit rückt Sprache – *Sprachförderung, Sprachbildung, Schulsprache,
Bildungssprache* – in nie zuvor da gewesener Weise ins Zentrum pädagogischer
und fachdidaktischer Diskussionen. Interessanterweise verläuft im Bereich der
Naturwissenschaften der Diskurs zu Sprachförderung jedoch weitestgehend unabhängig vom Diskurs zu *Scientific Literacy* (siehe dazu Kapitel 5). *Deutsch als
Zweitsprache* erlebt als Forschungsdisziplin einen Aufschwung und es entfalten
sich Diskurse zu Sprach*förderung* und Sprach*bildung* sowie zu Fach-, Schul- und
Bildungssprache.

3.3 Ähnlichkeiten – Unterschiede

Der Befund, den PISA lieferte, war ähnlich erschütternd wie dazumals Sputnik:
Man hielt sich für besser als man eigentlich war. Sowohl bei Sputnik als auch bei
PISA stehen ökonomische und politische Interessen in engem Zusammenhang mit
naturwissenschaftlicher Bildung, der Bezugspunkt der „Niederlage" ist allerdings
ein anderer: In den 1960er Jahren nahm man an einem in Form eines Erdsatelliten
materialisierten technologischen Fortschritts Maß, bei PISA wird Maß an einer
OECD-Norm genommen. Sputnik war ein Ereignis, das plötzlich in die westliche
Welt trat, das Ereignis PISA war vorausgeplant.

Parallelen zur durch den Sputnikschock ausgelösten Bildungsdebatte finden
sich z.B. wenn Bybee davon spricht, dass die USA Gefahr laufe, ihre weltweite
wirtschaftliche Wettbewerbsfähigkeit zu verlieren:

> „It is important that the science education community recognizes the contemporary situation
> – the United States is in danger of losing its competitive edge in the global economy." (Bybee
> & Fuchs 2006:349)

Auch in Deutschland wird von Wettbewerbsfähigkeit gesprochen und dabei auf
MINT-Arbeitskräfte gesetzt. Im Vorwort des Bandes „MINT und das Geschäftsmodell Deutschland" herausgegeben vom Institut für deutsche Wirtschaft Köln,
heißt es:

> „Wenn das Angebot an MINT-Arbeitskräften (das sind Mathematiker, Informatiker, Natur-
> wissenschaftler und Techniker) wächst, dann erhöht das die Innovationskraft der exportstar-
> ken deutschen Industrie." (Anger et al. 2014)

Während im Kontext naturwissenschaftlicher Bildungsbeteiligung Mädchen und Schüler_innen aus sozial schwachen Familien sowohl nach Sputnik als auch nach PISA zu den „noch zu erschließenden Ressourcen" zählten, tritt mit PISA eine neue „förderbedürftige" Gruppe auf: jene der Schüler_innen „mit Migrationshintergrund". Diese Gruppe zeigt in allen Testbereichen die schlechtesten Ergebnisse, ein Ergebnis, das für alle wissenschaftlichen Disziplinen, die sich mit Gesellschaft und Bildung beschäftigen, drängende Forschungsfragen aufwirft. Die Gruppe der Schüler_innen „mit Migrationshintergrund" ist nämlich höchst heterogen und ihre Mitglieder haben nur ein einziges Merkmal gemeinsam, das eigentlich ein Nicht-Merkmal ist: Sie selbst bzw. ihre Vorfahren sind nicht in Deutschland geboren, und zwar „bis ins dritte Glied" (Radtke 2003).

Das ökonomische Interesse spiegelt sich sowohl in der Wissenschaft, als auch in den Forschungs- und Entwicklungsprojekten wider. Ähnlich sind die beiden Ereignisse in ihren Auswirkungen, den breiten Förderinitiativen insbesondere zur naturwissenschaftlichen Bildung. Im Falle von PISA werden diese allerdings – wie von der OECD angestrebt – maßgeblich auch von privaten Trägern finanziert. Ein erheblicher Anteil der sprach- und fachdidaktischen Forschung wird heute über sogenannte Drittmittelfinanzierung von Stiftungen und privaten Geldern getragen.

Dies ist der Hintergrund, vor dem viele durch öffentliche und private Gelder finanzierte Maßnahmen zur Förderung der naturwissenschaftlichen Bildung in Deutschland lebender Schüler_innen entstehen.

4 Kritische Ansätze der Physikdidaktik

Für die vorliegenden Arbeit sind nationale wie internationale Ansätze aus der Physik- und Naturwissenschaftsdidaktik von Interesse, welche naturwissenschaftliche Bildung in ihrer gesellschaftspolitischen Dimension thematisieren, ökonomisch-utilitaristischen und hegemonialen Argumenten kritisch gegenüber stehen, alternative Positionen einnehmen und Anknüpfungspunkte für die Ausformulierung einer kritisch-reflexiven physikdidaktischen Position darstellen können. Allen voran sind dazu Arbeiten aus der US-amerikanischen Forschung zu nennen (Aikenhead 1996; Lemke 1990, 2001; Roth & Lee 2002; Tobin 2009; Wegerif et al. 2013; van Eijck 2013; Hussénius 2014). In der deutschsprachigen Physikdidaktik finden sich kritische Ansätze insbesondere in den 1980er Jahren (Brämer & Kremer 1980a; Soznat Redaktion 1982; Kremer 1985; Eierdanz & Kremer 2000; Rieß 2003). Als *kritisch* werden jene Ansätze verstanden, die auf Politik und Gesellschaft Bezug nehmen, hegemoniale Strukturen gesellschaftskritisch betrachten und auch die gesellschaftspolitische Dimension von Fachdidaktik und Fachunterricht thematisieren. Für diese Arbeit von besonderer Bedeutung sind die Perspektiven der US-Amerikaner Glen Aikenhead und Jay Lemke, die ich im Folgenden genauer ausführen möchte.

4.1 US-amerikanische Ansätze

4.1.1 Glen Aikenheads Perspektive

Einer der bekanntesten Vertreter einer Richtung der Science Education, welche dafür plädiert, die sozio-kulturelle Dimension von Naturwissenschaft zu berücksichtigen, ist Glen Aikenhead.

> „[S]cience educators, Western and non-Western, need to recognize the inherent border crossings between students' life-world subcultures and the subculture of science, and that we need to develop curriculum and instruction with these border crossings explicitly in mind, before the science curriculum can be accessible to most students." (Aikenhead 1996:2)

Cultural Border Crossing

Aikenhead sieht naturwissenschaftlichen Unterricht bzw. naturwissenschaftliche Bildung[8] als Kulturalisationsprozess, wobei er zwischen *enculturation, assimilation* und *acculturation* unterscheidet (Aikenhead 1997:102). In seiner Definition von Kultur orientiert sich Aikenhead an Clifford Geertz, wonach Kultur ein geordnetes System von Bedeutungen und Symbolen ist, innerhalb dem soziale Interaktionen passieren (Geertz 1973). Eine kulturelle Perspektive auf Naturwissenschaft einzunehmen, beinhaltet nach Aikenhead die folgenden Punkte (Aikenhead 1997:102f, Übersetzung T.T.):

- Naturwissenschaft selbst ist eine Mikrokultur (*microculture*) der westlichen und euro-amerikanischen Kultur und potentiell all jenen gegenüber offen, die in dieser Mikrokultur kulturalisiert (*encultured*) wurden.
- Schule und naturwissenschaftlicher Unterricht zeichnen sich durch eine eigene Mikrokultur aus, beide sind stark beeinflusst von der gesellschaftlich dominanten Kultur.
- Schüler_innen haben kulturelle Identitäten (*cultural identities*), die hauptsächlich an die Kultur ihrer Gemeinschaft, ihrer Familie und ihrer Peers geknüpft ist.
- Die kulturelle Identität eines_einer Schüler_in kann sich von der Mikrokultur der Schule, des naturwissenschaftlichen Unterrichts oder der Naturwissenschaft unterscheiden.
- Lernen ist ein kultureller Aneignungsprozess (*cultural acquisition*). Naturwissenschaft zu lernen bedeutet daher, die Normen, Werte, Überzeugungen, Erwartungen und Konventionen der naturwissenschaftlichen Gemeinschaft zu übernehmen.
- Bewegt sich ein_e Schüler_in von einem kulturellen Setting in ein anderes, ist dies immer eine Überschreitung kultureller Grenzen, ein *cultural border crossing* (Aikenhead 1996). Ob diese Grenzüberschreitung bemerkbar ist oder nicht, hängt von den kulturellen Unterschieden der jeweils beteiligten Kulturen ab.

---

[8] Das englische Konzept der *science education* kann als Prozess der *naturwissenschaftlichen Bildung* und daher eher als *naturwissenschaftlicher Unterricht* denn als naturwissenschaftliche Bildung aufgefasst werden. Es gilt allgemein als schwierig, eine für den deutschen Bildungsbegriff adäquate englische Entsprechung zu finden (Duit et al. 2005). Die Semantik eines Verfügens über (naturwissenschaftliche) Bildung ist meines Erachtens daher von der Semantik des Vermittlungsprozesses abzugrenzen, da erstere eher einem Zustand von Bildung *(scientifically educated)* entsprechen würde. Ich erachte daher als deutschsprachige Übersetzung von Aikenheads und Lemkes Konzept der *science education* eher den Begriff des *naturwissenschaftlichen Unterrichts* für angemessen, da dieser sowohl Lernen als auch Lehren als Prozess impliziert.

- Schüler_innen, deren Identität mit der Kultur der Naturwissenschaften harmoniert – dazu zählen etwa naturwissenschaftlich interessierte Schüler_innen – erleben einen Prozess der *enculturation*. Schüler_innen, deren kulturelle Identität mit der Subkultur der Naturwissenschaften in Konflikt steht, erleben *assimilation* und Schüler_innen, die sich durch den naturwissenschaftlichen Lernprozess bestimmte subkulturelle Merkmale aneignen, erleben *acculturation*.

Humanistische Perspektive

Aikenhead plädiert dafür, sich des Lernens als *cultural border crossing* bewusst zu sein und eine humanistische Perspektive in Bezug auf *science education* einzunehmen. Die humanistische Perspektive charakterisiert er durch Merkmale bzw. die Ausschließung von Merkmalen, die in Tabelle 4.1 dargestellt sind.

Für die Ausarbeitung eines kritisch-reflexiven Ansatzes der Physikdidaktik von besonderem Interesse ist Aikenheads Betonung von Werten und Haltungen, von gesellschaftspolitischen Machtverhältnissen, vom Wissen über Naturwissenschaften, vom Einbezug unterschiedlicher Wissenschaftsdisziplinen sowie die Betonung der Handlungsfähigkeit als Bürger_in und die Möglichkeit der Einnahme der Außenseiterrolle ohne „Identifikationszwang" mit der Subkultur der Naturwissenschaften.

4.1.2 Jay Lemkes Perspektive

In der deutschsprachigen didaktischen Forschung wird Jay Lemke vorrangig als Linguist rezipiert, etwa im Zusammenhang mit der linguistischen Rahmung der Merkmale von Fachsprache und der Unverständlichkeit des Fachunterrichts für Schüler_innen (Nitz 2012; Starauschek 2006). Die machtkritische Perspektive Lemkes, die er insbesondere in Bezug auf die Mystifizierung und Exklusivität der Naturwissenschaften einnimmt, blieb bislang in der deutschsprachigen Physikdidaktik unrezipiert. Auch seine Betrachtung der Rolle der Sprache im naturwissenschaftlichen Unterricht ist immer eine machtkritische und keine rein linguistische. Lemkes machtkritische Perspektive ist für diese Arbeit und das Vorhaben der theoretischen Rahmung einer kritisch-reflexiven Physikdidaktik von besonderer Bedeutung.

Tabelle 4.1 Charakteristika der humanistischen Perspektive naturwissenschaftlichen Unterrichts (Humanistic Perspectives in School Science) nach Aikenhead 2006 (Übersetzung T.T.)

Eingeschlossene Merkmale einer humanistischen Perspektive	Ausgeschlossene Merkmale einer humanistischen Perspektive
Sozialistation und Kulturalisation in lokale als auch globale Gemeinschaften, welche naturwissenschaftlich und technologisch geprägt sind	Sozialisation und Kulturalisation in eine bestimmte naturwissenschaftliche Disziplin
Vorbereitung auf das alltägliche Leben eines mündigen Bürgers oder einer mündigen Bürgerin	präprofessionelle Ausbildung für die Naturwissenschaften
kluge Bürger_innen („savvy citizen")	abstrakte, dem Fachkanon entsprechende Inhalte, häufig dekontextualisiert, manchmal in triviale Alltagskontexte eingebettet
Einbezug unterschiedlicher Wissenschaftsdisziplinen: etablierte Wissenschaften, Grenzwissenschaften, Bürgerwissenschaften (citizen sciences)	alleiniger Bezug auf die etablierte Naturwissenschaft
multiwissenschaftlicher Zugang, der auch internationale Perspektiven (inklusive *indigenous science*) reflektiert	mono-wissenschaftlicher Zugang mit Universalitätsanspruch (*Western Science*)
Wissen über Naturwissenschaft und Naturwissenschaftler_innen	fachliches Wissen
moralische Begründungen, Werte, Haltungen und menschliche Betroffenheiten (*human concerns*) integriert in naturwissenschaftliche Begründungen	ausschließlich naturwissenschaftliche Begründungen und naturwissenschaftliche Geisteshaltungen (*habits of mind*)
die Welt aus der Perspektive von Schüler_innen sehen	die Welt aus der Perspektive von Naturwissenschaftler_innen sehen
Lernen als Interaktion mit der Welt des Alltags, als Wahrnehmung sozial-politischer Macht sowie als praktisches oder soziales Engagement	Lernen als intellektuelle Aufgabe mit dem Ziel der Aneignung naturwissenschaftlichen Wissens und naturwissenschaftlichen Geisteshaltungen
in der Subkultur der Naturwissenschaft die Rolle des Außenseiters oder der Außenseiterin spielen	sich mit der Subkultur der Naturwissenschaft identifizieren

Hegemoniekritik

Lemke betont die Notwendigkeit, Naturwissenschaften und ihre Vermittlung als Teile und Instrumente machtpolitischer Interessen zu sehen und rekurriert dabei u.a. auf Latour (1987), Hutchins (1980) und Haraway (1989; 1991).

"Historians, sociologists, and cultural anthropologists came increasingly to see that science had to be understood as a very human activity whose focus of interest and theoretical dispositions in any historical period were, and are, very much a part of and not apart from the dominant cultural and political issues of the day." (Lemke 1990:298)

Lemke vertritt die Position, dass das Unverständnis von Naturwissenschaften und deren Mystifizierung nicht durch mangelnde Professionalität der Lehrkräfte verursacht ist, sondern vielmehr auf ein aktives Tun zurückgeführt werden kann, welches zur Erzeugung von Wissenden und Unwissenden beiträgt, um damit hegemoniale gesellschaftliche Strukturen aufrechtzuerhalten. In seinen Forschungen identifiziert Lemke herrschende Normen der Naturwissenschaften, die durch den naturwissenschaftlichen Unterricht über die Zugehörigkeit der Lehrkräfte zur „Subkultur Naturwissenschaften" transmittiert werden und derart wirken, dass die Mystik und Mystifizierung von Naturwissenschaft aufrecht erhalten bleibt. Das Gefühl der Schüler_innen, dass Naturwissenschaften nichts für sie sei und sie keinen Kopf dafür hätten, ist nach Lemke ein Indiz hierfür. Damit zeichnet Lemke den naturwissenschaftlichen Unterricht als einen aktiven Prozess des Aufrechterhaltens von hegemonialen Strukturen. Der naturwissenschaftlichen Sprache misst Lemke in diesem Prozess eine besondere Funktion zur Aufrechterhaltung dieser Strukturen bei.

"Science teaching also tends to pit science against common sense and undermine students' confidence in their own judgement. Those who do understand science are made to seem geniuses in comparison with the average student, who feels frustration at not being able to understand. (...) How does science teaching alienate so many students from science? How does it happen that so many students come away from their contact with science in school feeling that science is not for them, that it is too impersonal and inhuman for their tastes, or that they simply "don't have a head for science"? One way this happens, I believe, is through the way we talk science." (Lemke 1990:129)

Naturwissenschaftliche Normen werden auch sprachlich abgebildet, beispielsweise durch die unpersönliche Form, ausgedrückt in Passivstrukturen und entpersonalisierten Aussagen. Diese entsprechen auch den Merkmalen von konzeptioneller Schriftlichkeit bzw. den Merkmalen von Bildungssprache (vgl. Kapitel 14.2). Diese Merkmale nicht nur als *linguistische Merkmale*, sondern als *Normen* zu identifizieren, macht den hegemoniekritischen Aspekt von Lemkes Überlegungen deutlich: Während im Begriff des Merkmals noch keine Wertung enthalten ist, beinhaltet der Begriff der Norm Erlaubtes und Nicht-Erlaubtes, Normgerechtes und Nicht-Normgerechtes, und stellt somit eine Selektionsmöglichkeit dar.

Exklusionsmechanismen

Lemke konstatiert den Naturwissenschaften, sich als objektive Beschreibung der Welt und weniger als soziale Aktivität zu inszenieren. Die Verwendung einer abstrahierenden und distanzierenden Sprache führt nach Lemke zu einem kumulativen Effekt, nämlich Naturwissenschaft als eine Art der Beschreibung der Welt darzustellen und weniger als eine sinngebende soziale Aktivität. Das Interesse der Schülerinnen und Schüler an Naturwissenschaften werde durch eine Reihe von sprachlichen „taboos" noch weiter verringert. So seien sprachliche interessensfördernde Mittel, wie etwa Mittel zur Identifikation, nicht erlaubt. Diese Normen würden übernommen, auch von denjenigen, die sie nicht beherrschen, sodass es zu einem Konsens zwischen Lehrer_innen und Schüler_innen über diese Normen kommt, wie „naturwissenschaftlich etwas klingt".

> "They [Die Normen, T.T.] mainly serve to create a strong contrast between the language of human experience and the language of science. This is a contrast that we are taught to associate with the "objectivity" of science vs. the "subjectivity" of experience. It artificially and misleadingly makes students and the public imagine that science stands somehow outside of the world of human experience, rather than being a specialized part of it. (...) From this comes much of the "mystique" of science and the mystification of science." (Lemke 1990:133f)

Lemke kommt in seinen Forschungen zu Unterrichtsgesprächen und den Normen des naturwissenschaftlichen Diskurses im Unterricht zu dem Schluss, dass die Aufmerksamkeit der Schülerinnen und Schüler höher ist, wenn Lehrkräfte diese Normen brechen.

Er identifiziert zwei Annahmen (beliefs) über Naturwissenschaft, die den Interessen einer „technocratic elite" dienen. Die eine Annahme ist jene der Ideologie der *objektiven Wahrheit* von Naturwissenschaft, die zweite ist jene einer Ideologie der *speziellen Wahrheit* der Naturwissenschaft („special truth of science"), die dem Alltagsverständnis gegenüber steht und nur Expert_innen zugänglich ist. Konsequenterweise würden Naturwissenschaften auch als schwierig und naturwissenschaftliches Wissen als exklusiv präsentiert. Schülerinnen und Schüler würden in diesem System der Aufrechterhaltung dieser Annahmen eher davon überzeugt, dass es an ihnen liegt, wenn sie an den Naturwissenschaften scheitern und diese nicht verstehen. Lemke ortet den Missstand in der Art und Weise des naturwissenschaftlichen Unterrichts, der bestimmte Gruppen bevorzugt und andere benachteiligt. Diese Gruppen charakterisiert Lemke u.a. als eher männlich, eher *weiß*, eher mittel- und oberschichtzugehörig, eher standardsprachlich (Lemke 2011, 1990).

> "It is not surprising that those who succeed in science tend to be like those who define the "appropriate" way to talk science: male rather than female, white rather than black, middle- and upper-middle class, native English-speakers, standard dialect speakers, committed to the values of North European middle-class culture (emotional control, orderliness, rationalism, achievement, punctuality, social hierarchy, etc.)" (Lemke 1990:138)

Lemke sieht die Verantwortung nicht in den Lehrkräften alleine, sondern in

> "[E]verybody who has been taught to believe that science possesses an objective and special sort of truth and that only the most intelligent people can really understand it." (Lemke 1990:139)

Laut Lemke zählen weder Lehrkräfte noch ein großer Teil der Naturwissenschaftler-innen selbst zur *technokratischen Elite*. Vielmehr wird diese von gesellschaftlichen Interessensgruppen gebildet, welche politische Entscheidungen beeinflussen
können und es sich dabei zu Nutze machen, ihre Entscheidungen mit Fakten und
Expertisen zu rechtfertigen.

Lemke betont, dass es nicht die Intention der Lehrkräfte sei, diese Strukturen
zu reproduzieren. Vielmehr konstatiert er Lehrkräften Bemühungen, an den Erfahrungen der Schüler-innen anzuknüpfen, verortet das eigentliche Problem jedoch
einerseits in der Fachsozialisation der Lehrkräfte und andererseits tiefer in der Gesellschaft liegend. Lemke sieht daher keinen einfachen Ausweg aus der Misere,
der durch ein paar „technische" Änderungen zu bewerkstelligen wäre.

"The problems of education are rooted in the problems of our society. They are not simply
technical problems. They do not have technical solutions. They are problems of fundamental
conflicts of interests and values between different groups in society, and their solutions re-
quire us to openly discuss those conflicts and make some compromises with our own values,
and even against our own interests, to accommodate those of other." (Lemke 1990:167)

Die Rolle der fachdidaktischen Forschung

Zur Rolle der Forschung im Änderungsprozess der naturwissenschaftlichen Bildung meint Lemke, dass bildungspolitische Empfehlungen niemals allein auf der
Basis von Forschungsergebnisse formuliert werden können, da sie immer Wer-
teentscheidungen darstellen.

"Research alone should never be the basis for recommending changes in educational policy
or method. Recommendations always involve value choices. Research only helps us to understand what our choices are and what the consequences of making different choices may
be." (Lemke 1990:167)

Aus dem Verständnis von Naturwissenschaft als soziokultureller Praxis leitet Lemke Forschungsfragen ab, von denen ich zwei als besonders relevant hervorheben
möchte und sie in eigener Übersetzung und in Anführungsstrichen im Original
wiedergebe:

(i) *Auf welche Weise beeinflussen Metaphern und Praxen der Scientific Community die Art der Forschungsfragen, die in bestimmten historischen Perioden gestellt werden, oder helfen jene Gruppen von Menschen zu bestimmen, die sich
von der Kultur der Scientific Community angesprochen oder ausgeschlossen
fühlen?*

"How do the metaphors and practices of the scientific community influence the kinds
of research questions that are asked in particular historical periods, or help determine
which kinds of people fell attracted to or excluded from its culture?" (Lemke 2001:299)

(ii) *Auf welche Weise definieren Naturwissenschaft und naturwissenschaftlicher Unterricht als Institution und Kultur jene Identitäten, die willkommen sind und unterstützt werden? In welcher Hinsicht sind Naturwissenschaften und naturwissenschaftlicher Unterricht mehr oder weniger kompatibel mit männlichen oder weiblichen Identitäten, mit Mittel- oder Arbeiterklasse und mit unterschiedlichen nationalen und kulturellen Identitäten?*

"How does science/science education as an institution and a culture define the kinds of personal identities it welcomes and supports, and in what respects is science/science education more and less compatible with masculine versus feminine identities, middle-class versus working-class identities, and the global spectrum of national and ethnic cultural identities?" (Lemke 2001:299)

Lemke fragt weiter nach der kritischen Haltung der Science Education (Naturwissenschaftsdidaktik) gegenüber aktuellen Entwicklungen in Bezug auf Leistungstests, die an Sanktionen geknüpft sind (High Stakes Testing).

"Where is our ethical response as science educators to such issues? Where is our intellectual response as researchers to the problem of understanding the frequent conflicts between our view of science and our students' views of themselves?" (Lemke 2001:300)

Zugehörigkeitsbekenntnisse

Auch Konzeptwechsel sind nach Lemke soziale und nicht vordergründig rationale Prozesse. Mit einem *Conceptual Change*[9] (Konzeptwechsel, vgl. Duit & Treagust 2003) seien für ein Individuum möglicherweise erhebliche psychologische und soziale Kosten verbunden, wie er an fiktiven Beispiel eines Kreationisten veranschaulicht.

"To adopt an evolutionist view of human origins is not, for a creationist, just a matter of changing your mind about the facts, or about what constitutes an economical and rational explanation of the facts. It would mean changing a core element of your identity as a Bible-believing (fundamentalist) Christian. It would mean breaking an essential bond with your community (and with your god). It could lead to social ostracism and the ruin of your business or job prospects. It could complicate your family life or your marriage chances. Although I am slightly overdramatizing here (...), the point is that beliefs about the natural and social world have coevolved in cultures along with the entire complex network of social practices that bind a community together. The Renaissance Church did not oppose Galileo

---

[9] Unter *Conceptual Change* wird die Veränderung eines begrifflichen Verständnisses – zumeist ein alltägliches Verständnis hin zu einem fachlichen Verständnis – verstanden. In der physikdidaktischen Forschung gibt es dazu zwei Annahmen. Einerseits wird eine kontinuierliche Entwicklung angenommen, die auf Basis der Alltagssicht geschieht und aus ihr herausgearbeitet wird. Andererseits gibt es die Ansicht einer sprungartigen Herausbildung der neuen Sicht. Diese Ansicht beruht auf der Annahme, dass lebensweltliche und physikalische Sicht grundsätzlich verschieden sind und der Übergang von Alltagswelt zu Physik nicht kontinuierlich ist. Aus letzterer Perspektive müssen die bestehenden Brüche zwischen Alltagswelt und Physik sogar deutlich gemacht werden.

just because it disagreed with his conclusions about the motions of celestial bodies. There was a lot more at stake than rational choices among competing theories." (Lemke 2001:301)

Ein Konzeptwechsel sei demnach nicht einfach eine rationale Entscheidung, sondern vielmehr ein sozialer Prozess, in welchem es auch um Zugehörigkeiten und um Zugehörigkeitsbekenntnisse geht.

"Changing your mind is not simply a matter of rational decision making. It is a social process with social consequences. It is not simply about what is right or what is true in the narrow rationalist sense; it is always also about who we are, about who we like, about who treats us with respect, about how we feel about ourselves and others. In a community, individuals are not simply free to change their minds." (Lemke 2001:301)

Das Verständnis um die Eingebundenheit von Wissen und Überzeugung in soziale Zugehörigkeitsverhältnisse ist für Lemke ein dringliches Thema für Unterricht und Didaktik.

"Students and teachers need to understand how science and science education are always a part of larger communities and their cultures, including the sense in which they take sides in social and cultural conflicts that extend far beyond the classroom." (Lemke 2001:301)

Der Didaktik empfiehlt Lemke, Schüler-innen die Möglichkeit zu geben, ihre Konzepte und Vorstellungen zu ändern. Zugleich aber müsse man sich darüber im Klaren sein, dass mit der naturwissenschaftlichen Subkultur ein System von Überzeugungen verbunden ist und dass ein Bekenntnis zur Naturwissenschaft möglicherweise eine Abwendung von anderen Werten bedeutet, welche für die Schüler-innen persönlich bedeutungsvoll sind und über die sie mit anderen Gruppen und Kulturen verbunden sind.

"We cannot afford to continue to believe that our doors are wide open, that admission is equally free to all, that the only price we ask is hard work and logical thinking. We need to understand how the price is reckoned from their side of the differences that separate us." (Lemke 2001:312)

Die Rolle der Vernunft und Erkenntnis im Zusammenhang mit dem Wechsel von Konzepten und Überzeugungen sieht Lemke überbewertet und historisch auf der Überzeugung beruhend, dass Rationalität die einzig wahre Basis ist, auf der Entscheidungen getroffen werden.

"Our heroic, romantic and masculine myths glorify one man with the truth struggling against ignorance and error to triumph over all. Sociocultural research not only debunks these myths by doing detailed research on how new discourses, values, and practices really arise and spread in social networks, but also by asking how such myths and beliefs function in society as a whole, and what their economic and political implications are." (Lemke 2001:312)

Der Stellenwert sozio-kultureller Perspektiven

Um festzustellen, welchen Stellenwert die sozio-kulturelle Perspektive in den Naturwissenschaften respektive in der Naturwissenschaftsdidaktik einnimmt, schlägt

Lemke vor, nach Schlüsselbegriffen in Forschungsdatenbanken zu suchen. In der Exploration zum Migrationsdiskurs, die in Kapitel 5 dargestellt ist, habe ich diese Anregung aufgenommen und auf den deutschsprachigen physik- und chemiedidaktischen Bereich angewandt.

Lemke konstatiert der Science Education Community, viele sozio-kulturelle Themen noch nicht bzw. nicht tiefergehend aufgegriffen zu haben. Dazu zählen Forschungen zur Kultur der sozialen Klasse (*social class culture*), zu nichtstandardsprachlichen Sprecher_innen (z.B. Dialekt) (*non-standard dialect speakers*) und zu rassialisierten[10] Haltungen und Konflikten (*racial attitudes and conflicts*). Lemke stellt in seiner Analyse die Tendenz fest, dass immer nur ein Typus der sozio-kulturellen Analyse auf eine bestimmte soziale Gruppe angewandt wird. Als Beispiele nennt Lemke aus dem US-amerikanischen Raum die Forschungen zu *Race*, welche nahezu ausschließlich im Kontext mit Afro-Amerikaner_innen stehen, demgegenüber finden Forschungen zu Sprache hauptsächlich in Bezug auf Hispanics statt. Forschungen zu Kultur hingegen beziehen sich zumeist auf Amerikaner_innen asiatischer Herkunft. Entsprechend fehlen Forschungen zu Sprache oder Kultur im Zusammenhang mit sozialer Klasse.

Laut Lemke werden die Schüler_innen in ihren Unterschieden nicht ernst genommen, solange dieselben Curricula für alle Schüler_innen gelten und solange soziale Klasse und kulturelle Herkunft zugunsten einer dominanten Kultur ignoriert werden.

4.2 Ansätze in der BRD

Nicht nur in der deutschen naturwissenschafts- bzw. physikdidaktischen Forschung, sondern generell in der europäischen Forschung sind ähnlich deutliche Stimmen, welche die soziokulturelle und gesellschaftspolitische Dimension von naturwissenschaftlicher Bildung thematisieren und kritisch hinterfragen, rar. Van Eijck attestiert der europäischen naturwissenschaftsdidaktischen Forschungslandschaft einen gewissen Mangel an Forschung aus einer, die eigene Kultur reflektierenden Perspektive (van Eijck 2013). Diese Perspektive, so van Eijck, sei jedoch insbesondere in der Auseinandersetzung mit *Diversity* notwendig.

"Addressing the educational needs of future citizens in a scientifically sophisticated society requires one to take into account the role of diversity in science education from a cultural perspective. Despite this requirement, cultural studies of science education are underrepresented in the European scholarly realm. This lack of research has a reflexive meaning for

---

[10] Die Problematik des Begriffs *Rasse* und insbesondere die Unterschiede der US-amerikanischen und der deutschen Verwendung werden ausführlich in Kapitel 8.2.5 thematisiert.

how science education and scientific knowledge is taken more generally in the European research community. Thus, rethinking diversity in science education research from a reflexive
perspective lays bare some theoretical constraints inherent to dominant research traditions
in science education in Europe." (van Eijck 2013, Abstract)

Im deutschsprachigen Raum gibt es wenige Ansätze der Betrachtung der Physik aus einer sozial- oder kulturwissenschaftlichen Perspektive. Hans-Joachim
Schlichting nimmt sich der Frage nach einer „interkulturellen Physikdidaktik" an
und erachtet die Ansicht, dass Physik kulturunabhängig sei, als Quelle für Missverständnisse und Probleme. Er betont die

„perspektivische Differenz zwischen Physik und anderen Bereichen des kulturellen Lebens"
(Schlichting 2000:359)

und rekurriert dabei auf Snows These der zwei Kulturen (Snow 1969). Schlichting legt anhand von Beispielen zu verschiedenen Betrachtungsweisen dar, dass
die physikalischen Gesetze sich nicht aus der Empirie des Alltagsverständnisses
durch immer genauere Beobachtungen ergeben.

„Erst unser physikalischer Blick macht aus natürlichen Phänomenen physikalische Vorgänge und projiziert dies vom erfindenden Menschen auf die Natur und macht den Menschen
zum bloßen Entdecker von in der Natur verdeckt daliegenden Naturgesetzen." (Schlichting
2000:13)

Auf die gesellschaftspolitische Dimension naturwissenschaftlicher Bildung geht
Schlichting dabei nicht ein.

In deutlicherer Weise wird im Konzept der *Nature of Science* (Natur der Naturwissenschaften) die Kulturabhängigkeit und damit die Relativität wissenschaftlicher Erkenntnis berücksichtigt. Lederman et al. erwähnen als Einflussfaktoren für
Wissenschaft u.a. Machtstrukturen, Politik und sozioökonomische Faktoren.

"Science as a human enterprise is practiced in the context of a larger culture and its practitio-
ners are the product of that culture. Science, it follows, affects and is affected by the various
elements and intellectual spheres of the culture in which it is embedded. These elements in-
clude, but are not limited to, social fabric, power structures, politics, socioeconomic factors,
philosophy, and religion." (Lederman et al. 2002:501)

In den deutschsprachigen Raum wurde das Konzept der *Natur der Naturwissenschaften* insbesondere durch die Arbeiten von Dietmar Höttecke eingeführt (Höttecke 2001; Höttecke & Rieß 2007).

Ein aktuelles kritisches Forum stellt die online-Zeitschrift www.widerstreit-
sachunterricht.de dar, in welcher auf intra- und interdisziplinären Ebenen kritische
Diskussionen, u.a. auch zum eigenen Selbstverständnis von Sachunterrichtsdidaktik, stattfinden. So etwa wurde in einem Aufsatz zu Wagenschein kritisch festgestellt, dass in sachunterrichtsdidaktischen Publikationen und Reden über Wagenschein nie seine Verbindung mit dem Nationalsozialismus Erwähnung finden
(Murmann & Pech 2007). Diese Erkenntnis bezeichnen Murmann und Pech als ihr
eigenes „Stolpern":

„Das „Stolpern", das diesem Aufsatz vorausging, bestand darin, dass uns als Involvierten in den Sachunterrichtsdiskurs, die Information über Wagenscheins Mitgliedschaft in der NSD-AP nicht aus den wissenschaftlichen Schriften mit explizitem Bezug auf Wagenschein zugänglich wurde, sondern zufällig begegnete und nur aufgrund des Zweifels an der Behauptung einer Mitgliedschaft verifiziert wurde. (...) Irritierend hierbei ist, dass in anderen erziehungswissenschaftlichen Diskussionen diese Problematik, die mit der Person Wagenscheins verknüpft ist, durchaus aufgegriffen wird – dies aber in der sachunterrichtsdidaktischen Diskussion bislang nicht rezipiert wird." (Murmann & Pech 2007:1)

Die 1980er Jahre – Soznat

In den 1970er und 1980er Jahren setzte sich eine Gruppe von Physiker-innen und Naturwissenschaftler-innen sozialkritisch mit der Naturwissenschaft und insbesondere mit der Naturwissenschaftsdidaktik und ihrer Geschichte auseinander. Sie gründete die Reihe *Soznat* und veröffentlichte Beiträge, die sich mit den aktuellen sozialen und politischen Themen im Zusammenhang mit Naturwissenschaft und Schule auseinandersetzten, so etwa mit der Rolle des naturwissenschaftlichen Unterrichts im Nationalsozialismus (Brämer 1983; Brämer & Kremer 1980b), mit der Rolle der Naturwissenschaften für Rüstung und Krieg (Brämer 1983; Brämer & Nolte 1983b) und die Verflochtenheit von Naturwissenschaft und kapitalistischer Ideologie (Inhetveen 1977).

Soznat beschreiben sich selbst folgendermaßen:

„Soznat ist das Produkt einer Marburger Arbeitsgruppe gleichen Namens, die sich seit 1978 mit den politisch-sozialen Aspekten des naturwissenschaftlichen Unterrichts auseinandersetzt. Hauptziel unserer Arbeit ist es, genauere Kenntnisse über die Wirklichkeit des Unterrichts, seine Folgen sowie über seine gesellschaftliche Bedingtheit und Bedeutung zu gewinnen.
Darüberhinaus versteht sich Soznat auch als Diskussionsforum und Kommunikationsorgan für Naturwissenschaftskritiker und –reformer der verschiedensten Richtungen. In Soznat werden Schulerfahrungen mit herkömmlichen und alternativen curricula ebenso debattiert wie die Rolle der Naturwissenschaften in unserer Gesellschaft, die Interessenspolitik naturwissenschaftlicher Berufs- bzw. Standesverbände steht ebenso zur Diskussion wie die Verbindungen von Wissenschaft und Didaktik mit Politik und Wirtschaft. Und natürlich kommen auch die Betroffenen zu Wort: Naturwissenschaftler, Lehrer und Schüler." (Soznat Redaktion 1982)

Soz* steht für sozial, soziologisch, sozialgeschichtlich, sozialistisch, sozioökonomisch, sozialisationstheoretisch, sozialpsychologisch. Themen von Soznat waren u.a. Naturwissenschaftlicher Unterricht im Dritten Reich (Brämer & Kremer 1980a,b; Brämer 1983), Ideologie- und Kapitalismuskritik (Rieß 1977; Inhetveen 1977) und naturwissenschaftliche Fachsozialisation (Brämer & Nolte 1983b; Kremer 1985). Soznat stellte damit eine *kritische* Gruppe in der Naturwissenschaftsdidaktik dar. In der gesellschaftskritischen Analyse der historischen Entwicklung von Physik als Unterrichtsfach etwa wird festgestellt, dass aus bildungshistorischer Perspektive das Fach Physik verglichen mit Philosophie, Latein oder Mathematik ein junges Fach ist und als solches mit Akzeptanzproblemen zu kämpfen hatte. Der Physiklehrer wurde eher als nicht dem Bildungsbürgertum zugehörig betrachtet. Er war eher der „Handwerker" und nicht der „Denker". Ein Mathematik- oder Lateinlehrer genoss mehr Ansehen und hatte mehr Prestige. Im Bestreben um ein gleichermaßen hohes bildungsbürgerliches Ansehen waren Physiklehrkräfte traditionell daher tendenziell konservativ eingestellt (Brämer & Nolte 1983b).

In Bezug auf den „Segen" naturwissenschaftlichen Fortschritts äußern sich die Soznat-Mitglieder (selbst)kritisch:

> „Was allein dem Wohl der Menschheit, dem Fortschritt der Gesellschaft zugedacht schien, hat sich mit dem Gigantismus der Industriegesellschaft nicht selten in sein Gegenteil verwandelt. Das Wort von der Perversion der Wissenschaft macht die Runde, und in der Tat können einem (...) die umweltzerstörenden Energiefabriken und die apokalyptischen Massenvernichtungswaffen Angst und Schrecken einjagen. Gewiß, für diese Pervertierung ihrer Potenzen sind die Naturwissenschaften nicht allein verantwortlich zu machen. Aber ebenso sicher ist auch, daß sich immer wieder Wissenschaftler finden, die an noch so menschenfeindlichen Projekten mitarbeiten, ja diese sogar aktiv vorantreiben. (...) Aus der Produktivkraft Naturwissenschaft ist eine Destruktivkraft geworden." (Brämer & Nolte 1983c:7)

Auch das Problem des geringen Interesses von Mädchen an Physik wurde selbstkritisch reflektiert und unter Rezeption psychologischer Studien der Ursache nachgegangen, die man in einer angstbesetzten wechselseitigen Beziehung zwischen Naturwissenschaftlern und Frauen fand. In Bezug auf das geringe Interesse von Mädchen an Physik schreiben Brämer und Nolte:

> „Offenbar fühlen sie [die Mädchen, T.T.] sich durch eine mathematisch-technisch-männliche Naturwissenschaft genauso bedroht wie sich umgekehrt die Naturwissenschaftler durch die Frauen bedroht fühlen. (...) Den naturwissenschaftlichen Lehrern machen sie nicht selten zum Vorwurf: ‚Unser Lehrer hat in Physik eigentlich immer nur mit den Jungen gearbeitet. Die Mädchen durften Referate machen.'" (Brämer & Nolte 1983a:26)

Um dann selbstkritisch und empathisch festzustellen

> „Alles in allem muß der männlich-technisch ausgerichtete naturwissenschaftliche Unterricht damit zumindest für die Mädchen den Charakter einer Zumutung haben." (Brämer & Nolte 1983a:30)

Von Soznat-Migliedern und anderen an der Kritischen Theorie orientierten Vertreter_innen der Didaktiken und Erziehungswissenschaften wurden auch noch in den 2000er Jahren Beiträge veröffentlicht, teilweise mit Bezug auf PISA, in welchen die Bildungsreformen kritisch betrachtet werden (Eierdanz & Kremer 2000; Rieß 2003; Kremer 2003b; Keiner 2003; Bernhard et al. 2003b,a).

5 Der Migrationsdiskurs in der Physikdidaktik

5.1 Erforschung physikdidaktischer Wissensbestände

In den vorangehenden Kapiteln wurde der Diskurs zu naturwissenschaftlicher Bildung mit seiner Einbettung in gesellschaftspolitische Zusammenhänge dargestellt. Es wurde gezeigt, dass Ergebnisse zu Bildungsdisparitäten einen Diskurs zur Förderung von Schüler_innen „mit Migrationshintergrund" hervorgebracht haben, in welchem vorrangig aus einer ökonomisch motivierten Verwertbarkeitsperspektive argumentiert wird. Ebenso dargestellt wurden nationale und internationale kritische Ansätze der Naturwissenschaftsdidaktik, die für eine Thematisierung von gesellschaftlichen und politischen Machtverhältnissen eintreten, um dem Instrumentalitätscharakter naturwissenschaftlicher Bildung entsprechend kritisch zu begegnen (Rieß 2003; Kremer 2003b; Aikenhead 2006; Lemke 2011; van Eijck 2013). Nun soll die deutschsprachige physikdidaktische Forschung danach ausgeleuchtet werden, nach welchen Ansätzen und mit welchem Stellenwert Disparitäten in der naturwissenschaftlichen Bildung thematisiert werden.

„Migration bewegt die Gesellschaft. Bewegt Migration auch die Bildungsforschung?" (Sprung 2009:82)

Diese von Annette Sprung am Beginn eines Aufsatzes zur Forschungslage in der Erwachsenenbildung gestellte Frage kann in Bezug auf die Physikdidaktik abgewandelt werden zu: *Bewegt Migration auch die Physikdidaktik?*

5.1.1 Einordnung und Fragestellung

Im Rahmen der Erziehungswissenschaft erachten Koller und Lüders die „Erforschung pädagogischen Wissens" als „wichtiges mögliches Untersuchungsgebiet" (Koller & Lüders 2004:69) und sowohl in Hinblick auf historische Konstruktionen als auch gegenwärtige pädagogische Diskurse als wünschenswert (Budde 2012:3). Transferiert auf die Physikdidaktik ist die vorliegende Exploration als *Erforschung physikdidaktischer Wissensbestände* im Kontext des Migrationsdiskurses[11] einzuordnen. Die im Folgenden vorgestellte Exploration bezieht sich sowohl

---

[11] Zur Untersuchung des Migrationsdiskurses finden in der Forschung unterschiedliche Methoden Anwendung, u.a. auch die Topos-Analyse, auf die hier nicht weiter eingegangen wird. Erwähnt sei,

auf die physik- als auch auf die chemiedidaktische Forschung im deutschsprachigen Raum. Dies ist zum einen in der wissenschaftlichen Nähe und engen Zusammenarbeit der beiden Fachgebiete begründet, welche sich in der 1973 gemeinsam gegründeten *Gesellschaft für Didaktik der Chemie und Physik* (GDCP) widerspiegelt, in deren Rahmen auch jährliche Tagungen veranstaltet werden. Diese *GDCP-Tagungen* sind ein zentrales Element der deutschsprachigen naturwissenschaftsdidaktischen Forschung. Zum anderen ist damit eine bessere Vergleichbarkeit mit der *Science Education* gegeben. Im englischsprachigen Bildungsdiskurs wird traditionell kaum zwischen Physik- und Chemiedidaktik getrennt. Der dritte Grund liegt in der – wie an anderer Stelle deutlich wird – eher geringen Anzahl der Arbeiten zu gesellschaftlichen Themen, weshalb auch aus diesem Grund von Interesse war, die eng verwandte Disziplinen zu bündeln und gemeinsam zu betrachten.

Es stehen die folgenden Fragen im Zentrum:

- Wird der Migrationsdiskurs in physik- und chemiedidaktischen Forschung aufgegriffen?
- Welche Beiträge leistet die physik- und chemiedidaktische Forschung zum Diskurs?
- Welche Positionen und Argumente werden vertreten?
- Welche gesellschaftspolitischen Themen werden (nicht) beforscht?

Die zwei Hauptanliegen dieser Exploration sind somit:

- eine Bestandsaufnahme im Sinne der Erforschung physikdidaktischer Wissensbestände (Koller & Lüders 2004; Lemke 2011): Welche Themen werden behandelt, welche nicht? *Bewegt* Migration die Physikdidaktik?
- eine Konturierung der Forschungsperspektiven: Exploriert werden soll, in welche Richtungen und aus welchen Perspektiven zu den Schieflagen der naturwissenschaftlichen Bildung geforscht wird, in welche Richtungen nicht geforscht wird und welchen Beitrag die physikdidaktische Forschung somit zur Ausrichtung des Diskurses leistet.

Abgrenzung

Mit dieser Exploration ist nicht intendiert, darzulegen, dass der Begriff *Migrationshintergrund* zu ungenau zur Erklärung der Bildungsdisparitäten sei. Auch sollen

---

dass Wengeler in der Topos-Analyse des Migrationsdiskurses den wirtschaftlichen Nutzen als einen Topos identifiziert, der das dominierende Argumentationsmuster für die Rechtfertigung von Zuwanderung bis in die 1980er Jahre darstellt. (Wengeler 2013)

nicht Begriffe wie *Heterogenität, Diversität* oder *Sprachbildung* präzisiert oder neudefiniert werden. Ebensowenig soll exploriert werden, welche physikdidaktischen Ansätze es zu *Heterogenität* im naturwissenschaftlichen Unterricht gibt. Die Physik- und Chemiedidaktik soll danach befragt werden, mit welchen Perspektiven mit dem Begriff *Migrationshintergrund* sowie den diskursiv verwandten Begriffen *Heterogenität* und *Diversität* operiert wird, welche Ordnungen und Wahrnehmungsstrukturen damit auf wissenschaftlich-didaktischer Ebene produziert werden und was damit *nicht* zum Gegenstand wird.

5.1.2 Orientierungsrahmen

Die im Folgenden dargestellte Exploration orientiert sich wesentlich an der Arbeit Jay Lemkes zum Stellenwert soziokultureller Perspektiven in der naturwissenschaftsdidaktischen Forschung (Lemke 2001, vgl. Kapitel 4.1.2) sowie an Arbeiten, die in jüngerer Zeit zum Heterogenitätsdiskurs in den Erziehungswissenschaften entstanden sind (Koller 2014; Budde 2012).

Der Stellenwert soziokultureller Perspektiven in der *science education*

Lemke geht in seiner Untersuchung (Lemke 2001) der Frage nach, welchen Stellenwert soziokulturelle bzw. gesellschaftswissenschaftliche Perspektiven in der Forschung zu *science education* haben. Dazu durchsuchte er einschlägigen Forschungsdatenbanken nach Schlagwörter, die einer soziokulturellen Perspektive zugeordnet werden können. Die Auswahl Lemkes umfasste die Begriffe *Culture/Cultural, Social (Issues), Language, Race/Racial* sowie *Discourse, Ideology, Social Class* und *Religion*. Lemke untersuchte die ERIC Database von 1966-1999 nach der Kombination aus *Science Education AND #* (dem jeweiligen Schlüsselbegriff) und rekonstruierte auf Basis der Ergebnisse den (geringen) Stellenwert soziokultureller Perspektiven in der englischsprachigen naturwissenschaftsdidaktischen Forschung.

Der Heterogenitätsdiskurs in den Erziehungswissenschaften

Erziehungswissenschaftliche Untersuchungen zeigen, dass der Begriff *Heterogenität* in den letzten Jahren eine Konjunktur in der erziehungswissenschaftlichen Forschung erlebt hat (Koller 2014; Budde 2012). Ein deutlicher Anstieg ist seit der

Veröffentlichung der ersten PISA-Ergebnisse zu verzeichnen, weshalb PISA auch als „Diskursereignis" (Jäger 2004) bezeichnet wird. Jürgen Budde wählte für seine Untersuchung eine Form der Diskursanalyse, die nicht Diskurse im Sinne der *Produktion* von Aussagen untersucht, sondern Diskurse als *Ordnungssysteme* selber fasst (Koller & Lüders 2004:60). Er untersuchte 21 Einleitungen von erziehungswissenschaftlichen Sammelbänden, die den Begriff *Heterogenität* in ihrem Titel oder Untertitel trugen. Methodisch folgt Budde keinem alleinigen Zugang, sondern entwickelt ein geeignetes Analyseverfahren mit Blick auf den Gegenstand. Das Ziel seiner Analyse ist explizit nicht, dem „Containerbegriff" Heterogenität (Budde 2012) eine weitere Bedeutungsdimension hinzuzufügen.

> „Der Blick soll also reflexiv auf den Diskurs gerichtet werden, indem gefragt wird, wie der Begriff Heterogenität überhaupt zur Anwendung kommt. Wo wird der Begriff verwendet? Wie wird über Heterogenität geschrieben, welche diskursiven Formationen werden deutlich und wie wird dadurch das Feld begrifflich strukturiert? Wovon wird geschrieben, worüber wird geschwiegen? Welche Kämpfe, welche Spannungslinien werden in der Verwendung des Begriffes Heterogenität deutlich?" (Budde 2012:§5)

Theoretisch orientiert sich Buddes Untersuchung an der Konzeption Foucaults, wonach ein Diskurs erst den Gegenstand und eine Möglichkeit des Sprechens *über* diesen hervorbringt, als dass er Aufschluss darüber gibt, was mit diesem verbunden ist (Foucault 1992; Keller 2001). Nach Keller bestehen Diskurse „vor allem aus Aussagen" (Keller 2007:§2). Ein Diskurs existiert demnach nicht unabhängig von Aussagen, vielmehr entsteht er erst durch sie. Die Aussagen stehen in Relation und im Kontext zu vorherigen Aussagen. Gekennzeichnet ist ein Diskurs dadurch, dass die Aussagen thematisch bezogen und strukturiert sind. Buddes Untersuchung hat daher auch nicht das Ziel, Bedeutungsdimensionen herauszuarbeiten, vielmehr bezieht sich die Analyse auf ein definiertes Thema. Als für diesen Zweck geeignet erachtet Budde ein Vorgehen, das sich an der „Diskursanalyse der Wissensstruktur" von Diaz-Bone orientiert (Diaz-Bone 2005). Diaz-Bone schlägt ein siebenschrittiges Modell vor, bestehend aus Theorieformierung, Sondierungsphase, Provisorischer Korpuserstellung, Oberflächenanalyse, Rekonstruktion der diskursiven Beziehung, Fertigstellung der Rekonstruktion sowie Ergebnisaufbereitung und Rückbezug. Das Korpus von Buddes Analyse setzte sich aus 21 Einleitungen zu erziehungswissenschaftlichen Sammelbänden zusammen, welche das Wort *Heterogenität* in Titel oder Untertitel führten. Das Ergebnis der Analyse stellte die Rekonstruktion diskursiver Formationen dar, wie etwa die Stellvertretungsformation (z.B. Heterogenität *als* Herausforderung, *als* Problem, *als* Chance), Produktivitätsformation (z.B. produktiver Umgang mit Heterogenität), die Legitimationsformation (Begründung des Heterogenitätsdiskurses, z.B. mit Referenz auf PISA). Budde stellt in seiner Analyse fest, dass nicht nur die Anzahl an Publikationen zu *Heterogenität* bemerkenswert ist, sondern auch die Neuplatzierung des Begriffs im Bereich des Schulischen.

5.2 Methodische Annäherung

5.2.1 Diskurse und Schlagwörter

Das zentrale Element der hier dargestellten Analyse sind Schlagwörter. Die vorliegende Exploration ist damit wesentlich an der Untersuchung Lemkes orientiert, geht jedoch darüber hinaus, da auch die Relation gesellschaftspolitischer bzw. soziokultureller Diskurse zu anderen Diskursen sowie ihre chronologische Entwicklung bzw. Verteilung dargestellt werden sollen. Schlagwörter spielen in Diskursen eine besondere Rolle. Nach Schröter (2011) sind Schlagwörter grundsätzlich diskursgebunden. Schröter charakterisiert Schlagwörter wie folgt:

> „Schlagwörter treten über einen bestimmten Zeitraum hinweg in öffentlicher politischer Kommunikation häufig auf, und mit ihnen wird oft ein ganzes politisches Programm kondensiert erfasst und gleichzeitig die positive oder negative Einstellung gegenüber dem bezeichneten Programm transportiert. Mit Hilfe von Schlagwörtern werden Programme, Ideen oder Beschreibungen von Sachverhalten verkürzt ausgedrückt." (Schröter 2011:250)

Bei wissenschaftlichen Beiträgen kann davon ausgegangen werden, dass die Terminologie in Beitragstitel, in der Verschlagwortung und in der Kurzfassung vom Autor oder der Autorin reflektiert und bewusst gewählt wurde, sodass der_die Autor_in seinen_ihren Beitrag bewusst in einen Diskurs einordnet, womit der wissenschaftliche Artikel als Beitrag zu einem Diskurs aufgefasst werden kann. Nach Budde wird

> „durch die Referenz auf den Begriff (...) dessen Bedeutsamkeit herausgestellt. (...) Beiträgen (...), die den Begriff Heterogenität im Titel führen, kann auf der linguistischen Ebene ein Einmischen in den Diskurs unterstellt werden." (Budde 2012:§17)

Schröter betont, dass die „komplexe Semantik" von Schlagwörtern nur in ihrem diskursiven Kontext angemessen beschrieben werden kann.

> „Schlagwörter beziehen sich also immer auf politisch-gesellschaftlich relevante Sachverhalte, die phasenweise mehr oder weniger brisant sind; von der Brisanz hängt auch die Vorkommenshäufigkeit bzw. die Etablierung als Schlagwort ab. Diskursgebundenheit bedingt auch, dass Schlagwörter sich mit Diskursen verändern – die bewertende Komponente kann sich ändern, oder neue(re) Schlagwörter lösen innerhalb eines Diskurses andere ab, die weniger brisant geworden sind. (...) Schlagwörter sind zudem gruppen- und meinungsgebunden und drücken daher häufig eine bestimmte Perspektive oder Bewertung aus; sie sind als Teil eines Ensembles konkurrierender Begriffe zu sehen, die konkurrierende Perspektiven und Bewertungen vermitteln." (Schröter 2011:250f)

Eine Abgrenzung der Schlagwörter von Schlüsselwörtern, bezugnehmend auf die Gruppengebundenheit, schlägt Liebert vor:

> „Sind Schlagwörter Wörter, mit denen eine Auseinandersetzung geführt wird, so sind Schlüsselwörter Wörter, um die sich die Auseinandersetzung dreht. Bei Kontroversen verschiedener Gruppen liegen Schlüsselwörter immer in der Schnittmenge der beiden Gruppenvokabulare, Schlagwörter nie." (Liebert 1994:3)

Die Schlagwörter sind somit nicht nur Indikatoren für einen Diskurs, sie können auch schon Hinweise über jene Perspektive geben, aus der ein Beitrag zum Diskurs geleistet wird. Weitere Hinweise ergeben sich aus den *diskursiven Formationen*. Darunter können „Gruppierungen von Aussagen" (Budde 2012:§9) verstanden werden, die das Feld eines Diskurses füllen und konturieren.

> „In dem Fall, wo man in einer bestimmten Zahl von Aussagen ein ähnliches System der Streuung beschreiben könnte, in dem Fall, in dem man bei den Objekten, den Typen der Äußerung, den Begriffen, den thematischen Entscheidungen eine Regelmäßigkeit (...) definieren könnte, wird man übereinstimmend sagen, daß man es mit einer *diskursiven Formation* zu tun hat" (Foucault 1981:58, Herv. i. Orig.)

Da für die vorliegende Fragestellung auch exploriert werden soll, welchen Stellenwert der Migrationsdiskurs im Vergleich zu anderen Diskursen einnimmt und welche Perspektiven in Bezug auf Bildungsdisparitäten *nicht* eingenommen werden, ist eine umfassende Schlag- und Stichwortsuche das zentrale Element dieser Analyse. Durch sie werden einerseits jene Diskursdokumente gefiltert, die näher untersucht werden sollen, andererseits können diskursive „Lücken" identifiziert und relative Gewichtungen der Diskurse herausgearbeitet werden.

5.2.2 Sondierung und Auswahl des Korpus

Zur Exploration des Migrationsdiskurses in der physik- und chemiedidaktischen Forschung und zur Beantworten der oben genannten Fragen werden wissenschaftliche Publikationen der Physik- und Chemiedidaktik als Untersuchungsgegenstand herangezogen. Wissenschaftliche Publikationen können als Repräsentationen wissenschaftlicher Erkenntnisse und deren Verbreitung gefasst werden (Haller et al. 2007). Als Publikationen werden Beiträge der Tagungsbände der Gesellschaft für Didaktik der Chemie und Physik (GDCP) ausgewählt, welche jeweils im auf die Tagung folgenden Jahr publiziert wurden. Die Auswahl erfolgt aus den folgenden Gründen:

(i) Die GDCP-Datenbank ist gut zugänglich und verfügt über ein Online-Suchsystem für Schlag- bzw. Stichwörter.

(ii) Die GDCP-Beiträge liefern einen umfassenden Überblick über die gesamte physik- und chemiedidaktische Forschung im deutschsprachigen Raum. Es werden neben Forschungsergebnissen auch laufende Forschungen vorgestellt.

(iii) Neben bereits etablierte Wissenschaftler_innen stellen auch Doktorand_innen, die häufig in Drittmittelprojekten beschäftigt sind, im Rahmen der GDCP-Tagungen ihre Arbeiten vor. Dadurch werden indirekt auch nicht-öffentliche privatwirtschaftliche Steuerungsprozesse auf Forschung abgebildet.

Insgesamt besteht das Korpus aus 4463 Titeln und 1533 Kurzfassungen von 4463 GDCP-Tagungsbeiträgen aus den Jahren 1973 bis 2015. In der Datenbank der GDCP sind alle Beiträge seit 1973 (Tagungsjahr 1972) verschlagwortet. Das Erscheinungsjahr eines Tagungsbandes ist immer das Folgejahr der entsprechenden Tagung. Seit der GDCP-Jahrestagung 2007 (Publikationsjahr 2008) bis 2012 liegen die Kurzfassungen der Beiträge elektronisch vor, davor werden die Beiträge mit Titel angeführt. Seit 2013 liegen die Tagungsbände in elektronischer Form vor und die Beiträge sind über die Datenbank als Volltext zugänglich.

Als Erweiterung zum Korpus der GDCP-Beiträge wird als Diskursdokument die Stellungnahme der Deutschen Physikalischen Gesellschaft (DPG) zum Lehramt Physik (DPG 2014) herangezogen. Diese wird als bedeutsam erachtet, da sie die Position der DPG als jener Instanz expliziert, die über fachkulturelle Zugehörigkeit zur Physik entscheidet und sich der Achtung und Bewahrung bestimmter physikalisch-wissenschaftlicher Codizes verpflichtet fühlt und damit eine fachkulturelle Autorität darstellt. Im Feld der physikalischen und physikdidaktischen Forschung nimmt die DPG eine bedeutende Position ein.

5.2.3 Oberflächenanalyse

Die Schlag- und Stichwortsuche dient sowohl der Sondierung jener Dokumente, die in Bezug auf diskursive Formationen genauer untersucht werden sollen, als auch der quantitativ-chronologischen Exploration der Konjunktur und Verlagerung der Diskurse. Die Schlag- und Stichwortsuche durchsucht Titel und, falls vorliegend, die Kurzfassungen. Mehrfachzählungen einzelner Beiträge in den Suchergebnissen aufgrund der Nennung in Titel und Kurzfassung sowie aufgrund der Nennung im Tagsnamen wurden bereinigt.

Die GDCP-Datenbank wurde mittels Online-Suche nach einzelnen Schlagwörtern, ihren Flexionen und gegebenenfalls Komposita durchsucht:

- Beispiel für Schlagwort: *Migration*
- Beispiel für Flexion: *Migrant, Migrantin*
- Beispiel für Kompositum: *Migrationshintergrund*

Die Beiträge zu den Schlagwortkategorien *Migration*, *Heterogenität* und *Diversität* wurde genauer untersucht und mit jenen diskursiven Formationen verglichen, die Budde im Zusammenhang mit dem Heterogentitätsdiskurs rekonstruieren konnte. Um die Größenordnung des Migrationsdiskurses im Vergleich zu anderen gesellschaftsbezogenen Diskursen einschätzen zu können, wurde auch nach Schlagwörter gesucht, die gesellschaftliche Themen markieren und als gleichermaßen aktuell oder relevant einzustufen sind. Als Beispiel für andere gesellschaftspolitische Diskurse wurden die Schlagwörter *Krieg* und *Rüstung* sowie *Ökologie* gewählt. Als Beispiel für einen nicht-gesellschaftspolitischen Diskurs wurde das Schlagwort *Optik* gewählt.

5.3 Ergebnisse

Zur übersichtlicheren Darstellung wurden die einzelnen Schlagwörter bestimmten Schlagwortkategorien zugeordnet (Tabelle 5.1). Die Abbildungen 5.1 bis 5.5 zeigen die Suchergebnisse pro Jahr, normiert auf die Gesamtheit der jeweils pro Jahr erschienen Beiträge. Dargestellt sind die relativen Häufigkeiten der Schlagwörter aus Tabelle 5.1. In Abbildung 5.2 sind die durch Schlagwörter indizierten Diskurse als Schlagworthäufigkeiten in Form von Schlagwortwolken dargestellt. Generell ist zu berücksichtigen, dass ab dem Publikationsjahr 2008 die Schlagworthäufigkeit erhöht ist. Dies ist darauf zurückzuführen, dass auch die Kurzfassungen der Beiträge durchsucht wurden. Mittels der relativen Häufigkeiten können trotzdem Aussagen über gewisse Tendenzen getroffen werden.

5.3.1 Kompetenzen, Interesse und Förderung

Die meisten Publikationen im Rahmen der GDCP-Tagungen finden sich zu den Schlagwörtern *Kompetenzen* (538 mal), gefolgt von *Förderung* (301) und *Interesse* (253). Die relative Anzahl der Beiträge zu diesen Schlagwörtern ist seit 2000 deutlich angestiegen. Ein enger Zusammenhang mit dem „Diskursereignis" PISA ist anzunehmen. Seit 2008 behandelt ungefähr jede dritte Forschungsarbeit der Fachdidaktik Physik oder Chemie das Thema *Kompetenzen*.

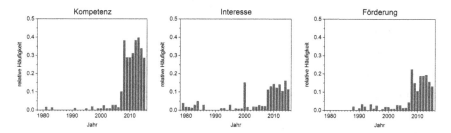

Abb. 5.1 Die „großen" Diskurse: Relative jährliche Beitragshäufigkeiten zu den Schlagwortkategorien *Kompetenz*, *Interesse* und *Förderung*

Tabelle 5.1 Schlagwortkategorien und Suchbegriffe für die Schlagwortsuche in der GDCP Datenbank. Mit * markiert sind jene Ergebnisse, welche manuell bereinigt wurden, da im Tagungstitel ebenfalls das Schlagwort enthalten war.

Schlagwort-kategorie	verwandte Stich- und Schlagwörter (# als Platzhalter für eine Erweiterung)	Beiträge insgesamt (bereinigt)	3 Jahre der häufigsten Publikationen (relativ und in abnehmender Reihenfolge)
Migration	Migration# (z.B. Migrationshintergrund) Migrant# (z.B. MigrantInnen, Migranten)	19	2010, 2011, 2015
Heterogenität	Heterogen# (z.B. heterogene)	20*	2015, 2013, 2014
Diversität	Divers# (z.B. divers, Diversity)	10*	2015, 2013, 2014
Kultur	interkulturell, multikulturell, kulturell, kultur#	51	2010, 2008, 2013
Sprache	Sprach# (z.B. Sprache, Sprachförderung, Sprachbildung, Sprachkompetenz, Fachsprache, Alltagssprache)	175	1999, 2008, 2010
MINT	---	30	2013, 2012, 2015
Gender	Gender# (z.B. gendergerecht, Gender Mainstreaming)	34	2014, 2005, 2011
Frauen	Frauen# (z.B. Frauenförderung)	10	1987, 1996, 2010
Mädchen	Mädchen# (z.B. Mädchenförderung)	48	2010, 2011, 2013
Kompetenz	Kompetenz# (z.B. Kompetenzmodell, Kompetenzstufe)	538*	2013, 2012, 2008
Interesse	Interesse# (z.B. Interessensförderung)	253	2014, 2000, 2010
Förderung	Förder# (z.B. Förderansatz, Fördermaßnahmen)	301	2008, 2013, 2011
Ökologie	Ökolo# (z.B. ökologisch)	18	2010, 2009, 2011
Krieg/Rüstung	Krieg ODER Rüstung	5	1984, 1981, 1982
Optik	opti# (z.B. optisch)	54	2009, 2015, 2014

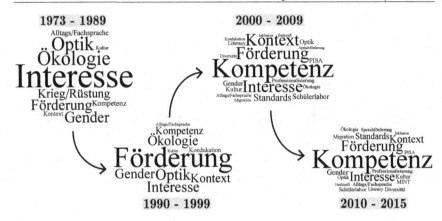

Abb. 5.2 Darstellung der relativen Schlagworthäufigkeiten für vier Zeiträume als Schlagwortwolken (erstellt mit Mathematica© v10.3)

5.3.2 Migration, Heterogenität

Zum Schlagwort *Migration* wurden 17 Beiträge gefunden. Die Suche nach dem Schlagwort *Migrationshintergrund* liefert 14 Treffer, die alle auch als Publikationen zum Schlagwort Migration gefunden wurden. Diese werden daher nur einmal gezählt. Zum Schlagwort *Migrant* finden sich noch zwei weitere Treffer, sodass zum Begriff *Migration* insgesamt 19 Beiträge zu zählen sind. Von diesen 19 Beiträgen behandeln 14 Beiträge das Thema Migration unter dem Aspekt der *Sprache*, Migrationshintergrund und Sprachförderbedarf werden teilweise als Synonyme expliziert, teilweise wird der Migrationshintergrund als Explanans für Sprachförderbedarf angeführt. Zwei Arbeiten behandeln *Migration* im Zusammenhang mit *Chancengleichheit*. Vor dem Publkationsjahr 2007 werden die Begriffe *Migration*, *Migrant* und *Migrationshintergrund* kein Mal verwendet, der Begriff *Sprache* nahezu ausschließlich im Zusammenhang mit Alltagssprache und Fachsprache. Dies kann so interpretiert werden, dass der Diskurs zu Sprache/Sprachförderung/Sprachbildung und zu Migration/Heterogenität/Diversität in den Jahren 2005/2006 (Tagungsjahre) noch nicht in dem Rahmen existierte, als dass er sich begrifflich in der Forschung widerspiegeln würde. Aus der Analyse der GDCP-Tagungsdatenbank lässt sich die Tendenz erkennen, dass nach den ersten Arbeiten im Jahr 2007 ab dem Jahr 2010 die wissenschaftlichen Arbeiten zum Schlagwort *Migration* und *Migrationshintergrund* zugenommen haben. Die Arbeiten zum Schlagwort *Heterogenität* und *Diversität* setzten im Jahr 2013 ein. Die GDCP-Tagung des Jahres 2014 (Tagungsbandpublikation 2015) trug den Ta-

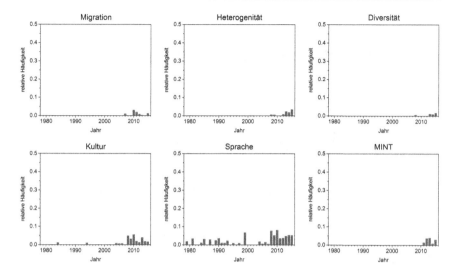

Abb. 5.3 Diskurse zu Migration: Relative jährliche Beitragshäufigkeiten zu den Schlagwortkategorien *Migration, Heterogenität, Diversität, Kultur, Sprache* und *MINT*

gungstitel „Heterogenität und Diversität – Vielfalt der Voraussetzungen im naturwissenschaftlichen Unterricht", weshalb zu erwarten war, dass im Tagungsband 2015 deutlich mehr Beiträge die Begriffe Heterogenität oder Diversität als Schlagwörter oder in der Kurzfassung führen würden. Trotz des Tagungsthemas Heterogenität/Diversität blieb die relative Anzahl der Beiträge zu diesem Thema gering (< 5%). Die Zunahme der Publikationen zu *Heterogenität/Diversität* geht mit einer Abnahme der Arbeiten zum Schlagwort *Migration* einher, was vermuten lässt, dass der Begriff *Migration* in den Publikationen vom Begriff *Heterogenität/Diversität* abgelöst wurde.

Die folgende Liste zeigt exemplarisch alle Ergebnisse der GDCP-Datenbanksuche zum Schlagwort *Migration*. Die entsprechenden Publikationen werden mit vollem Titel angeführt.

- **2007** (*2 Publikationen*)

  - „Das Projekt PROMISE – ein Ansatz zur Förderung der Chancengleichheit in der naturwissenschaftlichen Bildung von SchülerInnen mit Migrationshintergrund" (Tajmel & Schön 2007)
  - „Ansätze zur Untersuchung von Barrieren von Schüler/innen mit Migrationshintergrund im naturwissenschaftlichen Unterricht" (Neumann et al. 2007b)

- **2010** (*5 Publikationen*)

  - „Experimentieren als neuer Weg der Sprachförderung – Verknüpfung naturwissenschaftlicher und sprachlicher Bildung" (Scheuer et al. 2010)

- „Förderung der (Fach-) Sprache im Chemieunterricht" (Busch & Ralle 2010)
- „Physiklehramtsausbildung in der Bundesrepublik Deutschland und der Russischen Föderation in multikultureller Hinsicht" (Ananin & Pospiech 2010)
- „Spracharbeit im Schulversuch Mercator – ein Kooperationsprojekt" (Hecke et al. 2010)
- „Umgang mit sprachlichen Defiziten von Schülerinnen und Schülern im Chemieunterricht" (Markic 2010)

- **2011** (*4 Publikationen*)

  - „Bevorzugen Schülerinnen und Schüler mit türkischem Migrationshintergrund MINT-Berufe?" (Starauschek 2011)
  - „Der Einfluss der Sprachkompetenz auf die Chemieleistung" (Tunali & Sumfleth 2011)
  - „Förderung der (Fach-) Sprache im Chemieunterricht" (Busch & Ralle 2011)
  - „Naturwissenschaftsbezogene Sprachförderung im Ferienkurs ‚Mercator'" (N'sir et al. 2011)

- **2012** (*2 Publikationen*)

  - „Eine Förderstudie zur Chemischen Fachsprache." (Tunali & Sumfleth 2012)
  - „Umgang mit sprachlicher Heterogenität im naturwissenschaftlichen Unterricht" (Markic 2012)

- **2013** (*1 Publikation*)

  - „Eine Klasse, viele SchülerInnen – Vielfalt im Naturwissenschaftsunterricht" (Abels et al. 2013)

- **2015** (*3 Publikationen*)

  - „Cross-Age Peer Tutoring: Lernerfolge in Elektrizitätslehre und Optik" (Korner & Hopf 2015)
  - „Subjektive Theorien von Lehrkräften und Chancengerechtigkeit" (Bartosch 2015)
  - „Sprachliche Heterogenität und fachdidaktische Forschung" (Ralle 2015)

5.3.3 Sprache

Zur Schlagwortkategorie *Sprache* erschienen 175 Publikationen, davon alleine 122 Publikationen von 2008 bis 2015. Diese deutliche Zunahme indiziert die Intensivierung des Diskurses zu Sprache. Auffallend ist dabei eine Diskursverlagerung nach 2010: Während vor 2010 der Schwerpunkt eher auf dem Thema Alltags- und Fachsprache lag, thematisieren Publikationen, die seit 2010 zum Thema Sprache entstanden, auch Sprachförderung im Zusammenhang mit Migrationshintergrund und markieren damit eine neue Differenzlinie. Obwohl es einen bestehenden Diskurs zu *Scientific Literacy* seit dem Jahr 2000 gibt (24 Treffer), besteht dieser Diskurs nahezu unabhängig vom Diskurs zu *Sprache*. Das Schlagwort *Sprache* stellt insbesondere nach dem Jahr 2010 eine Markierung des Förderdiskurses im Zusammenhang mit Migrationshintergrund dar.

5.3.4 Gender

Der Diskurs zu Geschlecht existierte bereits in den Jahren 1985-1990 (*Frauen, Mädchen*) und trat wieder nach 1997 (*Mädchen*) und verstärkt nach 2005 (*Gender, Mädchen*) auf. Anzunehmen ist, dass die „IPN-Interessensstudien" (Hoffmann et al. 1998a) zum Interesse von Schüler-innen am Fach Physik einen diesbezüglichen Impetus darstellt. Während in den 1980er Jahren das Schlagwort *Frauen* den Geschlechterdiskurs indizierte, was als Markierung einer gesellschaftspolitische Adressierung des Geschlechterthemas gesehen werden kann, wird der Geschlechterdiskurs seit 2010 durch die Schlagwörter *Mädchen* und *Gender* indiziert und vorrangig in der Formation als pädagogische Herausforderung geführt.

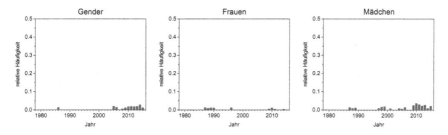

Abb. 5.4 Diskurse zu Geschlecht: Relative jährliche Beitragshäufigkeiten zu den Schlagwortkategorien *Gender, Frauen* und *Mädchen*

5.3.5 Vergleichsdiskurse

Diskriminierung, Rassismus, Krieg

Zu Schlagwörtern, die gesellschaftskritische Diskurse markieren, wie z.B. *Diskriminierung, Benachteiligung, Rassismus* und *Differenz* wurden keine Beiträge im Rahmen der GDCP präsentiert, zu *Krieg* und *Rüstung* gab es bis zum Jahr 1985 vereinzelte Beiträge, seither wurde kein weiterer Beitrag zu diesem Thema publiziert.

Ökologie

Einen ebenfalls gesellschaftsbezogenen Diskurs stellt *Ökologie* dar. Obwohl das Thema Ökologie naturwissenschaftsspezifischer einzuordnen ist als das Thema Migration, ergab die Analyse, dass zum Ökologiediskurs verhältnismäßig wenige didaktische Forschungsarbeiten – deutlich weniger als zum Migrationsdiskurs – veröffentlicht wurden.[12] Dies könnte damit zusammenhängen, dass Ökologie ein an sich kritisches Thema darstellt. Ebenso gering vertreten ist die gesellschaftskritische Perspektive des Migrationsdiskurses.

Optik

Das Schlagwort *Optik* wurde gewählt, um mit einem physikalischen Fachthema (Optik ist ein zentraler physikalischer Themenbereich) einen Vergleich zu den gesellschaftsbezogenen Diskursen zu erhalten. Die Beiträge zu *Optik* zeigen eine annähernd gleichmäßige relative Verteilung über alle Jahre. In der Größenordnung liegt der Diskurs zu Optik seit 2008 weit hinter dem Diskurs zu Kompetenzen zurück.

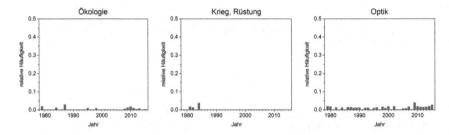

Abb. 5.5 Weitere Diskurse als Vergleich: Relative jährliche Beitragshäufigkeiten zu den Schlagwortkategorien *Ökologie*, *Krieg/Rüstung* und *Optik*

---

[12] Dieses Ergebnis zeigt Parallelen zur Analyse Engströms zum Fachhabitus von Physiklehrkräften (Engström & Carlhed 2014). Er stellte fest, dass Themen wie Erneuerbare Energien im Physikunterricht kaum behandelt werden, obwohl die curricularen Rahmenvorgaben dies ermöglichen würden (siehe dazu Kapitel 11.3)

5.3.6 Diskursive Formationen

In Bezug auf den Begriff *Heterogenität* sind ähnliche diskursive Formationen zu identifizieren, wie sie Budde in seiner Analyse feststellen konnte. Dazu zählen vor allem die Stellvertreterformationen der Heterogenität *als Herausforderung* oder *als Gewinn*. Heterogenität wird *als Merkmal* auf der Seite der Schüler_innen verortet. Als Legitimationsformation steht die Ressourcennutzung und die Outputorientierung im Vordergrund. Wie auch in der Untersuchung Buddes ist dabei eine „Verunklarung des Gegenstandes" feststellbar (Budde 2012:§56). Es tauchen Begrifflichkeiten auf, die den Anschein erwecken, Heterogenität zu erläutern, etwa als Synonyme wie *Diversität* und *Vielfalt*, wobei der Gegenstand dabei aber eher an Kontur verliert als an Kontur gewinnt. Differenzkategorien (siehe Kapitel 8.2) werden zwar aufgerufen, jedoch eher essentialistisch und ohne sozialwissenschaftliche Bezugnahme verwendet. Der Konstruktcharakter der Kategorien oder Differenzen bleibt unthematisiert, ebenso die Problematik des Kategorisierens. Damit werden Kategorien als essentialistische Merkmale von Schüler_innen verhandelt, wodurch selbstselektive Ursachenzuschreibungen (vgl. Kapitel 1.2) begünstigt werden. Der Diskurs zu *Heterogenität* ist eng verknüpft mit dem Diskurs zu *Sprachförderung*. Dies unterstreicht die Pädagogisierung des Themas Heterogenität. Die Ebenen, auf welchen physik- oder chemiedidaktische Untersuchungsgegenstände verortet werden, sind die Unterrichtsebene sowie die Professionalisierungsebene der Lehrkräfte. Eine Befragung anderer fachkultureller oder (fach)institutioneller Ebenen in Hinblick auf eine gesellschaftspolitische Ausrichtung des Diskurses ist kaum feststellbar.

Aus der Analyse des Diskurses ist ersichtlich, dass sich die physik- und chemiedidaktische Forschung in hohem Ausmaß dem Thema Kompetenzen zugewandt hat. Die Erforschung der Outputorientierung dominiert deutlich. Dem Thema *Migrationshintergrund* und in weiterer Folge dem Thema *Heterogenität* wird hauptsächlich mit Forschungen zu *Sprachförderung* im Unterricht Rechnung getragen. Anderen Ursachen der Disparitäten in der naturwissenschaftlichen Bildung wird kaum nachgegangen. Das Forschungsgewicht liegt auf der Perspektive der Selbstselektion (Forschungsgegenstand sind die Schüler_innen und ihre Merkmale) und nicht auf der Perspektive der Fremdselektion, welche Selektions- und Exklusionsmechanismen in den Blick nehmen würde, die mit Physikunterricht in Zusammenhang stehen.

5.3.7 Positionen der Deutschen Physikalischen Gesellschaft

In der 2014 veröffentlichten „Studie zur fachlichen und fachdidaktischen Ausbildung für das Lehramt Physik" (DPG 2014) sind nur wenige und auch nur indirekte Hinweise auf den Migrations- und Heterogenitätsdiskurs zu finden, die über die Stichwörter *Sprachförderung*, *Sprachbildung* und *Inklusion* identifiziert wurden. Diese sind daher als vollständiges Zitat angeführt:

> „Als äußerst problematisch sehen wir darüber hinaus die zu beobachtenden Tendenzen an, neue Lehrinhalte wie etwa Inklusion und Sprachförderung teilweise aus dem LP-Kontingent der Fachwissenschaften zu bedienen: Wie am Beginn dieser Studie dokumentiert, sind die für jedes Fach, insbesondere für das Fach Physik vorgesehenen LP bereits jetzt so knapp bemessen, dass jede weitere Reduktion die Qualität der Lehramtsausbildung deutlich verschlechtern wird." (DPG 2014:53)
> „In mehreren Bundesländern werden derzeit erhebliche Änderungen der staatlichen Vorgaben für das Lehramtsstudium geplant. Dabei geht es zum einen um die Einführung eines Praxissemesters, typischerweise im Masterstudiengang, in welchem die Studierenden überwiegend in der Schule tätig sein werden (...). Zum anderen sollen künftig Inklusion und Sprach-Bildung für entsprechend bedürftige Schüler von den regulären Fachlehrkräften zusätzlich zu leisten sein; darauf müssten diese während des Hochschulstudiums vorbereitet werden.
> [Im Original: Hervorhebung des folgenden Abschnitts durch Rahmen]
> Aus fachwissenschaftlicher Sicht muss nachdrücklich darauf hingewiesen werden, dass neue Inhalte nicht zu Lasten der Fachausbildung hinzukommen dürfen. Wie nachfolgend deutlich werden wird, sind bereits jetzt die vorgesehenen Leistungspunkte (LP) für die Ausbildung in den beiden Studienfächern so knapp bemessen, dass bei einer weiteren Reduktion die erforderliche Qualität der Lehramtsausbildung nicht mehr zu gewährleisten wäre."
> (DPG 2014:12)

Qualität der Fachausbildung

Die Einführung von Maßnahmen wie *Inklusion* oder *Sprachförderung* und die entsprechende Ausbildung von Lehramtsstudierenden wird als problematisch und damit äußerst kritisch betrachtet. Es gibt zwei Perspektiven, unter denen diese Passage gelesen werden kann. Die eine Lesart ist jene, dass Sprachbildung und Inklusion nicht als Zuständigkeitsbereiche des Physikunterrichts erachtet werden und eine Ausweitung dieser Bereiche im Lehramtsstudium eine Gefährdung der Qualität der Physiklehrer_innenausbildung darstellen würde. Physikunterricht und Sprachbildung bzw. Inklusion werden als von einander unabhängige pädagogische Felder betrachtet, die gegeneinander um Ausbildungskontingente kämpfen müssen. Die Fachausbildung ist in dieser Logik auch ohne Inhalte wie Sprachbildung und Inklusion vollständig und denkbar. Die Qualität der Lehramtsausbildung ist nur von einem Zuviel an Sprachbildung bedroht, ein Zuwenig an Sprachbildung oder Inklusion wird nicht als Bedrohung der Qualität der Lehramtsausbildung erachtet. Dass Inklusion und Sprachbildung nicht als Grundprinzipien des Physikunterrichts aufgefasst werden, macht die Explizierung der entsprechenden Zielgruppe, „für bedürftige Schüler", deutlich.

Die zweite Lesart ist, dass der Physikunterricht sich nicht von ökonomischen Verwertbarkeitsgedanken und entsprechenden bildungspolitischen Reformen steuern lassen soll. Deshalb muss sich entsprechend dagegen verwehrt werden, dass Physiklehrkräfte gemäß der Logik der *Adaptivität* und *Funktionalität* (Kapitel 2.1.2) auch noch Sprachunterricht leisten sollen. Da in der Studie an anderer Stelle sehr wohl auf ökonomisch-utilitaristische Argumentationen rekurriert wird und diesbezüglich an keinen Stellen der Studie eine kritische Position deutlich gemacht wird, würde die zweite Lesart nicht konsistent mit den anderen Teilen der Studie sein.

Legitimationsformation

Zur Legitimation der Forderung nach mehr naturwissenschaftlicher Bildung werden ökonomische Argumente angeführt, welche die Nutzung des „Human Capitals" als unabdingbar für Innovationskraft in Industrie und Wirtschaft feststellt. Dementsprechend wird das geringe Interesse an Physik ebenfalls aus ökonomischen Sicht problematisiert und unter Rekurs auf die gesellschaftliche Überlebensfähigkeit als Bedrohungsszenario gezeichnet.

> „Ein weiteres Alarmzeichen ist, dass der Anteil der Physik in den Stundentafeln der Schulen in den letzten Jahrzehnten deutlich reduziert worden ist. Physik als Wahlfach im Abitur wird zunehmend vermieden.
> Dies spiegelt nicht zuletzt auch das Ansehen von Physik in unserer Gegenwartskultur wider, was unmittelbar zu dem großen Mangel an wissenschaftlichem Nachwuchs in den Natur- und Technikwissenschaften, und natürlich auch in der Physik, beiträgt – eine fatale Haltung für eine moderne Industrie- und Wissensgesellschaft, die ganz fundamental von den Erkenntnissen der Grundlagenforschung sowie der Innovationskraft in Industrie und Wirtschaft lebt und die ohne ihr ‚Human Capital' im Bereich von Mathematik, Naturwissenschaft und Technik nicht überlebensfähig wäre." (Stachel et al. 2014:1)

Dass die Autor-innen die aktuelle Lehramtsausbildung für verbesserungswürdig halten, wird unter Bezugnahme auf den Mangel an wissenschafltichem Nachwuchs deutlich.

> „Ziel der Deutschen Physikalischen Gesellschaft (DPG) ist deshalb einerseits eine breite, intellektuell wie emotional positiv aufgenommene Vermittlung der Physik durch guten und attraktiven Unterricht in unseren Schulen. Damit untrennbar verbunden ist andererseits die Frage, wie unsere überlieferte Ausbildung für das Lehramt Physik zu verbessern ist." (Stachel et al. 2014:1)

Exklusivität

Das Thema der Geschlechterdisparitäten wird in den Empfehlungen als optionales Thema behandelt, etwa unter dem Inhalt „Ergebnisse fachdidaktischer Interessensforschung" (DPG 2014:81). Inhalte oder Qualifikationsziele wie „Physikunterricht aus der Genderperspektive beurteilen können" werden als „mögliche Erweiterung" angeführt und auf mögliche Vernetzung mit Modulen der Bildungswissenschaften hingewiesen (DPG 2014:81). Ähnlich wie beim Thema der Sprachbildung ist das Thema Geschlecht additiv zu behandeln und Physikunterricht unabhängig davon genauso denkbar. Eine Adressierung der sozio-ökonomischen oder migrationsbedingten Disparitäten findet sich an keiner Stelle der Studie.

Hinweise auf eine hypothetische Zielgruppe des Unterrichts bleiben generell vage und sind nur ansatzweise zu finden. Von den Autor_innen der Studie wurde eine Liste an Studienzielen („Kompetenzen" (DPG 2014:98)) ausgearbeitet, über welche ein Student oder eine Studentin am Ende des Lehramtsstudiums verfügen sollte. Neben einer Vielzahl an fachlichen Kompetenzen wie etwa „Sie sind mit der fachlichen Systematik vertraut und können physikalische Effekte richtig einordnen." (DPG 2014:98) finden sich verhältnismäßig wenige Studienziele zum Umgang mit den bekannten unterrepräsentierten Gruppen. Ein Studienziel lautet etwa:

> „Sie [die Physiklehramtsstudierenden, T.T.] sind auf die Ausbildung von durchschnittlich begabten und motivierten Schülern genauso vorbereitet wie auf die Förderung von naturwissenschaftlich besonders Begabten" (DPG 2014:99)

Dies kann so gelesen werden, dass sich die Zielgruppe des Physikunterrichts aus besonders begabten und aus durchschnittlich begabten Schüler_innen zusammensetzt.

Exkurs: *Begabung*

Die Selektion der Zielgruppe des Physikunterrichts nach Begabung ist problematisch, da es weder aus neurobiologischer noch aus kognitionspsychologischer Perspektive eine eindeutige Definition von Begabung gibt. Intelligenz, wie sie in Intelligenztests gemessen wird, ist aktuell noch immer das populärste Kriterium zur Identifikation von Begabung.

> „Mit dem Begriff *Begabung* bezeichnet man in der Pädagogischen Psychologie das Insgesamt der individuellen Leistungsvoraussetzungen. Begabung definiert sich also durch einen Bezug zur Leistung." (Hany 2002:5)

Nach neueren Studien ist Begabung kein statisches Phänomen und kann im Laufe der Schulzeit stark variieren (Gottfried et al. 1994). Elshout stellte fest, dass

Begabung durch Erfahrung ausgeglichen werden kann: In der Lösung physikalischer Probleme zeigten Hochintelligente ohne Erfahrung schlechtere Leistungen als Niedrigintelligente mit Erfahrung (Elshout 1995). Zudem können sich Begabungen durch entsprechende Anregungen entwickeln (Hany 2002).

> „Deshalb ist es ergiebiger, Hochbegabung nicht über eine Bevölkerungsquote, sondern durch ein Förderungsdefizit zu definieren. So könnte man fragen, wie viele Schüler derzeit Spitzenleistungen erbringen oder erbringen würden, wenn sie nur angemessen gefördert würden." (Hany 2002:6)

Insbesondere in den Naturwissenschaften kann davon ausgegangen werden, dass Begabungen aufgrund stereotyper Merkmale identifiziert werden, welche den Jungen als Norm und das Mädchen als Abweichung etikettieren (Stamm 2007). Lehrerurteile zur Identifikation von Begabung heranzuziehen, wird generell als problematisch erachtet, da davon ausgegangen wird, dass diese Urteile vorurteilsbehaftet bezüglich Geschlecht, Herkunft, sozialer Klasse und Behinderung sind.

Abgesehen von der Problematik des Begriffs „Begabung", die schwer zu operationalisieren ist, kann man auf Basis der PISA- und TIMSS-Daten davon ausgehen, dass all jene Schüler_innen, die in diesen Studien besonders hohe Leistungsrückstände aufweisen, nämlich Mädchen und Schüler_innen „mit Migrationshintergrund", zu den unterdurchschnittlich begabten Schüler_innen gezählt werden. Diese Schüler_innen werden somit nicht als jene Zielgruppe erwähnt, auf die sich die Ausbildung von Physiklehramtsstudierenden konzentriert.

Unterricht als Belastung

Aus pädagogischer Perspektive ist das Bild von Unterricht und Schule, das die Deutschen Physikalischen Gesellschaft zeichnet, ein düsteres:

> „Ein Physiklehrer ist sofort der gesamten Härte des Berufs ausgesetzt, hat sofort die volle Bandbreite der Aufgaben zu bewältigen, die der Beruf mit sich bringt. Auch wird er durch Schüler oft deutlich mehr belastet, als es die erfahrenen Kollegen erleben – es wird erst einmal ausprobiert, wie weit man gehen kann." (DPG 2014:55)

Der Lehrberuf wird als „hart" dargestellt und ein_e Lehrer_in wird durch Schüler_innen belastet. Diese erproben, „wie weit man gehen kann".

Sozio-kulturelle Unabhängigkeit

Die Autor_innen appellieren, auch in der Lehrer_innenausbildung jenen Grundsätzen zu folgen, die 2001 in einer Denkschrift formuliert wurden.

„Die Physik ist grundlegend, fruchtbar und weit umfassend. Die Gesetze der Natur werden in der Physik mit der größtmöglichen methodischen Strenge erforscht. Dabei bedient sich die Physik des Experiments und der Mathematik. Beide sind zeitlos und universell gültig wie die physikalischen Gesetze selbst."
„Die Naturgesetze lehren uns: Die Welt hat eine innere Ordnung. Diese ist, soweit wir sie bisher erkannt haben, von übergeordneter Gültigkeit, nichts kann sich ihr entziehen. Während alles Materielle in dieser Welt stetigem Wandel unterworfen ist, ist die naturgesetzliche Ordnung nach unserem besten Wissen zeitlos, jenseits des zeitlichen Wandels. Es ist diese Ordnung, die das Beständige in unserer Welt darstellt. Menschlichen Eingriffen ist diese Ordnung vollkommen entzogen, sie ist unantastbar. (...) Wir können ihr an jedem Ort und zu jeder Zeit, unser volles Vertrauen schenken. (...) Das ist die Botschaft." (DPG 2014:56, zitiert nach DPG 2001).

Physik wird in diesem Textausschnitt als sozial und kulturell unabhängig dargestellt. Daraus kann vage abgeleitet werden, warum die Erforschung der Bildungsdisparitäten und anderer gesellschaftlich relevanter Themen nicht im Vordergrund des fachkulturellen Verständnisses stehen. Denn Bildungsdisparitäten sind höchst soziale Phänomene. Es kann angenommen werden, dass eine normative Grundlage, welche Physik per se als gesetzt annimmt, deren Ordnung von Physiker_innen zwar entdeckt, nicht jedoch verändert werden kann, nicht geeignet ist, um plausibel zu begründen, warum Disparitäten der naturwissenschaftlichen Bildung einen bedeutenden Gegenstand physikdidaktischer Forschung darstellen. Demgegenüber sind ökonomisch-utilitaristische Grundsätze zwar besser geeignet, um Forschungsausmaß und Fördermaßnahmen zu legitimieren, allerdings nur, so lange es sich wirtschaftlich lohnt und entsprechende Humanressourcen benötigt werden. Ein chancengleicher Zugang zu naturwissenschaftlicher Bildung, der uneingeschränkt für alle Menschen gilt, ist utilitaristisch nicht konsistent begründbar. Wie ich in Teil II dieser Arbeit zeigen werde, ist die Wahl der normativen Grundlage wesentlich für eine in sich konsistente Legitimation von naturwissenschaftlicher Bildung.

6 Fazit zu Teil I

Zusammenfassung der Befundlage

Ausgehend von einem Abriss zur ungleichen Verteilung naturwissenschaftlicher Bildung und den damit verbundenen eingeschränkten Möglichkeiten zur chancengleichen Realisierung von Lebensentwürfen widmete ich mich in Teil I im Wesentlichen der Beantwortung folgender Fragen:

- Welche Argumente werden im aktuellen Diskurs dazu angeführt, warum eine ungleiche Verteilung der naturwissenschaftlichen Bildung grundsätzlich problematisch ist?
- Welche Ansätze und Perspektiven zur Erforschung der Bildungsdisparitäten finden sich in der Physikdidaktik?
- In welchem Ausmaß spiegelt sich der durch PISA geprägte politisch-ökonomische Diskurs in der physikdidaktischen Forschung wieder?

Zur ersten Frage legte ich dar, dass der aktuelle Diskurs um naturwissenschaftliche Bildung verwertbarkeitsorientiert und in hohem Maße von der OECD-Studie PISA geprägt ist. Im aktuellen Diskurs werden zum größten Teil ökonomisch-utilitaristische Argumente angeführt, warum eine ungleiche Verteilung von Bildungschancen als Problem zu betrachten ist. Die zu geringen und damit nicht verwertbaren Kompetenzen von Schülerinnen sowie von Schüler_innen „mit Migrationshintergrund" werden als Vergeudung von Humanressourcen und Bildungsreserven betrachtet, da sie nicht entsprechend genutzt werden. Das Versagen der Schule ist demzufolge, diese Reserven nicht einer entsprechenden Nutzbarmachung zugänglich zu machen. Schlüsselbegriffe dieser Argumentationen sind die Wettbewerbsfähigkeit, welche ohne die Erschließung von Humanressourcen nicht gewährleistet sei. Auch Konzepte wie *Diversity Management* entstammen der ökonomischen Logik und Rhetorik. Dass die brachliegenden Ressourcen durch entsprechende MINT-und Sprach-Fördermaßnahmen nun aktiviert werden sollen, entspricht ebenfalls der ökonomischen Logik. Damit wird *Förderung* ein Terminus, der vor dem Hintergrund des ökonomisch geprägten Diskurses zu betrachten ist.

Da es Ansätze zur Förderung von naturwissenschaftlicher Bildung schon vor PISA gegeben hat, insbesondere in Bezug auf Mädchen und Frauen, war es von Interesse, wie jene historischen Ansätze motiviert waren und ob Ähnlichkeiten zwischen den Förderargumentationen vor und nach PISA auszumachen sind, ob es also so etwas wie eine „Tradition" der naturwissenschaftlichen Förderung gibt. Ich zeigte, dass sich die beiden naturwissenschaftlichen Förderepochen – die eine ausgelöst durch Sputnik, die andere ausgelöst durch PISA – in der Argumentation der ökonomisch-technologischen Wettbewerbsfähigkeit ähneln, dass die naturwissenschaftliche Bildung damals wie heute im Fokus politischer und wirtschaftlicher Interessen stand und dass die naturwissenschaftsdidaktische Forschung diese Argumente aufgreift. Somit standen seit jeher naturwissenschaftliche Bildung und Politik in enger Verbindung. Allerdings unterscheiden sich die durch PISA ausgelösten Förder- und Forschungsmaßnahmen in zwei wesentlichen Punkten von jenen durch Sputnik ausgelösten:

▪ Gesellschaftspolitische Gründe spielen als Argumente in der Forschung nach PISA praktisch keine Rolle mehr. Wenn von Diversität, Heterogenität oder Chancengleichheit die Rede ist, dann als pädagogische Herausforderung, deutlich weniger aber als gesellschaftspolitische Herausforderung. Entsprechend wird auch nahezu kein Bezug auf hegemoniekritische oder diskriminierungstheoretische Grundlagen genommen.

▪ Es werden neue Differenzlinien markiert, Sprache und Migrationshintergrund, jedoch nicht, um sozialpolitische Allokationsentscheidungen zur Vermeidung von Diskriminierung zu steuern. Indem bestimmten Gruppen ein Förderbedarf attestiert wird, welcher die Förderbedürftigen von den Nicht-Förderbedürftigen unterscheidet, wird der Diskurs pädagogisiert. Die Normen bleiben unhinterfragt und orientieren sich an der Gruppe der Nicht-Förderbedürftigen.

Dass es innerhalb der Naturwissenschaftsdidaktik gesellschaftskritische Ansätze gab und gibt, die eine Forschung aus sozial- und kulturwissenschaftlicher Perspektive propagieren, zeigte ich u.a. an den Beispielen der Positionen Jay Lemkes, Glen Aikenheads und der insbesondere in den 1980er Jahren aktiven Gruppe *Soznat*.

Zur Bearbeitung der zweiten und dritten Frage, aus welchen Perspektiven die Bildungsdisparitäten physikdidaktisch erforscht werden, untersuchte ich jene deutschsprachigen physik- und chemiedidaktischen Forschungsarbeiten, die im deutschsprachigen Raum auf Tagungen der Gesellschaft für Didaktik der Chemie und Physik (GDCP) in den letzten Jahren präsentiert und anschließend in Tagungsbänden publiziert wurden, nach diskursiv relevanten Schlag- und Stichwörtern. Dies waren einerseits Schlagwörter aus dem PISA-geprägten Förderdiskurs (*Migration, Heterogenität, Sprache*) und andererseits Schlagwörter, die ich unter der Annahme ausgewählt habe, dass sie reflexive und kritische Diskurse in den Naturwissenschaften markieren (*Ökologie, Krieg/Rüstung*).

Ich stellte fest, dass in der deutschen physik- und chemiedidaktischen Forschung im Migrationsdiskurs insbesondere ökonomische Argumente aufgegriffen wurden, dass gesellschaftskritische und reflexive Diskurse zwar in den 1980er Jahren geführt wurden, seit PISA allerdings kaum. Trotz der Relevanz, die diese Ansätze für eine umfassende Ursachenklärung der naturwissenschaftlichen Bildungsdisparitäten hätten, sind sie in der physikdidaktischen Forschung nur marginal vertreten. Werden Disparitäten in der naturwissenschaftlichen Bildung thematisiert, so tendenziell mit dem Ansatz der *Selbstselektion* und unter Rekurs auf utilitaristische Argumente (Chancengleichheit als Mittel zur Mobilisierung ungenutzter Bildungsreserven, „Human Capital", Aufrechterhaltung der nationalen Innovationskraft). Die praktische Umsetzung zur breiteren Bildungsbeteiligung wird als pädagogische Herausforderungen („professionalisierter Umgang mit Heterogenität") verhandelt.

Generell kann festgestellt werden, dass die Terminologie unschärfer wurde und an Kontur verloren hat. Aus der Zielgruppe der Schüler‗innen, „die zum Zeitpunkt der Einschulung keine bzw. unzureichende Deutschkenntnisse" haben und für deren Bildungserfolg sich eine Lehrkraft verantwortlich fühlen und den Unterricht entsprechend sprachlich aufbereiten sollte, weil nur so „diese Kinder (...) eine echte Chance haben" (Rösch et al. 2001:10), wurde die „Heterogenität", mit der eine Lehrkraft im nationalen Interesse wirtschaftlicher und wissenschaftlicher Verwertbarkeit einen professionellen Umgang pflegen und sie als etwas Wertvolles schätzen soll. Meines Erachtens verdeutlicht dies nicht nur eine Verunklarung, sondern auch eine Euphemisierung des Diskurses. Aus der Frage der individuellen Chancen, der Mitsprachefähigkeit von Menschen und der professionellen Verantwortung der Lehrkraft – beides hätte aus barrierenanalytischer Perspektive (Selbst- vs. Fremdselektion) produktiv weiter diskutiert werden können – wurde eine Frage der nationalen Wettbewerbsfähigkeit, welche die (Bildungs-)Ungleichheiten nicht mehr beim Namen nennt, sondern mit der Schlüsselwortterminologie von Drittmittelförderanträgen die eigentlichen Problemzonen verdeckt. Die Terminologie hat sich verändert, jedoch die Positionen und Perspektiven sind dadurch keinesfalls gesellschaftspolitischer oder gesellschaftskritischer geworden.

An dieser Stelle erachte ich es als notwendig festzustellen, dass selbstverständlich davon auszugehen ist, dass physikdidaktische Forschung und Praxis immer zu einem guten Teil vom aktuellen politischen Diskurs geprägt ist. Die Forschungsförderung fungiert diesbezüglich als Steuerungsmechanismus. Da PISA von Beginn an eine enge Kooperation von Forschung und Politik darstellte, war die Prägung des wissenschaftlichen Diskurses durch PISA zu erwarten. Es ist auch eine Qualität physikdidaktischer Forschung, sich in der Verantwortung zu sehen, auf reale Gegebenheiten und existentielle Fragen, wie jene der Chancen auf dem Arbeitsmarkt, Bezug zu nehmen und dem Physikunterricht eine entsprechende Rolle und Qualifikationsfunktion beizumessen. Es wäre unverantwortlich, dies nicht zu tun. Wenn es jedoch um Benachteiligung oder Diskriminierung und um die Herstellung von Chancengleichheit geht, dann muss – um nach Radtke (2013a) zu sprechen – in alle Richtungen ermittelt werden. Neben den Fragen zur Wirksamkeit von Förderansätzen müssen auch Fragen zum (Selbst-)Verständnis der Fächer und Fachdidaktiken, der Physikdidaktik, des Unterrichtsfachs Physik, des Physiklehrberufs sowie zu Selektionsmechanismen, die dem Physikunterricht immanent sind, gestellt werden.

Kernaussagen

Gesamtschau auf den Diskurs

- PISA: Die Veröffentlichungen im Zuge von PISA thematisieren die sprachliche Herkunft der Schüler_innen und zeichnen diese aus dem Ansatz der Selbstselektion als Problem. Damit wird Sprache zu einer neuen Differenzlinie. Die Forschung konzentriert sich auf die Identitätsebene und auf die Erforschung der „Merkmale" der leistungsschwachen Gruppen.
- Physikdidaktik (GDCP): Die aktuelle Physikdidaktik ist in hohem Maße von einem Output-orientierten Bildungsdiskurs geprägt. Traditionell ist naturwissenschaftliche Bildung eng mit ökonomischen und politischen Interessen verwoben (PISA, Sputnik). Trotz dieser engen Verwobenheit wird naturwissenschaftliche Bildung innerhalb des physikdidaktischen Diskurses insbesondere seit den 1990er Jahren kaum in ihrer gesellschaftspolitischen Dimension thematisiert (Kapitel 5). Nach PISA übernimmt die Physikdidaktik vorrangig den Forschungsansatz der Selbstselektion. Im Mittelpunkt stehen Konzepte zum Umgang mit Heterogenität und zu Sprachförderung.
- DPG: Die DPG nimmt gegenüber der Sprachbildung im Physikunterricht (und der dazu notwendigen zusätzlichen Qualifikation der Physiklehrenden) eine tendenziell skeptische Haltung ein. Damit wird ein Physikunterricht gezeichnet, der auch ohne Sprachbildung oder Inklusion vollständig sein kann.

Welche Möglichkeiten innerhalb der Physikdidaktik gibt es also, eine kritische und reflexive Position einzunehmen? Wie kann diese Position abseits ökonomischer Logik begründet werden? Wie könnte physikdidaktische Forschung nach dem Ansatz der Fremdselektion aussehen und was würde dabei in Frage gestellt werden müssen?

Trotz der fachkulturell bekundeten Bedeutsamkeit naturwissenschaftlicher Bildung wird abseits des Rekurses auf Argumente des Fortschritts und der Wettbewerbsfähigkeit nicht schlüssig begründet, warum ein für alle Schüler_innen chancengleicher Zugang zu naturwissenschaftlicher Bildung ein *Thema der Physik-*

didaktik ist. Die Ausleuchtung eines theoretisch fundierten Rahmens, innerhalb dessen die breite Förderung der naturwissenschaftlichen Bildung für alle Schüler_innen begründet werden kann, stellt daher ein Desiderat dar. Mit dem Ansatz der *Reflexiven Physikdidaktik* soll diese sowohl theoretische als auch argumentative Lücke geschlossen werden.

Teil II

Reflexive Physikdidaktik

Einleitung zu Teil II

In Teil I wurde gezeigt, dass den Bildungsdisparitäten der Migrationsgesellschaft in der physikdidaktischen Forschung zum größten Teil mit dem Ansatz der Selbstselektion und einer Output-orientierten Perspektive nachgegangen wird. Teil I schloss mit dem Desiderat nach einer theoretischen Rahmung für alternative naturwissenschaftsdidaktische Forschungsperspektiven.

Mit den folgenden Kapiteln soll ein politisch und ideologisch unabhängiger Ansatz erarbeitet werden, welcher die Forderung nach naturwissenschaftlicher Bildung für alle Schüler_innen und ohne Zugangsbeschränkung begründet. Wie ich zeigen möchte, ist eine mit dem *Recht auf Bildung* begründete Chancengleichheit nicht nur als Ziel von Unterricht zu verstehen. Die Chancengleichheit im Zugang zu naturwissenschaftlicher Bildung stellt gleichermaßen eine Legitimation von naturwissenschaftlichem Unterricht selbst dar und ist daher geeignet, seine Notwendigkeit und seinen Umfang zu begründen.

Das zentrale Anliegen dieser Arbeit ist die Ausleuchtung eines theoretischen Rahmens und einer geeigneten normativen Basis, die eine konsistente Begründung dafür ermöglichen, dass jeder Mensch naturwissenschaftliche Bildung erhalten soll und dass dementsprechende Rahmenbedingungen geschaffen werden müssen. Damit wird nicht nur die Bedeutung der naturwissenschaftlichen Bildung, sondern insbesondere auch die Bedeutung ihres Zugangs thematisiert. Da Exklusion und Selektion den *Zugang* einschränken, muss ein analytischer Rahmen gefunden werden, der es ermöglicht, Selektions- und Exklusionsprozesse in den Blick zu nehmen. Eine für diese Arbeit grundsätzliche Frage ist also jene nach der Identifizierung und Vermeidung von Exklusionsprozessen in der naturwissenschaftlichen Bildung.

7 Prinzipielle Überlegungen

7.1 Professionalisierung

Bildungspolitische und fachdidaktische Bemühungen gehen aktuell vordergründig in die Richtung, Lehrkräfte zu professionalisieren, um alle Schüler_innen unter Bezugnahme auf die Bildungsstandards unterrichten zu können. Dazu zählen Maßnahmen, welche Lehrkräften Kompetenzen vermitteln sollen, die bislang noch nicht vermittelt wurden („Sprachbildung", „DaZ-Kompetenzen", „Umgang mit Heterogenität"). Aktuell wird Sprachbildung als Teil des Unterrichts in der Ausbildung von Lehramtsstudierenden aller Fächer propagiert. Erfreulicherweise zeigt sich auch nahezu jede_r Physiklehrer_in davon überzeugt, dass Sprache zum Physikunterricht gehört und dass jeder Unterricht auch Sprachunterricht ist, doch nur wenige fühlen sich dazu auch entsprechend ausgebildet (Tajmel 2010b; Becker-Mrotzek et al. 2012; Riebling 2013b). Dies rief Maßnahmen zur Professionalisierung von Lehrkräften auf den Plan, wie etwa Module zu Sprachbildung und Deutsch als Zweitsprache in den Lehramtsstudiengängen sowie Fortbildungen für im Beruf stehende Lehrerinnen und Lehrer. Im Wesentlichen wird die mangelnde Bildungsbeteiligung bestimmter Gruppen von Schüler_innen also als eine Frage der Professionalisierung von Lehrenden thematisiert.

Professionelle Handlungskompetenz wird als Zusammenspiel von deklarativem und prozeduralem Wissen, professionellen Werten, Überzeugungen, subjektiven Theorien und normativen Präferenzen, Motivation und metakognitiven Fähigkeiten aufgefasst (NBPTS -National Board for Professional Teaching Standards 2002; Baumert & Kunter 2006).

> „Es besteht weitgehende Übereinstimmung darüber, dass Wissen und Können – also deklaratives, prozedurales und strategisches Wissen – zentrale Komponenten der professionellen Handlungskompetenz von Lehrkräften darstellen." (Baumert & Kunter 2006:481)

In der Logik der Professionalisierung wird davon ausgegangen, dass pädagogische Handlungskompetenz die Lehrenden dazu befähigt, in einer Situation die angemessenen pädagogischen Entscheidungen zu treffen. Von diesen Entscheidungen ist abhängig, ob ein Physiklehrer oder eine Physiklehrerin in seinem_ihrem Unterricht die sprachliche Bildung der Schüler_innen unterstützt oder nicht. Im generischen Kompetenzmodell von Baumert und Kunter sind Wissen und Können (*knowledge*), Werthaltungen (*value commitments*) und Überzeugungen (*beliefs*) getrennte Kategorien von Kompetenzen (Baumert & Kunter 2006:497). Es

wird daher nach unterschiedlichen Methoden gesucht, um die Studierenden und
Lehrenden naturwissenschaftlicher Fächer einerseits davon zu *überzeugen*, dass
Sprachbildung auch in ihrem Unterrichtsfach von Notwendigkeit ist und zu jedem
Unterrichtsfach gehört, und sie in einem weiteren Schritt dazu mit dem entspre-
chenden *Wissen* und *Können* auszustatten.

7.1.1 Fachkultur

Es gibt Hinweise darauf, dass selbst von sprachlicher Bildung überzeugte Lehrkräfte und Studierende letztlich ihren Unterricht nicht an der Prämisse des (sprachlichen) Verständnisses *aller* Schüler_innen orientieren. Riebling konnte in ihrer
Studie zeigen, dass nur vereinzelte Lehrkräfte ihren Unterricht nach sprachbildenden Kriterien gestalten und dass selbst in mehrsprachigen Klassen der Unterricht an einer einsprachig deutschen Schüler_innenschaft orientiert ist (Riebling
2013b:212). Ich selbst konnte Hinweise darauf sammeln, dass Lehrende und Lehramtsstudierende den Texten von Schüler_innen mit einer tendenziell defizitorientierte Haltung gegenüberstehen (Kapitel 16). Zu fragen ist also, welche fachkulturellen Werthaltungen und Überzeugungen als *professionell* gelten, die bei näherer Betrachtung jedoch eine Legitimationsfunktion für Selektions- und Exklusionsmechanismen darstellen. In der Aus- und Fortbildung von Lehrenden zum Thema Sprachbildung gehört es zum Common Sense, dass Lehrende mathematisch-
naturwissenschaftlicher Fächer besonders schwer von Sprachbildung zu überzeugen sind. Dass der Habitus einer monolingualen Schulkultur maßgeblich die pädagogische Zuwendung beeinflusst, auch wenn die Realität einer multilingualen
Schüler_innenschaft aus Chancengleichheitsperspektive eine andere pädagogische
Haltung erfordern würde, stellte Ingrid Gogolin bereits vor mehr als 20 Jahren
fest (Gogolin 1994). Trotzdem stellt eine reflexiv-kritische Auseinandersetzung
mit den schulischen und fachkulturellen Normen und Werten bis heute eher die
Ausnahme denn die Regel dar.

Für den Physikunterricht und die Physikdidaktik als bedeutsam erachte ich in diesem Zusammenhang zwei Beobachtungen:

- Offenbar existiert ein Selbstverständnis von Lehrer_in-Sein, das damit vereinbar zu sein scheint, es *nicht* als Aufgabe anzusehen, alle Schüler_innen zu
  erreichen, sodass die Notwendigkeit einer „Überzeugung" der Lehrkräfte für
  die Berücksichtigung von Sprache im Fachunterricht als Selbstverständlich-
  keit gesehen wird. Daraus stellt sich die grundlegende Frage: Warum müssen
  Lehrkräfte erst davon überzeugt werden, dass der Unterricht allen Schüler_in-
  nen zugute kommen soll?

▪ Offenbar wird den fachkulturellen Ursachen dieses Selbstverständnisses verglichen mit den Forschungen zu den professionellen Kompetenzen von Lehrkräften in viel geringerem Ausmaß nachgegangen (vgl. Kapitel 5).

Von Interesse ist daher, (i) welchen Beitrag die fachphysikalische und fachdidaktische Ausbildung zur Ausbildung des Selbstverständnisses der Physiklehrenden leistet und (ii) in welcher Form dieses von der Fachkultur als professionell erachtete Selbstverständnis indirekt zur Selektion und Exklusion von Schüler_innen beiträgt.

Die Ursache, warum Hegemonie[13]-reproduzierende Prozesse nur selten beforscht werden, kann in der Hegemonie selbst gesehen werden, da sie zwangsläufig die Hegemonie befragen und in Frage stellen würden, jedoch Änderungen im Sinne von Machtumverteilung eben nicht erwünscht sind (vgl. Radtke 2013b). Für die Gründe, warum in Bezug auf den naturwissenschaftlichen Unterricht in diese Richtung nicht ermittelt wird, möchte ich zwei Thesen formulieren:

▪ *Die in der Fachkultur liegenden Ursachen werden nicht erforscht, weil die Forschenden sich, ihre Disziplinen und ihre (Macht-)Positionierungen selbst reflektieren und hinterfragen müssten, was eine (fachkulturelle) Verunsicherung und Neupositionierung nach sich ziehen könnte.*
▪ *Den in der Fachkultur liegenden Ursachen wird nicht nachgegangen, weil es an einer theoretischen Rahmung und an ausformulierten Bezugsnormen fehlt, die eine entsprechende Beforschung von Phänomenen der Benachteiligung und Diskriminierung entlang von Differenzlinien ermöglichen würden.*

7.1.2 Sprachbildung

Vor diesem Hintergrund ist daher nicht vordergründig danach zu fragen, ob eine Physiklehrkraft kompetent ist, um sprachbildenden Unterricht zu gestalten, sondern *ob Sprachbildung mit dem Selbstverständnis der Fachkultur des Physikunterrichts vereinbar ist.* Aus dieser Perspektive stellt sich die Frage nach dem Stellenwert, welchen die Vermeidung von Diskriminierung und Benachteiligung in der Fachkultur des Physiklehramts und der Physikdidaktik einnimmt.

Nicht nur auf Lehrer- und Unterrichtsebene ist Sprachbildung im naturwissenschaftlichen Unterricht alles andere als selbstverständlich. Offizielle Stellungnah-

---

[13] Ich erachte im Kontext dieser Arbeit den Begriff *Hegemonie* als geeignet, weil er nicht nur Macht und Dominanz umfasst, welche über juridische Mittel wirksam werden, sondern auch die Macht des Alltäglichen, des Common Sense, des Normalen und der Normalisierung beinhaltet (Yıldız 2010; Dzudzek et al. 2012; Wullweber 2012). Kulturelle Praktiken erhalten in diesem Zusammenhang die Bedeutung hegemoniekonstituierender Prozesse (Hall 1989; Habermann 2012).

men der Deutschen Physikalischen Gesellschaft (DPG) machen deutlich, dass bezüglich der Sprachbildung in der Physiklehrer‗innenausbildung eine eher skeptische Haltung vertreten wird (vgl. Kapitel 5.3.7). Als Argumente werden Bedenken
geäußert, dass dies nur auf Kosten der fachliche Ausbildung erfolgen könne (DPG
2014). Welchen höheren Zielen fühlen sich Lehrende verpflichteter, als dem Ziel,
möglichst alle Schüler‗innen ressourcenorientiert zu unterrichten, um ihnen die
Naturwissenschaften näher zu bringen? An diesem Punkt angelangt stellt sich die
Frage nach den Normen, an denen sich ein‗e Physiklehrer‗in oder ein‗e Physiklehramtsstudent‗in orientiert.

7.1.3 Normen

Die Fragen nach den Normen, die eine‗n Physiklehrer‗in leiten, ist von zentralem
physikdidaktischen Interesse. So fordern auch Fischer et al., das normative Verständnis von „guter Lehrerarbeit" zu hinterfragen. Sie sehen einen Lösungsansatz
in der Entwicklung von

> „Professionsidentität als iterativem Lernprozess im Rahmen individueller Auseinanderset
> zung mit beruflichen Handlungs-, Begründungs und Entscheidungssituationen unter Einbe
> zug einschlägigen kognitiven Wissens, normativer Orientierung und pragmatischer Kompe
> tenz des Lehrers" (Fischer et al. 2003:197)

und rekurrieren dabei u. a. auf Terhart (2000). Die Autor‗innen klassifizieren Lehrer‗innenfort- und -weiterbildungmaßnahmen nach drei Konzepten (Fischer et al.
2003:198):

- Konzepte zur Erweiterung und Differenzierung didaktisch/methodischer Handlungskompetenzen, dazu zählen konkrete Vorschläge und Trainings zur Einführung neuer Methoden im Unterricht
- Konzepte der „supervisiven Begleitung" des pädagogischen Alltags
- Konzepte der schulischen Organisations- und Personalentwicklung

Das Resumee lautet:

> „Diese durchaus positiv einzuschätzenden Konzepte setzen allerdings bezüglich des kon
> kreten fachunterrichtlichen Handelns auf der Ebene der Sichtstruktur an." (Fischer et al.
> 2003:199)

Fischer et al. formulieren daher ein Desiderat nach einer Forschung, welche „Professionswissen" und „disziplinäres Wissen" aufeinander bezieht:

> „Aus integrativer Sicht geht es nicht um eine Zusammenführung beider Bereiche, sondern
> darum, im Sinne eines gemeinsam entwickelten Kerncurriculums, das spezifische, auf ein
> Unterrichtsfach bezogene disziplinäre Wissen des Lehrers als Teil des Professionswissens
> aufzufassen." (Fischer et al. 2003:199)

„Eine ausschließlich inhaltliche Orientierung, verstanden als didaktische Reduktion, hat eine „Entwissenschaftlichung" der naturwissenschaftlichen Fachdidaktiken zur Folge. (...) Auf der anderen Seite führt die fehlende Orientierung der pädagogischen und der pädagogischpsychologischen Unterrichtsforschung an fachlichen Strukturen und Kompetenzen im Fach zwar zu allgemeinen und in der Regel auch empirisch abgesicherten Aussagen über die Qualität von Unterricht, die Anwendung und Adaption der entwickelten Kriterien im Fachunterricht oder die Überprüfung der Wirkung entsprechender Maßnahmen der Ausbildung der Fachlehrer auf Lehrerhandeln und Schülerleistung aber hat bisher kaum stattgefunden." (Fischer et al. 2003:200)

Eine angemessene und erfolgversprechende Bearbeitung des Forschungsfeldes sehen die Autor-innen in einer „Kooperation mit den für Unterricht relevanten wissenschaftlichen Disziplinen Fachdidaktik, Bildungsforschung und Lehr-Lernpsychologie" (Fischer et al. 2003:201).

7.2 Physik als Feld sozial- und kulturwissenschaftlicher Forschung

Ich möchte eine Erweiterung der von Fischer et al. angeregten interdisziplinären Kooperation vorschlagen, was ich folgendermaßen begründe: Soll das normative Verständnis von Lehrkräften und seine Auswirkungen auf die naturwissenschaftlichen Bildungschancen der Schüler-innen auf breiter Ebene untersucht werden, so sprechen insbesondere die Erkenntnisse der Geschlechterforschung der letzten 30 Jahre (Keller 1985; Haraway 1988; Orland & Scheich 1995; Scheich 1996; Harding 2006; Erlemann 2009) dafür, diese Liste um kultur- und sozialwissenschaftliche Disziplinen zu ergänzen und – im Sinne einer kritisch-reflexiven Auseinandersetzung mit der eigenen Profession – die Physik und Physikdidaktik selbst zum Gegenstand der Forschung zu machen. Es gibt aus physikdidaktischer Forschungsperspektive gute Gründe, Physik und Naturwissenschaften als Kultur (Aikenhead 2006, 1996; Lemke 2001; Roth & Lee 2002; Tobin 2009) aufzufassen. Zum einen eröffnen sich dadurch die Möglichkeiten der Beforschbarkeit der Naturwissenschaften mittels kultur- und sozialwissenschaftlicher Methoden, zum anderen ist ein Erkenntnisgewinn in Bezug auf bestimmte Phänomene zusätzlich zu den Erkenntnissen der Professionalisierungsforschung zu erwarten. Forschungsinteressen in diesem Zusammenhang sind etwa der kulturelle Wechsel, der mit dem „Eintritt" in die Naturwissenschaft verbunden ist (Costa 1995) und die Bedingungen, welche diesen Wechsel ermöglichen oder behindern (Traweek 1988; Lugones 1987; Phelan et al. 1991; Lemke 1990; Aikenhead 1996). Auch das bedeutungstragende Verständnis der natürlichen Vorgänge wird als kulturelles Phänomen verstanden (Spindler 1987), demzufolge wird der Akt der Aneignung schulischer naturwissenschaftlicher Bildung als kultureller Aneignungsprozess und nicht als individueller Überzeugungsprozess gesehen (Aikenhead 1997; Wolcott 1991). Die feministisch-wissenschaftskritische Forschung konnte zeigen, dass die Naturwissenschaften und Technik insbesondere in den alten Industrienationen wie Deutschland, Großbritannien und den Vereinigten Staaten männlich und „westlich-weiß" geprägt sind. Erziehungswissenschaftliche Befunde zeigen, dass Schule sich generell an einer monolingualen bildungsbürgerlichen Mittelschicht orientiert. Vor diesem Hintergrund ist die „kulturelle Identität" (Kultusministerkonferenz 2005:6, vgl. Kapitel 2.4), welche durch den naturwissenschaftlichen Unterricht vermittelt werden soll, kritisch zu beleuchten und zu hinterfragen. Welche Muster dieser Identität werden tradiert? Welche Gruppen sind von einer solchen Identitätsbildung von vornherein ausgeschlossen? Eine entsprechende *kulturelle* Achtsamkeit bei der Erstellung von Curricula wird von Glen Aikenhead formuliert:

> „(...) science educators, Western and non-Western, need to recognize the inherent border crossings between students' life-world subcultures and the subculture of science, and that we need to develop curriculum and instruction with these border crossings explicitly in mind, before the science curriculum can be accessible to most students." (Aikenhead 1996:2)

Werden politische und ökonomische Interessen an der Förderung der naturwissenschaftlichen Bildung der Jugend zur Argumentation herangezogen, so ist es aus kritisch-reflexiver Perspektive notwendig, das Verhältnis von Physikunterricht und Gesellschaft und den vielzitierte „Nutzen" von Physik und Physikunterricht *für die Gesellschaft* unter hegemoniekritischer und machttheoretischer Perspektive zu befragen (Brämer & Kremer 1980a; Lemke 1990, 2001; Harding 2006). Gleichermaßen erfordert der Apell zur Förderung von „nicht-deutschsprachigen" Schüler‑innen „mit Migrationshintergrund" die Berücksichtigung postkolonialer und migrationswissenschaftlicher Aspekte (Mecheril 2010c; Döll et al. 2014; Castro Varela & Dhawan 2015; Mineva & Salgado 2015; Niedrig 2015) sowie die Erforschung der bildungsdiskursiven, schulischen und unterrichtlichen Prozesse und Praxen des *Fremdmachens* („*Othering*", Said 1978), wie und mit welcher Funktion bestimmte Schüler‑innen zu *anderen* Schüler‑innen werden.

Die Normen des Physikunterrichts, des Physiklehrberufs sowie der Physikdidaktik zu hinterfragen bedeutet somit auch, danach zu fragen, was als Ausnahme und was als normal gilt.

- Ist es im Selbstverständnis der Physikdidaktik die Ausnahme oder normal, dass sich nur wenige Schüler‑innen vom Physikunterricht angesprochen fühlen?
- Ist es Ausnahme oder normal, dass mehr Jungen als Mädchen Interesse an Physik haben?

- Ist es Ausnahme oder normal, dass die sprachlichen Voraussetzungen der Schüler_innen nicht berücksichtigt werden?
- Ist es Ausnahme oder normal, dass der Unterricht sich primär an „begabten" Schüler_innen orientiert?

Aus kulturwissenschaftlich-soziologischer Perspektive sind die professionellen Entscheidungen, die ein_e Physiklehrer_in oder ein_e Physikstudent_in trifft, nicht primär als rationale, individuelle, aufgrund von Kompetenz und Überzeugung getroffene Entscheidungen zu sehen, sondern vielmehr als kultur- und zugehörigkeitsbedingte Entscheidungen zu fassen. Nicht die individuelle Überzeugung steht im Vordergrund, sondern das mit dieser Entscheidung verbundene Zugehörigkeitsbekenntnis zur Fachkultur. Nicht die Professionalisierung steht im Fokus, sondern die Profession selbst.

Sich dieser Fragen anzunehmen bedeutet, eine bestimmte – kritische, reflexive – Haltung einzunehmen. Wenn die zugrunde liegende Norm nicht vom Gedanken wirtschaftlicher Verwertbarkeit, der Reproduktion bestehender Verhältnisse oder von politischer Ideologie bestimmt sein soll, so stellt sich die Frage nach einer alternativen normativen Grundlage, auf die sich physikdidaktische Forschung und Praxis beziehen kann. Das Menschenrecht auf Bildung kann eine solche normative Grundlage sein. Mein Anliegen ist es, einen entsprechenden theoretischen Rahmen als normativer Grundlage für eine *Reflexive Physikdidaktik* zu erarbeiten.

8 Grundlagen der Reflexiven Physikdidaktik

8.1 Recht auf Bildung

8.1.1 Normen

Im Bereich der physikalischen Bildung treffen unterschiedliche normative Aspekte aufeinander. Als Beispiele für Normen können etwa die folgenden genannt werden:

- *Die Sprache als Norm*: Die Sprache ist das Ziel eines Unterrichts, alles andere ist ihr untergeordnet. Einem Schulsystem, in welchem für alle Bildungsabschlüsse an unterschiedlichen Stellen der Bildungsbiographie die deutsche Sprache Bedingung ist, liegt diese Norm zugrunde.
- *Die Physik als Norm*: Die Physik ist das Ziel und alles andere ist ihr untergeordnet. Curricula und Bildungsstandards, die zur Selektion (und nicht zur pädagogischen Information) herangezogen werden, stellen solche Normen dar.
- *Die (Fach-)Kultur als Norm*: Die (Fach-)Kultur ist das Ziel und alles andere ist ihr untergeordnet. Es wird an bestimmten Strukturen und Werten festgehalten, etwa dass ein Fach als exklusiv gilt und sich insbesondere an begabten Schüler_innen orientiert.
- *Die Ökonomie als Norm*: Der ökonomischen Verwertbarkeit ist alles unterzuordnen, sie bestimmt die Bildungsinhalte und Bildungsziele.
- *Nicht-Diskriminierung als Norm*: Nicht zu diskriminieren ist das Ziel und alles andere ist dem untergeordnet. In letzter Konsequenz bedeutet dies, auch dazu bereit zu sein, das Schulsystem, den Fächerkanon, die Curricula und die Fachkultur des Physikunterrichts in Frage zu stellen und auf diskriminierende Faktoren zu prüfen, um Diskriminierung zu vermeiden.

Die zugrunde liegenden Normen bestimmten die Logik, nach welcher Entscheidungen – politische, wissenschaftliche, pädagogische – getroffen werden. So sind die Bestrebungen zur Einführung von Sprachbildung in jedem Unterrichtsfach, die im Prinzip auf den möglichst raschen Erwerb der deutschen Bildungssprache ausgerichtet sind, nur innerhalb eines Systems logisch, in welchem die Sprache Deutsch eine grundlegende Norm darstellt.

Oftmals wirken mehrere Normen zusammen. Diejenige Norm, die einen Normenkonflikt zu dominieren vermag, ist die stärkere. Die Dominanz der sprach-

lichen Norm ist etwa daran zu erkennen, dass einem monolingualen Bildungsab-
schluss die Präferenz eingeräumt wird, auch wenn aus Aspekten der ökonomischen
Verwertbarkeit ein mehrsprachiges Schulsystem mit der Möglichkeit zu mehrsprachigen formalen Abschlüssen mitunter vorteilhafter wäre. Die Festsetzung von
deutschsprachigen Bildungsstandards stellt ein Zusammenwirken der Sprachnorm,
Fachnorm und der ökonomischen Norm dar.

Normative Position

Für eine *kritisch-reflexive Physikdidaktik in der Migrationsgesellschaft* schlage ich
das *Recht auf Bildung* und speziell das *Recht auf naturwissenschaftliche Bildung*
als die allem zugrundeliegende Norm[14] vor. Die Vermeidung von Diskriminierung
leitet sich aus dieser Norm ab. Diese Norm ist dann die bestimmende für die unterrichtliche Praxis und die didaktische Forschung. Die kritisch-reflexive Physikdidaktik ist *reflexiv* in Bezug auf sich selbst und *kritisch* in Bezug darauf, welchen
gesellschaftlichen Verhältnissen sie nützt, welche Verhältnisse sie produziert bzw.
reproduziert. Damit ist kritisch durchaus als politischer Terminus zu verstehen,
weil er sich auf die Produktion und Reproduktion sozialer Ungleichheit und hegemonialer Strukturen bezieht, die als Produkt von Exklusions- und Selektionsprozessen gefasst werden können.

Insbesondere das Forschen und Lehren unter *per se* hegemonialen Rahmenbedingungen, wie sie durch die Institution Schule gegeben sind und welche durch
Pädagog_innen und Didaktiker_innen nicht veränderbar sind, sind Gegenstand einer kritisch-reflexiven Didaktik.

Aus einer kritisch-didaktischen Perspektive ist die zentrale Frage:

- An welchen Stellen im Gesamtkontext der naturwissenschaftlichen Bildung
  kommt es zu Diskriminierungen?

Dies bedarf zunächst einer Klärung, was unter dem als Norm gesetzten *Recht auf
Bildung* und was unter der zu vermeidenden und zu verhindernden Diskriminierung zu verstehen ist.

---

[14] Dass das Normativ der Menschenrechte nicht nur eine gesetzte, sondern auch eine gewollte Norm
ist, zeigt Malte Hossenfelder in der „Grundlegung einer Ethik des Wollens" (Hossenfelder 2000).

8.1.2 Das Recht auf Bildung

Nach menschenrechtlichen Grundsätzen soll Bildung auf die volle Entfaltung der menschlichen Persönlichkeit und des Bewusstseins ihrer Würde gerichtet sein. Bildung muss jedem Menschen ermöglichen, eine Rolle in einer freien Gesellschaft zu spielen. Zu erwähnen ist, dass die verschiedenen Formen des höheren Schulwesens einschließlich des höheren Fach– und Berufsschulwesens auf jede geeignete Weise allgemein verfügbar und zugänglich sein müssen (Artikel 13 des UN Paktes über wirtschaftliche, soziale und kulturelle Rechte). Das Recht auf Bildung ist als absolutes und kriegsfestes Menschenrecht anerkannt, d.h., es darf für niemanden eingeschränkt werden und gilt auch in Kriegs- und Ausnahmezuständen.

Das Menschenrecht auf Bildung ist in Deutschland geltendes Recht. Zur Umsetzung[15] in der Praxis vgl. auch den Bericht des Sonderberichterstatters zum Recht auf Bildung aus dem Jahr 2007:

> „Finally, regarding migrant children and children with disabilities, the Special Rapporteur considers that it is necessary to take action to overcome social disparities and to ensure equitable and equal educational opportunities to every child, especially those who are part of a marginalized sector of the population." (Muñoz 2007:2)

Selbstverständlich gibt es beim Recht auf Bildung auch keinen Staatsbürgerschaftsvorbehalt. Eine Person mit Zuwanderungsgeschichte, die sich in Deutschland aufhält, hat daher dasselbe Recht auf Bildung wie eine Person ohne Zuwanderungsgeschichte, unabhängig davon, ob sie die deutsche Staatsbürgerschaft besitzt oder nicht.

Das Recht auf Bildung ist insbesondere auch als Recht auf Ermächtigung (*empowerment*) zu verstehen, wodurch es Individuen möglich wird, sich aus inferiorer sozialer Position zu befreien und vollständig an der Gesellschaft zu partizipieren.

> "[A]s an empowerment right, education is the primary vehicle by which economically and socially marginalized adults and children can lift themselves out of poverty and obtain the means to participate fully in their communities." (CESCR 1999)

8.1.3 4 A-Schema

Das Recht auf Bildung ist durch vier Strukturelemente differenziert: *Availability* (Verfügbarkeit), *Accessibility* (Zugänglichkeit), *Acceptability* (Annehmbarkeit) und *Adaptability* (Anpassungsfähigkeit)(CESCR 1999; Tomaševski 2001, 2006; Starl 2009). In Tabelle 8.1 sind der konzeptuelle Rahmen sowie die vier Strukturelemente des Rechts auf Bildung dargestellt. Die Differenzierung in ein Recht

---

[15] Hinweise zur Umsetzung finden sich auf http://www.sozialpakt.info/bildung-3275/

auf Bildung (Right *to* Education) und ein Recht *in* der Bildung (Right *in* Education) soll die Bedeutung der *Annehmbarkeit* des Bildungsangebots hervorheben und dem Missverständnis begegnen, dass das Recht auf Bildung allein durch die Ermöglichung des Schulbesuchs erfüllt sei. Diese Differenzierung ist insbesondere in Bezug auf die sprachlichen Aspekte des Bildungsangebots sowie auf die den Schüler_innen offerierten Positionierungen bedeutsam. Mit dem Recht *durch* Bildung (Right *through* Education) wird der Ermächtigungscharakter (*empowerment*, s.o.) von Bildung hervorgehoben.

- **Availability**
  Bildungsinstitutionen, Unterrichtsmaterialien und entsprechend ausgebildetes Lehrpersonal müssen in ausreichender Zahl vorhanden sein.
- **Accessibility**
  Nicht-diskriminierende Bildung muss für alle rechtlich, physisch und ökonomisch zugänglich sein. Die ökonomische Zugänglichkeit bezieht sich einerseits auf kostenfreien Zugang zu Schule, andererseits auf Zugang unabhängig von (relativer) Armut und sozioökonomischem Hintergrund. Dies beinhaltet auch indirekte Kosten, wie etwa den Zukauf von Bildung durch außerschulische Angebote. Zugänglichkeit bedeutet auch, abgesehen von finanziellen Mitteln de-facto zu allen Bildungsebenen Zugang zu haben.
- **Acceptability**
  Der Lehrplan und die Form des Unterrichts müssen sowohl für die Schüler_innen als auch für Eltern annehmbar sein. Annehmbarkeit bezieht sich auf die Achtung der Würde, die Relevanz, die Angemessenheit, die Qualität und die Sprache und Verständlichkeit der offerierten Bildung.

    "The form and substance of education, including curricula and teaching methods, have to be acceptable (e.g. relevant, culturally appropriate and of good quality) to students and (...) [their] parents (...)" (CESCR 1999:§6(c)).

  Ebenso gilt nur eine Bildung, welche die Würde des Menschen achtet und respektiert, als annehmbar. Daher sind inferiorisierende Positionierungsangebote nicht als annehmbar zu bezeichnen.
- **Adaptability**
  Bildung muss so flexibel sein, dass sie sich an die Bedürfnisse der Menschen anpassen kann. Dazu zählen spezielle und außerschulische Angebote, welche aus unterschiedlichen Gründen (z.B. Krieg und Flucht) notwendig sind, um den Zugang zu Bildung zu gewährleisten.

Ist eines der vier Strukturelemente nicht erfüllt, ist das Recht auf Bildung auch nicht gewährleistet. Trifft dies auf eine bestimmte Person oder Gruppe zu, liegt Diskriminierung vor. Da Diskriminierung immer relativ ist, braucht es immer einen benachteiligten oder bevorzugten Status als Komparator. Kann dieser nicht gefunden oder nicht benannt werden (z.b. bei indirekter Diskriminierung häufig der Fall), muss der Beweis statistisch erfolgen. Ein statistischer Beleg ist etwa jener der Leistungen von Schüler_innen „mit Migrationshintergrund" und/oder aus sozio-ökonomisch schwachen Familien.

8.2 Nicht-Diskriminierung

Nicht-Diskriminierung ist ein fundamentales Prinzip der Menschenrechte. Jeder Mensch hat ein Recht auf Nicht-Diskriminierung. Das Recht auf Bildung ist nicht für alle Menschen gewährleistet. Da eine bestimmte Gruppe von Menschen signifikant in Bildungsabschlüssen und Bildungserfolgen unterrepräsentiert ist, muss angenommen werden, dass es strukturelle Bedingungen gibt, welche als diskriminierende Faktoren wirksam werden (Gomolla 1997; Will & Rühl 2004; Gomolla & Radtke 2009; Solga & Dombrowski 2009; Gomolla 2015). Hierbei ist zwischen *direkter* und *indirekter Diskriminierung* zu unterscheiden.

8.2.1 Direkte und indirekte Diskriminierung

Direkte Diskriminierung tritt dann auf, wenn eine Person aufgrund von Merkmalen bzw. Attributen ihrer Identität Benachteiligung erfährt. Zu diesen Merkmalen zählen Geburtsort bzw. Herkunftsland, ethnische Herkunft, Geschlecht, Hautfarbe, Behinderung, Religionszugehörigkeit, Rasse, Sprache u.a. *Direkte Diskriminierung* ist anzunehmen, wenn eine Person aufgrund eines oder mehrerer dieser Merkmale weniger vorteilhaft behandelt wird, als eine andere Person in einer vergleichbaren Situation. *Indirekte Diskriminierung* liegt dann vor, wenn scheinbar neutrale Gesetze, Regelungen und Maßnahmen in ihrer Folge einen oder mehrere Angehörige einer bestimmten Minderheit im Vergleich zu anderen benachteiligen. Diskriminierung – direkte als auch indirekte – ist streng verboten. Während direkte Diskriminierung aufgrund ihrer Offensichtlichkeit leichter feststellbar und damit auch leichter vermeidbar ist, tritt indirekte Diskriminierung häufig ganz unbemerkt auf und kann erst durch eingehende Analyse festgestellt werden. Die Ergebnisse zum Bildungserfolg von Migrant_innen lassen auf die Existenz indirekt diskriminierender Faktoren schließen. Migrant_innen sind generell als eine Gruppe anerkannt, deren Grundrechte leichter verletzt werden. So tragen Migrant_innen ein höheres Risiko der Diskriminierung im Bildungsbereich, als Mitglieder der Mehrheitsgesellschaft (Nowak 2001), da der Zugang zu Bildung ein wirksames Mittel ist, um generell die gesellschaftliche Partizipationsfähigkeit einzuschränken.

"Experience shows that governments tend to use the system of education as a means to systematically discriminate against ethnic, religious and linguistic minorities as well as other vulnerable groups, such as women or blacks. If governments wish to prevent certain groups from equally participating in the political, social, economic or cultural life in their countries, one of the most efficient methods is to deny them equal access to education or to maintain segregated educational facilities with different educational standards." (Nowak 2001:259)

8.2.2 Barrieren

Als Barrieren sind Exklusionsmechanismen zu verstehen. Diese können durch neue Konstruktionsprozesse entstanden sein oder auch als Folgen historischer Entwicklung existieren. Häufig sind Barrieren nicht offensichtlich als Exklusionsmechanismen erkennbar. Zu geringe Leistungen (von Schüler_innen „mit Migrationshintergrund") oder zu geringes Interesse (von Mädchen und Frauen an Naturwissenschaften) werden häufig als *Gründe* für die Unterrepräsentanz in unterschiedlichen Bereichen der Bildung und des Arbeitsmarktes angeführt, sind aber im eigentlichen Sinne *Indikatoren* für existierende Barrieren (Starl 2009). Insbesondere Frauen, die (im)migrieren, treffen auf multiple Barrieren im Zugang zum Recht auf Bildung.

Von institutioneller Diskriminierung wird gesprochen, wenn innerhalb von Institutionen wie etwa der Schule oder dem Bildungssystem institutionell verankerte Mechanismen als Barrieren wirken, die bestimmte Gruppen ausschließen und „soziale Ungleichheiten konstruiert und rekonstruiert werden" (Gomolla 2015:193). Im sozialwissenschaftlichen Konzept der institutionellen Diskriminierung wird die Aufmerksamkeit auf jene strukturellen Barrieren gelenkt, welche innerhalb der Institutionen angelegt sind und den Schulerfolg behindern.

8.2.3 Diskriminierung und Benachteiligung

Im bildungspolitischen Diskurs werden die Begriffe Ungleichheit, Diskriminierung und Benachteiligung häufig nicht klar voneinander unterschieden. Auch empirisch sind die zu Diskriminierung bzw. zu Benachteiligung führenden Strukturen und Prozesse nicht trennscharf voneinander zu unterscheiden. Durch die Verwendung der Begriffe werden jedoch unterschiedliche Kontexte indiziert. Beispielsweise wird klassen- bzw. schichtspezifische Ungleichbehandlung und Bildungsbenachteiligung von deutschen Kindern ohne Einwanderungsgeschichte nur selten als Diskriminierung bezeichnet, hingegen wird die Bildungsbenachteiligung von Migrantinnen und Migranten explizit als Diskriminierung thematisiert. Phänomene der Diskriminierung wie der klassensoziologisch beschreibbaren Ungleichbehandlung sind zwar insofern analytisch unterscheidbar, als sich beide Phänomene auf Basis von homogenisierenden Gruppenkonstruktionen realisieren (hier die Migrant_innen, da die Angehörigen einer niedrigeren sozialen Schicht), jedoch sind nicht in beiden Fällen die Gruppen problemlos mit soziologischen Kriterien unterscheidbar und somit „real". Nach Scherr (2008) ist Diskriminierung gewissermaßen eine (Re-)Produktion sozialer Ungleichheiten, da ethnisierende Konstruktionen von imaginären Gruppen und Reproduktionen sozioökonomischer Ungleichheit nicht unabhängig voneinander betrachtet werden können. Eine Unterscheidung von „klassen-, schicht- und milieubezogener *Benachteiligung* einerseits, ethnisch, nationalisierender oder rassialisierender *Diskriminierung* andererseits" wird daher als problematisch erachtet (Scherr 2008:2009).

> „Dies gilt nicht zuletzt im Hinblick auf die Bedeutung vor- und außerschulisch erworbener sprachlicher Kompetenzen für die Bildungslaufbahn: Das in der Bildungsreformdiskussion der 1970er Jahre einflussreiche Argument, dass Chancenungleichheit von Arbeiterkindern eine Folge der schulischen Privilegierung schichtenspezifischer Sprachformen ist (...) hat keinen systematisch anderen Stellenwert als der Hinweis auf benachteiligende Effekte zwischen Erstsprache und Verkehrssprache im Fall von Migranten." (Scherr 2008:2009)

Auch die Unterscheidung von Diskriminierung auf der Grundlage von askriptiven Merkmalen wie Geschlecht, Alter, Behinderung etc. einerseits und der Reproduktion sozioökonomischer Ungleichheiten andererseits ist nach Scherr zu vermeiden, da dies zu einer „soziologisch nicht tragfähigen Aufspaltung von in ihren Ursachen und Effekten ineinander verwobenen Prozessen" führe (Scherr 2008:Abstract).

Benachteiligung bzw. Diskriminierung beruhen zwar auf einer Ungleichbehandlung, jedoch ist nicht jede Ungleichbehandlung als Diskriminierung zu werten. Ungleichbehandlungen, wie etwa Maßnahmen zur Kompensation von Diskriminierung und zur Umsetzung des Rechts auf Nicht-Diskriminierung, sogenannte *affirmative actions*, sind rechtlich zulässig.

> "[T]he adoption of temporary special measures intended to bring about de facto equality for men and women and for disadvantaged groups is not a violation of the right to non-discrimination with regard to education" (CESCR 1999:§32)

8.2.4 Kategorien und Kategorisierungen

Aufgrund bestimmter Merkmale und Zuschreibungen werden Kategorien gebildet, Menschen kategorisiert und somit Gruppenzugehörigkeiten konstruiert. Diskriminierungsverbote verwenden Kategorien, wie etwa die für den privaten Sektor gültigen Antidiskriminierungsrichtlinien, welche sich auf die Kategorien *Alter*, *Geschlecht* und *Behinderung* beziehen.

Das Recht auf Bildung bezieht sich auf das Menschenrechtssystem und in diesem sind keinerlei Kategorien erlaubt, da durch Zuordnungen immanent Unterschiede konstruiert werden. Im europäischen Gleichbehandlungsrecht wird stattdessen der Begriff *Diskriminierungsgründe* verwenden. Als verbotene Gründe gelten das Geschlecht, die ethnische Zugehörigkeit, das Alter, die sexuelle Orientierung, Religion, Weltanschauungen und Behinderungen.

Da Diskriminierungsgründe letztlich Ergebnisse von Zuschreibungsprozessen sind, plädieren Baer et al. für den Begriff *Kategorisierung* anstelle von *Gründen, Merkmalen* oder *Identitäten* (Baer et al. 2010). Der Begriff Kategorisierung impliziert den prozesshaften Charakter. Kategorisierungen werden ständig hervorgebracht. Statt ethnischer Zugehörigkeit sprechen Baer et al. von *ethnisierter Zugehörigkeit* (auch gebräuchlich sind *Rassifizierung* oder *Kulturalisierung*), statt Geschlecht von *Vergeschlechtlichung*, statt Religion von *Kulturalisierung*, statt Behinderug von *behinderte Entfaltung*, statt Alter von *Bio-Chronologisierung*.

Wozu Kategorien?

Es scheint ein Dilemma zu sein: Einerseits werden durch Zuschreibungen Menschen auf bestimmte Merkmale festgelegt und Identitäten konstruiert, andererseits scheint es keine andere Lösung zu geben, als Gruppen zu konstruieren, um Ungleichbehandlung und Diskriminierung entgegenwirken zu können. Gewissermaßen muss die Ko-Konstruktion einer Dekonstruktion vorausgehen. Um etwa der Diskriminierung von Frauen entgegenzuwirken und Maßnahmen dagegen zu ergreifen, muss eine bestimmte Gruppe durch Merkmale charakterisiert bzw. müssen einer bestimmten Gruppe Merkmale zugeschrieben werden, welche die Kategorie Geschlecht aufrufen.

Verkürzt könnte man sagen, dass Kategorisierung solange sinnvoll und notwendig ist, solange dadurch Benachteiligungen oder Diskriminierung vermindert und verhindert werden. Sofern die Prozesse der Kategorisierung jedoch selbst zu Diskriminierung beitragen und Benachteiligungen zur Folge haben, sind sie als nicht zielführend einzustufen. Im Falle der Kategorisierung von Schüler-innen *„mit Migrationshintergrund"* oder Schüler-innen *„mit Deutsch als Zweitsprache"* ist anzunehmen, dass die Kategorisierung selbst zur Benachteiligung beiträgt, da diese mit inferioren Positionierungsangebote und Zuschreibungen einhergehen (Mecheril & Teo 1994; Mecheril 2004; Radtke 2013b; Döll et al. 2014; Mineva & Salgado 2015; Niedrig 2015).

8.2.5 Rasse und Rassismus

Da die Verwendung des Begriffs *Migrationshintergrund* und die Rede von *Migrant-innen* und deren *Kultur* auch aus rassismuskritischer Perspektive beleuchtet werden muss, ist für eine kritisch-reflexive Didaktik auch eine Klärung der Termini *Rasse* und *Rassismus* erforderlich. Die Verwendung des Begriffs *Rasse* als Kategorie wird in Deutschland kritisch diskutiert. Das Deutsche Institut für Menschenrechte empfahl dem Gesetzgeber, den Begriff Rasse aus dem Grundgesetz zu streichen, da jede Theorie und jedes Gesetz, das auf die Existenz unterschiedlicher Rassen abstelle, in sich selbst rassistisch sei (Cremer 2010; BMI - Bundesministerium des Innern 2008). Hendrik Cremer, Autor des Positionspapiers meint, dass Rassismus sich nicht glaubwürdig bekämpfen ließe, solange der Begriff Rasse beibehalten würde. Vielmehr könnte seine Verwendung dazu beitragen, rassistisches Denken zu fördern (Cremer 2010:7).

Die Diskussion im anglo-amerikanischen Raum gestaltet sich anders: Der Begriff „race" im US-amerikanischen Diskurs ist dem Begriff „Rasse" nicht gänzlich gleichzusetzen, da *race* im US-amerikanischen Kontext auch als kulturelle Kategorie verstanden wird, eine soziale Bedeutung hat und in den USA im öffentlichen Leben und in der Politik eine tragende Rolle spielt, wie etwa bei der Durchsetzung des Gleichheitsgrundsatzes (American Sociological Association - ASA 2003). Doch auch im anglo-amerikanischen Raum gibt es Kritik am Begriff *race*, da dieser unmittelbar mit einem biologistischen Konzept verbunden ist (vgl. American Sociological Association - ASA 2003; Bös 2005).

Die grundlegende Definition von „racial discrimination" liefert Artikel 1 der *International Convention on the Elimination of All Forms of Racial Discrimination* der Vereinten Nationen.

> "In this Convention, the term ‚racial discrimination' shall mean any distinction, exclusion, restriction or preference based on race, colour, descent, or national or ethnic origin which has the purpose or effect of nullifying or impairing the recognition, enjoyment or exercise, on an equal footing, of human rights and fundamental freedoms in the political, economic, social, cultural or any other field of public life." (Office of the United Nations High Commissioner for Human Rights 1969)

Demnach ist jede Form der Unterscheidung, des Ausschlusses, der Beschränkung oder Bevorzugung basierend auf Rasse, Hautfarbe, Abstammung, nationaler oder ethnischer Herkunft, welche die Anerkennung, den Genuss oder die Ausübung der fundamentalen Freiheiten bezüglich politischer, ökonomischer, sozialer, kultureller oder anderer Bereiche im öffentlichen Leben beeinträchtigen, rassistische Diskriminierung.

Es besteht ein offizieller Konsens darüber, dass Rassismus dem Gleichheitsanspruch widerspricht und dass rassistische Äußerungen und fremdenfeindliche Einstellungen zu diskreditieren und zu verurteilen sind. Rassismus wurde nach den Erfahrungen des Nationalsozialismus weltweit geächtet. Dass rassistische Tendenzen in ausgeprägter Form noch immer weit verbreitet sind, zeigen repräsentative Studien wie jene der Friedrich-Ebert-Stiftung, nach der die „Bestandteile rechtsextremer Einstellungen in weiten Teilen der Bevölkerung zustimmungsfähig" (Decker et al. 2008:9) waren und „Ausländerfeindlichkeit für weite Teile der Bevölkerung, unabhängig von Geschlecht, Bildungsgrad oder Parteienpräferenz, konsensfähig zu sein" scheint (ebd., 12). Die Studie kommt zu dem Schluss:

> „Wenn der rechtsextremen Einstellung als einer zutiefst antidemokratischen Haltung wirksam begegnet werden soll, muss das Augenmerk auch auf die Mitte der Gesellschaft gelenkt werden, in der die rechtsextremen Einstellungsmuster anzutreffen sind." (Decker et al. 2008:9)

Die Vermeidung von Rassismus als verbreitete Umgangsform in Deutschland wird darauf zurückgeführt, dass „der Rassismus-Begriff auf die nationalsozialistische Judenverfolgung fixiert worden ist und man von sich selbst glauben wollte, alles damit Zusammenhängende hinter sich gelassen zu haben" (Messerschmidt 2008:44). Rassismus wird somit in der Gegenwart „als Problem anderer Teile der Welt" angesehen (ebd., 44). Dementsprechend gelten Rassismuserfahrungen als nicht möglich.

Auch Tomaševski konstatiert, dass eine Vermeidung der Kategorie Rasse als statistischer Größe keine Lösung darstellt, da sich dies keinesfalls in der sozialen und politischen Realität widerspiegelt.

> "Race has been obliterated from national statistics in the hope that it would not count if no longer counted. Hopes that making race statistically irrelevant would also make it socially and politically irrelevant have not materialized." (Tomaševski 2005:39)

Vieles spricht also dafür, nach einer aktuellen, für die pädagogische und didaktische Forschung und Praxis handhabbaren Definition von Rassismus zu suchen, welche die Möglichkeit eröffnet, Ansätze kritisch zu hinterfragen, in welchen „Kultur als Platzhalter für Rasse" (Kalpaka 2015:297) verwendet wird. Leiprecht schlägt folgende Definition von Rassismus vor:

> „Bei Rassismus handelt es sich um individuelle, kollektive, diskursive, institutionelle und strukturelle Praktiken der Herstellung oder Reproduktion von Bildern, Denkweisen und Erzählungen über Menschengruppen, die jeweils als statische, homogene und über Generationen durch (naturhafte und/oder kulturelle) Erbfolge verbundenen Größen vorgestellt werden, wobei (explizit oder implizit) unterschiedliche Wertigkeiten, Rangordnungen (Hierarchien) und/oder Unvereinbarkeiten von Gruppen behauptet und Zusammenhänge zwischen äußerer Erscheinung (aber auch Sprache, Akzent und Religion) und einem ‚inneren' Äquivalent psycho-sozialer Fähigkeiten suggeriert, also in dieser Weise ‚Rasse', ‚Kulturen', ‚Völker', ‚Ethnien' oder ‚Nationen' konstruiert werden. Dabei ist die Frage nach der Macht bzw. Dominanz von zentraler Bedeutung: Welche gesellschaftlichen Kräfte sind (mit welcher Konsistenz und in welchem Ausmaß) in der Lage, solche Vorstellungen, Erzählungen, Bilder und Praxisformen zu ‚Rassen', ‚Kulturen', ‚Völkern', ‚Ethnien' oder ‚Nationen' so durchzusetzen, dass sie (für viele) als ‚allgemeingültige Annahmen' oder ‚Wahrheiten' gelten?" (Leiprecht 2015:123)

8.3 Intersektionalität

Soll ein theoretischer Rahmen für einen diskriminierungsfreien Zugang zu naturwissenschaftlicher Bildung gefunden werden, so muss auch Phänomenen Rechnung getragen werden, welche durch das Zusammenwirken mehrerer Diskriminierungsfaktoren entstehen. Zur Analyse von Diskriminierung aufgrund mehrerer Faktoren, etwa Geschlecht (Frau) UND Herkunft (Migrantin), stellt der Ansatz der Intersektionalität einen geeigneten Rahmen dar. Der Begriff der Intersektionalität (*intersectional analysis*) geht auf die amerikanische Juristin Kimberlé Crenshaw (1989) zurück. Sie untersuchte Diskriminierungspraxen von Firmen und stellte in ihrer Analyse fest, dass Schwarze Frauen wechselweise in Bezug auf Geschlecht oder in Bezug auf Rasse diskriminiert wurden, wobei die andere Diskriminierung jeweils ausgeblendet wurde. Da, wo auf Diskriminierung aufgrund von Rasse geklagt wurde, argumentierten die Firmen, dass sie sehr wohl (männliche) Schwarze beschäftigten. Da, wo auf Diskriminierung aufgrund von Geschlecht geklagt wurde, argumentierten Firmen mit der Beschäftigung von (weißen) Frauen. Die Verwobenheit sozialer Ungleichheit verglich sie mit einer Verkehrskreuzung (intersection):

> „Consider an analogy to traffic in an intersection, coming and going in all four directions. Discrimination, like traffic through an intersection, may flow in one direction, and it may flow in another. If an accident happens in an intersection, it can be caused by cars traveling from any number of directions and, sometimes, from all of them. Similarly, if a Black woman is harmed because she is in the intersection, her injury could result from sex discrimination or race discrimination." (Crenshaw 1989:149)

Für die deutschsprachige Forschung wurde der Intersektionalitätsansatz maßgeblich durch Winker und Degele (Winker & Degele 2009) aufgearbeitet. Ausgehend von der Frage, wie verschiedene Ungleichheitskategorien auf verschiedenen Ebenen theoretisch zu fassen sind und einer empirischen Analyse zugänglich gemacht werden können, entwickelten Gabriele Winker und Nina Degele einen praxeologischen Intersektionalitätsansatz und damit eine Methode zu einer Mehrebenenanalyse intersektionaler Diskriminierung.

> „Wir begreifen Intersektionalität als kontextspezifische, gegenstandsbezogene und an sozialen Praxen ansetzende Wechselwirkungen ungleichheitsgenerierender sozialer Strukturen (d.h. von Herrschaftsverhältnissen), symbolischer Repräsentationen und Identitätskonstruktionen." (Winker & Degele 2009:15)

8.3.1 Differenzkategorien

Welche und wie viele Kategorien Berücksichtigung finden, hängt einerseits von international unterschiedlichen Forschungstraditionen ab (etwa die Unterschiede US-amerikanischer und europäischer Forschung in Bezug auf Konstruktion vs. Dekonstruktion von Geschlecht (vgl. Winker & Degele 2009:14), andererseits von Forschungstrends in Bezug auf sozialstrukturelle vs. systemtheoretische Untersuchungen. In den klassischen sozialstrukturellen Ansätzen werden drei relevante Ungleichheitskategorien genannt: Geschlecht, Klasse und Rasse (Anthias 2001; Klinger 2003). Leiprecht und Lutz benennen in ihrem Ansatz 15 bipolare Differenzlinien (Tab. 8.2).

Winker und Degele gehen in ihrem Ansatz von vier Differenzkategorien aus: den drei klassischen Kategorien *Klasse, Geschlecht* und *Rasse* sowie der Kategorie *Körper*

Ebenso wie bei der adäquaten Anzahl an Kategorien stellt sich auch die Frage nach der unterschiedlichen Zahl an Untersuchungsebenen, welche insbesondere durch wissenschaftlich-disziplinäre Gebundenheiten bestimmt sind. So sind Sozialwissenschaftler_innen mit Sozialstrukturanalysen vertrauter als mit textkritischen Diskursanalysen, bei Literaturwissenschaftler_innen verhält es sich umgekehrt. Winker und Degele heben jedoch die Bedeutung der Berücksichtigung und Verbindung unterschiedlicher Analyseebenen hervor. Sie entwickelten daher einen Mehrebenenansatz, der es ermöglicht, unterschiedliche Untersuchungsebenen zu verbinden: gesellschaftliche Sozialstrukturen, Institutionen und Organisationen als *Makro- und Mesoebene*, Prozesse der Identitätsbildung als *Mikroebene* und kulturelle Symbole als *Repräsentationsebene*. Die Frauen-, Geschlechter- und Queerforschungen der letzten Jahrzehnte sind jeweils auf einer der Ebenen zu verorten, die Verbindung dieser Ebenen in einem Ansatz ist neu (Winker & Degele 2009:17f).

8.3.2 Beispiel: Geschlecht

Am Beispiel der Differenzkategorie Geschlecht sollen die Unterschiede der Analyseebenen deutlich werden:

- Auf der *Makro- und Mesoebene von Sozialstrukturen* ist Geschlecht eine Strukturkategorie. Ungleichheiten in der Bezahlung oder in den Zugangschancen und in der Anerkennung von Männern und Frauen sind beispielsweise dieser Ebene zuzuordnen. Auf dieser Ebene geht es um Herrschaftsverhältnisse.

- Auf der *Mikroebene sozial konstruierter Identitäten* ist der Prozess des Entstehens von Ungleichheiten im Fokus. Analysiert wird, „wie AkteurInnen ungleichheitsrelevante Kategorien in Interaktionen erst hervorbringen" (Winker & Degele 2009:19). Geschlecht ist, wie auch Rasse, eine Identitätskategorie, weil es als naturgegeben erscheint. Die Geschlechterforschung geht davon aus, dass Geschlecht, wie auch Identität, etwas sozial Gemachtes ist. Auf der Mikroebene geht es also nicht um die Analyse von Herrschaftsverhältnissen, sondern um Prozesse der Identitätskonstruktion, um „Doing Gender".
- Auf der *Ebene symbolischer Repräsentationen* geht um die Rolle der Normen und Ideologien. Soziale Repräsentationen sind „Bilder, Ideen, Gedanken, Vorstellungen oder Wissenselemente, welche Mitglieder einer Gruppe, Gemeinschaft oder Gesellschaft kollektiv teilen" (Schützeichel 2007:451). Dass Geschlecht und Sexualität etwa als natürliche Tatsachen erscheinen und dass jede_r *weiß*, dass es Männer und Frauen gibt, gehört zu dieser Ebene.

Leiprecht und Lutz fassen das Ziel des Konzepts von Intersektionalität in drei wesentlichen Punkten zusammen:

- Es muss mehr als eine Differenzlinie betrachtet werden.
- Soziale Gruppen sind nicht homogen sondern von den oben genannten Differenzen markiert.
- Es muss untersucht werden, in welcher Weise verschiedene Differenzlinien wechselseitig zusammenspielen (Leiprecht & Lutz 2006:221).

Im nächsten Kapitel wird gezeigt, wie naturwissenschaftliche Bildung unter Berücksichtigung von Differenzkategorien und intersektionalen Analysebenen in Bezug auf Diskriminierung beleuchtet werden kann.

Tabelle 8.1 Rahmenkonzept des Rechts auf Bildung (4-A Schema) nach Tomaševski (2001:12f)

RIGHT TO EDUCATION	**Availability**	– fiscal allocations matching human rights obligations – schools matching school-aged children (number, diversity) – teachers (education & training, recruitment, labour rights, trade union freedoms)	Schools	– Establishment/closure of schools – Freedom to establish schools – Funding for public schools – Public funding for private schools
			Teachers	– Criteria for recruitment – Fitness for teaching – Labour rights – Trade union freedoms – Professional responsibilities – Academic freedom
	Accessibility	– elimination of legal and administrative barriers – elimination of financial obstacles – identification and elimination of discriminatory denials of access – elimination of obstacles to compulsory schooling (fees, distance, schedule)	Compulsary	– All-encompassing – Free-of-charge – Assured attendance – Parental freedom of choice
			Post-Compulsary	– Discriminatory denials of access – Preferential access – Criteria for admission – Recognition of foreign diplomas
RIGHT IN EDUCATION	**Acceptability**	– parental choice of education for their children (with human rights correctives) – enforcement of minimal standards (quality, safety, environmental health) – language of instruction – freedom from censorship – recognition of children as subjects of rights	Regulation and Supervision	– Minimum standards – Respect of diversity – Language of instruction – Orientation and contents – School discipline – Rights of learners
	Adaptability	– minority children – indigenous children – working children – children with disabilities – child migrants, travelers	Special Needs Out-Of-School Education	– Children with disabilities – Working children – Refugee children – Children deprived of their liberty
RIGHT THROUGH EDUCATION		– concordance of age-determined rights – elimination of child marriage – elimination of child labour – prevention of child soldiering		

Tabelle 8.2 Liste von 15 bipolaren Differenzlinien, dargestellt von Lutz (Leiprecht & Lutz 2006:220).

Kategorie	dominierend	dominiert
Geschlecht	männlich	weiblich
Sexualität	heterosexuell	homosexuell
„Rasse"/Hautfarbe	weiß	schwarz
Ethnizität	dominante Gruppe = nicht ethnisch	ethnische Minderheit(en) ethnisch
Nation/Staat	Angehörige	Nicht-Angehörige
Klasse/Sozialstatus	„oben"/etabliert	‚unten'/nicht etabliert
Religion	säkular	religiös
Kultur	‚zivilisiert'	‚unzivilisiert'
‚Gesundheit'/‚Behinderung'	ohne ‚Behinderung'/‚gesund' (ohne besondere Bedürfnisse)	mit ‚Behinderung'/‚krank' (mit besonderen Bedürfnissen)
Generation	Erwachsene alt jung	Kinder jung alt
Sesshaftigkeit/Herkunft	sesshaft (angestammt)	nomadisch (zugewandert)
Besitz	reich/wohhabend	arm
Nord-Süd/Ost-West	the West	the rest
Gesellschaftlicher Entwicklungsstand	modern (fortschrittlich) (entwickelt)	traditionell (rückständig) (nicht entwickelt)

9 Modellierung: Zugang zu naturwissenschaftlicher Bildung

9.1 Das Recht auf naturwissenschaftliche Bildung

Das Recht auf Bildung spezifiziert nicht weiter, was alles unter Bildung subsummiert ist und ist allgemein gefasst. Dies begründet sich darin, dass Bildung nicht absolut bestimmt werden kann. Im Rahmen des Projekts PROMISE (Kapitel 23) wurde der Frage nachgegangen, welchen Stellenwert die naturwissenschaftliche Bildung im Recht auf Bildung einnimmt und ob daraus ein *Recht auf naturwissenschaftliche Bildung* abgeleitet werden kann (Starl 2009). Auch hier gilt, dass dies in Relation zu dem betrachtet werden muss, was in einer Gesellschaft *als Bildung gilt*, was *als relevant* erachtet wird und welchen Stellenwert bestimmte Bildungsabschlüsse und Bildungsinhalte einnehmen, wenn es um die Verwirklichung von Lebenschancen geht. Die Frage ist also:

- Ist das Verfügen über naturwissenschaftliche Bildung – sowohl in informeller als auch in formalisierter Form (Nachweis der Qualifikation, Zeugnis, Schulabschluss) – von Relevanz und ein Selektionsfaktor für bessere oder auch vielfältigere Möglichkeiten der Verwirklichung von Lebensentwürfen, also für Besser- oder Schlechterstellung?

Die Antwort lautet: Ja. Nicht nur ist naturwissenschaftliche Bildung sowohl im Primarbereich als auch im Sekundarbereich ein Schulfach (was die *Availability* gewährleistet) und somit prüfbar, über formalen Bildungserfolg entscheidend und damit potenziell selektierend, auch die Möglichkeiten der Wahl der weiteren Ausbildung sowie der Berufswahl sind in der heutigen Gesellschaft deutlich erhöht, wenn über formalen naturwissenschaftlichen Bildungserfolg verfügt wird. Vereinfacht kann dies folgendermaßen formuliert werden: Es muss nicht jede_r einen naturwissenschaftlichen Beruf wählen, aber es muss jede_r in der Lage sein, *wählen zu können*. Nur einige wenige in diese Lage zu versetzen, ist eine Form der Diskriminierung, denn über vielfältigere Wahlmöglichkeiten zu verfügen, ist Zeichen einer privilegierteren Position.

Das Recht auf Bildung gibt nicht Aufschluss darüber, ob naturwissenschaftliche Bildung *an sich* wichtig ist. Aber *wenn* naturwissenschaftliche Bildung in einer Gesellschaft einen Selektionsfaktor darstellt und als relevante Bildung gilt, *dann* ist es wichtig, dass der Zugang zu naturwissenschaftlicher Bildung für alle gleichermaßen möglich ist und die freie Wahl der individuellen Lebenschancen gewährleistet wird.

Auch aus machttheoretischer Perspektive ist es problematisch, wenn naturwissenschaftliche Bildung nur einigen wenigen zur Verfügung steht. Naturwissenschaftliche Bildung als Form von Kapital entscheidet über Verteilung von Macht. Wenn die Produktion von technisch-naturwissenschaftlichem Wissen und Fortschritt in der Hand einiger weniger liegt, werden hegemoniale Strukturen reproduziert und Machtverhältnisse stabilisiert, was wiederum Diskriminierung zur Folge haben kann. Dies widerspricht demokratischen Bestrebungen. Naturwissenschaftliche Bildung zum Zwecke demokratischer Mitbestimmungsfähigkeit, wie sie häufig zitiert wird, bedeutet nicht nur, über technisch-naturwissenschaftliche Entwicklungen abstimmen zu können oder naturwissenschaftliche Argumente von nichtnaturwissenschaftlichen unterscheiden zu können. Aus demokratischer Sicht bedeutet dies vor allem auch, *mitentwickeln* und mitentscheiden zu können, *wie* eine Technik und Naturwissenschaft von morgen aussieht, *was als Naturwissenschaft* und *was als Natur gilt.*

9.2 4-A der naturwissenschaftlichen Bildung

Was bedeutet es, dass naturwissenschaftliche Bildung für alle *zugänglich* ist? Das hier vertretene Verständnis von *Zugang* bedeutet diskriminierungsfreien, wirtschaftlich, geographisch und physisch möglichen Zugang einerseits, sowie Zugang zu allen Formen von Bildung (und damit Zugang zu formalen Bildungsabschlüssen und zu Bildungserfolg) andererseits. Dieses Verständnis von Zugang leitet sich aus dem 4 A-Schema ab, nach welchem der Zugang zu Bildung weiter und differenzierter gefasst wird, als dass es ein für alle offenstehendes schulisches Angebot gibt.

Die Tatsache, dass Naturwissenschaften als Schulfächer angeboten werden und dass es ausreichende Schulen und Lehrkräfte gibt, bedeutet nach diesem Verständnis nicht, dass naturwissenschaftliche Bildungsangebote allen zur Verfügung stehen, sondern lediglich, dass die *Availability* gewährleistet ist. Dies impliziert jedoch nicht automatisch die Gewährleistung der anderen drei Strukturelemente *Accessibility, Acceptability* und *Adaptability*, die ebenso darüber entscheiden ob naturwissenschaftliche Bildung für alle *zugänglich* ist.

In Bezug auf Diskriminierung im Zugang zum Recht auf naturwissenschaftliche Bildung stellen ausgehend vom 4 A-Schema daher insbesondere die Bereiche Accessibility, Acceptability und Adaptability die wesentlichen Analyseebenen dar.

- **Availability – Verfügbarkeit naturwissenschaftlicher Bildung**
  Die Bereitstellung und Verfügbarkeit naturwissenschaftlicher Bildung kann in Deutschland in dem Sinne als gegeben betrachtet werden, als es Schulen, Unterricht und Lehrer_innenausbildung gibt. Damit ist die Verfügbarkeit naturwissenschaftlicher Bildung institutionell gewährleistet.
- **Accessibility – Zugänglichkeit zu naturwissenschaftlicher Bildung**
  Naturwissenschaftliche Bildung muss für alle rechtlich, physisch und ökonomisch zugänglich sein. Diese Zugänglichkeit bezieht sich vor allem auf die Unabhängigkeit von sozialem oder kulturellem Kapital einer Person. Das Konzept des „Capability Approaches" (Verwirklichungschancen-Ansatz, Sen 1986) schlägt eine „Pädagogik der Armut" (Motakef 2006) vor. In Bezug auf soziale Klasse und ökonomischen Status ist die Zugänglichkeit zu Bildung in Deutschland nicht gewährleistet, da sie soziale und ökonomische Ungleichheit eher reproduziert als vermindert (Muñoz 2007; OECD 2006; Overwien & Prengel 2007). Die Disparitäten in der naturwissenschaftlichen Bildung indizieren, dass diese allgemein institutionellen Barrieren mittelbar auch die Zugänglichkeit zu naturwissenschaftlicher Bildung behindern. Für Deutschland wurde aus der Perspektive menschenrechtlicher Standards insbesondere der Druck zur Assimilation einer „Leitkultur" als problematisch gewertet (Bielefeldt 2007; Starl 2009). Zugänglichkeit zu Bildung impliziert auch, dass Bildungs*erfolg* zugänglich sein muss.
- **Acceptability – Annehmbarkeit des naturwissenschaftlichen Bildungsangebots**
  Disparitäten von Schülerinnen und Schülern in der naturwissenschaftlichen Bildung und in der naturwissenschaftlichen Studien- und Berufswahl deuten darauf hin, dass es Barrieren in der Akzeptanz der Naturwissenschaften für Mädchen und Frauen gibt. Diese Hinweise werden gestützt durch Ergebnisse der Gender Studies (Erlemann 2009) als auch durch Interessensforschung (Hoffmann et al. 1998a; Kessels 2002; Sjøberg & Schreiner 2010) und der Fachkulturforschung (Willems 2007). Die Bevorzugung männlicher Rollenangebote sowie inferiorisierende Positionierungsangebote können nach dem Modell des 4 A-Schemas als nicht für alle annehmbares Bildungsangebot und damit als Barriere gewertet werden. Auch Positionierungsangebote, welche Schüler_innen zu „Schüler_innen mit Förderbedarf" machen (Lemke 1990, 2001; Mecheril & Quehl 2006; Dirim 2015b) und damit inferiore Positionen darstellen, sind nicht als annehmbar zu werten.
- **Adaptability – Anpassungsfähigkeit des naturwissenschaftlichen Bildungsangebots**
  Das Prinzip der Anpassungsfähigkeit besagt, dass Bildung flexibel genug ist, um sich an die verändernden Bedürfnisse von Gesellschaft und ihrer Indivi-

duen anzupassen. Gemessen wird Adaptability nicht nur an den Bemühungen, sondern vor allem an den Ergebnissen. Die nach wie vor geringe Beteiligung von Mädchen und jungen Frauen an den Naturwissenschaften sowie die Abhängigkeit des Bildungserfolg vom sozialen Hintergrund, vom Migrationshintergrund und von der Sprache sind ein Hinweis darauf, dass es noch nicht gelungen ist, das Bildungsangebot entsprechend zu adaptieren. Maßnahmen zur Professionalisierung von Lehrkräften mit dem Fokus auf Deutsch als Zweitsprache (Rösch et al. 2001; Ohm 2009; Tajmel 2010b), die Entwicklung adäquater Verfahren zur Sprachstandsfeststellung (Reich 2011; Döll 2013; Fröhlich et al. 2014) sowie zur Differenzierung von Lernangeboten im Physikunterricht (Markic 2012; Wodzinski & Wodzinski 2009) können als pragmatische Ansätze zur Anpassung des Bildungsangebots eingeordnet werden.

9.3 Anwendung der intersektionalen Analysestruktur

Die von Degele und Winker vorgeschlagenen intersektionalen Analyseebenen erachte ich als geeignete Struktur, um Diskriminierung im Zugang zu naturwissenschaftlicher Bildung differenziert zu betrachten. Im Folgenden stelle ich dar, wie die Analysestruktur auf den Bereich der naturwissenschaftliche Bildung angewendet werden kann. In Rückbindung auf die vier Strukturelemente des Zugangs zum Recht auf Bildung (4-A Schema) konzeptualisiere ich ein Modell, welches die multikausalen Zugangsbarrieren zu berücksichtigen vermag.

9.3.1 Differenzkategorien

In der Bestimmung der relevanten Differenzkategorien beziehe ich mich auf die Differenzkategorien nach Winker und Degele (2009), die bipolaren Differenzlinien nach Leiprecht und Lutz (2006) sowie die Definition zu Rassismus von Leiprecht (2015). Die für den Physikunterricht als relevant erachteten Differenzkategorien sind:

- *Geschlecht* (dominierend: männlich; dominiert: weiblich)
- *Rasse* (dominierend: deutschsprachig, „ohne Migrationshintergrund"; dominiert: anderssprachig, „mit Migrationshintergrund")
- *Klasse* (dominierend: bildungsnahe Mittelschicht; dominiert: „bildungsferne", sozial schlechter-gestellte Schicht)
- *Körper* (dominierend: „ohne Behinderung", „gesund"; dominiert: „mit Behinderung", „krank")

9.3.2 Analyseebenen

Intersektionale Analyseebenen des Zugangs zu naturwissenschaftlicher Bildung

STRUKTUREBENE

Institution Schule, Leistungsstudien
Bildungspolitik, Standards
Selektionsentscheidungen

Monolinguale homogenitätsorientierte Schule,
Bildungsstandards, Bildungssprache,
Rahmenbedingungen, Lehramtsausbildung,
Schulbücher

REPRÄSENTATIONSEBENE

Fach, Fachkultur, Fachhabitus
Normen, Common Sense
Differenzkategorien

Westlich-weiß, männlich, Mittelschicht
Exklusiviät des Faches, gilt als schwierig, Begabung
ist relevant, geringeres Interesse von Mädchen
gehört zum common sense

IDENTITÄTSEBENE

Positionierungsangebote
Differenzierung, Adressierung,
Subjektivierung
Doing Gender/ Doing Diversity

Interesse, Selbstbild, Identifikation;
Adressierung über Förderbedarf (für Mädchen, für
MigrantInnen) oder Förderangebot (für Begabte)

Abb. 9.1 Konzeptualisierung intersektionaler Analyseebenen des Zugangs zu naturwissenschaftlicher Bildung (in Anlehnung an Winker & Degele 2009).

Für den Bereich der naturwissenschaftlichen Bildung schlage ich vor, die drei intersektionalen Analyseebenen auf den spezifischen Bereich, nämlich die schulische naturwissenschaftliche Bildung im Rahmen institutioneller Vorgaben, folgendermaßen zu adaptieren (siehe Abbildung 9.1):

- *Strukturebene*: Die Strukturebene wird im Wesentlichen durch institutionelle Rahmenbedingungen und Vorgaben aufgespannt. Dazu zählen etwa die Gliedrigkeit des Schulsystems, die Übergangsregelungen, Regelungen für formale Abschlüsse, der Fächerkanon und die Existenz der naturwissenschaftlichen Unterrichtsfächer. Auch Bildungsstandards und Lehrpläne sind auf der Strukturebene zu verorten, ebenso wie Regelungen zur Approbation von Unterrichtsmaterialien.
- *Repräsentationsebene*: Zur Repräsentationsebene zählen die Fachkultur der Physik und jene des Physikunterrichts. Diese sind männlich, westlich-weiß und bildungsbürgerlich-mittelständisch geprägt und vertreten entsprechende Werte. Zur Repräsentationsebene zählt zudem all das, was gemeinhin als „üb-

lich" gilt (im Sinne eines *Common Sense* (Geertz 1997)), so etwa, dass Physik schwierig ist und dass dafür eine bestimmte „Begabung" vorhanden sein muss. Dies impliziert eine bildungsnahe Determiniertheit, die mit einer entsprechenden Nähe zur Bildungssprache Deutsch einhergeht.

- *Identität*: Auf der Ebene der Identitätskonstruktionen sind die Adressierungen der Schüler_innen sowie Positionierungsangebote zu verorten. Die Frage, ob ein_e Schüler_in Interesse an der Physik hat und ob das Image mit seinem_ihrem Selbstbild kompatibel ist, wird als Ergebnis von identitätskonstruierenden Prozessen angesehen. Fördermaßnahmen, welche diese konstruierten Identitäten adressieren, werden auf dieser Ebene unter dem Aspekt der Ko-Konstruktion von Identitäten betrachtet.

9.4 Das Drei-Faktoren-Modell

Ein Indikator dafür, ob der Zugang zu naturwissenschaftlicher Bildung für alle Schüler_innen gleichermaßen gewährleistet ist, ist die Verteilung der naturwissenschaftlichen Bildung, operationalisiert über formale Abschlüsse, Leistungsstudien und andere statistische Belege. Zeigt sich, dass der Zugang zu naturwissenschaftlicher Bildung behindert ist, so müssen als Ursache Barrieren angenommen werden, welche über bestimmte Faktoren wirksam werden.

Für die Rückbindung der in Abbildung 9.1 dargestellten *intersektionalen Analysestruktur* an die 4-A-Analysestruktur des *Rechts auf naturwissenschaftliche Bildung* schlage ich eine Formulierung von *zugangsbestimmenden Faktoren* vor, die jeweils einen Schwerpunkt markieren, jedoch miteinander in Beziehung stehen und den Zugang zu naturwissenschaftlicher Bildung in seiner multikausalen Bedingtheit veranschaulichen (siehe „Drei-Faktoren-Modell", Abbildung 9.2).

In diesem multikausalen Modell wird der Zugang zu naturwissenschaftlicher Bildung durch drei wesentliche Faktorenbereiche beeinflusst dargestellt: *bildungsstrukturelle Faktoren, fachkulturelle Faktoren* und *identitätskonstruierende Faktoren*. Die Faktoren wurden aus den drei intersektionalen Analyseebenen abgeleitet und greifen auf unterschiedliche Art und Weise ineinander. Je nach Zusammenwirken dieser Faktoren ist der Zugang zu naturwissenschaftlicher Bildung entweder gewährleistet oder behindert. Zusammenwirkungen ergeben sich beispielsweise in den Bereichen (i) Lehrer_innenausbildung, (ii) Unterrichtsprozesse und (iii) Fördermaßnahmen.

(i) In Bezug auf die Lehrer_innenausbildung sind im Wesentlichen bildungsstrukturelle Faktoren (*Was ist der Lehrberuf?*) und fachkulturelle Faktoren (*Was ist Physik?*), aber auch identitätskonstruierende Faktoren (*Wer lehrt Physik?*)

Abb. 9.2 „Drei-Faktoren-Modell": Multikausales Modell des Zugangs zu naturwissenschaftlicher Bildung

wirksam. Bildungsstrukturelle Faktoren bestimmen, ob es ein Unterrichts- oder Lehramtsstudienfach Physik überhaupt gibt, in welchen Klassenstufen dieses Fach unterrichtet wird, welche Standards für dieses Fach gelten, welche Unterrichtsmaterialien dafür approbiert werden und auf welche Weise formale Abschlüsse im Fach Physik erreicht werden können. Fachkulturelle Faktoren bestimmen das Fach- und Berufsverständnis, wie etwa was eine_n gute_n Physiklehrer_in ausmacht und was guter Physikunterricht ist, welche Kompetenzen als naturwissenschaftliche Kompetenzen gelten, was zur Fachkultur Physik gehört und was nicht. Indentitätskonstruierende Faktoren bestimmen, wer *als Physiklehrer_in* gilt.

(ii) In Unterrichtsprozessen geht es um das Lernen von Physik, was insbesondere ein Zusammenwirken von fachkulturellen Faktoren (*Was ist Physik?*) und identitätskonstruierenden Faktoren (*Wer lernt Physik?*) darstellt. Gestaltung von Lernsituationen in Hinblick auf Lernende, auf Maßnahmen der Differenzierung und auf Vorwissen und Alltagskontexte können mit Kategorisierungen und Zuschreibungen einher gehen. Schüler_innen werden als *Mädchen* oder als „*Schüler_in mit Deutsch als Zweitsprache*" oder als *begabt* adressiert, damit werden ihnen bestimmte Positionierungsangebote offeriert.

(iii) Fördermaßnahmen stellen einen Bereich dar, der maßgeblich durch bildungspolitische und damit strukturelle Faktoren (*Was soll gefördert werden?*) sowie durch identitätsbildende Faktoren (*Wer soll gefördert werden?*) bestimmt
wird. Die Maßnahmen richten sich an durch bestimmte Kategorien und Merkmale charakterisierte „*zu fördernde*" Menschen. Sie stellen somit Adressierungen dar. Maßnahmen zur Sprachförderung und zur MINT-Förderung sind
das Ergebnis bildungspolitischer Entscheidungen und sind ausgerichtet auf
Schüler_innen „*mit Migrationshintergrund*" oder auf *Mädchen*, Maßnahmen
der Begabtenförderung orientieren sich an *Interesse* und *Begabung* von Schü-
ler_innen.

Die Faktoren sind nicht scharf voneinander abgrenzbar. Es kann eher davon ausgegangen werden, dass die Faktoren in ihrer Wirksamkeit ineinander greifen. Beispielsweise sind Lehrer_innen genauso wie Schüler_innen Positionierungen und
Selektionsprozessen unterworfen, weshalb die Lehrer_innenausbildung selbstverständlich auch einen Forschungsgegenstand auf der Ebene der Identitätskonstruktion darstellt. In dem hier vorgeschlagenen Modell steht der Zugang zu naturwissenschaftlicher Bildung für Menschen im Zentrum, welche im institutionell-schuli-
schen Rahmen *als Schüler_innen* gelten, die Identitätskonstruktionsprozesse werden also aus dieser Perspektive betrachtet.

Die Faktoren markieren bestimmte Schwerpunkte und Forschungsbereiche. Eine Schwerpunktsetzung ist aus wissenschaftsdisziplinären und forschungsmethodischen Gründen erforderlich, da etwa bildungsstrukturelle Faktoren mit anderen
Methoden erforscht werden als identitätskonstruierende Faktoren.

Mit dem Drei-Faktoren-Modell wird keinesfalls der Anspruch auf eine vollständige Modellierung des Zugangs zu naturwissenschaftlicher Bildung erhoben,
welche alle möglichen Aspekte zu umfassen in der Lage wäre. Vielmehr ist das
Modell als ein Ansatz zur Strukturierung des komplexen Zusammenspiels von Differenzlinien und Wirkungsebenen im Kontext von bildungsinstitutionellen, identitätskonstruierenden, migrationsgesellschaftlichen und menschenrechtlichen Fragen zu verstehen, welches eine Verortung der bestehenden Forschung, eine Einordnung von Forschungsfragen, aber auch eine Reflexion über bevorzugte und
vernachlässigte Forschungsrichtungen ermöglicht. Welches Verständnis von Reflexion und Reflexivität einer *Reflexiven Physikdidaktik* zugrunde liegt, wird im
folgenden Kapitel dargelegt.

10 Reflexivität

Im Kontext von pädagogischer und didaktischer Professionalität wird Reflexivität aus unterschiedlichen Perspektiven – antidiskriminierenden, soziologischen, forschungsmethodischen, pädagogischen und didaktischen – thematisiert und als notwendig eingefordert, wobei sich das Verständnis von Reflexivität unterscheidet. Für die vorliegende Arbeit ist daher relevant, jenes Verständnis von Reflexivität zu klären, das der *Reflexiven Physikdidaktik* zugrunde liegt. Dazu sollen unterschiedliche Reflexivitätsansätze erörtert werden.

10.1 Reflexivität als Kompetenz

10.1.1 Reflexion als professionelle Kompetenz

Die Thematisierung von Reflexivität als professioneller Kompetenz hat ihren Ursprung in der Professionalisierungsforschung. Seit den 1970er Jahren wurden Modelle für eine sogenannte *reflexive Praxis* entworfen (Kolb & Fry 1975; Schön 1984; Argyris & Schön 1996). Im Kontext von pädagogischer Praxis wird Reflexivität als Teil von Professionalität und als Lehrerkompetenz diskutiert und erforscht (Schön 1984; Zeichner & Liston 1990; Baumert & Kunter 2006; Blömeke et al. 2008; Zimmermann & Welzel 2008; Ohm 2009; Aufschnaiter & Blömeke 2010; Abels 2011; Krofta et al. 2013). Im Zuge der Entwicklung von Kompetenzmodellen für Lehrkräfte wird Reflexionskompetenz als ein zentraler Kompetenzbereich genannt und insbesondere für die „berufliche Entwicklung einer Lehrerpersönlichkeit" und für die „Entwicklung von Identität" als wesentlich erachtet (Abels 2011:13). Nach Hilbert Meyer besteht Reflexionskompetenz

> „(...) aus der Fähigkeit, Theorie- und Praxiswissen aufeinander zu beziehen und dadurch eine reflexive Distanz zur eigenen Berufsarbeit herzustellen." (Meyer 2003:101)

Zimmermann und Welzel definieren Reflexionskompetenz als

> „Fähigkeit, über eine vergangene pädagogische Situation nachzudenken, von allen Seiten zu beleuchten und zu diskutieren, um sie besser zu verstehen und bewusst aus ihr zu lernen." (Zimmermann & Welzel 2008:4)
> „über Möglichkeiten der Förderung reflektieren, lernen, die Praxis selbständig zu verbessern, Fähigkeiten zur kritischen Selbst- und Fremdeinschätzung, didaktische Ideen entwickeln und optimieren (Transferleistung), Möglichkeiten sehen, hemmende Faktoren für die

NFF [Naturwissenschaftliche Frühförderung, T.T.] zu überwinden bzw. förderliche Faktoren
zu implementieren." (Zimmermann & Welzel 2007:256)

Aufschnaiter und Blömeke zitieren die „Fähigkeit im Bereich der Reflexion über
Unterrichtsplanung und Unterrichtsdurchführung" als ein Ergebnis der Diskussion
zu Aspekten professioneller Kompetenz im Rahmen eines Workshops zur Erfassung professioneller Kompetenz von Lehrkräften (Aufschnaiter & Blömeke 2010).

Zeichner und Liston merken an, dass in den meisten Konzepten zu Reflexionskompetenz vage bleibt, was genau Gegenstand der Reflexion sein soll, was also
reflektiert werden soll. Sie fragen danach

> "what it is that teachers ought to be reflecting about, the kinds of criteria which should
> come into play during the process (e.g., technical or moral), the degree to which teachers'
> reflections should incorporate a critique of the institutional contexts in which they work,
> the nature of the actions which fall within the range of 'acceptable' practice, nor about the
> particular historical traditions out of which a particular line of work emerges." (Zeichner &
> Liston 1990:23)

Explizit führen sie historische Traditionen als Kontext an, aus dem heraus eine praktische Arbeit gedacht und in einem „Critical Discourse" reflektiert werden soll. Der Kritische Diskurs stellt die Stufe der höchsten Reflexionstiefe dar.
Abels kommt in ihrer Forschung zu Reflexionskompetenz von Lehrkräften zu dem
Schluss, dass die höchste Reflexionstiefe nur von wenigen Lehrkräften erreicht
wird. Den Kritischen Diskurs definiert Abels als

> „Kritische Reflexion, in der ein Bewusstsein zutage gefördert wird, dass Handlungen und
> Ereignisse in Bezug auf multiple Perspektiven erklärbar sind oder auch, dass sie z.B. in mul-
> tiplen historischen und sozialpolitischen Zusammenhängen angesiedelt sind und durch diese
> beeinflusst werden. Multiple Perspektiven bedeuten, dass sich in einem Kapitel neben der ei-
> genen Beobachtung/Meinung in mindestens eine andere Person den gleichen Aspekt betref-
> fend hinein versetzt werden muss (Wiedergabe einer Seite reicht nicht), oder dass mindestens
> zwei verschiedene Theorien zu einem Aspekt nebeneinander beleuchtet werden, oder dass
> mindestens eine Theorie neben der eigenen Wahrnehmung oder der anderer Personen zum
> gleichen Aspekt erläutert wird." (Abels 2011:101)

10.1.2 Reflexion als DaZ-Kompetenz

Die professionellen Kompetenzen von Lehrkräften im Bereich Deutsch als Zweitsprache (DaZ) und die Modellierung dieser Kompetenzen (auch „DaZ-Kompetenzen" genannt) sind Forschungsgegenstand von Projekten wie *DaZKom*, in welchem DaZ-Kompetenzen wie folgt beschrieben sind:

> „DaZ-Kompetenz (in der Schule) beschreibt die Fähigkeit einer Lehrkraft, sprachliche wie
> auch kulturelle Eigenheiten der deutschen Sprache zu kennen. Auf Grundlage spracher-
> werbstheoretischen Wissens sind Lehrkräfte in der Lage, fachrelevante Materialien auf

didaktisch-methodischer Ebene für SchülerInnen mit Deutsch als Zweitsprache förderwirk-
sam zu bearbeiten und einzusetzen. Zudem sind sie sich ihrer Aufgabe als Sprachförder-
lehrkraft im Fachunterricht bewusst und lassen sich in ihrem Handeln nicht von Vorurteilen
leiten." (Hammer et al. 2013)

Dass auch die Normalitätserwartungen Gegenstand der Reflexion sein sollten, wird
von Ohm angesprochen (Ohm 2009). Er fokussiert auf drei Kompetenzbereiche für
Lehrkräfte:

- Berücksichtigung und Unterstützung lernersprachlicher Entwicklungsprozes-
se,
- Förderung bildungssprachlicher Kompetenzen als Basis fachlichen Lernens,
- Reflexion schulsprachlicher Normalitätserwartungen vor dem Hintergrund
von Spracherwerbsbiographien mehrsprachiger Schülerinnen und Schüler.

Elementare linguistische Kenntnisse bezeichnet Ohm „als unverzichtbares Hand-
werkszeug für professionelles Handeln", das in den Kompetenzbereichen vorausgesetzt werden muss (Ohm 2009:28).

Zusammenfassend kann gesagt werden, dass die Konzepte zur Reflexionskompetenz von Lehrkräften das Anliegen haben, Lehrende zu professionalisieren, um
mittelbar zu einem besseren Unterrichtsoutput beizutragen. Die Reflexion ist eine
Reflexion der Lehrkräfte über sich in ihrem Verhältnis zu Unterricht und Schü-
ler_innen zum Zwecke der Optimierung der Professionalität. In diesem Sinne ist
diese Reflexivität eine *professionsbezogene Reflexivität*.

10.2 Wissenschaftliche Reflexivität

Der Begriff der Reflexivität und der reflexiven Haltung geht auf Bourdieu zurück
und wird insbesondere im Zusammenhang mit qualitativer Sozialforschung rezipiert (Dausien 2007). Der_Die Wissenschaftler_in reflektiert. Bourdieu unterscheidet zwischen „narzißtischer Reflexivität" und „wissenschaftlicher Reflexivität"
(Bourdieu 1993). Narzißtische Reflexivität dreht sich als Selbstzweck um die Person der Wissenschaftlerin oder des Wissenschaftlers, während wissenschaftliche
Reflexivität „auf die Verfeinerung und Verstärkung der Erkenntnismittel gerichtet"
ist (Bourdieu 1993:366). Diese wissenschaftliche Reflexivität ist nach Wacquant
durch die folgenden Merkmale charakterisiert:

„Erstens: Ihr Gegenstand ist primär nicht der individuelle Wissenschaftler, sondern das in
die wissenschaftlichen Werkzeuge und Operationen eingegangene soziale und intellektuelle
Unbewußte; zweitens: Sie ist ein kollektives Unternehmen und nichts, was dem Wissenschaftler individuell aufzubürden wäre; und drittens: Sie will die wissenschaftstheoretische
Absicherung der Soziologie nicht zunichte machen, sondern ausbauen." (Wacquant 1996:63)

Mit dem „sozialen und intellektuell Unbewussten" verweist Wacquant auf die soziale Herkunft eines Wissenschaftlers oder einer Wissenschaftlerin, auf seine oder ihre sozialen Beziehungen innerhalb der scientific community und auf seine oder ihre Stellung im sozialen Raum. Im innerwissenschaftlichen Rahmen ist die Reflexivität der eigenen Vorannahmen und Erwartungen also ein zentrales Qualitätskriterium.

> „Reflexion in diesem Sinn wird nicht erst als nachträgliches Kriterium an die Forschung herangetragen (etwa zur Beurteilung der Güte von Ergebnissen), sondern ist kontinuierlich und methodisch angeleitet im Forschungsprozess selbst verankert." (Dausien 2007:Abs.4)

Außer diesem innerwissenschaftlichen Verständnis von Reflexivität beinhaltet Bourdieus Konzept der Reflexivität zudem die Verortung der eigenen Forschung im sozialen Raum und geht damit über den Rahmen einer auf qualitative Forschung beschränkten Bedeutung hinaus. Als Verortung im sozialen Raum zählen die wissenschaftliche Position, die eigene Positioniertheit im sozialen Raum, die Perspektivität der eigenen Forschung und auch die Reflexion der potentiellen Folgen des eigenen (Forschungs-)Handelns.

Pels (2000) bezieht sich in seiner Konzeption von Reflexivität neben Bourdieu auch auf Haraways „situated knowledge" (Haraway 1988) und die feministische *Standpoint Theory* (Harding 2003), geht noch einen Schritt weiter und schlägt mit der *Circular Reflexivity* eine Alternative vor. In diesem Konzept wird davon ausgegangen, dass Reflexivität niemals vollständig vom Individuum selbst ausgeführt werden kann und daher „'essentially' insufficient" ist.

> „In its most elementary form, reflexivity presupposes that, while saying something about the 'real' world, one is simultaneously disclosing something about oneself. In refusing to separate knowledge of things 'out there' and knowledge of the self 'in here', reflexive knower, while reading the Book of Nature, simultaneously writes a piece of his or her autobiography." (Pels 2000:2)
> „Because this reflexivity is circular, and installs a constitutive weakness in the heart of all practices of representation, it is also ‚essentially' insufficient, inexhaustive or flawed." (Pels 2000:17)

10.2.1 Position, Positionalität, Positionierung

Das Konzept der *Positionalität* (*Positionality*) (England 1994; Rose 1997) wird in der kritischen sozialwissenschaftlichen Forschung im Zusammenhang mit *Perspektive, Bias* und *Reflexivität* diskutiert (Griffiths 2009). Im Wesentlichen geht es um positionsbedingte Voreingenommenheit des Forschers oder der Forscherin und ihrer Auswirkung auf Forschungsdesign und Forschungsergebnisse. Es besteht Konsens, dass Voreingenommenheit in der Forschung nicht akzeptabel ist. Dabei sind zwei Richtungen zu unterscheiden: Die eine Richtung nimmt prinzipiell an, dass es vorurteilsfreie, objektive Forschung gibt. Die Physik wird hier häufig als Modell angeführt. Die andere Richtung geht davon aus, dass es prinzipiell *keine* vorurteilsfreie Forschung geben kann. Um ihre prinzipielle Unmöglichkeit zu verdeutlichen, wird diese Forschung auch als „God's eye view" (Haraway 1989) oder „the view from nowhere" (Nagel 1986) bezeichnet.

Jede_r Forscher_in und jede_r Lehrer_in hat eine ethische und politische Position, dies ist unvermeidbar, bedeutet nach Griffiths jedoch noch nicht notwendigerweise, vorurteilsbehaftet zu sein. Voreingenommenheit resultiert erst daraus, die eigene Position nicht zu erkennen und zu reflektieren.

> „Bias comes not from having ethical and political positions – this is inevitable – but from not acknowledging them. Not only does such acknowledgment help to unmask any bias that is implicit in those views, but it helps to provide a way of responding critically and sensitively to the research." (Griffiths 1998:133)

Im Gegensatz zu *Bias* referiert *Perspektive* auf einen bestimmten Kontext, durch den die Wahrnehmung einer Person beeinflusst wird und aus dem heraus die Person etwas interpretiert, etwa aus der Perspektive einer Ideologie oder eines Wertesystems. Die Perspektive aus der eigenen sozialen Position, bestimmt durch Differenzkategorien wie Geschlecht, soziale Klasse, „Rasse", u.a., wird als Positionalität bezeichnet (Griffiths 2009). Ein Konzept von *Positionalität*, das sich auf biographische Positionierung im Zusammenhang mit Migrationsprozessen bezieht, wird von Anthias nachgezeichnet (Anthias 2003).

Im Zusammenhang von Diskriminierung, Intersektionalität, Zuschreibungen und Konstruktion von Identitäten wird der Begriff der *Positionierung* verwendet, um einen Gegensatz zum essentialistischen Begriff der *Identität* darzustellen (vgl. Walgenbach 2014b). Mit *Positionierungen* können allgemein Praktiken bezeichnet werden,

> „(...) mit denen Menschen sich selbst und andere in sprachlichen Interaktionen auf einander bezogen als Personen her- und darstellen, welche Attribute, Rollen, Eigenschaften und Motive sie mit ihren Handlungen in Anspruch nehmen und zuschreiben, die ihrerseits funktional für die lokale Identitätsher- und -darstellung im Gespräch sind." (Lucius-Hoene & Deppermann 2004:168)

Aus der subjektivierungstheoretischen Perspektive Michel Foucaults (2005) und Judith Butlers (2001) werden Identifikation und Identifikationsangebote als *Subjektpositionen* und *Subjektpositionsangebote* begriffen (Kapitel 11.1.3).

10.3 Machtkritische Reflexivität

Aus macht- und rassismuskritischer Perspektive wird es als erforderlich erachtet, Maßnahmen zu setzen, welche Lehrenden die erforderliche machtkritische reflexive professionelle Haltung zu vermitteln vermögen (Kalpaka 1998, 2006; Hierdeis 2009; Budde et al. 2014). Wesentliche Grundlagen für die Entwicklung einer machtkritischen Reflexivität im Kontext pädagogischer Forschung und Praxis wurden durch die rassismuskritische interkulturelle Pädagogik (Kalpaka 1998; Leiprecht & Lutz 2006; Melter & Mecheril 2009), durch Ansätze für eine rassismuskritische pädagogischer Schulpraxis (Quehl 2003, 2015), durch die Entwicklung der Migrationspädagogik (Mecheril 2010c) und durch die Formierung einer machtkritisch-reflexiven Richtung des Bereichs „Deutsch als Zweitsprache" (Dirim 2015a; Knappik et al. 2013; Döll et al. 2014; Thoma & Knappik 2015) gelegt.

Eine als *machtkritisch* angestrebte *Reflexivität* der Lehrenden meint weniger die „richtige Anwendung von Methoden" und Handlungsempfehlungen zum effektiven und zeitsparenden Umgehen mit Heterogenität im Klippert'schen Sinn (Klippert 2010). Dies wird im Kontext sozialer Differenzkategorien als wenig zielführend erachtet (Budde 2012). Die Modellierung entsprechender Kompetenzen im „Umgang mit Heterogenität" erweist sich insbesondere aus machtkritischer Perspektive als problematisch, als dies nur unter der Bedingung einer „Anerkennung der Heterogenität" Sinn machen würde. Für das schulische Handeln wird also eine Reflexivität gefordert, die vielmehr einer „metakognitive[n] situationsgebundene[n] Verknüpfung von Theorie und Praxis" und einem „Habitus einer reflexiven Distanz" (Budde et al. 2014) entspricht.

10.3.1 Migrationspädagogische Reflexivität

Aus migrationspädagogischer Perspektive sind pädagogischen Praxen danach zu befragen, auf welche Weise und zu welchem Zweck sie *Andere* hervorbringen. Die Anerkennung von Differenzen, also etwa von Migrant_innen *als Migrant_innen* oder von unterschiedlichen „Kulturen" ist eine solche Praxis (Westphal 2007; Dirim & Mecheril 2010; Mecheril 2010b). Da Heterogenität im Migrationsdiskurs ein Konstrukt ist, mit welchem Machtpositionen bestimmt und reproduziert werden, ist jede Kompetenz im Umgang mit dem Konstrukt Heterogenität in ihrer inneren Logik selbst ein Mittel zur Festigung und Reproduktion dieser Strukturen.

> „Eine pädagogische Anerkennungspraxis, die sich bejahend auf den Subjektstatus der Individuen einer Migrationsgesellschaft bezieht, bezieht sich indirekt auch immer affirmativ auf die in dieser Gesellschaft geltenden formellen und informellen Machtverhältnisse. Pädagogisches Handeln, das »Migrant/innen« als »Migrant/innen« anerkennt, bestätigt insofern das Schema, das zwischen »Wir« und »Nicht-Wir« unterscheidet, bestätigt die Differenz zwischen dem deplatzierten Habitus und dem nicht deplatzierten Habitus." (Mecheril 2010a:187)

Der daraus entstehende Widerspruch, nämlich in der Anerkennung von Differenzen auch Kategorien anzuerkennen, die gleichzeitig dekonstruiert werden, wird in der Migrationspädagogik als unausweichlich erkannt. Um trotz „paradoxer Handlungsorientierung" Professionalität zu gewährleisten, wird aus migrationspädagogischer Perspektive für die „Einführung einer rigorosen reflexiven Haltung" plädiert (Mineva & Salgado 2015:250).

10.3.2 „Kompetenzlosigkeitskompetenz"

Da jegliche Auffassung einer interkulturellen Kompetenz, welche sich durch „Verstehen" oder „Wissen über den Anderen" auszeichnet, Dominanz und Machtaspekte impliziert, wird Nicht-Verstehen und Nicht-Wissen als Möglichkeit zur Schwächung der Dominanz erachtet.

> „Nicht-Verstehen schützt in diesem Sinne nicht nur vor Vereinnahmung und Bemächtigung, sondern schwächt auch in der Begegnung den Status des Subjekts. Eine Haltung des Nicht-Verstehens und Nicht-Wissens hat den Vorteil, die Positionen im Gleichgewicht zu halten." (Westphal 2007:105)

Mecheril sieht in der reflexive Haltung die pädagogische Kompetenz, sich des *Nicht*-Wissens über den *Anderen* bewusst zu sein. Er plädiert für die Vermittlung von *Kompetenzlosigkeitskompetenz* (Mecheril 2002, 2008, siehe auch Kapitel 2.4.3) als erstrebenswerte Haltung in interkulturellen Situationen. Diese würde dem Eingestehen entsprechen, dass es Situationen gibt, für die es keine vorgefertigte Lösung gibt.

Die Migrationspädagogik distanziert sich damit von „interkultureller Kompetenz" als „technischem Vermögen für professionelle Handlung in Interaktionssituationen" (Mineva & Salgado 2015). Auch Mecheril rekurriert auf den Gegensatz eines technischen Verständnisses von Reflexivität.

> „Unter reflexiven Voraussetzungen dieser Art kann die «Unversöhnlichkeit» zwischen Anerkennung und Dekonstruktion als Möglichkeit der Auseinandersetzung mit dem eigenen Handeln erfahren und so praktiziert werden, dass die pädagogisch Handelnden in einem nicht technologischen Sinne für «das nächste Mal» etwas gelernt haben." (Mecheril 2010a:191)

Das migrationspädagogische Konzept der Reflexivität ist damit angelehnt an den Reflexivitätsbegriff von Bourdieu bzw. Wacquant, in welchem nicht der die Wissenschaftler in der primäre Gegenstand der Reflexivität ist, sondern das in die wissenschaftlichen Werkzeuge und Operationen eingegangene soziale und intellektuelle Unbewusste. Mecheril übersetzt dies für die Migrationspädagogik:

> „Gegenstand pädagogischer Reflexivität ist primär nicht der individuelle Pädagoge/die Pädagogin, sondern das im pädagogischen Handeln und Deuten maskierte erziehungswissenschaftliche, kulturelle und alltagsweltliche Wissen (zum Beispiel über »die Migrant/innen«).

(...) es müssen institutionelle Strukturen und Kontexte zur Verfügung stehen, in denen Reflexion als eine gemeinsame pädagogische Praxis möglich ist." (Mecheril 2010a:191)

10.3.3 Reflexives Verständnis von ,DaZ'

Mit der im „Wiener ,DaZ'-Verständnis" (Dirim 2015a) formulierten machtkritisch-reflexiven Perspektive auf das Fach *Deutsch als Zweitsprache* wird der Konstruktcharakter der Fachbezeichnung *DaZ* hervorgehoben. Die Forscher_innen und Didaktiker_innen setzen sich mit ihrer Rolle als *DaZ*-Forscher_innen und somit als potenziell Reproduzierende hegemonialer Strukturen auseinander und fragen danach, ob und wie *Sprachförderung* ohne *Othering* (also ohne die Hervorbringung Anderer, siehe Kapitel 11.1) möglich ist.

„Das interdisziplinäre Fachgebiet Deutsch als Zweitsprache befasst sich vornehmlich mit der Frage, wie die aus der (amtssprachlichen) Dominanz des Deutschen erwachsenden Nachteile für migrationsresultierend zwei- und mehrsprachige Kinder, Jugendliche und Erwachsene reduziert werden können. Dabei werden unterschiedliche Lebens-, Bildungs- und Arbeitsbereiche in den Blick genommen; es werden Modelle der Unterstützung der Aneignung des Deutschen entwickelt und evaluiert. Ziel ist es, dazu beizutragen, die Gleichstellung von Menschen, die sich Deutsch als eine Zweitsprache aneignen, mit solchen, die Deutsch als Erstsprache sprechen, zu erreichen. Da die aus der (amtssprachlichen) Dominanz des Deutschen erwachsenden Nachteile auch durch die Nutzung der lebensweltlichen Mehrsprachigkeit reduziert werden können, werden auch methodisch-didaktische Vorgehensweisen zur Verwendung und Nutzung der Migrations- bzw. Minderheitensprachen im Unterricht ausgearbeitet bzw. reflektiert. Um soziale bzw. subjektivierende Effekte der vorgeschlagenen Maßnahmen (auch in selbstreflexiver Absicht) in den Blick nehmen zu können, werden machttheoretische Wissenschaftstraditionen heran gezogen und für den jeweiligen Gegenstand adaptiert. Da die Sprache nie losgelöst von politischen, kulturellen und gesellschaftlichen Rahmenbedingungen betrachtet werden kann und faktisch sowie symbolisch für die Regulierung von Zugehörigkeiten benutzt wird, kommen weitere wissenschaftliche Perspektiven zum Einsatz, die diese Verknüpfungen zu verstehen ermöglichen, etwa rassismuskritische. Da der Begriff „Deutsch als Zweitsprache" als Bezeichnung für den persönlichen Sprachbesitz inferiorisierende Effekte für als DaZ-SprecherInnen geltende Personen nach sich ziehen kann, ist er mit Bedacht zu verwenden. Jenseits didaktischer und methodischer Notwendigkeiten der Verwendung des Begriffs „Deutsch als Zweitsprache" ist Deutsch Deutsch, unabhängig davon, ob jemand diese Sprache als Erst- oder Zweitsprache verwendet und in jeglicher Perspektive gleichermaßen wertvoll." (Dirim 2015a:309)

Im Kontext der Forderung nach Sprachbildungsmaßnahmen in allen Unterrichtsfächern und nach Modulen zu Sprachbildung in den Lehramtsstudiengängen erachte ich ein reflexives Verständnis von *Deutsch als Zweitsprache* als relevant für eine reflexive physikdidaktische Positionierung in Bezug auf Sprachbildung.

10.3.4 Machtkritische Reflexivität und Naturwissenschaften

In den Naturwissenschaften gehen machtkritisch-reflexive Ansätze insbesondere auf die feministische Forschung zurück (Haraway 1988; England 1994; Harding 2006) und sind in den Bereich der *science education* eingeflossen (Barton 1998; Stapleton 2015). Als einen wesentlichen Aspekt von feministischer naturwissenschaftlicher Bildung erachtet Barton, den gesamten Prozess naturwissenschaftlicher Forschung und der Produktion naturwissenschaftlichen Wissens in ihren sozialen und gesellschaftlichen Kontext einzubetten (Barton 1998). Barton beschreibt den Unterschied zwischen "feminist science teaching" und „just plain good science teaching" folgendermaßen:

> „Thus, in addition to helping all students learn science, feminist science teaching attempts to expose the cultural, social and historical dimensions of the culture and practices of science – as it is situated within the classroom and within the larger society – in order to help students understand and act upon the ways in which science and the self-in-science have been constructed historically." (Barton 1998:vii)

Barton plädiert für ein reflexives Verhältnis von Positionalität, Unterricht und didaktischer Forschung. Als Positionalität (*Positionality*) versteht Barton die Artikulation der eigenen Position innerhalb unterschiedlicher Gruppen und die Entwicklung einer „critical awareness", eines kritischen Bewusstseins in Bezug auf Werte, Wissen, Praxis:

> „Because examining and articulating a teaching practice through positionality is self-reflexive, it helps me, as a teacher-researcher, to continually rethink the values, knowledge, and practices that got into teaching a liberatory science." (Barton 1998:120)

Deutschsprachige unterrichtsbezogene Ansätze machtkritischer Reflexivität stellen beispielsweise die Vorschläge für eine rassismuskritisch-reflexive Bildungsarbeit für die Grundschule (Quehl 2015, 2003) dar. Vergleichbare machtkritisch-reflexive Ansätze für den naturwissenschaftlichen Unterricht der Sekundarstufe fehlen ebenso wie neuere reflexive Ansätze für die naturwissenschaftsdidaktische Forschung. Auch die Frage der Möglichkeiten zur *Vermittlung* von machtkritischer Reflexivität im Kontext von naturwissenschaftlichem Unterricht ist bisher unerforscht.

10.4 Die Reflexivität der Reflexiven Physikdidaktik

Für eine *Reflexive Physikdidaktik* wird mit dieser Arbeit ein Konzept von Reflexivität vorgeschlagen, das in Rückbindung auf die durch das Recht auf Bildung gesetzte normative Grundlage sinnvoll und für die pädagogisch-didaktische Praxis umsetzbar ist. Die *Reflexive Physikdidaktik* muss also reflexiv in Bezug auf Differenzkategorien sein. Zudem muss sie reflexiv in Bezug auf Barrieren sein, die den Zugang zu naturwissenschaftlicher Bildung auf unterschiedlichen Ebenen – der Identitätsebene, der Repräsenationsebene und der Strukturebene – behindern.

Da hegemoniale Strukturen und deren Reproduktion durch Schule als Barrieren gefasst werden, muss die Reflexivität eine hegemonie- und machtkritische Dimension beinhalten. Inferiorisierende Positionierungsangebote im Kontext von Migrationsgesellschaft sind ebenfalls als Barrieren zu fassen, weshalb eine Reflexivität im Sinne der Migrationspädagogik und im Sinne der reflexiven Perspektive auf Deutsch als Zweitsprache erforderlich ist. Daher muss die erforderliche Reflexivität auch in Bezug auf *Kompetenz* reflexiv sein, weshalb nicht vordergründig angestrebt wird, sie als Reflexions*kompetenz* zu fassen.

Zur Identifikation von Barrieren, die auf fachwissenschaftlicher Ebene zu verorten sind und zu deren Reproduktion die fachdidaktische Forschung beiträgt, ist wissenschaftliche Reflexivität erforderlich. Eng damit verbunden sind Barrieren, welche auf fachkulturelle Traditionen und Reproduktionen zurückzuführen sind. Sie bedürfen einer Reflexivität auf (fachlicher) Identitätsebene im Sinne der Reflexion der eigenen Zugehörigkeitsverhältnisse und der eigenen Positionierung im sozialen Feld der Fachdidaktik Physik. Dies bedeutet, dass sich Lehrer_innen und forschende Didaktiker_innen als Akteur_innen und somit als Reproduzent_innen eines Fachhabitus und den damit einhergehenden Machtstrukturen und Exklusionsmechanismen begreifen. In Bezug auf Fachkultur ist jedoch auch eine Reflexivität auf der Repräsentationsebene im Sinne von kritischer Beforschung der eigenen Fachkultur erforderlich. In diesem Sinne ist nicht der_die Didaktiker_in oder der_die Lehrer_in selbst Gegenstand der Reflexion, sondern die ihrer Praxis zugrunde liegenden fachkulturellen und alltagsweltlichen Wissensbestände, der Common Sense, die als *normal* oder als *abweichend* angenommenen Voraussetzungen, die als *normal* erachteten Erwartungen und die daraus abgeleiteten *Förderbedarfe*. Die Reflexivität der Reflexiven Physikdidaktik ist somit eine *machtinformierte* Reflexivität.

10.4.1 Machtinformierte Reflexivität

Machtkritisch-reflexive Physikdidaktik bedeutet,

(a) den Physikunterricht und Physikdidaktik danach zu hinterfragen,

   ▪ was als normal, gut, richtig, passend gilt,
   ▪ welche Differenzlinien wirksam werden,

- wann und zu welchem Zweck mit Kategorien operiert wird,
- welche Zuschreibungen mit den Kategorien verbunden sind,
- für welche Erklärungen und Argumentationen Kategorien herangezogen wird,
- in welcher Form Kategorisierungen in der didaktischen Forschung Verwendung finden (als Faktoren, als Personenmerkmale, als Explanans),
- welche Positionierungsangebote gemacht werden,
- welche hegemonialen Strukturen sich in der Fachkultur wiederspiegeln

(b) Dekonstruktionsprozesse einzuleiten in Bezug auf

- die Anderen (Schüler-innen „mit Migrationshintergrund", „Deutsch als Zweitsprache")
- die Norm
- die Relation „Andere" – „Wir" als sich gegenseitig bedingend
- fachkulturelle Zugehörigkeitsbedingungen
- hegemoniale Strukturen und deren Repräsentationen

10.4.2 Schritte einer reflexiven Vorgehensweise

Als reflexive Vorgehensweise, die auch zur Verortung von Forschungsfragen herangezogen werden kann, schlage ich die folgenden Schritte vor, die als Leitfragen formuliert sind:

1. *Cui bono? Gibt es Hinweise auf Besser- oder Schlechterstellung?* (Diskurse, Zuschreibungen, Statistiken, ...)
2. *An welchen Stellen werden Andere im Gegensatz zu einem Wir konstruiert?* (*„Othering"*) Was gilt als normal, was als abweichend? Was gilt als passend, was als unpassend? Was gilt als veränderbar, was als unveränderbar?
3. *Welche Differenzkategorien werden aufgerufen?*
4. *An welchen Punkten wird aufgrund dieser Kategorien selektiert?* (Intersektionale Barrierenanalyse)
5. *Führen diese Entscheidungen zu Besser- oder Schlechterstellung?* (Diskriminierung)
6. *Wie können diese Barrieren überwunden werden?* (Interdisziplinäre Ansätze)

Im Sinne der Annehmbarkeit (*Acceptability*) von Bildung, welche die Achtung der Würde eines Schülers oder einer Schülerin impliziert, sind für den Unterricht pädagogische und didaktische Perspektiven erstrebenswert, die es nicht zur Bedingung von guter Unterrichtsqualität machen, dass der Schüler oder die Schülerin Privates

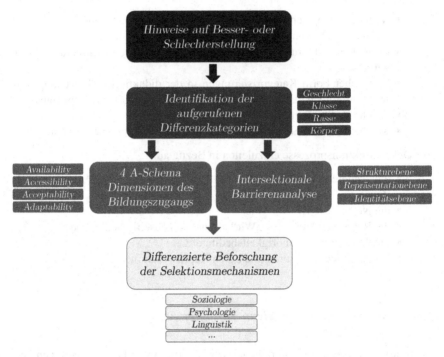

Abb. 10.1 Analyseschema zur Deduktion reflexiver Forschungsfragen

preisgibt. Differenzierungsmaßnahmen, die auf Basis der Erhebung unterschiedlicher „Hintergrundfaktoren" getroffen werden und diese als notwendig erachten,
um die Unterrichtsqualität zu erhöhen, sind daher mit Bedacht zu ergreifen. Kategorien sind im nicht-essentialistischen Sinne zur Feststellung und Vermeidung
von Diskriminierungen und in Bezug auf Allokationsentscheidungen relevant. In
Bildungsprozessen müssen Kategorien und Kategorisierungen hingegen reflektiert
werden.

Auf Basis des hier entworfenen theoretischen Rahmens und der vorgeschlagenen Schritte einer reflexiven Vorgehensweise werde ich in Teil IV dieser Arbeit
reflexive Ansätze für die didaktische Praxis vorstellen.

11 Interdisziplinäre Anknüpfungen

Im Folgenden wird ausgeleuchtet, welche Ansätze verwandter Disziplinen zur Verfügung stehen, an denen sich eine *Reflexive Physikdidaktik* und die reflexive Praxis eines Physikunterrichts in der Migrationsgesellschaft orientieren können. Als anknüpfungsfähig werden Disziplinen und wissenschaftliche Perspektiven erachtet, welche die Grundkonzepte der reflexiven Physikdidaktik – Recht auf Bildung, Nicht-Diskriminierung, Thematisierung von Differenzkategorien, Zugehörigkeitsverhältnissen und Exklusionsprozessen – als Forschungsgegenstände thematisieren und mit ähnlicher Terminologie operieren.

11.1 Migrationspädagogik

Die Migrationspädagogik (Mecheril et al. 2010) ist eine machtkritische pädagogische Perspektive, die insbesondere post-koloniale Dimensionen berücksichtigt. In der Migrationspädagogik werden Zugehörigkeiten als diskursive Prozesse verstanden und aus pädagogischer Perspektive beleuchtet und problematisiert. Differenzen können nach Helma Lutz und Norbert Wenning (Lutz 2001:21), als „Resultate sozialer Konstruktionen" analysiert werden. Die Migrationspädagogik fragt danach, wie pädagogische Praxen Differenzen und Zugehörigkeiten reproduzieren. Nach der Migrationspädagogik werden Migrant_innen *zu Migrant_innen* gemacht und die Frage ist, wie eine, diese Konstruktionsprozesse reflektierende, pädagogische Praxis aussehen kann.

11.1.1 Zugehörigkeiten als diskursive Prozesse

Wie in Kapitel 2.2 dargestellt kann die Überschreitung von kulturellen, juristischen, lingualen und/oder politischen Grenzen als Migration bezeichnet werden. Der Begriff Migration umfasst nicht nur das Phänomen der Ein- oder Zuwanderung, sondern ebenso Auswanderung, Pendelmigration und Transmigration, also das Überschreiten von Grenzen in mehrere Richtungen und in mehrfacher Weise. Der Begriff Migration umfasst insbesondere auch das Entstehen von Zwischenwelten, sowie durch Diskurse konstruierte „Fremdheit" (vgl. Mecheril 2010c:11), „Halbsprachigkeit", „Sprachprobleme", o.ä. All diese Phänomene sind bildungsrelevant und daher für Bildungsinstitutionen von Bedeutung.

Jede Grenzziehung basiert auf der Identifikation von Zugehörigkeiten, also derer, die sich diesseits oder jenseits der Grenze befinden. In Bezug auf die Überschreitung staatlicher Grenzen wird die Zugehörigkeit durch den Besitz eines entsprechenden Passes bestimmt. Zugehörigkeitsbestimmungen in Bezug auf symbolische Grenzen, wie jene der natio-ethno-kulturellen Zugehörigkeit, können als diskursive Prozesse verstanden werden (Castro Varela & Mecheril 2010:36). Erst der Diskurs *über* Migrant_innen konstruiert Migrant_innen und Nicht-Migrant_innen . Die Zugehörigkeit zur Gruppe der Migrant_innen ist primär keine autonome Entscheidung, sondern eine, welche durch „überindividuelle Zugehörigkeitswirklichkeiten" strukturiert ist (Castro Varela & Mecheril 2010:36). Dies ist eine Form der Macht, die sich nicht durch Repression äußert, sondern durch Konstitution des Sozialen und Symbolischen.

Dieser Diskurs des Fremdmachens wird z.B. durch das Konzept des *Othering* (Said 1978) als hegemoniale Praxis beschrieben, die das Fremde zum *Fremden* macht und somit das *Wir* konstruiert. (Castro Varela & Mecheril 2010:42). Wer ein_e Migrant_in oder ein_e Nicht-Migrant_in ist, ist ein ordnungsschaffendes Schema. Da Normalität die Beschreibung einer Ordnung ist, ist es Teil der Normalität, dass es das *Nicht-Normale*, das *Andere, den_die Migrant_in* als Abweichung zum *Normaltyp* gibt (Mecheril & Teo 1994). Der Begriff *Migrationsandere* anstelle von *Migrant_in* soll das ordnungsschaffende Schema als relationales Phänomen verdeutlichen (Mecheril 2010c:17).

Ursprünglich wurde der Begriff *Migrant_in* von Migrantenselbstorganisiationen verwendet, um sich vom fremdbestimmten Begriff *Ausländer_in* zu lösen und eine selbstbestimmte Beschreibung zu finden. Der Begriff *Migrant_in* kann unterschiedlich akzentuiert werden, z.B. hinsichtlich der realen Wanderungserfahrung, der Staatsangehörigkeit oder der familiären Herkunft. Paradoxerweise wird in der breiten Öffentlichkeit der Begriff *Migrant_in* einerseits für Menschen verwendet, die selbst über keinerlei Wanderungserfahrung verfügen, während andererseits Menschen, die über reale Wanderungserfahrungen verfügen, nicht als Migrant_innen bezeichnet werden. Wer ein_e Migrant_in ist, verfügt nicht in erster Linie über Migrationserfahrung, sondern über eine bestimmte Abweichung von der Normalitätsvorstellung, und zwar in Hinblick auf Biographie, Identität und Habitus (Castro Varela & Mecheril 2010:38).

Die Unterscheidung zwischen Migrant_innen oder Migrationsanderen und Nicht-Migrant_innen kann formell oder informell festgelegt werden. Für die formelle Festlegung ist die Staatsangehörigkeit, die nationale Zugehörigkeit, das relevante Kriterium der Unterscheidung. Zu Staatsangehörigkeit gelangt man entweder durch Askription (Zuschreibung der Staatsangehörigkeit z.b. durch Geburt) oder durch Einbürgerung. Die informelle Festlegung, wer Deutscher ist oder nicht, wird in Zugehörigkeitsdiskursen verhandelt und entschieden. Die Staatsangehörigkeit spielt hier eine untergeordnete Rolle. Entscheidend sind vielmehr alltagsweltliche Auffassungen von Fremden und Nicht-Fremden, wie etwa der Klang des Namens, das Aussehen oder der Habitus.

11.1.2 Interkulturelle Ansätze

Interkulturelle Ansätze werden unterschiedlich verfolgt. So zeigt der Bericht des European Monitoring Centre on Racism and Xenophobia (EUMC) von 2004, dass in einigen europäischen Ländern zwar Ansätze zu interkulturellem Lernen bestehen, etwa als „Unterrichtsprinzip", dass aber in den wenigsten Ländern die Lehrer‿innen diesbezüglich ausgebildet werden. Deutschland wird attestiert, dass es nicht in allen Bundesländern für Lehramtsstudierende obligatorisch ist, ein Seminar zu Interkulturalität zu besuchen und dass, sofern diese Seminare existieren, sie Teil der methodisch-theoretischen Ausbildung im Lehramstudium sind, in der fachspezifisch-didaktischen Ausbildung allerdings fehlen (Will & Rühl 2004:21). Im Bericht ist Schweden das einzige Land, in welchem die kompensatorische Tendenz der interkulturellen Pädagogik mit Fokus auf den „Anderen" kritisch reflektiert wird. Auch die existierende „monokulturelle Hegemonie" der Schule wird explizit thematisiert und als Gegenmaßnahme die Notwendigkeit der Einstellung von Lehrkräften „mit Migrationshintergrund" betont. Zudem wird die Notwendigkeit erkannt, für alle Lehrkräfte ein „antiracist awareness training" zu entwickeln (EUMC European Monitoring Centre on Racism and Xenophobia 2004:93).

Nach Diehm und Radtke können drei pädagogische Konzepte nach ihren jeweiligen Beobachtungs- und Interpretationsrichtung unterschieden werden, die als *3 Ds* bezeichnet werden (Diehm & Radtke 1999):

- *Defizit*: Ausländerpädagogik
- *Differenz*: Interkulturelle Pädagogik
- *Diskriminierung*: Anti-Diskriminierung

Die Schwerpunkte migrationsgesellschaftlicher Bildungsdiskurse zeichnet Mecheril in einer chronologischen Modellierung nach und stellt die jeweiligen diskursiven Kontexte und pädagogischen Reaktionen dar. In Tabelle 11.1 ist als Überblick eine stark verkürzte Fassung dieser Modellierung dargestellt.

Aus migrationspädagogischer Perspektive wird die Interkulturelle Pädagogik dahingehend kritisiert, dass sie migrationsgesellschaftliche Verhältnisse kulturalis-

Tabelle 11.1 Zusammenfassung der chronologischen Modellierung migrationsgesellschaftlicher Bildungsdiskurse nach Mecheril (2010b:56f)

Dekade	Schlagwörter	Diskurs	Pädagogische Reaktionen
1960er Jahre	*Gastarbeiter; Ausländer*	„diskursive Stille"	keine pädagogische Reaktion
1970er Jahre	*Ausländerkinder*	Defizitdiskurs	Defizit-, Sonder- und Förderpädagogik (später Ausländerpädagogik); Defizite der Ausländerkinder werden in den Blick genommen;
			Doppelperspektive durch KMK-Beschlüsse von 1964: einerseits Rückkehrfähigkeit (muttersprachlichen Ergänzungsunterricht); andererseits Eingliederung in Regelunterricht (Vorbereitungsklassen; kompensatorische Bemühungen, Deutsch als Fremd- bzw. Zweitsprache gewinnt Bedeutung)
1980er Jahre	*Kultur; multikulturelle Gesellschaft*	Differenzdiskurs	Es formiert sich deutliche Kritik an der defizitären Perspektive. Pädagogische Konzepte werden eher als Bestandteil des Problems denn als dessen Lösung betrachtet; politische Ursachen werden verstärkt thematisiert.
			Konzepte interkultureller Bildung entstehen, die Kulturen der Migrant_innen werden „entdeckt"; Die Schulpraxis bleibt jedoch weiterhin kompensatorisch.
1990er Jahre	*interkulturelle Kompetenz*	Dominanzdiskurs	Vorausetzungen und Einschränkungen der Bildungseinrichtungen werden zum Thema der Interkulturellen Pädagogik;
			Interkulturelle Bildung wird zur Querschnittsaufgabe aller Bildungseinrichtungen (KMK 1996).
2000er Jahre	*Migrations-hintergrund; Integration; Sprachdefizite*	Disziplinierung	Veränderung des Staatsangehörigkeitsgesetzes („ius soli" 2000);
			Nach dem 11.September 2000 wird Migrationspolitik verstärkt unter sicherheitspolitischen Gesichtspunkten diskutiert, wobei Religion (Christentum - Islam/Muslime) im Diskurs an Bedeutung gewinnt. Damit geht eine Neuerfindung und symbolische Stabilisierung des Westens einher.
			PISA-Ergebnisse führen neben einer Auseinandersetzung mit den Schwächen des Bildungssystems auch zur Stärkung ausländerpädagogischer Positionen und kompensatorischer Maßnahmen.

tisch reduziert, ein „Inseldenken" von Kulturen fördert und Kultur als Sprachversteck zur Konstruktion von Rasse zulässt (Mecheril 2010b:62).

> „Das Grundproblem der Bezeichnung „Interkulturelle Pädagogik" besteht darin, dass der Versuch, einer Verschiedenheit „Rechnung zu tragen" (Prengel), eine spezifische Verschiedenheit immer schon setzt. (...) Die Bevorzugung des Kulturbegriffs suggeriert, das „Kultur" die zentrale Differenzdimension sei, auf der die relevanten Unterschiede der Besucher/innen des Bildungswesens zu beschreiben, zu untersuchen und zu behandeln sind." (Mecheril 2010b:64)

Seit den 1980er Jahre identifiziert Rudolf Leiprecht in den Diskursen um Einwanderung eine Abnahme des Wortes „Rasse" und eine Zunahme des Wortes „Kultur" und sieht darin ein „Sprachversteck für ‚Rasse'" (Leiprecht 2001:28, vgl. Kapitel 8.2.5). Dieses Problem, dass Kultur häufig als Äquivalent für Rasse Verwendung findet, wird von der Interkulturellen Pädagogik laut Mecheril „selten benannt, kaum bearbeitet und dadurch nicht nur nicht aufgeklärt, sondern auch verdeckt." (Mecheril 2010b:66)

Migrationspädagogische Perspektive

Eine migrationspädagogische Perspektive einzunehmen bedeutet, pädagogisches und didaktisches Handeln und pädagogische/didaktische Prozesse danach zu reflektieren, ob, wann, aus welchem Grund und mit welchem Ziel sie mit dem Konstrukt *Migrationshintergrund* operieren, *Migrationshintergrund* als Merkmal verwenden und zuschreiben, mit dem Merkmal *Migrationshintergrund* bestimmte Sachlagen erklären und bestimmte Maßnahmen begründen. Unter migrationspädagogischer Perspektive werden Positionierungen, Handlungsmöglichkeiten, Relationen, Positionszuweisungen, Positionierungsangebote reflektiert. Bei einer Betrachtung unter migrationspädagogischer Perspektive werden bestimmte Konstellationen und Merkmale in Schule und Unterricht in Betracht gezogen, die bislang nicht berücksichtigt wurden.

> „Migration ist somit nicht angemessen allein als Prozess des Überschreitens von Grenzen beschrieben, sondern als ein Phänomen, das die Thematisierung und Problematisierung von Grenzen zwischen „Innen" und „Außen" und zwischen „Wir" und „Nicht-Wir" bewirkt und damit sowohl die Infragestellung einer fundamentalen Unterscheidung gesellschaftlicher Ordnung als auch ihre Stärkung vornimmt." (Mecheril 2010c:13)

Wenn von „Migrant_innen", „Ausländer_innen ", „Deutschen", „Menschen mit Migrationshintergrund" die Rede ist, stellt sich die Frage nach der sozialen Zugehörigkeitsordnung. Referenzen auf „Kultur", auf „Ethnizität" oder auf „Nationalität" sind in der Regel alleine nicht ausreichend, um diese Begriffe zu fassen. Mecheril schlägt hierfür den Begriff der *natio-ethno-kulturellen Zugehörigkeit* vor.

> „Er (der Ausdruck nation-ethno-kulturelle Zugehörigkeit, T.T.) ruft in Erinnerung, dass die sozialen Zugehörigkeitsordnungen, für die Phänomene der Migration bedeutsam sind, von einer diffusen, auf Fantasie basierenden, unbestimmten und mehrwertigen „Wir"-Einheit strukturiert werden." (Mecheril 2010c:14)

Die natio-ethno-kulturellen Zugehörigkeit fungiert somit als eine Differenzlinie zwischen dem imaginierten *Wir* und dem *Nicht-Wir*. Das *Nicht-Wir* ist gewissermaßen die Projektion einer Differenz nach außen, welche die Imagination des *Wir* ermöglicht. Konsequenz dieser imaginierten Differenzziehung ist etwa das

Verfügen über Rechte. Als andere Differenzlinien nennt Mecheril Sexualität, Geschlecht, Besitz, Sprache, Gesundheit, Religion, Alter, Klasse, Sozialstatus und Kultur.

„Migrationsandere"

Der Begriff der „Migrationsanderen" ist wie jede andere Bezeichnung von Personengruppen, etwa „Deutsche", „Migranten" u.ä., pauschalisierend, soll aber bewusst Pauschalisierung und vor allem jenes relationale Verhältnis anzeigen, welches Begriffen wie „Migrant‑in" oder „Ausländer‑in" zugrunde liegt. Denn wo es Migrant‑innen gibt, gibt es komplementär auch Nicht-Migrant‑innen. Durch den Begriff Migrationsandere soll auch verdeutlicht werden, dass es sich bei Migrationsanderen nicht um eine einheitliche Gruppe mit einheitlichen Merkmalen handelt. Es handelt sich bestenfalls um eine, vom „Wir" konstruierte Gruppe, die jedoch durch den Begriff „Andere" wiederum dekonstruiert wird. Während Begriffe wie „Migrationshintergrund" mitunter auch in wissenschaftlichen Diskursen so verwendet werden, als ob der Migrationshintergrund ein erklärendes Merkmal, ein Explanans, darstellen würde, zeigt der Begriff der Anderen auf, dass es dieses gemeinsame erklärende Merkmal nicht gibt. *Andere* haben gewissermaßen nur ein einziges „gemeinsames Merkmal", nämlich jenes in Relation zum „Wir" konstruierte: Die „Anderen" sind „Nicht-Wir".

> „‚Migrationsandere' ist ein Werkzeug der Konzentration, Typisierung und Stilisierung, das auf Kontexte, Strukturen und Prozesse der Herstellung der in einer Migrationsgesellschaft als Andere geltenden Personen verweist. Der Wert des begrifflichen Werkzeugs ‚Migrationsandere' bemisst sich an der Erkenntnis über gesellschaftliche Wirklichkeit, Erfahrung von Menschen und Bildungsprozessen, die mithilfe dieses Instruments ermöglicht wird." (Mecheril 2010c:17)

Zur Bedeutung des Kulturbegriffs aus migrationspädagogischer Perspektive meint Mecheril:

> „Die entscheidende Frage für pädagogisches Handeln unter Bedingungen von auch migrationsbedingter Differenz lautet nicht: Gibt es kulturelle Unterschiede? Bedeutsamer sind vielmehr folgende Fragen: Unter welchen Bedingungen benutzt wer mit welchen Wirkungen die Kategorie ‚Kultur'!" (Mecheril 2004:116)

Aus migrationspädagogischer Perspektive gelten „Kultur" und „kulturelle Identität" als zu analysierendes Phänomen und als zu analysierende Praxis. Zentrale Frage hierfür lautet, wer wofür und unter welchen Bedingungen und mit welchen Konsequenzen das Konzept der „kulturelle Zugehörigkeit" verwendet.

> „‚Kulturelle Differenz" ist kein bestehender und selbstverständlich existenter Unterschied, sondern vielmehr eine Praxis des Unterscheidens, auf die unter bestimmten Bedingungen Akteure (z.B. Pädagog/innen) zurückgreifen." (Mecheril 2010c:19)

Für eine reflexive physikdidaktische Perspektive ist von Interesse, in welchen Ordnungen und Strukturen des Unterrichts sich das *Wir* und die *Anderen* manifestiert. Von pädagogischem und physikdidaktischem Interesse ist es daher, Mechanismen der *Wir*-Konstruktion, die für den Physikunterricht spezifisch sind, zu identifizieren und das *Wir* zu *re*-konstruieren, um es *de*-konstruieren zu können.

11.1.3 Subjektivierung und „Deutsch als Zweitsprache"

Forschende und Lehrende im Bereich Deutsch als Zweitsprache sind damit konfrontiert, dass mit dem Bestreben, Menschen „eine Stimme zu geben" und sie durch Sprache zur Teilhabe an der Gesellschaft zu ermächtigen, eine bestimmte Angebotslage an Identifikationsmöglichkeiten verbunden ist, die hierarchisiert und inferiorisiert. Dies belegen Befunde aus der Lehrwerksforschung zur Darstellung von Migrant_innen, in denen Migrant_innen häufig als Ausübende inferiorer Berufe dargestellt werden (Springsits 2014). Im machtkritischen Ansatz des „Wiener ‚DaZ'-Verständnisses" (Dirim 2015a, siehe Kapitel 13.3.2) werden jene Positionierungsangebote, welche mit ‚Deutsch als Zweitsprache' und mit der ‚Förderung von Mehrsprachigkeit' verbunden sind, unter Rekurs auf Michel Foucault und Judith Butler aus einer subjektivierungstheoretischen Perspektive beforscht. Nach Foucault werden Subjekte durch Diskurse – „eine Menge von Aussagen, die einem gleichen Formationssystem zugehören" (Foucault 1981:156) – hergestellt. Subjektivierung ist demnach die Ermöglichung von Existenz, die jedoch mit einer Unterwerfung unter bestimmte Regeln und Normen einhergeht. Nach Foucault ist das Subjekt an seine Identität gebunden (Foucault 2005:245). Erst die normative Entsprechung macht Subjekte lesbar. Die angebotenen Subjektpositionen können inferiorisierend oder superiorisierend sein.

Fragen aus kritischer DaZ-Perspektive sind: *Welche Subjektpositionierungsangebote werden durch DaZ geschaffen? Welche Angebote gehen von DaZ aus? Handelt es sich bei den Angeboten um ermächtigende oder um inferiorisierende?*

Aus machtkritischer Perspektive wird für den Bereich DaZ eine stärkere Selbsthinterfragung als notwendig erachtet. So sei DaZ nicht automatisch *nicht* rassistisch und würde oftmals zur Reproduktion von Machtverhältnissen instrumentalisiert (Döll et al. 2014; Mineva & Salgado 2015). Einerseits ermöglicht DaZ also spezifische Spracharbeit, andererseits sind damit Positionierung, Inferiorisierung, Infantilisierung und „naturalisierende Hierarchisierung" verbunden, denen sich in der Bildungsarbeit bewusst widersetzt werden muss (Romaner & Thomas-Olalde 2014:64f).

11.2 Sprachsoziologie

11.2.1 Sprache als Kapital

Im Wesentlichen gehen soziologische Forschungen zu Sprache auf Arbeiten von Basil Bernstein (1971) zurück, in denen er sozial-schichtspezifische Merkmale der Sprache sowie das Verhältnis von Sprache und Bildung untersuchte. Als Ergebnis identifizierte er eine fundamentale Beziehung zwischen Sprache und sozialer Schicht. Nach Bernstein wird soziale Ungleichheit durch dieses Verhältnis nicht nur abgebildet sondern auch strukturiert. Dies argumentiert Bernstein damit, dass der Zugang zu Bildung eng an eine soziale Schicht gekoppelt ist, die über eine bestimmte Sprache verfügt. Misserfolg in der Bildung ist demnach in einem verallgemeinerten Sinn als Misserfolg in der Sprache zu sehen (Bernstein 1971, 1999; Clark 2005). In der sozialwissenschaftlichen Forschung wurde der Zusammenhang zwischen Sprachgebrauch in sozialen Gruppen und Möglichkeiten der gesellschaftlichen Partizipation insbesondere von Bourdieu untersucht (Bourdieu 1991). Dem sprachsoziologischen Ansatz Bourdieus nach sind Kommunikationsbeziehungen auch symbolische Machtbeziehungen. Durch sie werden Machtverhältnisse zwischen Sprecherinnen oder Sprechern und ihren sozialen Gruppen aktualisiert (Bourdieu 1990, vgl. auch Fürstenau 2015).

> „Wir haben nicht nur durch das Hören eines bestimmten Sprechens sprechen gelernt, sondern auch indem wir selber gesprochen, also ein bestimmtes Sprechen auf einem bestimmten Markt angeboten haben, nämlich im Austausch innerhalb einer Familie, die eine bestimmte Position im sozialen Raum hat und ihrem neuen Mitglied damit Modelle und Sanktionen für die praktische Mimesis anbietet, die vom legitimen Sprachgebrauch mehr oder weniger weit entfernt sind. Und wir haben gelernt, welchen Wert die angebotenen Produkte samt der Autorität, die auf dem Ursprungsmarkt mit ihnen verbunden ist, auf anderen Märkten bekommen (etwa auf dem Bildungsmarkt)." (Bourdieu 1990:62f)
> „Der Sinn für den Wert der eigenen sprachlichen Produkte ist eine grundlegende Dimension des Sinnes für den Ort, auf dem man sich im sozialen Raum befindet." (ebd., 63)

Sprache kann somit als eine Unterform des kulturellen Kapitals aufgefasst werden. Niedrig fasst dies folgendermaßen zusammen:

> „Die Position eines jeden Sprechers in der sprachlichen Hierarchie ist bestimmt durch die jeweilige Nähe oder Distanz seiner Sprache zur „legitimen Sprache" des jeweiligen sprachlichen Markts, das heißt zu der Sprachform, die von allen Mitgliedern einer „Sprachgemeinschaft" stillschweigend als die einzig legitime Form des Sprechens in offiziellen Kontexten anerkannt wird. Die legitime Sprache gilt mithin nicht als eine Sprache unter anderen, sondern als die Sprache." (Niedrig 2002:2)

Im schulischen und bildungspolitischen Kontext ist ein solcher Bezug auf „die Sprache" feststellbar, wenn von „Sprachbildung" oder „Sprachförderung" die Rede ist und ein *Common Sense* darin besteht, dass mit Sprache die deutsche Sprache gemeint ist. Als *Common Sense* kann nach Clifford Geertz verstanden werden, was unreflektiert als selbstverständlich und gleichermaßen „naturhaft" gegeben betrachtet wird (Geertz 1997).

> „Der common sense präsentiert die Dinge (...) so, als läge das, was sie sind, einfach in der Natur der Dinge. Ein Hauch von ‚wie denn sonst', eine Nuance von ‚versteht sich' wird den Dingen beigelegt." (Geertz 1997:277 zit. nach Fürstenau & Niedrig 2011b).

11.2.2 Mehrsprachigkeit

Bildungsinstitutionen treten mit dem Anspruch an, sprachliches und kulturelles Kapital zu vermitteln. Implizit übernehmen sie jedoch auch die Aufgabe, legitime von unlegitimer Sprache zu unterscheiden und damit automatisch andere Sprachen abzuwerten. Durch die Bewertung der sprachlichen und kulturellen Ressourcen werden Kindern Mitteilungen über ihre soziale Herkunft gemacht. Dadurch, dass alle sozialen Gruppen in einem Sprachraum lernen, wird zugleich sicher gestellt, dass eine bestimmte Sprache als legitime Sprachform anerkannt wird. Damit geht einher, dass die privilegierte soziale Position der Sprecherinnen und Sprecher, welche über diese Sprachform gemäß ihrer „Herkunft" verfügen, symbolisch bestätigt wird. Damit verfestigt der Bildungsmarkt die bestehenden Kapitalunterschiede und trägt zur Reproduktion der Sozialstruktur bei (Niedrig 2002:3).

Zum Common Sense gehört auch die Rede von „Identitätsproblemen", mit denen Migrant_innen zu kämpfen hätten, da sie sich weder zur Ziel- noch zur Herkunftskultur zugehörig fühlten.

> „Common Sense ist hier: Diese Heranwachsenden hätten ein Identitätsproblem, weil sie zwischen zwei Kulturen lebten und aufwüchsen und daher nicht wüssten, wo sie hingehören. Um sich in Deutschland zu integrieren, müssten sie sich mit der deutschen Kultur identifizieren und sich von der Herkunftskultur der Eltern ablösen. Dazu gehöre, dass sie vor allem ‚deutsche' FreundInnen haben, ihre Freizeit in ‚deutschen' Kontexten verbringen und nach Möglichkeit vorwiegend Deutsch sprechen (vgl. auch die sog. Leitkultur-Debatte)." (Fürstenau & Niedrig 2011b:6)

Fürstenau und Niedrig führen in ihren Überlegungen zwei Thesen an, die dem Common Sense widersprechen.

> „Erste These: Lebensweltliche Mehrsprachigkeit und Mehrfachzugehörigkeit sind Teil der sozialen Identität transnationaler MigrantInnen. (...) Zweite These: Die lebensweltliche Mehrsprachigkeit transnationaler MigrantInnen ist eine Ressource, die im deutschen Bildungssystem verschenkt wird." (Fürstenau & Niedrig 2011b:6f)

Dem aktuellen deutschen Schulsystem attestieren die Autorinnen, dass es ihm nicht gelingt, die sprachlichen Ressourcen der Schüler_innen zu nutzen und weiterzuentwickeln. Eine grundsätzliches Kritik wird an der Effizienzbemessung anderer Schulmodelle geäußert. So werden bilinguale Modelle daran gemessen werden, wie gut es gelingt, die legitime Sprache zu vermitteln. Damit besteht der Wert von

Migrant-innensprachen und migrationsbedingter Mehrsprachigkeit in erster Linie darin, messbare Kompetenzen im Deutschen und im bestehenden (deutschen) Schulsystem positiv zu beeinflussen. Diese Auffassung eines Nutzens bilingualer Bildung wird kontrovers diskutiert (vgl. Gogolin & Neumann 2009). Aus schulkritischer Perspektive fragen Fürstenau und Niedrig daher nach der Sinnhaftigkeit des Versuchs,

> „(...) die ‚Überlegenheit' bilingualer Modelle mit Unterricht in Migrantensprachen am Erfolg in einem Schulsystem nachweisen zu wollen, in dem Migrantensprachen meistens nicht als kulturelles Kapital fungieren." (Fürstenau & Niedrig 2011b:10)

Damit migrationsbedingte Mehrsprachigkeit eine Ressource und nicht ein Risiko im Bildungssystem darstellt, sei es notwendig, „alle konventionellen schulischen Arbeitsbereiche – vor allem auf den Ebenen von Curricula und Material, Unterricht bzw. pädagogischer Arbeit, Organisationen, Qualifizierung der Fachkräfte, administrativer und politischer Steuerung" (Fürstenau & Gomolla 2011:9) zu hinterfragen.

Schulformen, denen diesbezügliches Potenzial zugesprochen wird, sind bilinguale Schulmodelle, in denen Deutsch und eine Migrantensprache kombiniert werden, womit die Migrantensprachen institutionell aufgewertet werden. Dazu zählen die Staatlichen Europaschulen Berlin (SESB), in denen Russisch, Spanisch, Italienisch, Polnisch, Türkisch, Griechisch sowie Portugiesisch neben Englisch und Französische unterrichtet werden, sowie Schulen im Hamburger Schulversuch „Bilinguale Grundschulklassen" mit Spanisch, Italienisch, Portugiesisch und Türkisch. So zeigte die Evaluation des Hamburger Schulversuchs, dass die Kopplung von Lese- und Mathematikleistung mit dem sozioökonomischen Status und dem Bildungsniveau der Familie geringer ist als üblicherweise im deutschen Schulsystem (Neumann 2011:183). Zurückgeführt wird dies vor allem auf den „sprachsensiblen Fachunterricht".

11.3 Fachkulturforschung

Zur Erforschung jener Zuschreibungsprozesse und sozialen Praxen, durch welche *Andere in der naturwissenschaftlichen Bildung* bzw. *Andere des Physikunterrichts* konstruiert werden, sind interdisziplinäre Perspektiven von Interesse, die sich mit der Herausbildung von Kulturen und sozialen Gruppen insbesondere im schulisch-naturwissenschaftlichen Bereich befassen. Diese sind, allen voran, die Soziologie, die Cultural Studies, die Fachkulturforschung sowie die Geschlechterforschung. Aus all diesen Disziplinen liegen Befunde vor, welche in ihrer Gesamtschau die Physik – als wissenschaftliche Disziplin und als Unterrichtsfach – als soziales Feld mit Physiklehrenden und Physikdidaktiker_innen als Akteur_innen zeigen, welche einen Habitus verinnerlicht haben und soziale Verhältnisse – *Wir* und die *Anderen* des Physikunterrichts – reproduzieren.

11.3.1 Habituskonzept

Die Entwicklung des Habituskonzepts geht auf Pierre Bourdieu zurück. In seiner Studie „Der feine Unterschied" (Bourdieu 1987) untersuchte er die französische Gesellschaft und zeigte, dass die Position, die ein Mensch im sozialen Raum einnimmt, sich durch unterschiedliche „Kapitalsorten" definiert: dem ökonomischen, dem kulturellen und dem sozialen Kapital, wobei die Position einer Person im sozialen Raum immer eine relative zu den anderen Positionen ist (Fürstenau & Niedrig 2011a).

> „Mein Versuch geht dahin zu zeigen, daß zwischen der Position, die der einzelne innerhalb eines gesellschaftlichen Raums einnimmt, und seinem Lebensstil ein Zusammenhang besteht. (...) Als Vermittlungsglied zwischen der Position oder Stellung innerhalb des sozialen Raums und spezifischen Praktiken, Vorlieben, usw. fungiert das, was ich Habitus nenne, das ist eine allgemeine Grundhaltung, eine Disposition gegenüber der Welt, die zu systematischen Stellungnahmen führt. Es gibt mit anderen Worten tatsächlich – und das ist meiner Meinung nach überraschend genug – einen Zusammenhang zwischen höchst disparaten Dingen: wie einer spricht, tanzt, lacht, liest, was er liest, was er mag, welche Bekannte und Freunde er hat usw. – all das ist eng miteinander verknüpft." [Bourdieu im Gespräch (Baumgart 2004:206)]

Ein wesentlicher Unterschied zwischen dem Konzept der sozialen Rolle und dem des Habitus ist, dass im Konzept der sozialen Rolle das Individuum aufgrund bewusster Entscheidungsprozesse handelt, während das Habituskonzept ein Moment des Unbewussten beinhaltet (Müller-Roselius 2007). Nach Bourdieu ist die Schule jene Institution, in der nicht nur bewusstes Wissen, sondern unbewusste Ordnungssysteme vermittelt und reproduziert werden. Durch pädagogische Arbeit wird kulturelles Kapital erzeugt und verteilt (Müller-Roselius 2007:19).

In die deutsche Hochschulsozialisationsforschung wurde der Habitusbegriff insbesondere von Ludwig Huber eingeführt und für die Fachkulturforschung produktiv gemacht (Huber et al. 1983). Nach Huber ist Hochschulsozialisation immer auch Fachsozialisation und als „Initiation in Fachkulturen" zu untersuchen (Huber nach Müller-Roselius 2007:21). Zur Definition, was unter Fachkultur zu verstehen ist, möchte ich das Zitat von Hericks und Körber heranziehen, weil es auf verdichtete Weise das Konzept umreißt:

> „Fachkulturen beschreiben Gemeinsamkeiten im denkenden, fragenden, forschenden und lehrenden Umgang mit relevanten Ausschnitten der Wirklichkeit. Über den Weg fachlich geprägter Habitusformen von Lehrkräften transportieren sie handlungsleitende Vorstellungen

über die Charakteristik des eigenen Faches, seine konstituierenden Elemente, seine Abgrenzungen zu und Gemeinsamkeiten mit anderen Fächern, seinen internen Aufbau, die ihm zugehörigen Erkenntnis- und Lernprinzipien sowie damit zusammenhängende subjektive Konzepte über die Lehr- und Lernbarkeit des Faches und über angemessene unterrichtliche Arrangements. (...) Was ein Fach ausmacht und konstituiert, wird weder durch administrative Entscheidungen und Benennungen noch durch die korrespondierenden Fachwissenschaften hinreichend bestimmt. In der alltäglichen Arbeit an den Schulen und im Unterricht sind die Fächer vielmehr durch Fachkulturen bestimmt, die in komplexen Prozessen der allgemeinen und fachlichen Sozialisation ihrer Angehörigen ausgeprägt werden." (Hericks & Körber 2007:31f)

Aus der hochschulischen Habitusforschung können bestimmte Ansätze auch auf Schule übertragen werden. Einerseits sind bestimmte Merkmale des fachspezifischen Habitus von Studierenden auf Schüler_innen übertragbar, andererseits kann die Phase der Herausbildung eines Fachlehrerhabitus über Lehramtstudierende erschlossen werden (Müller-Roselius 2007). Fächer werden als Repräsentationen einer spezifischen Konstruktion von Wirklichkeit gesehen. Die Herausbildung des fachkulturellen Habitus wird, so Huber, durch Selektionsverfahren unterstützt. Darauf bezugnehmend meint Müller-Roselius:

„Wir haben es bei Lehrern mit Menschen zu tun, die ihre akademische Ausbildung auch deshalb erfolgreich abschließen konnten, weil sie unbewusst oder bewusst die Spielregeln des akademischen Feldes zumindest zeitweilig adaptiert, inkorporiert und reproduziert haben." (Müller-Roselius 2007:22)

Ob eine Selbstreflexivität der Fächer unter diesen Gesichtspunkten überhaupt möglich ist, also ob Fachkulturen nicht nur zur Initiation führen, sondern auch genügend „Überschreitungstendenzen und Grenzerfahrungen" (Huber 2001:325) produzieren, um zu ihrer Reflexion zu führen, wird zumindest von Huber mit Skepsis betrachtet.

Fachkultur und Macht

Nach Bourdieu trägt die Reproduktion von Habitus zur Etablierung von symbolischer Macht und zur Aufrechterhaltung von Herrschaftsverhältnissen bei. Herrschende und Beherrschte stimmen gleichermaßen den ungleichen Positionen zu. Auf die schulischen Fachkulturen bezogen sind die Einbezogenen die Herrschenden und die Ausgeschlossenen die Beherrschten. Symbolische Macht kann sich sowohl psychisch als auch physisch etwa durch Erröten, Zittern, Sprechhemmung, etc. äußern. Symbolische Macht setzt voraus, dass sowohl Herrschende als auch Beherrschte das verinnerlichen „was sich gehört" (Willems 2007:275).

„Die symbolische Gewalt ist eine Gewalt, die sich der stillschweigenden Komplizenschaft derer bedient, die sie erleiden, und oft auch derjenigen, die sie ausüben, und zwar in dem Maße, in dem beide Seiten sich dessen nicht bewusst sind, dass sie sie ausüben oder erleiden. Aufgabe der Soziologie wie aller Wissenschaften ist es, Verborgenes zu enthüllen; sie

kann daher dazu beitragen, die symbolische Gewalt innerhalb der Beziehung zu verringern."
(Bourdieu 1998:21f).

11.3.2 Habitus von Physiklehrkräften

Engström et al. untersuchten den kollektiven Habitus von Physiklehrkräften und
dessen Einfluss auf unterrichtliche Entscheidungsprozesse (Engström & Carlhed
2014). Ihre Untersuchung war von der Feststellung motiviert, dass im Themenbereich Energie in den Physikschulbüchern kaum Fragen der Nachhaltigkeit thematisiert wurden, obwohl der bildungspolitische Rahmen dafür vorhanden war.
Die Entscheidungsprozesse der Lehrkräfte modellierten die Forscher_innen nach
Bourdieus Habituskonzept und stellten diese als von zweierlei Faktoren beeinflusst dar: (i) welchem Ideal des Physikunterrichts gefolgt wird und (ii) über welches individuelle soziale Kapital die Physiklehrkräfte verfügen. Als kontrastieren-
de Ideale bezeichnen Engström et al. einerseits den politischen Willen zur Vermittlung von Fähigkeiten, um Änderungen herbeiführen zu können, andererseits
den wissenschaftlichen Willen zur Vermittlung von Kompetenzen, um erklären zu
können. Dabei gehen sie davon aus, dass alle Physiklehrkräfte über vergleichbares Bildungskapital (educational capital) verfügen, sich jedoch in anderen Kapitalsorten, wie etwa dem ökonomischen, sozialen oder kulturellen Kapital unterscheiden (Engström & Carlhed 2014). Schulphysik als Schnittstelle von Naturwissenschaft, Bildungspolitik und Wissensreproduktion ist schließlich von diesen
sozialen Feldern beeinflusst.

> "In sum, school physics, placed at the intersection of natural science, the educational policy
> field and the reproductive field, with its core function to reproduce knowledge, is influenced
> by the other larger social fields mentioned above, where specific kinds of capital are ap-
> praised and certain standpoints are recognized in different degrees." (Engström & Carlhed
> 2014:705)

In der Studie konnten Engström et al. drei Habitustypen rekonstruieren:

- Typ 1: The Manager of the Traditional
- Typ 2: The Challenger of Technology
- Typ 3: The Challenger for Citizenship

Der Großteil der getesteten Lehrkräfte kann zum Habitustyp 1 (*Traditional*) gezählt werden. Lehrkräfte dieses Typs verfügen über geringes „vererbtes" Bildungskapital und zeigen hohen Respekt vor mathematischen Fähigkeiten und vor der
Physik an sich. Sie sind der Auffassung, dass Physik das schwierigste Fach ist,
dass es nicht für jede_n wichtig sein muss, aber dass es Schüler_innen gibt, welche

die entsprechende Begabung mitbringen. Lehrkräfte vom Habitustyp 2 (*Technologie*) sind vom ökonomischen Nutzen von Physik und vom technologischen Fortschritt überzeugt und argumentieren weitestgehend utilitaristisch. Der Habitustyp 3 (*Citizenship*) kann als intellektuell sowie gesellschaftlich und politisch engagiert bezeichnet werden. Lehrkräfte dieses Typs wählten ihren Beruf nicht nur aus Interesse am Fach Physik, sondern aus Interesse am Lehrer_in-Sein selbst. Das Kapital dieser Lehrkräfte setzt sich sowohl aus vererbtem (Eltern sind Lehrer_innen oder Akademiker_innen) als auch aus selbstakquiriertem Bildungskapital zusammen.

11.4 Geschlechterforschung

Physik ist männlich konnotiert, hat ein männliches Image, das Interesse an Physik ist bei Jungen stärker ausgeprägt als bei Mädchen und es gibt viel mehr Physiker als Physikerinnen (Häußler & Hoffmann 1998; Hoffmann et al. 1998a; Kessels 2002; Faulstich-Wieland 2004; Willems 2007; Sjøberg & Schreiner 2010; Steurer 2015). Auf Basis dieser Befunde werden Gegenmaßnahmen ergriffen, wie etwa Mädchenprojekte im Bereich MINT (Mathematik, Informatik, Naturwissenschaft, Technik), verstärkte Anknüpfung an Mädcheninteressen, Stärkung weiblicher Rollenvorbilder und sequentielle Monoedukation (vgl. Kapitel 1.2.2). Welches Bild von Physik und Wissenschaft existiert, darüber geben etwa Studien zu Nature of Science (Höttecke & Rieß 2007; Kremer 2010; Walls et al. 2013) oder zu Draw a Scientist (Chambers 1983) Aufschluss, wie Medien zur Vergeschlechtlichung der Physik beitragen, zeigen Studien aus der Geschlechterforschung (Erlemann 2009). Demgegenüber zeigen Ergebnisse aus der Schulbuchforschung, welches vergeschlechtlichte Bild der Naturwissenschaft durch ihre Akteur_innen selbst reproduziert wird (Strahl et al. 2014).

Seit den 1980er Jahren liegen Studien der Wissenschaftsforschung vor, die belegen, dass Naturwissenschaft und Physik an sich nicht geschlechtlos sondern vergeschlechtlicht sind (Keller 1985; Haraway 1989; Scheich 1996; Longino 1995; Harding 2006). Physik wird also nicht nur als männlich wahrgenommen (Image, Konnotation), Physik als Forschungsgegenstand und Praxis *ist* vergeschlechtlicht. Für die Entwicklung der Perspektive einer *Reflexiven Physikdidaktik* ist von Interesse, ob die Vergeschlechtlichung der Physik als fachimmanenter Exklusionsmechanismus verstanden werden kann.

Während für die Biologie mit eingängigen Beispielen die Vergeschlechtlichung und die Konstruktion dichotomer Geschlechterordnungen gezeigt werden konnten, war es für die auf Physik bezogene Geschlechterforschung schwieriger, ähnliche offensichtliche Belege dafür zu finden, dass Physik ein Geschlecht hat. Denn im

Gegensatz zur Biologie kommt in der Physik die Kategorie Geschlecht nicht explizit vor und die Gegenstände physikalischer Forschung werden nicht explizit nach Geschlecht geordnet. Das macht es schwierig. Was soll an einem Elektron vergeschlechtlicht sein? Hat Gravitation ein Geschlecht? Worin zeigt sich also das Geschlecht der Physik?

Im Folgenden zitiere ich Befunde aus der Geschlechter- und Wissenschaftsforschung, die auf der Repräsentationsebene zu verorten sind. Nicht die Schülerinnen und ihr Interesse stehen hierbei im Fokus, sondern das Fach Physik selbst.

11.4.1 Vergeschlechtlichung von Physik

In der Ursachenforschung für die Maskulinisierung von Physik wird auf den traditionell männlichen Wissenschaftsbetrieb und auf männliche Denktraditionen verwiesen, welche die Wissenschaft grundsätzlich geprägt haben. Barton und Calabrese rekurrieren dabei auf Harding (Harding 1991):

> "Harding (1991) maintains that because the present discipline has been shaped exclusively by men, science is male oriented or male biased and that at present the discipline is imbued with European, middle-upper-class, and heterosexual values. It therefore presents a partial or distorted view of the world and represents an excluding knowledge." (Barton 1998:6)

Medien

Dass Medien einen ko-konstruierenden Beitrag zur Vergeschlechtlichung leisten, konnte Martina Erlemann in ihrer Untersuchung zeigen. Sie untersuchte fünf deutsche Printmedien (P.M., Geo, Der Spiegel, Die ZEIT, FAZ) nach der Ko-Konstruktion von Physik und Geschlecht und kam zu dem Ergebnis, dass Frauen in allen fünf Medien nur etwa zu einem Anteil von 4,6% vorkommen und dass Physik über unterschiedliche Diskurse als männlich konstruiert wird (Erlemann 2009).

Bezüglich der Wahrnehmungshäufigkeit von Physikerinnen attestiert Erlemann den untersuchten Medien eine Gleichbehandlung von Physikern und Physikerinnen, da Physikerinnen zu etwa 4,6% erwähnt werden, was in etwa dem realen Frauenanteil promovierter Physiker_innen im untersuchten Zeitraum entspricht (Erlemann 2009:342).

> „Jedoch betrachten die oben genannten Artikel – und hier zeigt sich auch, wie unzureichend dieser Ansatz von den Medien bearbeitet wird – ausschließlich Physikerinnen der Vergangenheit. Solange die Medien die fehlende Chancengleichheit ausschließlich in der Historie diagnostizieren, weichen sie der Brisanz der heutigen Unterrepräsentanz von Frauen in der

Physik aus und können so leicht den Eindruck entstehen lassen, das Problem sei ein rein historisches." (Erlemann 2009:342)

Die Vergeschlechtlichung der Physik basiert nach Erlemann auf unterschiedlichen Mustern:

> „Die diskursive Konstruktion physikalischer Forschung in der Wissenschaftsberichterstattung der Medien konstituiert eine hegemoniale Spielart von Maskulinität, so dass eine Tätigkeit in der physikalischen Forschung von den AkteurInnen in der Physik als ein maskulinisierendes Doing Science as Doing Gender interpretiert werden kann." (ebd., 345)

Dazu zählen etwa die Topoi, *die Rätsel der Natur zu ergründen* oder *Jagd auf etwas zu machen* (Teilchen), *sich auf Pilgerreise* oder auf *Gralssuche zu begeben.* Auch von Physiker-innen selbst, die in Interviews zu Wort kommen, werden diese rhetorischen Muster verwendet.

Die Bedeutung von Physikern und Physikerinnen wird unterschiedlich vermittelt. Den repräsentierten Physikern wird Bewunderung zuteil.

> „Ihnen werden floskelhaft herausragende kognitive Leistungsfähigkeit oder gar Genialität zugeschrieben. Inhaltlich argumentiert oder begründet werden diese Bewertungen allerdings nicht, weil sie sich auf Physiker beziehen, die im öffentlichen Raum von vornherein einen hohen Bekanntheitsgrad besitzen, und bei denen die Genialität nicht mehr begründet werden muss. (...) Ihr hohes Renommee wird dadurch unablässig reproduziert und die Mythen der Genialität, die sich um sie ranken, weiter verfestigt. Damit wird „der Physiker" zum Inbegriff des Genies imaginiert und es werden Standards gesetzt, wie ein erfolgreicher Physiker und eine erfolgreiche Physikerin zu sein haben." (ebd., 348)

Im Gegensatz zur Darstellung der Physiker wurden

> „Physikerinnen (...) in den untersuchten Texten insgesamt nicht im gleichen Maße wie Physiker aufgewertet. Dies gilt nicht nur für die unbekannteren Physikerinnen, die über kein öffentliches Renommee verfügen, sondern auch für die berühmten Figuren unter den Physikerinnen wie Lise Meitner, Chien-Shiung Wu oder Marie Curie." (ebd., 348)
> „Eine andere rhetorische Struktur bewirkt, dass fachliche Leistungen von Forscherinnen ungewürdigt bleiben: Physikerinnen, die in den Text als Gattin, Schwester oder Assistentin des männlichen Protagonisten eingeführt werden, bleiben auf diese Rolle im Artikel beschränkt, so dass die möglicherweise fachlichen großartigen Leistungen der weiblichen Figur im Artikel nicht berücksichtigt werden. Dieser Rollenaufteilung unterliegen nur Forscherinnen. Physiker tauchen niemals nur als Gatte, Bruder oder Assistent auf. Zum Teil spiegelt dies eine reale soziale Situation wider, da einige dieser Frauen tatsächlich Assistentin, Gattin oder Schwester des jeweiligen Physikers waren, der im Artikel im Vordergrund steht. Aber die fehlende Würdigung als Physikerin entsteht erst dadurch, dass die Betroffenen in den Artikeltexten nicht aus ihrer marginalen Rolle herausgehoben werden, sondern stattdessen zur Aufwertung ihrer männlichen Partner oder Kollegen rhetorisch instrumentalisiert werden." (ebd., 344)

Erlemann stellte fest, dass die mediale Darstellung physikalischer Forschung existierende kritische Diskurse zu Physik nicht abbildet.

> „In dieser entkontextualisierten Darstellung von physikalischer Forschung, die in den Medien dominiert, wird der Objektivitäts- und Universalitätsanspruch von physikalischem Wissen nicht in Frage gestellt. Dies steht öffentlichen Debatten über physikalische Forschungen entgegen." (ebd., 355)

Damit tragen die Medien zur einer Reproduktion maskulinisierender Ansätze bei. Keinen Beitrag leisten die Medien in Bezug darauf, die „entkontextualisierte Auffassung von Physik und die maskulinisierenden Repräsentationen von Physik zu überwinden" (Erlemann 2009:355). Eine wesentliche Erkenntnis aus der Studie von Erlemann ist, dass die untersuchten Medien (P.M., Geo, Der Spiegel, Die ZEIT, FAZ) vorrangig von bildungsaffinen Leser_innen bzw. Akademiker_innen gelesen werden, sich die maskulisierenden Muster also in einer Schicht reproduzieren, die nicht als sozial schwach oder bildungsfern bezeichnet werden kann.

Schulbücher

Schulbücher stellen eine mediale Repräsentationsebene des Physikunterrichts dar. In einer Untersuchung von sieben Schulbüchern aus 53 Jahren (Zeitraum 1957-2010) konnte Spillner seit den 1990er Jahren eine Zunahme der Darstellung von Mädchen im Vergleich zu Jungen feststellen. Vorrangig werden Mädchen jedoch in Situationen dargestellt, die der Kategorie Freizeitaktivitäten zuzurechnen sind. In der Kategorie Tätigkeiten/Berufe sind sowohl in Textform als auch in bildlicher Darstellung selbst in den neuesten Schulbüchern weniger als 1% Frauen dargestellt (Spillner 2011). In einer ähnlichen Studie gelangt Sunar zu vergleichbaren Ergebnissen für Großbritannien (Sunar 2011).

11.4.2 Physikunterricht als gegenderte Fachkultur

Dass es Unterschiede in den Fachkulturen der Unterrichtsfächer Physik und Deutsch gibt, konnte Katharina Willems in einer Studie zeigen. Willems ging der Frage nach, inwieweit Fachkulturen an den gendering-Prozessen der Unterrichtsfächer Deutsch und Physik beteiligt sind. Diese Frage ist insbesondere von Interesse, da die Diskussionen um relevante Ziele und Inhalte des Physikunterrichts wie auch des Deutschunterrichts keinen Geschlechterbezug erkennen lassen (Willems 2007:257).

Wie wird in den beiden Fachkulturen Geschlecht konstruiert und geschlechtsspezifisches Verhalten gefördert?

Die Unterrichtsfächer Deutsch und Physik werden von Willems als Felder gefasst, innerhalb derer sich Akteur_innen gemäß eines entsprechenden Habitus und einer entsprechenden Fach-*Illusio* (fachkulturellen Spielregeln) bewegen. Willems rekurriert in ihrer Erklärung des Habitus auf Beate Krais, dass durch Habitus gesellschaftliche Verhältnisse und Strukturen reproduziert werden:

„die sozialen Strukturen [bedürfen, T.T.], um real zu sein, ihres Gegenparts, des Habitus, so
werden die gesellschaftlichen Verhältnisse (…) immer wieder reproduziert, revidiert, reorga-
nisiert, transformiert durch die vom Habitus hervorgebrachten Praxen der Subjekte." (Krais
1993:235 zitiert nach Willems 2007:254)

Lehrkräfte als „Sozialisationsagenten"

Den Lehrkräften kommt in der Reproduktion gesellschaftlicher Strukturen eine
Schlüsselrolle zu. Sie sind „Sozialisationsagenten" (Alfermann 1996:24), die einerseits als Vertreter_innen einer Geschlechtergruppe, aber gleichzeitig als Ver-
treter_innen ihrer Unterrichtsfächer auftreten. In alltäglichen Interaktionen wird
durch Lehrkräfte Geschlechterhabitus vermittelt, ebenso entsprechende Erwartungen an den Geschlechterhabitus anderer, was aber als quasi „Natürliches" nicht reflektiert wird. Die Repräsentation des Faches und der Fachkultur wird, so Willems,
jedoch stärker reflektiert. Willems vermutet die Ursache darin, dass Fachkultur angeeignet werden muss.

„Als „Träger und Trägerinnen" beider Kulturen, der Geschlechter- und der Fachkulturen,
geben die Lehrkräfte den Schülern und Schülerinnen sowohl für die Geschlechterrolle als
auch für die Fachkultur des eigenen Unterrichtsfaches ein Orientierungssystem vor, welches
für diese sinnstiftend ist und ihnen sagt, wie sie etwas zu sehen, zu interpretieren und wie
sie sich zu verhalten haben." (Willems 2007:166)

Zielgruppe

Sowohl für das Fach Physik als auch für Deutsch werden konzeptionell passende
Zielgruppen entwickelt. Physik stellt sich als Feld mit exklusivem Zugang dar (vgl.
DPG, Orientierung an „besonders begabten" und an „durchschnittlich begabten"
Schüler_innen in Kapitel 5.3.7). Sowohl für Lernende als auch Lehrenden ist es
„normal" dass nur wenige Zugang zum Fach finden. Eigene Einflussmöglichkeiten
auf diesen Zustand werden nicht gesehen. Die Abgrenzung findet in erster Linie
zwischen Physikzugehörigkeit und Nicht-Physikzugehörigkeit statt und nicht als
Abgrenzung zu anderen Fachkulturen.

Die Zielgruppe des Physikunterrichts zeichnet sich dadurch aus, dass sie über
eigene Motivation und eigenes, schulunabhängiges Interesse für die Inhalte des
Physikunterrichts verfügt (Willems 2007:169).

Willems konnte zeigen, dass sich der Deutschunterricht als vermeintliches
„Mädchenfach" verstärkt an den Jungen orientiert und damit die „Weiblichkeit"
das Faches verstärkt, während der Physikunterricht als „Jungenfach" sich aufgrund vermeintlicher Objektivität und Ungeschlechtlichkeit von Physik nicht anders ausrichtet. Auch im bilingualen Physikunterricht ist die Fachkultur Physik

dominant, dieser Unterricht ist nach Willems der Fachkultur Physik zugehörig und die Lehrkräfte haben einen übereinstimmenden fachlichen Habitus inkorporiert. Der Physikunterricht ist exklusiv, wobei die nach eigener Auffassung geringen Einflussmöglichkeiten der Lehrkräfte auf das Interesse der Schüler_innen als Exklusionsmechanismus funktionieren.

> „Im Physikunterricht wird die Zielgruppe des Unterrichts generell dadurch beschränkt, dass die Lehrkräfte ihren Einfluss auf die Interessenslage der Schülerinnen und Schüler als beschränkt betrachten. Hierdurch richten sie den Unterricht v. a. an den (wenigen) Jungen und Mädchen aus, die auch unabhängig von ihrem Einflussbereich schon/noch Interesse an physikalischen Themen und deren Bestimmung haben. Über die Kopplung an geschlechtlich zugewiesene Interessensbereiche sind den genannten geschlechtlichen Konzepten zufolge hierüber konzeptionell die Jungen deutlich stärker in fachliche Inhalte einbezogen als die Mädchen." (Willems 2007:182)

Im bilingualen Unterricht stellte Willems in Bezug auf die Bewertungspraxis fest, dass nur jene Beiträge sicher als „richtig" bewertet wurden, die sowohl physikalisch als auch sprachlich richtig waren. Damit wird Sprache zu einem weiteren Ausschlusskriterium (siehe dazu die in Kapitel 16.3 und 21.5 dargestellten Explorationen zur Beurteilung von Texten).

Willems zeichnet sowohl für Physik als auch für Deutsch eine Illusio nach und zeigt, dass dadurch die Grundlinien für fachspezifische Praxen der Inklusion und Exklusion gelegt werden.

11.4.3 Dichotomie – Deutsch und Physik

Willems stellt fest, dass Geschlecht nicht auf allen Ebenen der fachkulturellen Grenzziehung als Differenzkategorie bedeutsam ist. Die dichotome Verteilung der beiden Fächer hat schon deutlich längere Tradition als die Geschlechterzuschreibung zu den beiden Fächern. Willems sieht die Ursachen in der historischen Entwicklung der beiden Fächer und führt dabei speziell die Thesen von Snow (1969) an, nach welchen Naturwissenschaften und Geisteswissenschaften zwei Kulturen mit unüberbrückbaren Gräben wären.

> „Das Leben der gesamten westlichen Gesellschaft spaltet sich immer mehr in zwei diametrale Gruppen auf. (...) Literarisch Gebildete auf der einen Seite – auf der anderen Naturwissenschaftler, als deren repräsentativste Gruppe die Physiker gelten. Zwischen beiden eine Kluft gegenseitigen Nichtverstehens, manchmal – und zwar vor allem bei der jungen Generation – Feindseligkeit und Antipathie, in erster Linie aber mangelndes Verständnis. Man hat ein seltsam verzerrtes Bild voneinander." (Snow 1969:11f)

Snow selbst ist Vertreter der szientistischen Seite und damit nicht unparteiisch. Die unterschiedlichen Wertigkeiten der beiden Fächer sind bis heute verankert und werden kaum hinterfragt.

Die Entwicklung des fachspezifischen Habitus von Physik sieht Willems eng verbunden mit der Einführung von Physik als Schulfach im Gymnasium und dem damit neuen Beruf des Physiklehrers. Als Ziel des Physikunterrichts wurde die Persönlichkeitsbildung genannt, die aber insbesondere nach dem Zweiten Weltkrieg durch Qualifikationsanforderung ersetzt wurden, die bis heute als „scientific literacy" weiterbestehen. Ursprünglich gab es Physik nur in Jungenschulen, die Lerninteressen von Jungen standen auch nach Einführung der Koedukation im Vordergrund. „Physik hat den Status eines zu verschiedenen Zeitpunkten abwählbaren Nebenfaches mit vergleichsweise niedrigem Stundenkontingent" (Willems 2007:256f). Das Fach Physik galt und gilt als schwierig.

Illusio

Bourdieu vergleicht die Praxis eines Feldes häufig mit einem Spiel, das nach bestimmten Regeln verläuft, welche von den Akteur_innen stillschweigend akzeptiert werden. Diese Akzeptanz der Spielregeln bezeichnet Bourdieu als *illusio*.

> „Jedes Feld erzeugt seine eigene Form von *illusio* im Sinne eines Sich-Investierens, Sich-Einbringens in das Spiel, das die Akteure der Gleichgültigkeit entreißt und sie dazu bewegt und disponiert, die von der Logik des Feldes her gesehen relevanten Entscheidungen zu treffen." (Bourdieu 1999:360)

Illusio des Faches Physik

Physik gilt als hart, schwierig und als ein Fach für das nicht alle geeignet sind, als „Faktenfach" mit vermeintlich objektiven Wahrheiten und nur einem richtigen Lösungsansatz. Damit gilt Physik als rational, was als männlich konnotiert ist. Es ist sowohl bei Jungen als auch bei Mädchen ein sehr unbeliebtes Fach. Für Lehrkräfte gilt es als normal, die Lernenden mit der Thematik nicht zu erreichen. Der eigene Einfluss darauf wird als gering eingeschätzt. Lehrende nehmen Kompetenzzuschreibungen vor. Es wird davon ausgegangen, dass Jungen über Faktenwissen verfügen und Mädchen über Diskussionswissen. Da in Physik subjektive Positionierungen, in welchen Diskussionswissen erfordert wäre, selten sind, werden Mädchen aufgrund ihrer mitgebrachten Voraussetzungen ausgeschlossen. Die Zielsetzungen des Faches sind auf allen Ebenen erkennbar und gelten als „exklusives Wissensfeld".

> „In seinem exklusiven Verständnis richtet sich Physik also nur an wenige Lernende überhaupt, wenn, dann aber vorrangig an Jungen." (Willems 2007:259)

Im Gegensatz zu Deutsch hat Physik als Wissen über physikalische Inhalte nicht mit außerschulischen und außerfachlichen Themen zu tun. Diese Auffassung wird

von Lehrenden und Lernenden akzeptiert und getragen. Dies bestärkt auch die Bedeutung des „eigenen Interesses", welches mitgebracht werden muss. Wer Interesse entwickelt, ist dabei, wer nicht, bleibt außen vor (Willems 2007:261). Auch die
hegemoniale Raumstruktur (s.u.) spiegelt dies wieder, die abgeschlossenen Räume
verstärken diesen Eindruck.

Dass die Unterrichtsinhalte nicht auf die Interessen abgestimmt werden, ist
nach Willems letztlich eine logische Konsequenz, denn dies würde das „streng
abgesteckte Wissensspektrum" aufweichen (Willems 2007:262). Die „wirklichen
physikalischen Themen", die Kernwissensbereiche, werden den Jungen zugewie-
sen. Die Mädchen werden somit nicht aktiv exkludiert, vielmehr erfolgt diese Exklusion über eine passive Haltung der Veränderbarkeit der Inhalte gegenüber.

Illusio des Faches Deutsch

Das Fach Deutsch gilt als weich, nicht schwierig, wenig Faktenwissen, diskursiv, als „Meinungs- und Diskussionsfach", wozu persönliche Positionierungen
und Aushandlungsprozesse wichtig sind. Dies wiederum gilt als emotional und
wird als weiblich konnotiert. Die Inhalte sind seit Beginn des Deutschunterrichts
auf praktische und gesellschaftliche Qualifikationen (Lesen und Schreiben) sowie allgemeinbildende sozialisatorische Inhalte (Literatur) ausgerichtet. Die Persönlichkeitsentwicklung steht im Vordergrund. Das Fach war durchgehend ein ei-
genständiges Unterrichtsfach mit einer hohen Stundenanzahl. Das Besondere am
Deutschunterricht ist, dass Inhalte und Medium gleich sind. In allen Schulformen
ist Deutsch ein nicht-abwählbares Hauptfach. Deutsch ist prestigeärmer als Naturwissenschaften.

Deutsch gilt bei vielen Schüler_innen als interessant und beliebt. Sowohl bei
Jungen als auch bei Mädchen ist das Selbstkonzept, für Deutsch begabt zu sein,
generell höher. Obwohl Mädchen die besseren Noten haben, ist das Selbstkonzept
bei Jungen höher (Willems 2007:267).

Nach eigenen Angaben der Lehrkräfte ist die individuelle Persönlichkeitsentwicklung das oberste Ziel, Fachinhalte werden für dieses Ziel nutzbar gemacht.
Offenbar ermöglicht die Illusio der Individualität tatsächlich mehr Zugänge zum
Fach für alle Lernenden. Für den Literaturunterricht konstatieren die Lehrkräfte
den Mädchen ein quasi natürliches Interesse, während die Jungen gleichermaßen
von sich aus wenig interessiert seien, was dazu führt, dass die Lehrkräfte aus der
Logik der Persönlichkeitsentwicklung die Inhalte des Faches an die Jungeninteres-
sen anpassen. Die Jungen werden aktiv inkludiert. Den Mädchen würde aufgrund
ihres natürlichen Interesses diese Anpassung leicht fallen. Inner- und außerschuli-
sches Geschehen wird explizit miteinbezogen.

Doing Culture

Nach Willems kommt die Genderung von Fachkulturen durch „doxische Denk-, Wert- und Handlungsmuster" zustande. Diese stellen die dem Fach zugrunde liegende Illusio dar (Willems 2007:255). Nach diesen Spielregeln richten sich Akteur-innen im Feld.

Fachkulturelle Merkmale zeigen sich auch in der Raumnutzung. Im Gegensatz zum Physikunterricht sind im Deutschunterricht Räume weniger hierarchisch organisiert. Im Physikunterricht gibt es eine klare „Hausrechtsregelung", es gibt eigene Physikräume, die in der Regel verschlossen sind und von der Lehrkraft aufgeschlossen werden. Diese hat somit die Herrschaft über Schlüssel und Zugang. Willems beleuchtet mit dem Raumaspekt einen bislang vernachlässigten Aspekt von Fachkultur. Die Fachgemeinschaft Deutsch beansprucht in viel geringerem Ausmaß fachspezifische Ressourcen exklusiv für sich. Vielmehr gilt, dass jede und jeder für Deutsch geeignet ist. Zudem werden die fachspezifischen Ressourcen immer auch für andere Fächer nutzbar gemacht. Der Deutschunterricht findet im Klassenzimmer statt, das die Schüler-innen selbst gestalten können und wo kein exklusiver Zugang für die Lehrkraft besteht.

Die Fachkulturen Physik und Deutsch inszenieren sich über ihre jeweilige Illusio also sehr unterschiedlich. Unterschiede im Unterrichtsablauf zeigen sich etwa darin, dass Abläufe, Regeln und auch Disziplinierungen im Physikunterricht vage bleiben, was Jungen als weniger problematisch sehen als Mädchen. Nach Willems stellen unklare Strukturen für Mädchen ein stärkeres Lern- und Motivationshindernis dar als für Jungen. Da die Motivation für das Fach Physik in den Lernenden selbst gesehen wird, ist die Zielgruppe klein (vgl. Kapitel 5.3.7). Im Gegensatz dazu werden im Fach Deutsch alle als Zielgruppe gesetzt. Physik nimmt generell im Fächerkanon eine exklusive Position ein.

Geschlechterstereotype werden dadurch bestätigt und fortgeführt, indem in Physik „männliches Verhalten" und in Deutsch „weibliches Verhalten" honoriert wird. Dies basiert nicht nur auf Herstellungsprozessen der Akteur-innen sondern auch auf institutioneller Ebene. Nach Willems funktioniert die klar gegenderte Einteilung der Fächer Physik und Deutsch nur über die „Dramatisierung von Geschlecht".

Willems erachtet es als notwendig, dass erkannt wird, dass nicht nur Geschlecht auf sozialer Konstruktion beruht, sondern auch schulische Fachkultur. Kultur muss daher als Praxis und nicht als „Norm" gefasst werden. Zudem plädiert Willems für das Hinterfragen des Gleichheitspostulats bezüglich der Zugangsvoraussetzungen zu Schule, da es offenbar unterschiedliche Zugangsvoraussetzungen für eine „Kulturzugehörigkeit" zu den Fächern Physik und Deutsch gibt (Willems 2007:277).

11.5 Einordnung in das Drei-Faktoren-Modell

Die in Kapitel 9.4 dargestellte intersektionale Analysestruktur ermöglicht eine Einordnung der in den vorangegangenen Kapiteln vorgestellten interdisziplinären Forschungen und Befunde.

Die Erforschung institutioneller schulischer Diskriminierung (Kapitel 8.2) liefert Befunde zu bildungsstrukturellen Faktoren, die den Zugang zu naturwissenschaftlicher Bildung auf struktureller Ebene behindern.

Forschungen zum Interesse an Physik (siehe Kapitel 1.2.2) können insbesondere auf der Identitätsebene verortet werden. Sie liefern Hinweise auf *identitätskonstruierende Faktoren*, welche den Zugang zu naturwissenschaftlicher Bildung beeinflussen. Dazu zählen entsprechende Rollenvorbilder, aber auch die Selektion über bestimmte unterrichtliche Angebote, welche Jungen eher ansprechen als Mädchen bzw. über die sich Jungen oder Mädchen geschlechtlich identifizieren.

Forschungen zur Vergeschlechtlichung (Kapitel 11.4.1) und zur Fachkultur (Kapitel 11.4.2) können vorrangig auf der Repräsentationsebene eingeordnet werden. Diese Befunde liefern Hinweise auf *fachkulturelle Faktoren* des Zugangs zu naturwissenschaftlicher Bildung.

Die in Teil I durchgeführte Exploration zum Migrationsdiskurs in der physikdidaktischen Forschung (Kapitel 5) kann ebenfalls als Forschung auf der Repräsentationsebene eingeordnet werden. Sie liefert Hinweise auf fachkulturelle Merkmale der Physikdidaktik und ob diese als eher hegemoniekritisch oder als eher unpolitisch charakterisiert werden kann.

Machtkritisch-reflexive Haltung und Fachhabitus

Für eine nicht-diskriminierende Physikdidaktik stellt sich die Frage, wie eine kritisch-reflexive Haltung mit dem Fachhabitus der Physik in Einklang zu bringen ist. Es ist zu vermuten, dass es nur dann gelingen wird, Physikunterricht allen Schüler_innen zugänglich zu machen und zugangsbehindernde Barrieren auf allen Ebenen abzubauen, wenn eine kritisch-reflexive Haltung nicht im Widerspruch zur fachkulturellen Zugehörigkeit steht. Solange für Physiklehrkräfte die Entscheidung, ob sie den Unterricht vor allem auch an einer Zielgruppe so genannter „leistungsschwacher" Schüler_innen orientieren, einen Konflikt mit der Zugehörigkeit zu einer exklusiven Fachkultur darstellt, werden bestimmte unterrichtliche Barrieren im Zugang zu naturwissenschaftlicher Bildung aufrechterhalten bleiben.

12 Fazit zu Teil II

Mit der *Reflexiven Physikdidaktik* ist ein Ansatz gegeben, welcher naturwissenschaftliche Bildung unter normativer Bezugnahme auf das Menschenrecht auf Bildung begründet. Naturwissenschaftliche Bildung wird damit nicht aus einem nationalen und/oder ökonomischen Interesse, sondern als individuelles Recht als bedeutungsvoll verstanden. Der kritisch-reflexiven Physikdidaktik kommt einerseits die Rolle zu, den Zugang zum Recht auf naturwissenschaftliche Bildung durch entsprechende didaktische Konzepte zu gestalten, andererseits erforscht sie Barrieren, welche den Zugang behindern, in selbstreflexiver Art und Weise, weshalb der Reflexivität eine besondere Bedeutung zukommt.

Der Zugang zu naturwissenschaftlicher Bildung ist durch die vier Strukturmerkmale *Verfügbarkeit*, *Zugänglichkeit*, *Annehmbarkeit* und *Adaptierbarkeit* charakterisiert. Die aktuellen Bildungsdisparitäten sprechen dafür, dass multiple Barrieren den Zugang zu naturwissenschaftlicher Bildung behindern (Ansatz der *Fremdselektion*). Aufgrund der traditionell engen Beziehung von naturwissenschaftlicher Bildung und politischen Interessen müssen zur Ursachenforschung der Disparitäten auch sozialwissenschaftliche Disziplinen herangezogen werden. Interdisziplinäre Anknüpfungen, welche für eine multikausale Barrierenforschung produktiv gemacht werden können, finden sich u.a. in der sozial- und kulturwissenschaftlich orientierten Forschung (Diskriminierungsforschung, Sprachsoziologie, Fachkulturforschung, Geschlechterforschung, Migrationspädagogik u.a.). Der Analyseansatz der Intersektionalität eröffnet die Möglichkeit, Zugangsbarrieren und deren Erforschung auf unterschiedlichen Analyseebenen zu verorten. Auf Basis dieses Ansatzes und der Einordnung von Befunden aus den oben genannten Disziplinen können im Wesentlichen drei Faktoren identifiziert werden, welche den Zugang zu naturwissenschaftlicher Bildung bestimmen: identitätskonstruierende, fachkulturelle und bildungsstrukturelle Faktoren (*Drei-Faktoren-Modell*).

Die *Reflexive Physikdidaktik* ermöglicht eine physikdidaktische Positionierung, welche insbesondere im Kontext migrationsgesellschaftlicher Bildungsdisparitäten eine hegemoniekritische Alternative zu utilitaristischen Positionen darstellen kann. Die *Reflexive Physikdidaktik* ist charakterisiert durch

(i) die normative Orientierung am Recht auf einen diskriminierungs- und barrierefreien Zugang zu naturwissenschaftlicher Bildung (4 A-Schema, intersektionale Analyse)

(ii) die hegemoniekritische Erforschung auch jener zugangsbehindernder Barrieren, welche auf repräsentativer (Fachkultur) und institutioneller Ebene erzeugt und aufrechterhalten werden (*kritische Reflexivität*, fremdselektiver Ansatz) sowie

(iii) die Entwicklung von reflexiven Ansätzen zum Abbau dieser Barrieren auf unterschiedlichen Ebenen.

Dass Sprache ein prinzipiell relevantes Thema für Physikunterricht und Physikdidaktik darstellt, ergibt sich aus dem 4-A Schema des Rechts auf Bildung, da sprachliche Barrieren den Zugang zu naturwissenschaftlicher Bildung behindern können (und dies auch tun). Entsprechend wird die Gewährleistung der *sprachlichen Zugänglichkeit* zu Bildung und die *sprachliche Annehmbarkeit* von Bildung als relevantes Strukturmerkmal diskriminierungsfreier Bildung gefasst.

Der Ansatz der Reflexiven Physikdidaktik führt unterschiedliche Forschungsperspektiven zusammen, die bisher in dieser Form noch nicht zusammengeführt worden sind. Daraus ergeben sich neue Forschungsfragen, von denen ich einige als Beispiel anführen möchte:

- *Professionalisierung und hegemoniale Strukturen*: In welcher Form werden durch Professionalisierung von Lehrenden hegemoniale Strukturen reproduziert? Welchen Stellenwert hat die Reflexion hegemonialer Strukturen in der Professionalisierung?
- *Sprachbildung und Fachhabitus*: Ist Sprachbildung mit dem Fachhabitus von Physiklehrkräften vereinbar? Erhöht oder verringert die Sprachbildung das Kapital eines Physiklehrers oder einer Physiklehrerin innerhalb des fachkulturellen Feldes? (Die gleiche Frage kann in Bezug auf die Orientierung an sogenannten „leistungsschwachen" Schüler_innen gestellt werden. Wirkt sich eine entsprechende Zuwendung begünstigend oder verschlechternd auf das fachkulturelle Kapital einer Lehrkraft aus?)
- *Differenzierung und Positionierung*: In welcher Form werden durch physikdidaktische Differenzierungsmaßnahmen Andere im Physikunterricht produziert und inferiorisierende Positionierungsangebote gemacht?
- *Kompetenzen, Bildungsstandards und Menschenrechte*: Sind die naturwissenschaftlichen Bildungsstandards zugänglich und annehmbar für alle Schüler_innen? Sind sie für einige zugänglicher und annehmbarer als für andere?

Es ist anzunehmen, dass durch die Untersuchung dieser und ähnlicher Zusammenhänge relevante Antworten zur Erklärung der bestehenden Disparitäten in der naturwissenschaftlichen Bildung gewonnen werden können.

Teil III

Sprachbewusstheit als reflexive Professionalität

Einleitung zu Teil III

In Teil II wurde ein theoretischer Rahmen für eine *Reflexive Physikdidaktik*, basierend auf dem Recht auf Bildung, ausformuliert. Es wurde ein *Drei-Faktoren-Modell* entwickelt, das intersektionale Wirkungsebenen berücksichtigt und die Verortung jener Faktoren ermöglicht, die den Zugang zu naturwissenschaftlicher Bildung beeinflussen. Zudem wurden interdisziplinäre Forschungsperspektiven ausgelotet, die im Kontext physikdidaktischer Forschung bislang noch wenig Berücksichtigung gefunden haben, jedoch als geeignete Anknüpfungspunkte erachtet werden, um ungleichen Bildungsbeteiligung besser verstehbar zu machen. In diesem Teil der Arbeit stehen Überlegungen im Vordergrund, welche Rolle Sprache im Physikunterricht einnimmt.

Im Sinne einer *Reflexiven Physikdidaktik* sind alle Barrieren zu beleuchten, die den Zugang zu naturwissenschaftlicher Bildung behindern. Im deutschen Bildungssystem werden Bildungsdisparitäten u.a. durch Sprache erzeugt. Aus reflexiver Perspektive ist daher Sprache als potentielles Selektions- und Exklusionsinstrument insbesondere im Kontext von Migrationsgesellschaft zu berücksichtigt. Sprach*bewusst* zu sein ist somit eine Anforderung an eine reflexive physikdidaktische Praxis. Teil III widmet sich daher der folgenden Frage:

- Über welche Sprachbewusstheit müssen Physiklehrende verfügen, um allen Schüler_innen den Zugang zu naturwissenschaftlicher Bildung zu gewährleisten?

Teil III versteht sich als Bedarfsanalyse auf der Angebotsseite des Physikunterrichts und auf der Seite der Physiklehrenden. Es soll gezeigt werden, dass Sprachbewusstheit für kritisch-reflexives didaktisches Handeln aus mehreren Gründen eine Rolle spielt: (i) Der Zugang zum Fach wird über Sprache vermittelt und (ii) über den Unterricht und mittels der Lehrenden erfolgen Selektions- und Exklusionsprozesse, welche u.a. über sprachliche Normen legitimiert sind. Dies offenzulegen ist ein Anliegen einer kritisch-reflexiven Perspektive.

Sprachbewusstheit

In einem einführenden Kapitel wird zunächst das Konzept der *Sprachbewusstheit* und sein Ursprung aus der *Language Awareness* erläutert und eine terminologische Schärfung in Abgrenzung zu Sprachbewusstsein, Sprachaufmerksamkeit und

Sprachsensibilität (Spitta 2000; Andresen & Funke 2006; Luchtenberg 2010) versucht. Im Sinne einer reflexiv-kritischen Perspektive schlage ich eine Adaption des Konzepts der *Critical Language Awareness* (Fairclough 1992; James & Garrett 1991) zu einer *Kritisch-reflexiven Sprachbewusstheit im Kontext von Fachunterricht* vor, die das abschließende Kapitel von Teil III bildet.

Eingerahmt von diesen beiden Kapiteln sind Fallbeispiele. Mit diesen Fallbeispielen werden unterschiedliche Aspekte von Sprache im Kontext von Physikunterricht in den Fokus gerückt. Der methodischen Entscheidung zur Veranschaulichung von Sprache im Physikunterricht anhand von Fallbeispielen geht die Überlegung voraus, dass eine linguistisch strukturierte Darstellung sprachlicher Grundlagen auf Kosten des Bezugs zur Physik gehen würde. Zudem wäre sie meines Erachtens weniger anschaulich. Mit den Fallbeispielen steht der Physikunterricht immer im Fokus und die linguistischen Aspekte werden je nach Bedarf und in Bezug auf den durch das Fallbeispiel gegebenen didaktischen Kontext behandelt. Zur Generierung der Fallbeispiele wurden kleinere und mittelgroße Explorationen durchgeführt, welche die praxisbezogene Relevanz der Fallbeispiels verdeutlichen.

Methodische Überlegungen: Fallbeispiele

Methodisch ist die Reflexion von Forschungsgegenständen anhand von Fallbeispielen – sogenannten *Fällen* – eine Anlehnung an die Vorgehensweise der Kasuistik (Cloos & Thole 2006; Schelle 2011; Kunz 2015; Heinzel 2006), die in der ethnographischen Forschung und der pädagogischen Professionalisierung Anwendung findet. Die zentrale Frage der Kasuistik – „Was ist der Fall?"- erachte ich als Reflexionsanstoß für den vorliegenden Untersuchungsgegenstand – die Rolle der Sprache in der naturwissenschaftlichen Bildung – geeignet. Sie ist im Sinne von *Was ist Sache?, Was ist das Problem?, Was liegt vor?* zu verstehen.

Die Fallbeispiele können nicht sämtliche Aspekte von Sprache im Physikunterricht exemplarisch abdecken, jedoch wird mit jedem Beispiel ein bestimmter Aspekt von Sprache und damit verbundener möglicher Selektion und Exklusion thematisiert und einer genaueren Betrachtung unterzogen. Dies ermöglicht es, die erforderliche Sprachbewusstheit von Physiklehrenden aus einer reflexiv-didaktischen Perspektive differenziert zu rekonstruieren.

Die Schüler_innen in den Beispielen werden nicht näher kategorisiert. Weder Geschlecht noch Herkunftssprache noch Migrationshintergrund noch Alter sollen für den vorliegenden Zweck – der Illustration „sprachlicher Fälle" im Physikunterricht – im Fokus stehen, da sie die Identitätskonstruktion in den Vordergrund rücken und vom eigentlichen Fall ablenken. Der Fall ist nicht der_die Schüler_in, sondern die *pädagogisch-didaktische Herausforderung auf der fachkulturellen Repräsentationsebene*, die durch einen bestimmten sprachlichen Fall gegeben wird.

Im ersten Fallbeispiel wird der sozio-linguistische Aspekt von Sprache im Physikunterricht durch den Vergleich von mündlichen und schriftlichen Texten verdeutlicht. Das zweite Fallbeispiel illustriert, dass unter Alltagssprache ein Register zu verstehen ist, welches auf ein bestimmtes (soziales) Feld bezogen ist. Eine Anknüpfung des Unterrichts an einen hypothetischen Alltag der Schüler_innen beinhalten somit das Potenzial der Konstruktion „normaler Alltage", weshalb eine Bewusstheit in Bezug auf fachkulturelle Normen und alltagsbezogene Normalitätsannahmen notwendig ist. Das dritte Fallbeispiel illustriert, dass eine fachlich richtige Antwort eines Schülers oder einer Schülerin von unterschiedlichen Lehrenden sehr unterschiedlich bewertet wird. Der Bildungserfolg hängt damit nicht nur von der Leistung des Schülers oder der Schülerin ab, sondern auch von der Leistungsbewertung des Lehrers oder der Lehrerin. Die der Bewertung zugrunde liegenden Normen werden durch eine schriftliche Befragung der Lehrenden ansatzweise zu rekonstruieren versucht.

Auf Basis der in Teil II und Teil III dargelegten Grundlagen sowie der Analysen durch Fallbeispiele wird schließlich ein Konzept für *Kritisch-reflexive Sprachbewusstheit* von Lehrenden entwickelt, das ich im letzten Kapitel des Teils III vorstelle. Die Großschreibung des Attributs erklärt sich aus der spezifischen Bedeutung, nämlich als *Kritik* und kritischer *Haltung* in Bezug auf die Produktion und Reproduktion hegemonialer Strukturen und exklusiver bzw. selektiver Verhältnisse. Das Konzept soll es ermöglichen, Aspekte der Kritischen Sprachbewusstheit von Lehrenden zu benennen und die Rolle der Sprache im Kontext von Physikunterricht einer systematischen Reflexion zugänglich zu machen.

13 Grundlagen zu Sprachbewusstheit

Sprachbewusstheit von Schüler-innen ist ein zentrales Thema in der Deutsch- und der Sprachdidaktik (Spitta 2000; Oomen-Welke 2003; Andresen & Funke 2003, 2006; Eichler & Nold 2007; Bredel et al. 2011) und fand auch Eingang in die Forschungen zu Sprache und Fachunterricht (Frank & Gürsoy 2014). Im Wesentlichen wird die Sprachbewusstheit von Schüler-innen und die Auswirkung dieser auf die Aneignung von Sprache diskutiert. In der deutschen Sprachdidaktik hat Sprachbewusstheit insbesondere als didaktisches Konzept für den Sprachunterricht Verbreitung gefunden, mit dem bei den Schüler-innen

> „ein höheres Interesse an und eine größere Sensibilisierung für Sprache, Sprachen, sprachliche Phänomene und den Umgang mit Sprache und Sprachen geweckt bzw. die vorhandenen metalinguistischen Fähigkeiten und Interessen vertieft werden sollen" (Luchtenberg 2010:107).

Für die Entwicklung einer reflexiven physikdidaktischen Perspektive im Kontext von Migrationsgesellschaft ist von Interesse, ob und in welcher Form das Konzept von Sprachbewusstheit Anknüpfungspotenzial bietet und ob es als Konzept für die *Sprachbewusstheit von Lehrer-innen* und für einen *sprachbewussten Fachunterricht* adaptiert werden kann.

13.1 Language Awareness

Sprachbewusstheit oder Sprachbewusstsein haben ihren Ursprung im britischen Ansatz der *Language Awareness* (LA) und des *„British Language Awareness Movement"* (Hawkins 1987). Hawkins' Intention war es, durch LA in der Primarstufe die Schüler-innen mit jenen Grundlagen auszustatten, auf denen sowohl der Erst- als auch Fremdsprachenunterricht in der Sekundarstufe aufbauen kann. Anlass für die Suche nach diesem neuen didaktischen Ansatz waren die britischen Befunde, wonach zwei von drei Schüler-innen den in der Sekundarstufe neu hinzukommenden Fremdsprachenunterricht bei erstbester Gelegenheit wieder abwählten und ein-e-r von vier Schulabgänger-innen „functionally illiterate" waren (James et al. 2014). In den 1980er Jahren hatte das LA-Konzept in unterschiedlichen pädagogischen und akademischen Kontexten Konjunktur, weshalb eine Arbeitsgruppe, das *National Council for Language in Education* (NCLE), gegründet wurde, um eine Definition von LA zu erarbeiten, die wie folgt lautet:

„Language awareness is a person's sensitivity to and conscious perception of the nature of language and its role in human life" (NCLE 1985) (James et al. 2014:4).

Das NCLE nennt drei wesentliche Parameter[16] (*parameter*) von LA (in Klammern die Originalbezeichnung, Übersetzungen: T.T.):

- *Kognitiver Parameter*: Bewusstheit über Muster und Formen von Sprache (*awareness of pattern in language*)
- *Affektiver Parameter*: Haltungen zu Sprache (*forming attitudes*)
- *Sozialer Parameter*: Schüler-innen zu befähigen, mündige Bürger-innen und Konsument-innen zu sein (*improving pupils' effectiveness as citizens and consumers*)

1992 wurde die Gesellschaft für LA (*Association for Language Awareness*) gegründet. Sie explizierte in ihrer Definition von LA das Wissen über Sprache und den Bezug zum Unterricht und zum Lernen von Sprache:

„Language Awareness can be defined as explicit knowledge about language, and conscious perception and sensitivity in language learning, language teaching and language use" (Association for Language Awareness (ALA) online)

Dass der ursprüngliche LA-Ansatz über ein sprachdidaktisches Konzept hinaus eher als pädagogisches Konzept zu verstehen ist, verdeutlicht der Ansatz von James und Garrett. Sie unterscheiden fünf Domänen (*domains*) der LA (James & Garrett 1991, zitiert nach Wolff 2010:184).

1. *Die kognitive Domäne*: Entwicklung von Bewusstheit für Muster, Kontraste, Kategorien, Regeln und Systeme,
2. *die Domäne der Performanz*: Herausbildung einer Bewusstheit für die Verarbeitung von Sprache sowie einer Bewusstheit für das Lernen im Allgemeinen und das Sprachlernen im Besonderen (für Letztere wird auch der Begriff Sprachlernbewusstheit gebraucht),
3. *die affektive Domäne*: Herausbildung von Haltungen, Aufmerksamkeit, Neugier, Interesse und ästhetischem Einfühlungsvermögen,
4. *die soziale Domäne*: Entwicklung von Verständnis für andere Sprachen, „um Toleranz[17] für Minritäten und ihre Sprachen" (Wolff 2010:185),

---

[16] Für die Differenzierung der Sprachbewusstheit werden je nach Autor-in die Termini *Parameter, Domäne, Komponente* oder *Ebene* verwendet. Da die einzelnen Autor-innen aufeinander rekurrieren, sich jedoch terminologisch nicht explizieren oder abgrenzen, können die Termini meines Erachtens in ihren wesentlichen Zügen und im Rahmen des Anliegens dieser Arbeit als synonym aufgefasst werden.

[17] In der hier zitierten Übersetzung nach Wolff (2010) wird der Terminus *Toleranz* verwendet. Im Original sprechen sich James et al. explizit für den Terminus „endorsement" (Befürwortung, Unterstützung) im Gegensatz zu „tolerance" (Toleranz, Duldung) aus. Die Vermittlung von sozialer

5. *die Domäne der Macht*: das Vermögen, Sprache im Hinblick auf die ihr unterliegenden Möglichkeiten der Beeinflussung und Manipulation anderer zu durchschauen.

13.1.1 Critical Language Awareness

Ende der 1980er Jahre erhielt die Thematisierung der Machtebene von Sprache einen neuen Impetus durch die Arbeiten Norman Faircloughs (Fairclough 1992, 1989). Er erweitert das LA-Konzept durch den kritischen Ansatz der *Critical Language Awareness* (CLA) (Fairclough 1992). Hauptkritikpunkt der CLA an der aktuellen LA-Debatte war, dass soziale und machttheoretische Aspekte von Sprache zu wenig Berücksichtigung fanden und die Debatte somit zu unkritisch verlief. Fairclough spricht hier explizit vom Zusammenhang von Sprache und Macht, der zu wenig Beachtung finden würde:

> „[L]anguage awareness programmes and materials have hitherto been insufficiently 'critical'. That is, they have not given sufficient attention to important social aspects of language, especially aspects of the relationship between language and power, which ought to be highlighted in language education" (Fairclough 1992:1)

Im US-amerikanischen Raum ist unter den Vertretern des LA-Ansatzes etwa van Lier zu nennen. Auch er betont den Machtaspekt der Sprache und den komplexen Zusammenhang von Sprache und Kultur:

> „Language awareness can be defined as an understanding of the human faculty of language and its role in thinking, learning and social life. It includes an awareness of power and control through language, and of the intricate relationships between language and culture." (van Lier 1995:xi).

13.1.2 Deutschsprachige Forschung

Der Language Awareness Ansatz hat auch in der deutschsprachigen Forschung Fuß gefasst. In der deutschen Linguistik und Didaktik stellt Sprachbewusstheit mittlerweile ein eigenes Forschungsfeld dar. Ossner bezeichnet Sprachbewusstheit als einen „Leitbegriff (...), der alle Arbeitsbereiche durchzieht" (Ossner 2008). Oomen-Welke thematisiert Sprachbewusstheit und damit verwandte Konzepte im

---

Sprachbewusstheit und eines Verständnisses sprachlicher Vielfalt durch eine Multilingualität der Schüler-innen betrachten sie skeptisch: „In other words there is some danger either of patronising the children of some minority culture or of exploiting them to the advantage of their native language (NL) English mainstream culture peers."(James & Garrett 1991:14)

Kontext von Unterricht in mehrsprachigen Klassen (Oomen-Welke 2003). Getestet wurden Aspekte der Sprachbewusstheit beispielsweise mit der DESI (Deutsch Englisch Schülerleistungen International)-Studie (Eichler & Nold 2007). Eichler und Nold definieren Sprachbewusstheit folgendermaßen:

> „Sprachbewusstheit wird als eine Fähigkeit verstanden, die sich in der Mutter-, Zweit- und Fremdsprache auf Grund der bewussten und aufmerksamen Auseinandersetzung mit Sprache entwickelt. Sie befähigt Lernende, sprachliche Regelungen kontrolliert anzuwenden und zu beurteilen sowie Verstöße zu korrigieren. Im Vordergrund des Interesses stehen dabei vor allem zwei Teilbereiche der Sprache: Grammatik und sprachliches Handeln." (Eichler & Nold 2007:63)

Mit diesem Zitat wird deutlich, dass im Gegensatz zum britischen Ansatz in der deutschen Forschung der Fokus stärker auf die kognitive Domäne und kaum auf die anderen Domänen von Language Awareness liegt, was unter anderem die Kritik mit sich bringt, dass nach der *Kommunikativen Wende* mit Language Awareness das Sprach- respektive Grammatikwissen wieder einen höheren Stellenwert im Unterricht erhält. Insbesondere in der Fremdsprachendidaktik sind Konzeptionen zu LA umstritten, weil die metalinguistische Handlung der Reflexion über Sprache als Gegensatz zum kommunikativen Fremdsprachenunterricht aufgefasst wird (Luchtenberg 2010:109).

Auch in die Lehrpläne und Rahmenvorgaben für Unterricht ist Sprachbewusstheit eingegangen. Auch hier spiegelt sich die kognitive Ausrichtung des Konzepts wider. Für die Grundschule wird für Bereiche wie „Vermittlung von Sprachwissen" und Vermittlung „orthographischer Fähigkeiten" auf Begrifflichkeiten zurückgegriffen, die von einem bewussten kognitiven Erwerbsprozess ausgehen, was sich in Formulierungen von Bildungszielen wie etwa „Einsichten in die Struktur von ..." und „Erkennen, dass ..." wiederfindet (Spitta 2000).

Hug beschreibt Sprachbewusstheit als „konkrete metasprachliche Handlung" (Hug 2007:10), worunter alle sprachlichen Handlungen zusammengefasst werden, die Sprache selbst zum Gegenstand haben. Metasprachlichkeit ist demnach das Nachdenken über Sprache und nicht über den Inhalt des Gesagten. Andresen und Funke bezeichnen mit Sprachbewusstheit die

> „Bereitschaft und Fähigkeit (...), sich aus der mit dem Sprachgebrauch in der Regel verbundenen inhaltlichen Sichtweise zu lösen und die Aufmerksamkeit auf die sprachliche Erscheinung als solche zu richten" (Andresen & Funke 2006:439).

Andresen spricht von der Bewusstwerdung von Sprache und bezieht sich damit auf Vygotskijs „Bewußtseinsakt, dessen Gegenstand die Bewußtseinstätigkeit selbst ist" (Vygotskij, zitiert nach Andresen & Funke 2006:444). Voraussetzung für die Bewusstwerdung ist nach Vygotskij, dass

> „Sprache aus der Komplexität der Sprechsituation herausgelöst und unabhängig von den Bedingungen der aktuellen Handlungssituation nach bestimmten Kriterien zum Gegenstand des Denkens werden kann." (Vygotskij zitiert nach Andresen & Funke 2006:445)

13.1.3 Metasprachliche Fähigkeiten

Empirisch lassen sich Hinweise darauf finden, dass sich die Sprachbewusstheit von Lernenden auf den Spracherwerbsprozess auswirkt. So sind einige Aspekte der semantisch-lexikalischen Entwicklung mit der Fähigkeit verbunden, metasprachlich tätig zu sein (Jeuk 2003:105). Dass mit Sprache über Sprache gehandelt wird, also der Gegenstand als das zu Erklärende identisch ist mit dem Medium der Erklärung, erschwert die Abgrenzung der unterschiedlichen Ebenen voneinander. Auch hier sind mehrere Positionen auszumachen, von denen Clark und Andersen (1979) einerseits und Schöler et al. (1998) andererseits nach Jeuk als Extrempositionen angesehen werden können (vgl. Jeuk 2003). Nach Schöler kann von metasprachlichem Wissen erst dann die Rede sein, wenn das Kind die Sprache von Handlungen, Objekten und Ereignissen loslösen kann. Dabei orientiert sich Schöler an Piagets Übergang von der präoperationalen zur konkret-operationalen Stufe. Clark und Andersen hingegen sehen die ersten Anzeichen von Sprachbewusstheit darin, wenn Kinder sich selbst verbessern, also erste Selbstkorrekturen vornehmen, was bereits im Alter von 2 Jahren beobachtet werden kann. Bereits ab der Phase der ersten 50 Wörter korrigieren Kinder Aussprache, Wortendungen, Auslassungen und Wortreihenfolge. Sie verbessern, was schon gekonnt wird.

Im Zusammenhang mit Sprachbewusstheit wird auch von *metalinguistischen Fähigkeiten* gesprochen (Tunmer & Hoover 1992; Schmid-Barkow 1999). Nach Tunmer und Hoover (1992) gliedern sich diese in die Bereiche der phonologischen Bewusstheit, der Wortbewusstheit, der syntaktischen Bewusstheit und der pragmatischen Bewusstheit. Metalinguistische Bewusstheit entspricht somit der kognitiven Ebene der Sprachbewusstheit.

13.1.4 Kritische Sprachbewusstheit

In der genannten deutschsprachigen Forschung bleiben Erläuterungen der machttheoretischen Komponente von Sprachbewusstheit meist nur vage. Als Beispiel für Sprache und Macht wird etwa die Funktion von Sprache als Propagandamedium oder als Mittel zur Manipulation angeführt (Luchtenberg 2010). Die Funktion der Sprache zur Reproduktion hegemonialer Strukturen, was in und durch Schule und Unterricht sowie durch jeden Lehrer und jede Lehrerin selbst passiert, bleibt im Zusammenhang mit dem Konzept der Sprachbewusstheit eher unthematisiert.

Konzepte, die explizit eine *kritische Sprachbewusstheit* im Sinne einer machtkritischen Auseinandersetzung mit Sprache adressieren, finden sich in der aktuellen deutschsprachigen Sprachdidaktik kaum. Im Kontext der Diskussion um sprachliche Normen und Normalitätserwartungen entstanden Ansätze, welche am ehesten einer kritischen Sprachbewusstheit entsprechen. Sprachbewusstheit beinhaltet in diesem Sinne eine Reflexion der Sprachlichkeit als soziales Phänomen und geht damit über eine rein linguistische Reflexion hinaus (Henning & Müller 2009:7). Dieser Auffassung folgend wurde das Projekt „Wie normal ist die Norm?" konzipiert, welches „Schülerinnen und Schüler zu Sprachaufmerksamkeit anregt und ihnen eine Haltung der Sprachbewusstheit vermittelt" (Henning & Müller 2009:7). Sprachbewusstheit entwickelt sich demnach als Fähigkeit, sich kritisch mit der sozialen Bedeutung sprachlicher Normierung auseinanderzusetzen, wohingegen Sprachaufmerksamkeit als Sensibilisierung für sprachliche Phänomene verstanden wird. Das Projekt hatte zum Ziel, aus Sicht jener, die in eine Sprachgemeinschaft hineinwachsen, neue Perspektiven auf Sprachnormen zu gewinnen und damit Sprachnormen auch aus einer – wenn auch nicht explizit so deklarierten – Perspektive der *Anderen* zu reflektieren.

Ein Ansatz zu Sprachbewusstheit, der sich explizit *kritisch* nennt, ist im Zusammenhang mit Autonomiepotenzialen, mit Fremd- und Selbstbestimmung beim Umgang mit Sprache(n) zu finden.

> „[Mit kritischer Sprachbewusstheit] ist gemeint, dass sich Lernende Sprache nicht einfach aneignen und Übungen ausführen, um das eigene Formenrepertoire gleich einer mathematischen Formelsammlung zu erweitern, sondern dass der Umgang mit Sprache und Sprachlernen reflexiv-kritisch sein sollte, d.h. Lernende sollen auch über Formen, Bedeutungen, Wirkungsabsichten und Wirkungen von Äußerungen nachdenken und diese erkennen können" (Schmenk 2011:106).

Unter Autonomie wird dabei eher eine Autonomie in grammatischer Hinsicht verstanden, etwa dass Aktiv und Passivkonstruktionen aufgrund der Einsicht in ihrer unterschiedlichen Bedeutung und Funktion autonom gewählt werden. Eine machtkritische Ebene im Sinne der CLA wird mit diesem Konzept nicht beschritten.

Im Fachbereich Deutsch als Zweitsprache formierte sich in den letzten Jahren eine Perspektive, die zwar nicht explizit auf das Konzept der *Critical Language Awareness* rekurriert, jedoch ein „macht- und gesellschaftskritisches Fachverständnis" (Dirim 2015a:309) von Deutsch als Zweitsprache vertritt und insbesondere auf die Notwendigkeit der Berücksichtigung postkolonialer Theorien im Kontext von Sprache und Migrationsgesellschaft hinweist (Thoma & Knappik 2015), siehe dazu Kapitel 10.3.

13.2 Verwandte Terminologie

13.2.1 Sprachbewusstheit, Sprachbewusstsein

Trotz der zunehmenden Häufung der Termini Sprachbewusstheit, Sprachbewusstsein, Language Awareness und Sprachaufmerksamkeit sind kaum konzeptionelle Abgrenzungen voneinander zu finden (Spitta 2000; Andresen & Funke 2006). Sprachbewusstheit und Sprachbewusstsein werden in vielen Publikationen synonym verwendet. Für Spitta sind Sprachbewusstheit und Sprachbewusstsein qualitativ unterscheidbare Phänomene. Zur Differenzierung von Sprachbewusstheit und Sprachbewusstsein schlägt Spitta vor, unterschiedliche Grade von Willkürlichkeit und unterschiedlich enge Zugriffsverbindungen zur sprachlichen Interaktion heranzuziehen. Nach Spitta kann Sprachbewusstsein ohne Sprachbewusstheit funktionieren, jedoch nicht umgekehrt. Sprachbewusstheit setzt also Sprachbewusstsein voraus. Auch Klein spricht von Sprachbewusstsein im Sinne eines „öffentlichen nichtlinguistischen Sprachbewusstsein", was ebenfalls als etwas eher Intuitives interpretiert werden kann, und stellt dies in Kontrast zu „sprachwissenschaftlicher Arbeit" (Klein 2006:581). Sprachbewusstsein kann somit als intuitiver, Sprachbewusstheit dagegen als ein systematischer und abstrakter Prozess aufgefasst werden (Spitta 2000). Beide Prozesse setzen nach Spitta Sprachaufmerksamkeit voraus. Eine andere Konzeption schlägt Rieder vor: in seiner Konzeptualisierung des „sprachbewussten Handelns" folgt das Sprachbewusstsein auf die Sprachbewusstheit. Sprachbewusstsein wird als professionelles Sprachhandeln aufgefasst, das sowohl Sprachaufmerksamkeit als auch Sprachbewusstheit beinhaltet und das geprägt ist von offener Auseinandersetzung und kritischer Reflexion der sprachlichen Phänomene (Rieder 2002:451).

13.2.2 Sprachaufmerksamkeit, Sprachsensibilisierung

Auch die Termini Sprachaufmerksamkeit und Sprachsensibilisierung gehen auf das LA-Konzept zurück. Sprachaufmerksamkeit wird etwa als Sensibilisierung für sprachliche Phänomene aufgefasst (Henning & Müller 2009:7) oder als Bedingung für Sprachbewusstheit und Sprachbewusstsein (Spitta 2000), also als ein Phänomen, das eher auf intuitiver und weniger auf kognitiver Ebene zu verorten ist. Sprachaufmerksamkeit wird auch als deutsches Pendant zum Konzept der Language Awareness verwendet und explizit mit Grammatik in Verbindung gesetzt (Portmann-Tselikas 2001), was der kognitiven Komponente der Sprachbewusstheit entspricht.

Sprachsensibilisierung ist ein Terminus, der insbesondere im Zusammenhang mit Ansätzen für die Unterrichtspraxis in mehrsprachigen Klassen sowie für DaF- und DaZ-Unterricht Verwendung findet (Budde 2001; Tajmel 2010a; Leisen 2013), wobei sich die Ansätze danach unterscheiden, wer sensibilisiert werden soll. Budde entwickelte ein „Unterrichtsmodell Sprachsensibilisierung" (Budde 2001) mit dem Ziel der sprachlichen Sensibilisierung von Schüler_innen, welches einerseits die Vermittlung von deklarativem und prozeduralem Sprachwissen beinhaltet, die Sprachen der Gruppe aber auch kontrastiv und „aus den jeweiligen kulturspezifischen Blickwinkeln" betrachtet werden (Budde 2001:15). Zudem werden mit Sprache verbundene Vorurteile und Wertvorstellungen thematisiert, was im Ansatz einer machtkritischen Auseinandersetzung entspricht.

> „Die Einstellung der Schülerinnen und Schüler gegenüber Sprache ist ein Thema, indem die emotionale Haltung zur Muttersprache, zur fremden Sprache und zum fremden Sprachraum den Schülern bewusst wird. Dabei werden Erwartungen, Vorurteile und Wertvorstellungen herausgestellt und Bedürfnisse und Ängste bezüglich des „Anders"-Sprechenden offen gelegt." (Budde 2001:15)

Die *sprachliche Sensibilisierung von Lehrkräften* wurde wesentlich durch ein, im Rahmen des Projekts PROMISE (Promotion of Migrants in Science Education, siehe Kapitel 23) entwickeltes Fortbildungsmodul in den Diskurs eingebracht und insbesondere für Lehrkräfte naturwissenschaftlicher Fächer konzipiert („sensitizing science teachers" (Tajmel 2010b:53)). Das zentrale Element der *Sensibilisierung* ist das „Prinzip Seitenwechsel" (Kapitel 19), welches insbesondere auf der Machtebene der Sprachbewusstheit verortet werden kann (Kapitel 19.4).

Mit dem *Sprachsensiblen Fachunterricht* stellt Josef Leisen Materialien und Methoden für den Fachunterricht vor, die insbesondere für den deutschsprachigen Fachunterricht an deutschen Schulen im Ausland konzipiert wurden. Der Fachunterricht soll sensibel sein, woraus abgeleitet werden kann, dass auch der_die Lehrer_in sprachlich sensibel sein muss. Die sogenannten Methoden-Werkzeuge sind inhaltsunabhängig, umfassen beispielsweise Puzzle, Filmleiste, Wortgeländer, Lückentexte und Fragemuster und unterstützen schülerorientierte Lehrformen, eigenständige Arbeit und eine Erhöhung des Anteils an schriftlicher und mündlicher Kommunikation und greifen damit auf Methoden zurück, die auch im CLIL-Unterricht (Content and Language Integrated Learning) Anwendung finden. Was unter sprachsensiblem Unterricht zu verstehen ist, beschreibt Leisen folgendermaßen:

> „Sprachsensibler Fachunterricht pflegt einen bewussten Umgang mit der Sprache. Er versteht diese als Medium, das dazu dient, fachliches Lernen nicht durch (vermeidbare) sprachliche Schwierigkeiten zu verstellen. In diesem Sinne geht es um *sprachbezogenes Fachlernen*. (...) Sprachsensibler Fachunterricht erkennt, dass Sprache im Fachunterricht ein Thema ist und dass Sprachlernen im Fach untrennbar mit dem Fachlernen verbunden ist. In diesem Sinne geht es um *fachbezogenes Sprachlernen*." (Leisen 2011:14)

Einen konkreten und expliziten Bezug zu Konzepten der Language Awareness oder zu Sprachbewusstheit stellt Leisen nicht her. Interpretiert werden könnte Leisens Konzept von Sprachsensibilität als *fachbezogene Sprachbewusstheit* im Sinne von *Fach*sprachbewusstheit auf einer vorrangig kognitiven Ebene.

13.3 Sprachbewusstheit von Lehrenden

13.3.1 Zweit- und Fremdsprachenlehrkräfte

Ursprünglich wurde das Konzept der LA oder der Sprachbewusstheit im Zusammenhang mit Kompetenzen diskutiert, welche Schüler_innen durch den Sprachunterricht erwerben sollen. Die Sprachbewusstheit von Lehrenden wurde ebenfalls zunächst im Zusammenhang mit Fremdsprachenunterricht und Sprachenlehrkräften diskutiert. In der englischsprachigen Professionalisierungsforschung von ESL/EFL-Lehrkräften (English as Second/Foreign Language – das Pendant zu Deutsch als Zweit/-Fremdsprache) finden sich Ansätze zur Language Awareness von Lehrkräften (Ellis 2012). In diesen Ansätzen ist von Interesse, wie viel Sprachbewusstheit Lehrer_innen brauchen, um die Fremdsprache effektiv unterrichten zu können.

> "Our starting point is simple: the more aware a teacher is of language and how it works, the better. A linguistically-aware teacher will be in a strong and secure position to accomplish various tasks – preparing lessons; evaluating, adapting, and writing materials; understanding, interpreting, and ultimately designing a syllabus or curriculum; testing and assessing learners' performance; and contributing to English language work across the curriculum." (Wright & Bolitho 1993:292)

Es geht einerseits um Sprachwissen als kognitive Domäne, andererseits um die positive Einstellung in der Auseinandersetzung mit Sprache als affektiver Domäne aus einer Output-orientierten Perspektive. Eine Sprachbewusstheit dieser Art soll Lehrende darin bestärken, „autonomous and robust explorers of language" (Wright & Bolitho 1993:299) zu werden.

13.3.2 Fachlehrkräfte

Spätestens seit die Bildungspolitik die Sprachbildung in allen Unterrichtsfächern fordert, stellt sich die dringende Frage, was Lehrer_innen an Sprache können und von Sprache in Bezug auf Fachunterricht wissen müssen, um Sprachbildung in ihrem Fachunterricht realisieren zu können. Damit ist Sprachbewusstheit auch zu

einem Thema für die Fachlehrer-innenausbildung und für den naturwissenschaftlichen Unterricht geworden (Tajmel 2010a; Drumm 2010). Mit der Modellierung
von „DaZ-Kompetenzen" (Ohm 2009) wird an die Lehrerprofessionalisierungs-
forschung angeknüpft und es werden zum Teil ähnliche Inhalte in den Blick genommen, die dem Konzept der Sprachbewusstheit entsprechen. Fachspezifische
Konzeptualisierungen für die Sprachbewusstheit von Lehrkräften, welche die fachspezifischen Anforderungen differenziert berücksichtigen, liegen bislang für den
Literaturunterricht (Rösch 2015) vor und stellen meines Erachtens auch für andere
Fächer ein Desiderat dar.

Machtkritische Ansätze

Im Forschungsbereich *Deutsch als Zweitsprache* (DaZ) hat sich in den letzten Jahren eine Richtung formiert, welche eine explizite postkolonial-dominanzkritische
Haltung in Bezug auf pädagogische Praxen im Kontext von „Deutsch als Zweitsprache" vertritt (Thoma & Knappik 2015; Knappik et al. 2013; Dirim 2015b; Döll
et al. 2014), siehe Kapitel 10.3. Neben schulischen werden auch universitäre sowie
außeruniversitäre Bildungskontexte (z.B. Deutschkurse) in Hinblick auf Positionierungsangebote untersucht, reflexiv-kritisch hinterfragt und Haltung dazu eingenommen. Diese reflexive Perspektive wurde als *Wiener ‚DaZ'-Fachverständnis*
ausformuliert (Dirim 2015a:309 f), siehe Kapitel 10.3.3. Zwar wird in diesem Ansatz Sprachbewusstheit nicht terminologisch expliziert, in der Semantik entspricht
die kritisch-reflexive DaZ-Perspektive einer *macht*kritischen Sprachbewusstheit,
da sie Sprache im Kontext hegemonialer Strukturen thematisiert und für eine Bewusstheit auf der Machtebene plädiert.

13.4 Sprachbewusstheit und Physikunterricht

In Bezug auf Sprachbewusstheit stellt sich die Leitfrage einer kritisch-reflexiven
Physikdidaktik: *Wie kann Physik gelehrt werden, ohne zu diskriminieren?*
    Wenn Sprachbewusstheit dazu beiträgt, um als Lehrer-in die Spielräume ei-
ner nicht-diskriminierenden eigenen Unterrichtspraxis ausloten zu können, dann
ist kritische Bewusstheit sowohl in Bezug auf das Fach als auch in Bezug auf
Sprache relevant und notwendig. Die universitäre Lehrer-innenausbildung ist vor
die Aufgabe gestellt, die besondere Situation von Lehrenden anzuerkennen und
gut anwendbare Konzepte für eine kritisch-reflexive Unterrichtspraxis zu entwickeln. Macht-demaskierende und Macht-dekonstruierende Ansätze stellen meines

Erachtens Möglichkeiten dar, um als Lehrer_in handlungsfähig zu sein. Für eine kritisch-reflexive Didaktik stellt sich die Frage, in welcher Weise fachspezifisch eigene (Sprach-)Praxen und Normen zu Selektion und Exklusion beitragen und diese legitimieren. Dies sind Gegenstände einer kritisch-sprachbewussten Reflexion. Ziel ist es daher, die bestehenden Konzepte für Sprachbewusstheit in Hinblick auf ihre Anwendbarkeit für die Sprachbewusstheit von Physiklehrkräften zu befragen und entsprechend zu adaptieren.

Kasuistische Herangehensweise

Um den Bedarf unterschiedlicher Aspekte von Sprachbewusstheit, die jene für den naturwissenschaftlichen Unterricht und für eine kritisch-reflexive Didaktik relevanten Ebenen berücksichtigt, authentisch darzustellen, werden in Anlehnung an kasuistische Ansätze Fallbeispiele ausgewählt und diese aus unterschiedlichen Perspektiven beleuchtet. In der ethnographischen Forschung und in der pädagogischen Professionalisierung werden Fallanalysen zur Rekonstruktion von Strukturmerkmalen eingesetzt (Cloos & Thole 2006; Schelle 2011; Heinzel 2006; Kunz 2015). Hier sollen sie dazu dienen, die unterschiedlichen Bedeutungsaspekte von Sprache im Physikunterricht zu rekonstruieren. Durch die Arbeit an einzelnen Fällen des Zusammenhangs von Sprache und Fach kann meines Erachtens ohne Rekurs auf Verwertbarkeitsargumente oder Sollensappelle überzeugend begründet werden, warum die Berücksichtigung von Sprache keine optionale Zusatzleistung der Lehrenden darstellt, sondern tatsächlich untrennbar mit einer nicht-diskriminierenden Praxis des Physikunterrichts verbunden ist – unabhängig von gegenwärtigen oder zukünftigen Migrationsphänomenen, aber durch diese umso mehr.

Mit den folgenden drei Kapiteln werden drei „Fälle" von Sprache im Physikunterricht vorgestellt. Die Fallbeispiele sollen illustrieren, welche Aspekte von Sprache und Sprachbewusstheit in bestimmten Situationen relevant werden. Zu jedem Fallbeispiel werden die relevanten Grundlagen erarbeitet, auf deren Basis das Fallbeispiel diskutiert wird. Für jedes Fallbeispiel werden didaktische Konsequenzen vorgeschlagen. Die betrachteten Aspekte sind:

- Texte im Physikunterricht
- Alltagssprache – Alltagskontexte
- Leistung und Leistungsbeurteilung

Diese Vorgehensweise dient der Klärung der zentralen Frage:

- *Was müssen Lehrkräfte naturwissenschaftlicher Fächer über Sprache unbedingt wissen, wenn sie nicht-diskriminierend unterrichten wollen?*

14 Texte im Physikunterricht

14.1 Fallbeispiel: Gesprochene und geschriebene Sprache

S3: Da.

S2: Warte.

S3: Der rote.

S2: Ich seh's, glaub ich schon.

S3: Ja. Es ist sieben //

S1: (lacht)

S2: Null... Komma eins.

S3: Zeig mal das heiße!

(PROMISE, Rentzsch et al. 2009)

„Meistens geht die Zufuhr von Wärme mit einer Temperaturerhöhung des Körpers einher. Wenn man Wasser mit einem Gasbrenner erhitzt, wird seine thermische Energie erhöht, denn seine Temperatur steigt.

(Physik plus, Klassen 7/8, Volk und Wissen, Berlin 2000, S.204)

Was ist der Fall?
Der Fall ist, dass die Sprache der Schüler_innen nicht der Sprache im Schulbuch entspricht.

Im Physikunterricht finden je nach Situation und Kontext unterschiedliche Sprachvarietäten Anwendung, wovon nicht alle fachsprachliche Varietäten darstellen. Je nachdem, ob die Texte mündlich oder schriftlich konzipiert sind, beinhalten sie mehr oder weniger inhaltstragende Lexik, haben eine komplexere oder einfachere Satzstruktur und haben somit eine geringere oder größere Informationsdichte. In den beiden Kästen sind zwei unterschiedliche Texte dargestellt, der eine entstammt einer mündlichen Kommunikation innerhalb einer Gruppe, der andere Text entstammt einem Schulbuch und handelt ebenfalls vom Thema Wärme und Temperatur.

Im ersten Text ist das transkribierte Gespräch dreier Schüler‗innen (S1, S2, S3) während einer Experimentiersituation im Physikunterricht dargestellt. Die Schüler‗innen sollten mit einem Thermometer die Temperatur von Wasser messen. Der erste Text ist mündlich konzipiert und stark situationsgebunden. Dies ist daran erkennbar, dass die meisten Sätze bruchstückhaft realisiert werden. Dies scheint jedoch dem gegenseitigen Verständnis der am Gespräch beteiligten Personen und ihrer Kommunikation keinen Abbruch zu tun. Die Dinge, über die gesprochen wird, liegen räumlich vor, daher müssen sie nicht namentlich genannt werden. Daraus resultieren eine geringere Anzahl an Nomen und kurze bruchstückhafte Sätze. Dieser Text ist effizient und der Situation durchaus angemessen.

Der zweite Text verfolgt einen anderen Zweck, nämlich die situationsunabhängige Darstellung eines physikalischen Zusammenhangs. Dieser Anspruch ist mit einer Sprache, wie sie für den ersten Text verwendet wurde, nicht zu realisieren. Kennzeichen von solchen – sogenannten *konzeptionell schriftlichen* – Texten sind daher eine hohe Nomendichte (alles muss benannt werden), fachspezifische Nomen-Verb-Verbindungen (*Energie erhöhen*, *Temperatur steigt*), Komposita (*Temperaturerhöhung*, *Gasbrenner*), Nominalisierungen (*Zufuhr*), Passivkonstruktionen (*wird erhöht*), seltene bzw. bildungssprachliche Ausdrücke (*mit etwas einhergehen*), Nebensatzstrukturen (*Wenn man das Wasser mit einem Gasbrenner erhitzt, ...*) und eine unpersönliche Form (*man*, Passiv). Die Texte tragen monologhaften Charakter, sie sind situationsungebunden und häufig in „zeitlosem Präsens" gehalten, um damit zeitliche und räumliche Allgemeingültigkeit auszudrücken. Welche Sprachvarietät in welchem schulischen Kontext die passende ist, muss im Unterricht vermittelt werden. Bruchstückhafte Äußerungen sind in der mündlichen Sprache durchaus effizient. Der Appell an Schüler‗innen, immer in ganzen Sätzen zu antworten, ist aus der Perspektive der Situationsangemessenheit von Sprache daher nicht immer sinnvoll. Oftmals bleibt während des Experimentierens keine Zeit, das, was zu sagen ist, in langen Sätzen auszuformulieren. „Dreh ab!", „Stopp!", „Halte das!", „0,5", „zu hoch", u.ä. Äußerungen sind während unterrichtlicher Aktivitäten völlig ausreichend und der Situation angemessen. Darüber, wie diese unterschiedlichen Sprachvarietäten des Physikunterrichts linguistisch eingeordnet werden können, gibt die Soziolinguistik Auskunft. Daher sollen kurz einige relevante soziolinguistischen Grundlagen dargestellt werden. Diese stellen jene Inhalte der kognitiv-linguistischen Ebene von Sprachbewusstheit dar, die für den Physikunterricht relevant und daher für Physiklehrende von Interesse sind.

14.2 Soziolinguistische Betrachtung

Unterschiedliche Arten des alltäglichen Sprachhandelns[18] und seiner sozialen Bedingtheit werden in der Soziolinguistik mit dem Terminus „Register" beschrieben und differenziert. In der *Functional Grammar* von Michael A. K. Halliday lassen sich Register durch drei Dimensionen beschreiben: *field* (Feld, Inhalt, Anlass, gesellschaftliche Situiertheit), *mode* (Modus, Ebene/Medium) und *tenor* (Kommunikationsstil, Rollen) (Halliday 1965, 1982; Zellmann 2010). Kontexte, wie Beruf, Fachwissen, Schichtzugehörigkeit, Rollen, Öffentlichkeit, Privatheit u.a. sind maßgebliche Faktoren eines Registers. Die Angemessenheit des Registers hinsichtlich seiner Dimensionen ist dabei entscheidend für gelingende Kommunikation.

14.2.1 Konzeptionelle Mündlichkeit/Schriftlichkeit

Eine ähnliche Unterscheidung der sprachlichen Äußerungsformen hinsichtlich ihrer situativen und kontextualen Einbettung ist jene nach Peter Koch und Wulf Oesterreicher (Koch & Oesterreicher 1985). Dabei stehen insbesondere der Unterschied zwischen *gesprochener* und *geschriebener* Sprache sowie das *Medium* ihrer Vermittlung im Fokus. In Anlehnung an Ludwig Söll entwerfen Koch und Oesterreicher ein Schema zur Doppelunterscheidung zwischen mündlicher/schriftlicher Konzeption und medial phonischem/graphischem Code (Söll 1985). Diese Unterscheidung verdeutlicht, dass das charakteristische Merkmal einer Sprachvarietät nicht darin liegt, dass sie gesprochen oder geschrieben *wurde*, sondern darin, ob sie ursprünglich *als gesprochene* oder *als geschriebene* Sprache konzipiert war. Die mediale Realisierung der Sprache, also geschrieben oder gesprochen, ist transferabel und daher als maßgebliches Charakteristikum eines sprachlichen Registers nicht ausreichend.

Während die mediale Realisierung dichotom ist (entweder graphisch oder phonisch), ist die Konzeption als Kontinuum mit Abstufungen zu verstehen. Um dies zu verdeutlichen, werden verschiedene Texttypen gemäß ihrer Konzeption und ihrer medialen Realisierung im unten dargestellten Schema verortet: ein vertrautes Gespräch, ein Telefonat, ein Interview, ein transkribiertes Interview, eine Email, ein Bewerbungsgespräch, ein Vortrag, ein Zeitungsartikel, ein Lehrbuchtext.

Während die Texte eindeutig gemäß des Mediums ihrer Kommunikation in phonisch oder graphisch eingeteilt werden können (ein Text ist entweder gesprochen

---

[18] Der Begriff der Sprachhandlung wird im Zusammenhang mit der Thematisierung von Sprachhandlungsfähigkeit ausführlich in Kapitel 21 erörtert.

Abb. 14.1 Darstellung konzeptioneller Mündlichkeit und Schriftlichkeit in Anlehnung an Günther 1997 (vgl. auch Kniffka & Siebert-Ott 2008).

oder geschrieben), ist eine solch dichotome Einteilung gemäß ihrer Konzeption nicht möglich. Obwohl der Text in einem Prüfungsgespräch gesprochen wird, unterscheidet er sich wesentlich stärker vom ebenfalls gesprochenen Text eines Telefonats mit einem Bekannten und entspricht eher dem Text einer schriftlichen Prüfung, auch wenn deren Medium graphisch ist. Der wesentliche Unterschied der Texte besteht nach Koch und Oesterreicher in den Kommunikationsbedingungen, unter denen sie zustande kommen. Die relative Situierung eines Textes im konzeptionellen Kontinuum ergibt sich somit aus dem Zusammenwirken mehrerer Parameter. Dazu zählen das soziale Verhältnis (Freund oder Vorgesetzte), die Anzahl der an der Kommunikation beteiligten Personen (Vortrag oder vertrautes Gespräch), die räumlich und zeitliche Situierung der Kommunikationspartner_innen (Brief, Email, Telefonat), Sprecher_innenwechsel (spontan, kurzfristig und frei oder langfristig geplant), die Themafixierung (Prüfungsgespräch oder offenes Thema im vertrauten Gespräch), der Öffentlichkeitsgrad, die Spontanität im Gegensatz zur Geplantheit, der soziokulturelle Kontext (gemeinsame Werte, geteiltes Wissen) u.a.m.

Im Gegensatz zu konzeptioneller Schriftlichkeit ist konzeptionelle Mündlichkeit gekennzeichnet durch ihre Situations- und Kontextgebundenheit, durch einfache Satzstrukturen, geringe Informations- und Nomendichte und durch ihren dialoghaften Charakter.

Tabelle 14.1 Versprachlichungsstrategien nach Riebling (2013a:8), in Anlehnung an Koch und Oesterreicher (1985:23).

	Sprache der Nähe (Konzeptionelle Mündlichkeit)	Sprache der Distanz (Konzeptionelle Schriftlichkeit)
Kommunikations- bedingungen	Dialog Vertrautheit der Partner Face-to-face-Interaktion freie Themenentwicklung keine Öffentlichkeit Spontaneität „involvement" Situationsverschränkung Expressivität Affektivität	Monolog Fremdheit der Partner raumzeitliche Trennung Themenfixierung Öffentlichkeit Reflektiertheit „detachment" Situationsentbindung „Objektivität"
Versprachlichungs- strategien	Prozesshaftigkeit Vorläufigkeit geringe Informationsdichte geringe Kompaktheit geringe Integration geringe Komplexität geringe Elaboriertheit geringe Planung	„Verdinglichung" Endgültigkeit höhere Informationsdichte höhere Kompaktheit höhere Integration höhere Komplexität höhere Elaboriertheit höhere Planung

14.2.2 BICS/CALP

In ähnlicher Weise differenziert Jim Cummins zwischen kontextgebundenen, persönlichen, dialoghaften, umgangssprachlichen Kompetenzen und dekontextualisierten, unpersönlichen, distanzierten, elaborierten Sprachkompetenzen. Seine Überlegungen beruhen auf Forschungsergebnissen zu Mehrsprachigkeit und dem Sprachgebrauch mehrsprachig aufwachsender Kinder im schulischen Kontext. Nach Cummins sind *Basic Interpersonal Communication Skills* (BICS) jene Sprachkompetenzen, die zur Bewältigung der alltäglichen Kommunikation zu alltagsbezogenen Inhalten notwendig sind. Im Gegensatz dazu ist zur Erschließung komplexer, vom Alltag losgelöster Inhalte eine *Cognitive Academic Language Proficiency*[19] (CALP) erforderlich (Cummins 1979).

Auf die wesentliche kognitive Funktion von schulischem Sprach- und Denkstil wird auch von Portmann-Tselikas verwiesen (Portmann-Tselikas 1998). Demnach werden die Sprach- und Denkstile des Alltags in der Schule ausgebaut zu Denk- und Sprechweisen, die es ermöglichen, Gegenstände und Sachverhalte von Alltag und eigener Erfahrung losgelöst zu besprechen und dazu Fragen zu entwickeln (Lengyel 2010).

Untersuchungen zur Erwerbsdauer von CALP in der Zweitsprache liegen hauptsächlich aus dem englischsprachigen Raum vor, insbesondere aus Kanada, Aus-

---

[19] Hans Reich übersetzt CALP als „Bildungssprachfähigkeit" (Reich 2008).

tralien und den USA. Aus den Studien geht hervor, dass der Erwerb von BICS in einem Zeitraum von 6 Monaten bis 2 Jahren möglich ist, während der Erwerb von CALP in der Zweitsprache fünf bis sieben Jahre in Anspruch nimmt (Cummins 1979). Sprachkompetenzen, die zur Bewältigung des Alltags insbesondere im Rahmen persönlicher Kommunikationsituation erforderlich sind, werden also sehr schnell erworben, sodass bald eine mühelose Verständigung möglich ist. Daraus kann jedoch nicht auf ein entsprechendes Verfügen über CALP geschlossen werden.

Cummins Unterscheidung wird nicht unkritisch betrachtet. Es wurde Kritik am BICS/CALP-Konzept dahingehend geäußert, dass die Unterscheidung zwischen kognitiv-anspruchsvoll/ kognitiv nicht-anspruchsvoll (Cognitively demanding/undemaning) zu starr und nicht ausreichend differenziert sei (Scaracella 2003) und dass damit ein defizitärer Ansatz verbunden wäre, der mehrsprachigen Schüler‗innen allgemein schulische Probleme aufgrund ihrer geringen CALP-Fähigkeiten prognostizierte (Edelsky 1990; Smith & Edelsky 2005). Nach den Kritiker‗innen könnte der Begriff CALP eine Defizitattribuierung nahelegen, wonach der Bildungsmisserfolg von mehrsprachigen Schüler‗innen auf geringere kognitive Fähigkeiten seitens der Schüler‗innen und nicht auf unzureichende Zugangsmöglichkeiten zur Bildung seitens der Bildungseinrichtungen interpretiert werden könnte (Smith & Edelsky 2005).

Als Reaktion auf die Kritik bezog Cummins den Kontext der Unterrichtssituation bzw. der kontextuellen Einbettung als weitere Dimension mit ein, sodass nun neben dem Kontinuum der Pole kognitiv anspruchsvoll/ nicht-anspruchsvoll ein weiteres Kontinuum zwischen den Polen kontextuell eingebettet/ nicht-eingebettet (*context embedded/ reduced*) aufgespannt wurde.

Für die bildungspolitischen Entscheidungen haben insbesondere Cummins' Untersuchungen zur Dauer des Erwerbs von Bildungssprache sowie zur Beeinflussung des Spracherwerbs in der Zweitsprache durch Sprachförderung in der Erstsprache Bedeutung. Cummins konnte zeigen, dass ein Unterricht in der Minderheitensprache sich nicht negativ auf den Erwerb des Englischen (als Unterrichtsbzw. Zweitsprache) auswirkt (Cummins 2006).

14.2.3 New language variety

Um der aktuellen Sprachhandlungsrealität der Schüler‗innen Rechnung zu tragen, soll auch die Sprachverwendung in den sozialen Medien linguistisch betrachtet werden. Die Durchdringung des Alltags durch elektronische Medien stellt Linguist‗innen vor die Frage, wie sich Sprache unter dem Einfluss der neuen Kommunikationsbedingungen konstituiert. Nach handlungstheoretischen Grundlagen ist jede Verwendung von Sprache eine Handlung. Handlungen folgen kulturspezifisch und situational definierten Mustern, etwa das Begrüßungsmuster mit der Hand zu grüßen. Übertragen auf den Medienkontext kann davon ausgegangen werden, dass auch in der Medienkommunikation bestimmten medien-kulturspezifischen Mustern gefolgt wird (Thimm 2000). Ansätze, den Medialitätscharakter von Sprache in die theoretische Bestimmung von Sprache zu integrieren, stammen beispielsweise von Ehlich (1998). Demnach ist Sprache als Medium etwas „Vermittelndes", dem die drei Funktionsbereiche Erkenntnisstiftung, Praxisstiftung und Gesellschaftsstiftung zugeschrieben werden können.

Medienkritische Sichtweisen sehen Sprachverwendung in den neueren Medien vor allem Defizite. Befürchtet wird, dass aufgrund einer nicht stattfindenden face-to-face-Kommunikation mit der physischen Anwesenheit aller Kommunikationspartner_innen Sprach- und Kommunikationskompetenzen verloren gehen. Auch auf die Schreib- und Lesekompetenz werden negative Auswirkungen konstatiert. Collot und Belmore sprechen von einer „new language variety" und kommen zu dem Schluss, dass elektronische Kommunikation am ehesten mit einem persönlichem Brief, einem Interview oder einem Telefongespräch vergleichbar ist (Collot & Belmore 1996). Dies sind medial graphische oder phonische Texte, die auf dem konzeptionellen Kontinuum eher dem Mündlichen zugeordnet werden könnten. Jedoch gibt es Besonderheiten elektronischer Schriftlichkeit, die nahelegen, diese Form als eine neue Schriftlichkeitskultur zu behandeln. So ist etwa die *medium transferability*, also der mediale Wechsel von graphisch zu phonisch, nicht immer gegeben. Im Gegensatz dazu kann ein Interview medial phonisch oder in einer Zeitung abgedruckt graphisch vorliegen (mediale Transferabilität), die Konzeption des ursprünglichen Textes war auf face-to-face-Kommunikation und somit auf Hören ausgelegt. Die Rezeption von Chattexten ist nicht auf Hören ausgelegt, die Chatpartner_innen teilen aber sehr wohl eine gemeinsame Kommunikationssituation – beide sitzen vor dem Bildschirm – in der jedoch Kommunikationsort und -zeit nicht geteilt werden. Die räumliche und zeitliche Entbundenheit der Kommunikation ist als Merkmal eher der konzeptionellen Schriftlichkeit zuzuordnen. Es besteht vielmehr eine virtuelle Nähe, in der eine Sprache der Nähe im Sinne von Koch und Österreicher angemessen ist. Nach der Begrifflichkeit von Halliday stellen sich Chattexte folgendermaßen dar: In Chattexten sind *field* und *tenor* nicht vordefiniert (wie z.B. Situation und soziale Rollen in einem Prüfungsgespräch zwischen Student und Professorin). Sowohl Situation (field) als auch Relation (tenor) der Kommunikationspartner_innen wird erst im Text und durch den Text definiert (Wenz 1998). Diese Texte sind zwar am Duktus der gesprochenen Sprache orientiert, wobei gewisse Schreibformen ihre Wirkung jedoch nur dann entfalten, wenn

sie gelesen werden, wie an folgenden Merkmalen aus Chattexten deutlich wird
(Beispiele aus Storrer 2009):

- Strategien zur Beschleunigung des Schreibens und zur Textverdichtung, die
  teilweise bereits konventionalisiert sind:

  - lol – g – fg – cu – n8
  - funzt (für funktioniert)

- Orientierung an mündlicher Aussprache und Intonation:

  - Vokaldoppelung (uiiiiiiii)
  - Großschreibung (Luuuuuukeeeen DICHT!)

- Inszenierung, Rekonstruktion von Mimik und Gestik:

  - Emotikons (Smileys) :-) ;-) :) ;) :-(' -.- O.O
  - Aktionswörter (Inflektive) zur Inszenierung getippter Gespräche (*lach*
    wink)
  - Erweiterung um Objekte und Adverbialbestimmungen (*kopfschüttel*,
    hinweisgeb)

Orthographische Fehler werden meist nur korrigiert, um Missverständnisse zu
vermeiden. Nach Thimm kommen der digitalisierten Schriftlichkeit neue Funktionen zu, die stärker nähebezogene Aspekte (Spontaneität und Emotionalität) als
distanzbezogene Aspekte beinhalten (Thimm 2000:55). Auf der Hypertextebe-
ne zeigen sich Besonderheiten in der Kontinuität von Texten. Durch Verlinkung
und Verknüpfung unterschiedlicher Textbestandteile ergeben sich für den-die Nut-
zer-in unterschiedliche Möglichkeiten der Textzusammensetzung. Diese Teiltexte
stehen in aggregativer Form nebeneinander, sind also mit und – und – und – ...
verknüpft. Hypertexte werden somit nicht linear gelesen, sondern vielmehr parallel. Zudem sind Textanfang und Textende nicht festgelegt sondern nutzerbestimmt
(Wenz 1998:3).

14.2.4 Fachsprache

Es gibt unterschiedliche Ansätze zur Definition von Fachsprache.[20] Nach linguistischen Modellen ist Fachsprache eine durch unterschiedliche Eigenschaften

---

[20] Wesentliche Teile dieses Kapitels wurden in meinem Beitrag „Wortschatzarbeit im mathematisch-
naturwissenschaftlichen Unterricht" veröffentlicht (Tajmel 2011b)

gekennzeichnete Sprachvarietät: Sie ist eine Sprache, die an Fachleute und Expert_innen gebunden ist, welche sie zur fachlichen Kommunikation nutzen. Charakteristika der Fachsprache sind auf den Ebenen der Lexik (Fachwortschatz), der Morphosyntax (grammatische Strukturen) und der Textstruktur feststellbar (Fluck 1996; Hoffmann et al. 1998b). Die funktionalen Eigenschaften von Fachsprache sind u.a. Deutlichkeit, Verständlichkeit, Ökonomie, Anonymität und Identitätsstiftung (Roelcke 2010).

14.2.5 Schule und Unterricht

Im schulischen Kontext werden Fachsprachen unterschiedlich thematisiert. Während es ein Ziel des Deutschunterrichts ist, Fachsprache als Sprachvarietät auf der Metaebene hinsichtlich ihrer Funktion zu reflektieren, werden in den von der Kultusministerkonferenz (KMK) verabschiedeten Standards für den mittleren Schulabschluss in Physik die zur Kommunikation erforderliche „angemessene Sprech- und Schreibfähigkeit in der Alltags- und der Fachsprache, das Beherrschen der Regeln der Diskussion und moderne Methoden und Techniken der Präsentation" als Ziel gesetzt (Kultusministerkonferenz 2005:10). Auch die Fähigkeit der Unterscheidung von Fachsprache und Alltagssprache wird im Kompetenzbereich „Kommunikation" angeführt:

> „Die Schülerinnen und Schüler tauschen sich über physikalische Erkenntnisse und deren Anwendungen unter angemessener Verwendung der Fachsprache und fachtypischer Darstellungen aus (...), unterscheiden zwischen alltagssprachlicher und fachsprachlicher Beschreibung von Phänomenen." (Kultusministerkonferenz 2005:12)

Instrumente zur Erfassung von Fachsprache, welche die unterschiedlichen Darstellungsebenen berücksichtigen, wurden etwa von Nitz entwickelt (Nitz et al. 2012; Nitz 2012).

In Tabelle 14.2 sind die Besonderheiten von Fachtexten dargestellt. Mathematische und naturwissenschaftliche Sachverhalte werden in einer eigenen Sprache ausgedrückt, die sich auf der Textebene, der syntaktisch-morphologischen Ebene und der lexikalischen Ebene von der Sprache des Alltags unterscheidet. Dies macht die naturwissenschaftliche Sprache gewissermaßen zu einer „fremde Sprache". Fachsprache ist jedoch mehr als die Summe aller Fachwörter eines Faches (Ohm et al. 2007:100). Naturwissenschaftliche Fachtexte stellen als Sachtexte im Gegensatz zu narrativen Texten zumeist eine Mischung aus kontinuierlichen und diskontinuierlichen Texten dar, wobei die diskontinuierlichen Anteile aus Diagrammen, Tabellen, Skizzen oder Formeln bestehen, die eine eigene Art des Lesens verlangen. Schwierigkeiten auf der syntaktischen Ebene zeigen sich in der Verwendung

Tabelle 14.2 Besonderheiten von Fachtexten (in Anlehnung an Rösch 2009, 2011, mit eigenen Beispielen aus der Physik)

LEXIKALISCHE MERKMALE	Fremdwörter, Abstrakta, Ober-/Unterbegriffe
	mehrgliedrige Komposita: *Strahlungsmessgerät*
	Verben mit komplexen Bedeutungsstrukturen
	fachsprachlich relevante Prä-/Suffixe: *dissoziieren, Kondensation, verdampfen*
SYNTAKTISCHE MERKMALE	
Passiv	Temperatur *wird gemessen*
Passiversatzformen	*man, es*
Verben mit passivischer Bedeutung	*erhalten, bekommen, erfolgen*
Funktionsverbgefüge	*zur Anwendung kommen*
Partizipialkonstruktionen	*erwärmend* (Part. I), *erwärmt* (Part. II)
Nominalisierungen	*Herstellung, Darstellung, Messung, Vergrößerung*
Genitivattribute	die Messung *der Temperatur*
Päpositionalattribute	die Ableitung *nach der Zeit*
Bedingungssätze	*wenn – dann; je – desto/umso*
Proformen	Pronomen: *diese, jene*
	Proformen für Satzglieder: *dadurch, deswegen*
	Signale für logische Verknüpfungen: *jedoch, aber, sodass*
Textebene	keine Erzählstruktur
	unpersönlich, ohne Identifikationsmöglichkeit
	analytisch, deskriptiv, verallgemeinernd

von hypotaktischen Strukturen in den kontinuierlichen Textanteilen, in den diskontinuierlichen Textanteilen treten Formelzeichen, einzelne Wörter, bruchstückhafte Sätze und Ellipsen auf. Auf der morphologischen Ebene können etwa die häufigere Verwendung des Genitivs (die Größe *der Kraft*), Verbalisierungen und Nominalisierungen (*verdoppeln – Verdoppelung*), Partizipialkonstruktionen (die *schneidende* Gerade, der *gebrochene* Strahl) sowie die Bildung von Komposita (*Plattenkondensator*) Verständnisprobleme bereiten (Rösch 2009; Ohm et al. 2007). Auf lexikalischer Ebene treten einerseits unbekannte Wörter auf, Fremdwörter lateinischen oder griechischen Ursprungs, andererseits erhalten bekannte Wörter eine andere Bedeutung oder werden auf „ungewöhnliche Weise" mit anderen Wörtern zu fachspezifischen Kollokationen kombiniert, wie z.b. *eine Gleichung aufstellen*. Kollokationen sind zumeist Nomen-Verb- oder Adjektiv-Nomen-Verbindungen, die eine eigene Bedeutung haben, fachliche „Phrasen" darstellen, ein ganz bestimmtes fachliches Konzept ausdrücken und somit zur Exaktheit der Fachsprache beitragen.

Kollokationen

Kollokationen sind Zweierkombinationen von Wörtern, die aus einer Basis und einem Kollokator bestehen (Hausmann 2007). Der fachsprachliche Ausdruck „eine Gleichung aufstellen" ist eine Kollokation, *Gleichung* ist die Basis, das Verb *aufstellen* ist der Kollokator. Während Begriffe wie Elektron, Differenz, Hyperbel, Genom oder Photosynthese für die meisten Schüler_innen fremd bzw. neu sind und als neue Lexeme in das Lexikon aufgenommen werden, besteht die Kollokationen *Gleichung aufstellen* ausschließlich aus Wörtern, die aus dem Alltag bekannt sind oder sich von diesem in ihrer Bedeutung übertragen lassen. Die Semantik der Kollokation erschließt sich nicht durch die Einzelsemantiken ihrer Teile. So muss für das Verb *aufstellen* bereits die eigentliche alltägliche Bedeutung vorliegen, um aufstellen im übertragenen mathematischen Sinn zu verstehen. Ebenso muss das Verb *gleichen* oder das Adjektiv *gleich* schon im mentalen Lexikon mit einer Vorstellung verbunden sein, um zu verstehen, warum und wann das Nomen *Gleichung* verwendet wird. Diese fachspezifische Kollokation setzt also hohe alltagssprachliche Kompetenzen voraus, um sie in ihrer fachlichen Bedeutung zu verstehen. Ihre alltagssprachliche Bedeutung ist gewissermaßen der Schlüssel zum fachlichen Konzept.

Eine andere für Fachtexte typische Art von Nomen-Verb-Verbindung ist das Funktionsverbgefüge. Im Gegensatz zu Kollokationen sind Funktionsverbgefüge „Streckformen" und typisch für den Nominalstil im Deutschen (vgl. Burger 2007). Ihnen entspricht zumeist ein einfaches Verb. Beispiele sind: *Einwand erheben – einwenden; Darstellung vornehmen – darstellen*. Kollokationen sind im Gegensatz dazu nicht durch ein Verb substituierbar.

14.3 Sprachliche Register im Physikunterricht

Die Tabelle 14.3 bietet einen Überblick über unterschiedliche Unterrichtssituationen, schulischen Kontexte und jene sprachlichen Register (vgl. Kapitel 14.2), die in dieser Situation erforderlich sind. Die konzeptionell schriftlichen Register nehmen dabei von oben nach unten zu, die mündlichen nehmen ab.

14.4 Reflexiv-didaktische Konsequenzen

Aus der Analyse des im Fallbeispiel dargestellten Verhältnisses von mündlicher und schriftlicher Sprache und der Bedeutung des Zusammenhangs von Sprache und Situation wird verständlich, dass auch Fachsprache je nach situativer Einbettung unterschiedliche Merkmale trägt und eine Förderung der Fachsprache daher mehr ist als ein Vermitteln von Fachbegriffen. Dieses Wissen bildet die Grundlage, um unterrichtliche Rahmenvorgaben in Bezug auf Fachsprache kritisch lesen und realistisch einschätzen zu können.

Das Wissen über die unterschiedlichen Sprachvarietäten, über die Besonderheiten von Fachsprache sowie über die durch das soziolinguistische Konzept des Registers verdeutlichte Situationsabhängigkeit von Sprache macht bewusst, dass mit Physiklernen und Physikunterricht aufgrund der spezifischen situativen Bedingungen immer ein sprachliches Register verbunden ist, das den Schüler_innen noch nicht bekannt sein *kann*. Die unterschiedlichen sprachlichen Register des Physikunterrichts können somit gleichermaßen als *zu vermittelnd* aufgefasst werden wie physikalische Inhalte auch. Dieses Wissen ermöglicht es, die sprachliche Unterstützung situationsangemessen zu modifizieren. Zudem bietet dieses Wissen die Erkenntnis, dass durch gezielte Veränderungen der Situation unterschiedliche sprachliche Register geübt werden können. Geeignete, auf einer situativen Bedarfsanalyse aufbauenden Ansätze bietet beispielsweise das *Scaffolding*-Konzept (Gibbons 2006, 2002; Quehl & Trapp 2013).

Bezogen auf Sprachbewusstheit wurde mit diesem Fallbeispiel vordergründig soziolinguistisches Wissen über Sprachvarietäten auf kognitiver Ebene aufgerufen. Das nun folgende Fallbeispiel erfordert eine Sprachbewusstheit, die über die kognitive Ebene hinausreicht und die Frage nach passendem oder unpassendem Alltag sowie der Konstruktion von Normalität aufwirft.

Tabelle 14.3 Register in Abhängigkeit von der Unterrichtssituation (Tajmel 2013)

Unterrichtssituation/ Schulischer Kontext	Sprachliche Register
Lehrer_innenvortrag, Unterrichtsgespräch	Unterrichtsgespräche zwischen Lehrer_in und Schüler_in erfolgen in einer Mischung aus konzeptioneller Mündlichkeit und Schriftlichkeit, und sind medial mündlich. Sie tragen einerseits dialoghaften Charakter und beinhalten situationsgebundene Verweise, weisen aber auch eine hohe Informations- und Nomendichte sowie fachsprachliche Kollokationen auf. (Beispiel: „*Wenn ich an dem Seil hier ziehe, dann greift die Kraft in diesem Punkt an.*" - ... *dem hier, diesem* ... sind situationsgebundene Verweise; *die Kraft greift an* ist eine fachspezifische Kollokation)
Textaufgaben, Schulbücher	Unterrichtstexte tragen hauptsächlich konzeptionell schriftliche Merkmale. Je mehr konzeptionell mündliche Elemente in einem Schulbuchtext enthalten sind, desto „schülergerechter" ist der Text. Beispiele hierfür sind persönliche Anreden („*Was passiert, wenn Du die Stromstärke erhöhst?*" im Gegensatz zu „*Durch Erhöhung der Stromstärke zeigt sich folgender Effekt ...*")
Gruppenarbeit	Gespräche der Schüler_innen untereinander sind konzeptionell mündlich, es werden wenige Nomen verwendet, weil die Gegenstände, über die gesprochen wird, noch zeitlich und räumlich nah sind. Liest man nur die Transkription eines solchen Gesprächs, weiß man mitunter nicht, worum es geht. Die Sätze sind unvollständig und einfach, jedoch funktional und effizient und zur Mitteilung des Inhalts durchaus ausreichend, da das Gespräch an die Situation gebunden ist, in der jede_r das Experiment auch vor Augen hat.
Mündlicher Bericht über eine Gruppenarbeit, Schüler_innenreferat	Mit zunehmender zeitlicher und räumlicher Distanz zum Experiment steigen auch die konzeptionell schriftlichen Elemente. Die Dinge müssen benannt werden, dadurch steigt automatisch die Nomendichte und ein entsprechender Wortschatz wird erforderlich. Es müssen entsprechende Verben in Vergangenheitsform sowie Konnektoren und Proformen wie *zuerst, dann, danach* ... angewendet werden.
Verfassen eines schriftlichen Berichts, Protokoll	Die Anforderungen an die konzeptionell schriftlichen Fähigkeiten der Schüler_innen steigen. Ein Protokoll ist eine eigene Textform, es muss eine verallgemeinerte Darstellung des Sachverhalts gegeben werden. Das zeigt sich z.B. darin, dass die Versuchsbeschreibung in Präsens und nicht in einer Vergangenheitsform verfasst wird. Hier tritt bereits jenes „zeitlose", verallgemeinernde Präsens auf, das sich in Fachtexten, in Regeln, in Gesetzen wieder findet.
Leistungsbeurteilung, Prüfung, Text	Für die Beurteilung der schulischen Leistungen sind in erster Linie Klassenarbeiten, Prüfungsgespräche, Tests und Klausuren ausschlaggebend, Bereiche also, die vornehmlich konzeptionelle Schriftlichkeit, zumeist auch medial schriftlich, erfordern. Die Schüler_innen müssen sich in einer dekontextualisierten, situationsungebundenen Sprache ausdrücken, müssen entsprechendes Fachvokabular verwenden und fachtypische Kollokationen beherrschen. Beispiel: Eine *Kraft wirkt* auf einen Körper.

15 Bedeutung des Alltags für den Physikunterricht

15.1 Fallbeispiel: Realer und hypothetischer Alltag

Volumen ist ... „das wenn die Haare so gepuscht werden" (BAHU07)	„Dir sind schon oft Angaben begegnet, die sich auf das Volumen von Körpern beziehen. [...] An der Tankstelle zeigt die Zapfsäule 50 l an." (Physik plus, Klassen 7/8, Volk und Wissen, Berlin 2000, S. 87)

Was ist der Fall?
Der Fall ist, dass der Alltagskontext des Schülers oder der Schülerin ein anderer als jener Alltagskontext ist, auf den im Schulbuch Bezug genommen wird.

Schulbuchtexte beinhalten zumeist Textteile, die eine Anknüpfung zum Alltag der Schüler_innen herstellen sollen. Damit ist die Intention verbunden, an die Lebenswelt der Schüler_innen anzuknüpfen und aus dieser „Betroffenheit" das Interesse an der weiterführenden Erarbeitung eines fachlich abstrakteren Konzeptes zu wecken. Leisen nennt die einführenden Texte in Schulbüchern explizit als Beispiele für Alltagssprache:

> „Einführende Texte in Lehrbüchern beschreiben oft Alltagserfahrungen und führen auf fachliche Fragestellungen hin. Sie sind im wesentlichen in der Alltagssprache abgefasst." (Leisen 1998:2)
> „Sie [die Alltagssprache, T.T.] ist eng mit der Erlebnis- und Erfahrungswelt verbunden und verwendet bevorzugt anthropomorphe Formulierungen (z.B. eine Kraft haben, die Batterie ist leer, eine Geschwindigkeit geben)." (Leisen 1998:2)

Auch Rincke führt „Kraft haben" als Beispiel für Alltagssprache an und sieht die Formulierung „Gewichtskraft eines Körpers" als Ausdruck von Alltagsverständnis. Die Entscheidung, welche Kontexte als einleitende Beispiele für Alltag und damit als Alltagsanknüpfung geeignet sind, obliegt im Wesentlichen den Schulbuchautor-innen, Didaktiker-innen und Lehrer-innen, also Vertreter-innen einer bestimmten Fachkultur.

Von Interesse ist, (i) ob ein aus einem fachkulturellen Verständnis hypothetisch konstruierter Alltag dem realen Alltag von Schüler-innen entspricht und (ii) ob mit der Konstruktion eines hypothetischen Alltags bestimmte Normalitätsannahmen verbunden sind, die als Selektionsmechanismen wirksam werden können.

Zunächst soll erörtert werden, welche Bedeutung dem Alltag und der Alltagssprache in Bezug auf das Lernen von Physik beigemessen wird. Damit soll die Relevanz des Fallbeispiels geklärt werden. Daran anschließend wird Alltagssprache aus sozio-linguistischer Perspektive betrachtet. Mit diesen Grundlagen wird der Schulbuchtext und die Antwort des Schülers bzw. der Schülerin einer genaueren Analyse unterzogen und es werden unterschiedliche didaktische Handlungsfelder identifiziert.

15.2 Bedeutung der Alltagssprache für das Lernen von Physik

15.2.1 Alltagssprache als Thema der Physikdidaktik

Dass die Alltagssprache die Basis und Bezugsgröße für andere Bereiche darstellt, wird sowohl aus sprachwissenschaftlicher als auch aus physikdidaktischer Perspektive bekräftigt. So meint Ehlich, dass ohne die Basis der Alltagssprache im allgemeinen eine wissenschaftliche Verständigung nicht möglich sei (Ehlich 1999:10). Muckenfuß spricht davon, dass Physik kommunizierbar sein muss und sieht in der Vagheit der Alltagssprache die Voraussetzung für Verstehen.

> „Kein Begriff, keine Aussage ist präziser zu verstehen, als es die individuelle Denkstruktur jeweils zulässt. Die Diversifikation des Bedeutungsinhalts bei der Einordnung eines Begriffs, Satzes oder Theorieelements in das individuelle Denken ist eine zwangsläufige Begleiterscheinung des Lernvorgangs und zugleich die Voraussetzung dafür, dass es überhaupt zu einen Verstehen kommt." (Muckenfuß 1995:248)

Zudem attestiert Muckenfuß der Fachsprache eine Begrenztheit, welche er an folgendem Beispiel verdeutlicht, indem er fragt:

> „Was beschreibt die Realität zutreffender, der Satz Die Suppe ist lauwarm! Oder Die Suppe hat eine Temperatur von 32,5°C!?" (Muckenfuß 1995:247)

Die Bedeutung der Alltagssprache sieht Muckenfuß nicht nur in ihrer Funktion als Grundlage für Physikunterricht sondern gleichermaßen auch als Ziel. Damit reagiert er auf Wagenscheins Modell, welches die Fachsprache als sprachliches

Ziel des Physikunterrichts sieht, die sich aus der Muttersprache heraus entwickeln muss.

> „Physikunterricht hat zu lehren, wie Physik und damit ihre Sprache entsteht; wie die Muttersprache sich, gemäß der Enge des physikalischen Aspektes, zurückziehen muß." (Wagenschein 1978:328)
> „[Muttersprache] führt zur Fachsprache, sie beschränkt s i c h auf sie h i n. Sie entläßt sie mit ihrem Segen (...)." (Wagenschein 1988:137)

Muckenfuß meint dazu, Ziel des Physikunterrichts sei vielmehr, fachliche Inhalte in Alltagssprache ausdrücken zu können.

> „Wenn man eine wesentliche Aufgabe des Physikunterrichts darin sieht, Physik in lebenspraktischen Zusammenhängen kommunizierbar zu machen, dann bildet die Fähigkeit, Physikalisches alltagssprachlich ausdrücken zu können, das Unterrichtsziel. Kommunikative Kompetenz auf der Ebene der Alltagssprache steht dann am Ende des Lernprozesses und ist kein Durchgangsstadium." (Muckenfuß 1995:249)

Anzumerken ist, dass Wagenschein nahezu ausschließlich den Begriff *Muttersprache* verwendete, jedoch in didaktischen Arbeiten zu Fachsprache und Alltagssprache, die auf Wagenschein rekurrieren, meistens für Wagenscheins Terminus „Muttersprache" die Synonyme „Alltagssprache", „Allgemeinsprache" oder „Umgangssprache" verwendet werden, dies jedoch zumeist unthematisiert und ohne weitere linguistische Begründung geschieht. Schiewe ist einer der wenigen, der die Terminologie Wagenscheins zu Muttersprache thematisiert und die synonyme Verwendung des Terminus „Alltagssprache" mit der Dichotomie von Alltags- und Fachsprache begründet.

> „Wagenschein verwendet in fast allen seinen Arbeiten den Terminus 'Muttersprache', den er der 'Fachsprache' gegenüberstellt. Da in der Linguistik 'Muttersprache' meist in Kontrast zu 'Fremdsprache' oder 'Zweitsprache' benutzt wird, scheint hier der Ausdruck 'Alltagssprache' eher angebracht." (Schiewe 1994:284)

15.2.2 Alltagssprache curricular

Die Bedeutung von Alltagssprache und Fachsprache findet sowohl in den von der Kultusministerkonferenz 2004 verabschiedeten Bildungsstandards (Kultusministerkonferenz 2005) als auch in aktuell gültigen Lehrplänen für den Physikunterricht (z.B. für die Länder Berlin und Nordrhein-Westfalen) Erwähnung und wird insbesondere für den Erwerb von Kommunikationskompetenz als wesentlich erachtet. Die folgenden Zitate aus den Bildungsstandards sowie aus ausgewählten Lehrplänen illustrieren dies.

KMK Bildungsstandards

„Zur Kommunikation sind eine angemessene Sprech- und Schreibfähigkeit in der Alltags-
und der Fachsprache, das Beherrschen der Regeln der Diskussion und moderne Methoden
und Techniken der Präsentation erforderlich." (Kultusministerkonferenz 2005:10)

Unter den Standards für den Kompetenzbereich Kommunikation („Informationen
sach- und fachbezogen erschließen und austauschen") findet sich folgende anzu-
strebende Kompetenz:

„Die Schülerinnen und Schüler (...) unterscheiden zwischen alltagssprachlicher und fachsprachlicher Beschreibung von Phänomenen" (Kultusministerkonferenz 2005:12)

Rahmenlehrplan Physik, Sek. 1, Berlin

„In ihrer Lebenswelt begegnen den Schülerinnen und Schülern Phänomene, die sie sich und
anderen aufgrund ihrer Biologie-, Chemie- und Physikkenntnisse unter Nutzung der Fachsprache erklären können. In der anzustrebenden Auseinandersetzung erkennen sie die Zusammenhänge, suchen Informationen und werten diese aus. Dazu ist es notwendig, dass sie
die entsprechende Fachsprache verstehen, korrekt anwenden und gegebenenfalls in die Alltagssprache umsetzen." (SenBJS, Senatsverwaltung für Bildung, Jugend und Sport Berlin
2006:11)
„Die Schülerinnen und Schüler (...) beobachten naturwissenschaftliche Phänomene und beschreiben sie mithilfe der Alltags- und Fachsprache" (SenBJS, Senatsverwaltung für Bildung, Jugend und Sport Berlin 2006:13)
„Die Schülerinnen und Schüler (...) unterscheiden zwischen alltagssprachlicher und fachsprachlicher Beschreibung von physikalischen Phänomenen" (SenBJS, Senatsverwaltung
für Bildung, Jugend und Sport Berlin 2006:21)

Lehrplan für die Gesamtschule für Naturwissenschaften, Nordrhein-Westfalen

„In der aktiven Auseinandersetzung mit fachlichen Inhalten, Prozessen und Ideen erweitert
sich der vorhandene Wortschatz, und es entwickelt sich ein zunehmend differenzierter und
bewusster Einsatz von Sprache. (...) Solche sprachlichen Fähigkeiten entwickeln sich nicht
naturwüchsig auf dem Sockel alltagssprachlicher Kompetenzen, sondern müssen gezielt im
naturwissenschaftlichen Unterricht angebahnt und vertieft werden." (LI-NRW 2011:13)

Im Physikunterricht finden, wie oben dargestellt, unterschiedliche sprachliche Register Verwendung. Es kann davon ausgegangen werden, dass es aktuell ein Bewusstsein dafür gibt, dass Fachsprache ein Register darstellt, welches erst im und
durch den Physikunterricht erworben wird.

   In der Literatur ist von unterschiedlichen Sprachebenen die Rede, von welchen
die Alltags- und die Fachsprache zwei Ebenen darstellen (Leisen 1998; Rincke
2007; Lemke 1990; Fischer 1998). Dazwischen verortet beispielsweise Leisen die
Ebene der Unterrichtssprache (Leisen 1998). Rincke sieht in der Bewältigung des

Wechsels zwischen diesen Ebenen ein Ziel des Fachunterrichts. Als problematisch erachtet er, „wenn den Schülerinnen und Schülern die Zugehörigkeit einer Formulierung zu einer sprachlichen Ebene nicht transparent gemacht wird" (Rincke 2010:4). Er plädiert für die Sichtbarmachung der Sprachebenen im Metadiskurs und für ein Sprechen über Sprache im Physikunterricht. Als Beispiel für Alltagssprache und Fachsprache nennt Rincke die Formulierung „Kraft haben" im Gegensatz zu „Kraft (auf etwas) ausüben". Die alltagssprachliche Formulierung ist nach Rincke fachlich nicht angemessen, da sie auf die Kraft als Eigenschaft verweist, die ein Körper besitzt, und nicht auf die Kraft als Relation zwischen zwei Objekten. Lehrbüchern attestiert Rincke einen unbekümmerten Umgang mit Sprache, da in ihnen häufig von der „Gewichtskraft eines Körpers" die Rede ist, „was zeigt, wie der Fachtext unmerklich auf die Ebene der Alltagssprache und damit des Alltagsverständnisses zurückkehrt, das er doch eigentlich kontrastieren sollte" (Rincke 2010:5).

15.2.3 Kommunikationskompetenz

Während Fachsprache ein sehr ausführlich und durch viele Merkmale beschriebenes Register darstellt, gibt es kaum ähnlich explizite Darstellungen der Alltagssprache. Auch innerhalb des Kompetenzmodells zur Kommunikationskompetenz (Kulgemeyer & Schecker 2009) finden sich nur vage und implizite Hinweise, was genau die Kennzeichen von Alltagssprache sein sollen. Indirekte Hinweise auf ein mögliches physikdidaktisches Verständnis von Alltagssprache liefern beispielsweise die Musteraufgaben zur Testung der Fähigkeit, zwischen Alltags- und Fachsprache unterscheiden zu können. Eine Musteraufgabe lautet:

> „In der Tabelle findest Du drei Aussagen, die ein Physiker getroffen hat. Wenn er mit seinen Fachkollegen spricht, dann formuliert er allerdings anders als wenn er mit seiner Familie redet. Mit seinen Fachkollegen spricht er Fachsprache, mit seiner Familie Alltagssprache. **Entscheide, welche dieser Aussagen in Alltagssprache und welche in Fachsprache formuliert sind!** [Hervorhebung im Original]" (Kulgemeyer & Schecker 2009:142)

Danach folgen drei Aussagen, die jeweils durch Ankreuzen entweder der Alltagssprache oder der Fachsprache zugeordnet werden sollen:

- „Um den Energieverbrauch zu verringern, muss jeder für sich Anstrengungen unternehmen."
- „Körper gleicher Masse können mehr Energie speichern, wenn sie eine höhere spezifische Wärmekapazität haben."
- „Energie bleibt erhalten, sie kann nur von einer Energieform in die andere umgewandelt werden."

Die Musterlösung weist die erste Aussage als Alltagssprache und die beiden anderen Aussagen als Fachsprache aus. Die Verwendung der Alltagssprache wird mit Familie kontextualisiert (ein Physiker „[redet] mit seiner Familie"). Die persönliche Betroffenheit („jeder für sich") wird den unpersönlichen fachlichen Aussagen gegenübergestellt. Doch auch jene als alltagssprachlich indizierte Textvariante trägt in hohem Maße bildungssprachliche Merkmale (Nominalisierung: *Verbrauch, Anstrengung*; bildungssprachliche Nomen-Verb-Verbindungen: *Anstrengungen unternehmen, Energieverbrauch verringern*; unpersönliche passivische Form: *Um ... zu*), sodass dieser Text nach soziolinguistischen Kriterien eher nicht als allgemein alltagssprachlich einzuordnen ist. Vielmehr entspricht der Text – wie in der Aufgabenstellung auch dargelegt – einem *speziellen* Alltag, nämlich jenem einer Familie, in welcher ein Elternteil (hier der Vater) einem naturwissenschaftlichen Beruf nachgeht. Zu fragen ist, woher Kinder, die keine vergleichbaren Alltagssituationen kennen, wissen sollen, wie ein_e Physiker_in mit seiner_ihrer Familie spricht. Zu fragen ist auch, ob ein_e Physiker_in *mit* Fachkolleg_innen tatsächlich anders spricht und wenn ja, in welcher Hinsicht anders? Da das *miteinander* Sprechen in jedem Fall eine konzeptionell mündliche Komponente beinhaltet (Dialoghaftigkeit), sind die beiden als Fachsprache ausgewiesenen Texte eher nicht als fachliche *Gespräche* einzuordnen. Sie sind hochgradig konzeptionell schriftliche, monologhafte Texte in unpersönlichem Stil und im Tempus des „zeitlosen" Präsens und entsprechen einer Form, die typischerweise in naturwissenschaftlichen Gesetzen Verwendung findet.

Während es also zu Fachsprache unterschiedliche linguistische Modelle gibt, scheint es um einiges komplexer und schwieriger zu sein, das zu fassen, was unter Alltagssprache zu verstehen ist. Dies ist insbesondere bedeutsam, da auf Alltagssprache und die alltagssprachliche Anknüpfung im Kontext von naturwissenschaftlichem Unterricht besonders häufig rekurriert wird. Eine soziolinguistische Klärung erscheint daher sinnvoll und notwendig.

15.3 Alltagssprache als Register

Zur Definition der Alltagssprache wird hier der Registerbegriff aus der Soziolinguistik verwendet (Kapitel 14.2). Dies ermöglicht eine Kontrastierung zur Bildungssprache,[21] für die aufgrund ihrer situativen Determiniertheit der Registerbegriff verbreitet Verwendung findet. Im Folgenden nehme ich auf eine Heuristik der Bildungssprache von Linda Riebling Bezug (Riebling 2013a).

Ein Register ist gekennzeichnet durch spezifische lexikalische und morphosyntaktische Merkmale, die es einer Person ermöglichen, in bestimmten Situationen

---

[21] In Kapitel 2.5.3 wurde der Begriff Bildungssprache als ein Schlüsselbegriff des aktuellen Bildungsdiskurses bereits dargestellt.

zu kommunizieren und Bedeutung zu erzeugen. Register sind situativ determiniert, die Variation von Registern ist somit Ausdruck der Orientierung an unterschiedlichen Situationsanforderungen (vgl. Halliday 1978). Diese Anforderungen lassen sich durch drei Kategorien näher beschreiben, die als *field*, *mode* und *tenor* bezeichnet werden. Die Kategorie *field* bezeichnet den Redegegenstand, den Inhalt, das Thema, den Texttyp, das Genre, „das Sach-, Fach- und Arbeitsgebiet, in dem sprachlich gehandelt wird, über das sprachlich verhandelt wird" (Hess-Lüttich 1998:210). Die Kategorie *mode* unterscheidet nach Konzeption zwischen mündlicher und schriftlicher Sprache. Die mediale Realisierung mündlich/schriftlich ist dabei von untergeordneter Bedeutung. Die Kategorie *tenor* beschreibt das Verhältnis der Kommunikationspartner zueinander.

15.3.1 Bezugsfeld (,field')

Die Kategorie *field*, also der Bezugsbereich der Kommunikation ist für die Kategorisierung Alltagssprache, Fachsprache, Bildungssprache, Wissenschaftssprache und deren Verhältnisse untereinander die wesentliche. Als hierfür relevante Bezugsbereiche können Alltag, Institutionen der Allgemeinen Bildung und Wissenschaft/Theorie ausgemacht werden. Eine terminologische Klassifizierung des Bezugsbereichs Alltag versucht Löffler etwa als „eine Ungerichtetheit, unspezifisch in Bezug auf Thema, Gegenstand und Personenkonstellation oder Intention, eine Art unmarkierte Null. Oder Normallage" (Löffler 2010:96).

Linguistisch betrachtet gehören zum Bezugsbereich Alltag die Alltagssemantik und das Alltagswissen. Sie beziehen sich auf die Lebenswelt des Alltags. In der englischsprachigen Literatur wird Alltagswissen als *commonsense knowledge* bezeichnet (vgl. Bernstein 1999; Halliday 1993). *Commonsense knowledge* wird unbewusst erworben, weist keine klaren Grenzen oder Definitionen auf, ist nicht prüfbar und beruht auf Ereignissen und Aktionen.

> „Common because all, potentially or actually, have access to it, common because it applies to all, and common because it has a common history in the sense of arising out of common problems of living and dying." (Bernstein 1999:159)

Das wesentliche Bestimmungsmerkmal des Alltagswissens ist nach Bernstein die *segmentäre Differenzierung*, die er in seiner Arbeit zum *horizontalen* und *vertikalen Diskurs* weiter ausführt.

> „In the case of horizontal discourse, its ,knowledges', competences and literacies are segmental. They are contextually specific and ,context dependent', embedded in on-going practices, usually with strong affective loading, and directed towards specific, immediate goals, highly relevant to the acquire in the context of his/her life." (Bernstein 1999:161)

Alltagssprache als Register bezieht sich in der Kategorie field also auf segmentär organisiertes Erfahrungswissen aus dem Alltag. Mit dieser Charakterisierung ist es möglich, Alltagssprache als Register von Fach-, Bildungs- oder alltäglicher Wissenschaftssprache abzugrenzen, da diese sich in der Kategorie *field* auf grundlegend andere Bereiche beziehen. Diese Bereiche sind keine „segments of local activities" (Bernstein 1996:172) sondern „specialized, explicitly assembled, symbolic structures", ein Wissen mit einem hohen Vernetzungsgrad, welches nicht als Segmente des Alltags, an Personen oder Tätigkeiten gebunden ist, sondern abstrakte und virtuelle Objekte behandelt, „that are needed to explain how the things behave" (ebd.). Dieses Wissen ist überprüfbar und wird bewusst erworben.

Tabelle 15.1 Merkmale des Alltags- und Bildungswissens (Riebling 2013a:116)

Alltags-/Erfahrungswissen	Bildungs-/Fachwissen
segmentär organisiert	nicht segmentär organisiert
unbestimmt, ohne feste Grenzen, ohne präzise Definitionen	systematisch und geschlossen, in konzeptionelle und explizite Zusammenhänge eingebunden
Fokus auf Personen, Tätigkeiten, Ereignissen	Fokus auf Objekten
unbewusst, nicht prüfbar	bewusst, überprüfbar

Die Alltagssprache unterscheidet sich von Bildungssprache also durch den Bezugsbereich Alltag und durch den horizontalen im Gegensatz zum vertikalen Diskurs. Unterschiedliche Fachsprachen unterscheiden sich je nach Fach, was einer Unterscheidung in der Kategorie *field* entspricht.

15.3.2 Modus („mode")

Die Kategorie *mode* kennzeichnet die Konzeption der Sprache entlang des konzeptionellen Kontinuums mündlich/schriftlich, dessen Pole mündlich/schriftlich durch spezielle Parameter gekennzeichnet sind. In dieser Kategorie ist die Alltagssprache mündlichkeitsnah und die Bildungssprache schriftlichkeitsnah. Die Mündlichkeitsnähe ergibt sich durch die Parameter der raumzeitlichen Nähe, durch die Vertrautheit der Partner, durch Spontanität und Situationsverschränkung. Auf Elemente des situativen Kontextes kann referenziert werden, was sich in der Sprache als Implizitheit und als niedriger Grad an Versprachlichung äußert. Im Gegensatz dazu erfordern raumzeitliche Trennung und damit einhergehende Entkoppelung von Sprachproduktion und -rezeption, Objektivität, Situationsentbindung und Themenfixierung einen hohen Grad an Versprachlichung und Explizität. Diese konzeptionell schriftlichen Parameter sind der Bildungs- und Fachsprache eigen.

15.3.3 Tenor (‚tenor')

Die dritte Kategorie, durch die ein Register näher bestimmt wird, ist jene des *Tenors*. In ihr spiegelt sich das soziale Verhältnis wieder, welches die interagierenden Personen in einem konkreten situativen Kontext zueinander einnehmen. Die alltägliche Lebenswelt ist im Vergleich zu einem fachlichen Themenbereich stärker personenorientiert und durch soziale Rollen vorstrukturiert. Der Tenor der Alltagssprache ist dementsprechend durch „Vertrautheit der Kommunikationspartner" und durch „Nähe" gekennzeichnet. In der Fach- und Bildungssprache ist der Tenor „Ich-distanziert" (Ortner 2009:2228), die Kommunikationspartner sind sich in der Regel fremd. Die Interaktionsbeziehungen sind zumeist asymmetrisch, was sich in der Schule in der asymmetrischen Verteilung des Rederechts sowie in „schultypischen Diskursen wie Lehr-Lern-Dialogen, Aufgabenstellen-Aufgabenlösen-Lösungsbewertung, Wissensaufnahme-Wissensabfrage, Wissensbekundung-Wissensbeurteilung" (Reich 2008:9) zeigt.

In Kontrast zur Bildungssprache können zusammenfassend folgende Aspekte der Alltagssprache hervorgehoben werden:

- Alltagssprache ist ein Register, in dem ein horizontaler Diskurs entfaltet wird.
- Der horizontale Diskurs ist segmentär und auf die alltägliche Lebenswelt bezogen (und nicht auf eine spezifische Form des Wissens).
- Alltagssprache rekurriert auf Wissen, das allen eigen ist und unbewusst erworben wird.
- Alltagssprache ist eine Sprache der Nähe, sie orientiert sich sowohl in Konzeption als auch im Medium der Mündlichkeit. Der Tenor der Alltagssprache ist durch Nähe geprägt.

Die Unterschiede der Kommunikationsbedingungen in alltäglichen und institutionellen Kontexten sind in Tabelle 15.2 nach Riebling (2013a:123) dargestellt.
In Bezug auf den Text „Volumen ist das wenn die haare so gepuscht werden" kann daher festgestellt werden, dass (i) dieser Text dem Modus der Alltagssprache entspricht und (ii) mit Alltagssprache ein Bezugsfeld des Alltags (Haare) verbunden ist. Weiterführend muss nun gefragt werden, wie an diese konkrete Alltagssprache und das Bezugsfeld angeknüpft werden kann und welche diesbezüglichen Möglichkeiten der Schulbuchtext eröffnet.

Tabelle 15.2 Unterschiede der Kommunikationsbedingungen in alltäglichen und institutionellen Kontexten (Riebling 2013a:123).

Kommunikation im Alltag	Kommunikation in Bildungsinstitutionen
Privatheit	Öffentlichkeit
Symmetrie der sozialen Status der Kommunikationsbeteiligten	Asymmetrie der sozialen Status der Kommunikationsbeteiligten
breite gemeinsame Wissensbasis zwischen den Kommunikationsbeteiligten	hohes Wissensgefälle zwischen den Kommunikationsbeteiligten
Vertrautheit, hohe Bekanntheit der Kommunikationsbeteiligten	Fremdheit, weitgehende Unbekanntheit der Kommunikationsbeteiligten
Nähe der Kommunikationsbeteiligten	Distanz der Kommunikationsbeteiligten

15.4 „Volumen" im Alltag

Im Folgenden werden die zu Beginn des Kapitels dargestellten Texte zu Volumen – einerseits der Text des-der Schüler-in, andererseits der Text aus dem Schulbuch – einer Analyse unterzogen, um eine Differenzierung unterschiedlicher didaktischer Handlungsfelder vornehmen zu können.

15.4.1 Schulbuchtext zu „Volumen"

In einem Physikschulbuch für die Klassenstufe 7/8 wird zum Thema „Volumen von Körpern" folgendermaßen eingeführt:

> „Dir sind schon oft Angaben begegnet, die sich auf das Volumen von Körpern beziehen. Auf der Wasserrechnung deiner Eltern steht: Verbrauch 75 m³. An der Tankstelle zeigt die Zapfsäule 50 l an. Du kaufst im Supermarkt 250 ml Duschgel. [A]
> Du kennst den Begriff „Volumen" bereits aus dem Mathematikunterricht. [B]
> Das Volumen gibt an, wie groß der Raum ist, den ein Körper einnimmt. [C]
> In der Physik werden häufig Abkürzungen benutzt, um das Rechnen mit Formeln einfacher zu machen. Die physikalische Größe Volumen wird mit V abgekürzt. [D]
> Das Formelzeichen für das Volumen ist V. [E]"

(Physik plus, Klassen 7/8, Volk und Wissen, Berlin 2000 (Liebers et al. 2000:87); eigene Kennzeichnung der Textabschnitte A bis E)

Der Abschnitt im Schulbuch zum Volumen von Körpern stellt einen diskontinuierlichen Text dar. Fließtext (A, B, D) und Definitionen (C, E) wechseln sich ab. Im Original ist auf der rechten Seite neben dem Text noch eine Illustration zu sehen, die eine Rechnung mit tabellarischer Kostenaufstellung zum Wasserverbrauch darstellt.

In den Textteilen A und B wird der_die Leser_in persönlich angesprochen (*Dir sind ..., Du kennst ..., deine Eltern ..., Du kaufst ...*). Diese konzeptionell mündlichen Elemente sollen den Text ansprechender machen und eine gewisse „Nähe" herstellen. Im Kontrast dazu sind die Definitionen C und E konzeptionell schriftlich gehalten. Sie sind objektiv, unpersönlich, zeitlos (Präsens) und distanziert.

Es wird versucht, in den Teilen A, B und D eine sprachliche Form zu verwenden, die den Schüler_innen näher ist. Man könnte sagen, dass in diesen Passagen der Versuch unternommen wird, an die Alltagssprache anzuknüpfen. Auch die gewählten Kontexte weisen auf Alltag hin: Wasserverbrauch der Familie, Zapfsäule und Duschgel. Sie wurden als vermeintliche Alltagskontexte gewählt.

Eine wirkliche Anknüpfung des Alltagskontextes an den Fachkontext findet nicht statt. Der Einleitungssatz „Dir sind oft schon Angaben begegnet, die sich auf das Volumen von Körpern beziehen" und die danach folgenden Beispiele stehen nebeneinander, ohne dass die Beispiele direkt mit dem Einleitungssatz in Verbindung gebracht werden. Eine höhere Textkohäsion könnte etwa durch Rekurs hergestellt werden: *Das Volumen des Duschgels beträgt 250 ml.* Solche kohäsiven Mittel der Rekurrenz, welche den Zusammenhang herstellen könnten, fehlen. Auch der Begriff *Körper* wird nicht in Beziehung gesetzt mit den alltäglichen Beispielen und bleibt somit unaufgelöst. Da angenommen werden kann, dass das alltägliche Verständnis von *Körper* sich vom fachlichen Verständnis von *Körper* unterscheidet und somit weder das Duschgel noch die Tankfüllung allgemein als *Körper* in Betracht gezogen werden, erscheint ein selbständiger Transfer der Schüler_innen zumindest nicht sehr wahrscheinlich.

Dass zwischen den fachsprachlichen und den alltagssprachlichen Textteilen keine Beziehung hergestellt wird, ist auch an der verwendeten Lexik zu erkennen. In Tabelle 15.3 sind die Wörter der „alltagssprachlichen" Textstelle A und der Definition B gegenübergestellt. Der Einleitungssatz wird separat angeführt, um zu verdeutlichen, dass im Einleitungssatz im Prinzip dieselben Fachwörter verwendet werden, wie in der Definition: *Angaben (angeben), Volumen* und *Körper.* Diese Fachwörter kommen im alltagssprachlichen Textteil (A) nicht vor, er bleibt also bezuglos zum Einleitungssatz und zur Definition. *Angabe* im Zusammenhang mit *begegnen* kann eher dem schul- bzw. bildungssprachlichen Register als dem alltagssprachlichen zugeordnet werden. Im Alltag würde *begegnen* eher im Kontext von *einem Menschen begegnen* verwendet werden.

Tabelle 15.3 Lexik des Schulbuchtextes (differenziert nach *Einleitung, Definition, Alltagsbezug*) in Gegenüberstellung zur Lexik des Textes des-der Schüler-in (*Haare gepuscht*)

Lexik	Einleitungs-satz	Definition	Alltag Schulbuch	Alltag Schüler_in
Angaben (angeben)	x	x		
begegnen	x			
Volumen	x	x		
Körper	x	x		
sich beziehen auf	x			
groß		x		
Raum		x		
einnehmen		x		
Wasserrechnung			x	
Eltern			x	
Verbauch			x	
Tankstelle			x	
Zapfsäule			x	
anzeigen			x	
Supermarkt			x	
Duschgel			x	
kaufen			x	
Begriff			x	
bereits			x	
Mathematikunterricht			x	
Haare				x
puschen				x

15.4.2 Schüler-innen äußern sich zu „Volumen"

Neben dem eingangs dargestellten Text eines Schülers bzw. einer Schülerin wurden noch andere Texte erhoben. Im Rahmen des Projekts PROMISE (Tajmel & Starl 2005, siehe 23.1) wurden 55 Schülerinnen und Schüler der 5. bis 8. Klassen an am Projekt mitarbeitenden Schulen befragt. Ziel der Befragung war es nicht, die Schüler-innen zu testen, sondern einen Eindruck vom Vorwissen der Schülerinnen und Schüler zum Thema „Schwimmen-Sinken" zu erhalten, um darauf aufbauend entsprechende Unterrichtsmaterialien für den sprachbildenden Unterricht zu entwickeln. Ein Teil der Fragen stammte aus den Materialien der *MiNT-Box* zu „Schwimmen und Sinken" (Jonen & Möller 2005) und wurde modifiziert. Die Antworten wurden inhaltsanalytisch quantitativ ausgewertet und kategorisiert.

- 36 Schüler_innen setzten Volumen mit Raum oder Inhalt in Bezug und zeigten damit ein dem physikalischen Ziel entsprechendes Verständnis.
- 11 Schüler_innen bezogen Volumen auf Haare oder Wimpern (z.B. „Haarvolumen, dass ist etwas das die Haare Schwung und kraft gibt.")
- 8 Schüler_innen setzten Volumen mit Musik in Bezug, was nicht dem physikalischen Konzept entspricht („so was beim Mp3player also Lautstärke")
- 12 Schüler_innen gaben fachsprachliche, jedoch fachlich falsche Antworten („der Umfang von etwas", „die länge von einem Raum", „Gewicht")

Tabelle 15.4 Anzahl der Antworten auf die Frage: „Was ist Volumen?" (N = 55)

Antworten auf die Frage: "Was ist Volumen?"

	Geschlecht		
	weiblich	männlich	Gesamt
Inhalt, wie viel hineinpasst	8	13	21
Raum	4	11	15
Haare, Wimpern	10	1	11
Musik, Lautstärke	2	6	8
Fläche, Umfang, Länge	1	4	5
Formel (l.b.h), Einheiten (cm³,...)	2	2	4
Gewicht	1	2	3
Körper, Gegenstand, (Größe von ...)	1	1	2
anderes	2	3	5
Gesamt (Anzahl)	24	31	55

Es geht deutlich hervor, dass der vermeintliche Alltagskontext nicht dem tatsächlichen Alltagskontext entspricht. Ein Zusammenhang mit Wasserverbrauch, Zapfsäule oder Duschgel wird von keinem Schüler und keiner Schülerin genannt.

Zwischenfazit

Aus reflexiv-didaktischer Perspektive ist der Schulbuchtext nicht allen Schüler_innen gleich nah oder fern. Jenen Schüler_innen , die ein dem Schulbuchtext entsprechendes Verständnis von Volumen mitbringen (Inhalt, Raum), ist der Text sprachliche näher als den anderen. Allerdings ist dieses Verständnis bereits zielkonform und die Antworten sind als fachsprachlich einzustufen. Diese Schüler_innen benötigen gewissermaßen die Alltagsanknüpfung nicht mehr, um zum fachlichen Verständnis zu gelangen. Die Auswahl der Alltagsanbindung stellt gewissermaßen eine Selektion dar.

Didaktisch stellt sich nun die Frage, wie an einem Verständnis von Volumen als Eigenschaft der Haare, sinnvoll angeknüpft werden kann und welche unterschiedlichen didaktischen Handlungsfelder sich daraus ableiten lassen. Ein Vorschlag dazu wird im folgenden Abschnitt dargestellt.

15.5 Didaktische Handlungsfelder

Die Gegenüberstellung der Schüler_innenäußerung und der Definition aus dem Schulbuch lässt unterschiedliche didaktische Handlungsfelder erkennen:

- Dass das Volumen im Kontext mit Haaren genannt wird und nicht in physikalisch-mathematisch üblichen Kontexten, eröffnet ein *physikdidaktischen Handlungsfeld*.

- Dass fachsprachliche Lexik und Wendungen verwendet werden, eröffnet ein *fachsprachdidaktisches Handlungsfeld*, welches eng mit dem physikdidaktischen Handlungsfeld verknüpft ist.

- Dass der Ausdruck eher konzeptionell mündlich als konzeptionell schriftlich ist, eröffnet ein *bildungssprachdidaktisches Handlungsfeld*, welches primär nicht fachspezifisch ist.

Im Folgenden soll dargestellt werden, wie unter Berücksichtigung aller drei didaktischer Handlungsfelder zum fachsprachlichen Ausdruck hingeführt werden kann.

15.5.1 Physikdidaktisches Handlungsfeld

Die Aufgabe, die sich aus physikdidaktischer Perspektive stellt, ist, an das Vorwissen bzw. an die Vorerfahrung der Schülerinnen und Schüler anzuknüpfen, also vom Alltagskontext zum Fachkontext zu gelangen. Im konkreten Beispiel bedeutet dies, die Verwendung und das Konzept von Volumen von jenem von den Schüler_innen genannt Kontext (Haare, Frisur) in den fachlichen Kontext (Körper, Rauminhalt, Raumbedarf) überzuführen. So muss etwa für den Frisurenkontext überlegt werden, wie er als Kontext für Volumen dienen und auf welche Weise eine Anknüpfung an das Konzept *Körper* und *Raum* gelingen kann. In der Auseinandersetzung mit dem realen Alltag der Schüler-innen ist zu recherchieren, welche weiteren Hinweise sich finden lassen: *Wo wird Volumen mit Haaren kontextualisiert?*

Das Wort *Volumen* findet sich auf Shampooflaschen und es ist daher zu erwarten, dass die Schüler-innen bei *Volumen* an Shampoo denken. Das Wort *puschen* ist eine Entlehnung, ein ursprünglich fremdsprachiges Wort, das in die deutsche Grammatik eingebettet ist und auch von nicht-englischsprachigen Personen verwendet wird. Es gibt „Push-Up" Shampoos oder „Push-Up" Büstenhalter und es wird in Internetforen davon gesprochen, dass ein bestimmtes Shampoo nicht „so richtig gepuscht" hat. Damit wird plausibel, dass in der Alltagssprache der Schüler-innen Volumen im Zusammenhang mit *puschen* genannt wird. Eine Hinführung zum Fachkontext könnte so gestaltet sein, dass versucht wird, das Volumen einer Frisur zu abzuschätzen oder zu bestimmen.[22]

15.5.2 Fachsprachdidaktisches Handlungsfeld

Eine fachsprachliche Antwort auf die Frage, was Volumen sei, ist jene Definition, die im Schulbuchtext angeführt ist:

> „Das Volumen gibt an, wie groß der Raum ist, den ein Körper einnimmt." (Liebers et al. 2000:87)

Varianten dieser Definition können lauten:

- *Volumen ist der Raum, den ein Körper einnimmt.*
- *Volumen ist der Rauminhalt eines Körpers.*
- *Volumen ist der räumliche Inhalt eines geometrischen Körpers.*
- *Volumen ist die Ausdehnung eines Körpers.*

Es wird deutlich, dass in den oben genannten Varianten die Definition von Volumen immer den Begriff *Körper* beinhaltet. *Körper* ist ein Begriff, der im Alltag breite Verwendung findet, größtenteils in Bezug auf den menschlichen Körper (*Körperpflege, Köpergröße,* etc.), aber auch als Heizkörper oder als Leuchtkörper.

Aus fachsprachlicher Perspektive interessiert die Verwendung des Begriffs *Volumen* im fachlichen Kontext sowohl inhaltlich als auch sprachlich. Dazu zählt, dass Definitionen Prädikative (vgl. Helbig & Buscha 2013) beinhalten. Im Satz *Volumen ist der Rauminhalt* bildet des Kopulaverb *sein* und das Prädikativ *der Rauminhalt* das Prädikat des Satzes. Auch in der Variante *Volumen bedeutet, wie viel Raum ...* tritt ein Kopulaverb (*bedeuten*) in Verbindung mit einem Prädikativ, in diesem Fall der Nebensatz *wie viel Raum ein Körper einnimmt* auf.

---

[22] Physikdidaktische Vorschläge sowie entsprechende Unterrichtsmaterialien zur Heranführung an Volumen wurden im Rahmen des Projekts PROMISE entwickelt und publiziert (Tajmel et al. 2009).

Fachsprachliche Wendungen im Zusammenhang mit Volumen lauten etwa:

- *Volumen bedeutet, wie viel Raum ein Körper einnimmt.*
- *Das Volumen beträgt ... ml.*
- *Der Körper hat ein Volumen von ... ml.*
- *Das Volumen ist groß* (im Gegensatz zu *hoch*). Die Temperatur hingegen ist *hoch.*
- *Das Volumen vergrößert sich bzw. wird vergrößert.*

Wendungen dieser Art und das ihnen eigene Vokabular stellen gewissermaßen das fachsprachliche Lernziel dar, auf das hingeführt werden soll.

15.5.3 Bildungssprachdidaktisches Handlungsfeld

Es wird hier von einem Unterschied zwischen Bildungssprache (Academic Language) und Fachsprache (Scientific language, specific language) ausgegangen, um zu verdeutlichen, dass es bildungssprachliche Muster gibt, die fachunspezifisch sind (Nominalstil, Partizipialkonstruktuionen, etc.).

Aus linguistischer Perspektive entspricht der Text der Schülerin zum Volumen eher einem mündlichen als einem schriftlichen Registergebrauch. Merkmale hierfür sind Formulierungen wie „ist das wenn ..." mit Verb, deiktische Mittel („so") im Gegensatz zu Nominalstil bzw. zu prädikativen Definitionsformen („Volumen ist der Rauminhalt ...", „Volumen ist die Ausdehnung ...").

In Tabelle 15.5 wird illustriert, durch welche lexikalischen und morpho-syntaktischen Veränderungen ausgehend von der alltagssprachlichen Äußerung eine Annäherung an eine fach- bzw. bildungssprachliche Äußerung erfolgen kann (Tabelle 15.5). Das zu verändernde Element ist in der linken Spalte unterstrichen und als verändertes Element in der darunter liegenden Zeile fett gedruckt. Die jeweilige Modifikation wird in der nebenstehenden Spalte beschrieben.

Modifikationen: *field* und *mode*

Die in Tabelle 15.5 dargestellten Modifikationen – ausgehend von der Alltagssprache mit Blick auf Fach- und Bildungssprache – beinhalten Änderungen in den Bereichen Bezugsfeld (*field*) und Modus (*mode*). Eine Änderung des Tenor wäre durch eine Änderung der Situation bedingt und erforderlich, etwa, wenn der Adressat bzw. die Gesprächspartnerin wechseln würde. Vorstellbar wäre etwa ein Gespräch über Volumen zwischen Schüler_innen im Gegensatz zu einem Gespräch zwischen Schüler_in und Lehrer_in. Die Änderungen im Bereich „field" erfordert eine fachdidaktische Vorgehensweise, da dies der Bereich ist, in welchem Fachbegriffe eingeführt und in Verbindung zum Alltags- und Weltwissen gesetzt werden. Dass eine Frisur, ein Stein oder ein beliebiges Ding als Körper verallgemeinert werden kann, der einen Raumbedarf bzw. eine Ausdehnung hat, ist mathematisch-naturwissenschaftlich Fachliches. Die Änderungen im Bereich „mode" erfordern sprachdidaktische Vorgehensweise. Dass *Platz brauchen* auch als *Raum einnehmen* ausgedrückt werden kann oder dass etwas *Verwendung findet*, wenn es *verwendet wird*, ist nicht primär fachspezifisch und könnte somit als allgemein *bildungssprachliches* Handlungsfeld betrachtet werden.

Fachthemenbezogene Sprachbildung

Diese Überlegungen sind die Grundlage für den Vorschlag einer Vorgehensweise, die es ermöglichen soll, Bildungssprache fachthemenbezogen zu identifizieren und in weiterer Folge die Schülerinnen und Schüler an die Bildungssprache im Fachunterricht themenbezogen heranzuführen. Um Lehrenden eine Orientierung zu geben, welche (bildungs-)sprachlichen Lernziele mit fachlichen Lernzielen verbunden sind, wurde ein Raster entwickelt, das Lehrenden ermöglicht, aufgaben- und themenbezogen Sprachhandlungen hinsichtlich ihrer alltags-, bildungs- und fachsprachlichen Merkmale auf lexikalischer und morphosyntaktischer Ebene zu analysieren und daraus konkrete sprachliche Lernziele ableiten zu können. Dieses sogenannte *Konkretisierungsraster* wird in Kapitel 22 vorgestellt.

15.6 Reflexiv-didaktische Konsequenzen

Eine fach- und themenbezogene Klärung der Dimension von Alltagssprache bzw. dem, was im Unterricht als Alltagssprache angenommen wird, erscheint dringend notwendig. Bildungssprache ist schüler_innenunabhängig beschreibbar, Alltagssprache nicht. Verallgemeinerungen gestalten sich schwieriger und bergen das Potenzial von Selektion und Exklusion durch eine Konstruktion von „normalen" Alltagen. Die Bedeutung dieser Klärung für die Gestaltung nicht-diskriminierender Lerngelegenheiten dürfte jedoch erheblich sein. So relevant es ist, sich über das Unterrichtsziel *Bildungssprache* im Klaren zu sein, ist es ebenso relevant, die Alltagssprache als Unterrichtsausgangslage stärker in den Blick zu nehmen.

Die unterrichtlichen Rahmenvorgaben (Lehrplan, Bildungsstandards) werfen daher folgende Fragen auf:

- *Welche impliziten Normen sind mit „normalen Alltagskontexten" verbunden und welche Alltagssprache gilt als „normal"?*
- *Was genau ist unter „angemessenen Sprech- und Schreibfähigkeiten in der Alltags- und Fachsprache" zu verstehen?*
- *Wie muss jener „Sockel alltagssprachlicher Kompetenzen" beschaffen sein, dass fachsprachliche Fähigkeiten im Unterricht entwickelt werden können?*
- *Wie kann im Unterricht eine nicht-exklusive Hinführung von der Alltagssprache zur Fachsprache gestaltet werden?*

Zusammenfassend kann gesagt werden, dass der Alltagssprache aus unterschiedlichen Perspektiven eine besondere Bedeutung innerhalb der Physikdidaktik beigemessen wird. Für eine reflexive Didaktik ist zu klären, wo und in welcher Art im Unterricht auf Alltagssprache in bewusster oder unbewusster Weise Bezug genommen wird und wo Alltagssprache somit als potentieller Selektionsmechanismus wirksam werden kann.

Tabelle 15.5 Sukzessive bildungs- und fachssprachliche Modifikationen eines Textes: Das zu verändernde Element ist in der linken Spalte unterstrichen und als verändertes Element in der darunter liegenden Zeile fett gedruckt. Die jeweilige Modifikation wird in der nebenstehenden Spalte beschrieben.

Text	Ursprüngliche Formulierung	Neuer Input, modifizierte Formulierung	Modifikation Bezugsfeld (field), Tenor (tenor), Modus (mode)
Volumen ist das wenn die Haare so gepuscht werden.	ist das ⟶	entsteht	Änderung des Modus
Volumen **entsteht**, wenn die Haare so gepuscht werden.	so gepuscht	hochgedrückt	Lexik
Volumen entsteht, wenn die Haare **hochgedrückt** werden.	wenn ... hochgedrückt werden	durch das Hochdrücken	Nominalisierung Änderung des Modus
Volumen entsteht **durch das Hochdrücken** der Haare.			**BILDUNGSSPRACHE**
Die Haare brauchen Platz. Die Frisur braucht Platz.		Platz brauchen	Neuer Input: Alltagssprache
Volumen ist ...	ist	bedeutet	Neuer Input: Bildungssprache
Volumen **bedeutet**, wie viel Platz die Frisur braucht.	die Frisur	ein Körper	Änderung des Bezugsfeldes (Frisur – Körper)
Volumen bedeutet, wie viel **Platz ein Körper** braucht.	Platz brauchen	Raum einnehmen	Inhalt/Lexik, fachsprachliche Kollokation
Volumen bedeutet, wie viel **Raum** ein Körper **einnimmt**.	Raum einnehmen	der Raumbedarf	Nominalisierung Änderung des Modus
Volumen ist der **Raumbedarf** eines Körpers.	der Raumbedarf		**FACHSPRACHE**
Volumen ist die **Ausdehnung** eines Körpers.		die Ausdehnung	Fachsprachliche Variation
Das Wort Volumen wird auch bei Frisuren verwendet.	das Wort	der Begriff	Metasprachliche Reflexion, Rückbindung zum Bezugsfeld des Alltags
Der **Begriff** Volumen wird auch bei Frisuren verwendet.	bei Frisuren	im Zusammenhang mit	Bildungssprache Änderung des Modus
Der Begriff Volumen wird auch **im Zusammenhang** mit Frisuren verwendet.	wird verwendet	findet Verwendung	Bildungssprachliche Nominalisierung
Der Begriff Volumen **findet** auch im Zusammenhang mit Frisuren **Verwendung**.			**RÜCKBINDUNG** Fachdefinition - Alltagskontext

16 Normen und Selektionsprozesse

16.1 Fallbeispiel: Schüler_innentext und Lehrer_innenurteil

Der Baumstamm schwimmt, weil

„das ~~haub~~ *baum aus Holz entschteht."*

Eine Metallplatte geht unter, weil

„der platte aus Metall entschteht und der Metall ist immer schwer egal ob es leicht oder schwer ist wen es ein Metall ist dan deht es unter!"

„Völlig unsinnige Antwort auf eine unsinnige, nicht klar gestellte Aufgabe" (BE020921)

„Text z.T. unverständlich; Sprachl. Mängel" (BE020917)

„Falsche Zuordnung von Begriffen" (BE020920)

Was ist der Fall?
Der Fall ist, dass ein Text, der von Expert_innen sowohl sprachlich als auch fachlich als verständlich und gut eingeschätzt wird, von Lehrenden und Lehramtsstudierenden defizitär beurteilt wird.

Jede Beurteilung oder Einschätzung einer Leistung ist normenbasiert. Ausgangsüberlegung der Analyse dieses Fallbeispiels ist, dass der Bildungserfolg einerseits von der Leistung des Schülers oder der Schülerin abhängt und andererseits davon, was der Lehrer oder die Lehrerin als Leistung erkennt. Ein grundsätzliches Problem der schulischen Leistungsbeurteilung ist, dass der Anteil des Unterrichts und der Lehrer_innenleistung kaum berücksichtigt werden (Oelkers 1998). Noten und Leistungsurteile sind einseitige Bewertungen einer gemeinsamen Erfahrung, unabhängig davon besitzen Noten gleichermaßen symbolische als auch rechtliche Bedeutung (Flitner 1999:179).

Aus reflexiver Perspektive sind nicht nur die Fähigkeiten der Schüler_innen zu betrachten, sondern immer auch, ob diese Fähigkeiten erkannt werden. Im Sinne des in der Einleitung dargestellten Zusammenhangs von „Sprechen"[23] und „Gehört werden" ist eine reflexive Sprachbildung immer als Sprachbildung auf beiden Seiten zu verstehen. Ebenso, wie auf Seite der Schüler_innen das „Sprechen" gefördert werden soll, muss aus reflexiver Perspektive auf Seite der Lehrer_innen das „Hören" gefördert werden.

Aus didaktisch-reflexiver Perspektive ist von Interesse, ein Bewusstsein für jene sprachlichen und fachlichen Normen zu entwickeln, an denen in der Beurteilung oder der Einschätzung einer Leistung Maß genommen wird, um sie in Hinblick auf ihr Exklusionspotenzial hin zu hinterfragen und nicht-diskriminierend zu agieren. Ziel dieser Überlegungen ist es nicht, im standardorientierten Sinne herauszufinden, welche Texte als „objektiv" gut zu bewerten sind, um zu einem „sicheren" Urteil gelangen zu können. Vielmehr soll verunsichert werden.

Aufgrund welcher Faktoren wird ein fachlicher Text als verständlicher, sinnvoller, richtiger Text bewertet?

Diese Frage kann nicht allein durch Bezugnahme auf sprachlichen Normen beantwortet werden. Auch fachkulturelle Normen und Traditionen müssen in den Blick genommen werden.

16.1.1 Schüler_innentexte: „Ein Baumstamm schwimmt"

Die hier dargestellten Texte wurden von einem_einer Schüler_in der 7. Klasse verfasst, der_die hier ABAB genannt wird.[24] Die Schüler_innen dieser Klasse wurden gebeten, kurze Texte zu erstellen, in denen sie begründen sollten, warum ein Baumstamm schwimmt oder untergeht. Dazu wurde ein Beispiel aus der „Klassenkiste Schwimmen-Sinken" (Jonen & Möller 2005) verwendet.[25]

Den Schüler_innen wurde das Foto eines am Wegrand liegenden Baumstamms vorgelegt und es wurde kurz erklärt, dass dieser Baumstamm nun ins Wasser geworfen werden soll. Es wurde der Hinweis gegeben, dass der Baumstamm so schwer ist, dass nicht einmal fünf starke Menschen ihn heben können. Dieselbe Frage wurde in Bezug auf eine Metallplatte gestellt, die grafisch dargestellt war. Wird sie untergehen oder schwimmen, wenn sie ins Wasser getaucht wird? Im

---

[23] Hier meine ich „Sprechen" im Sinne *von eine Stimme haben* und „Gehört werden" im Sinne von *als mitsprachefähig anerkannt zu sein.*

[24] Dieses Beispiel und seine Analyse wurden publiziert in Tajmel 2010a.

[25] Eigentlich sind die *Klassenkisten*, auch „KiNT Box", für den naturwissenschaftlichen Unterricht der Grundschule konzipiert. Da den befragten Schüler_innen der Begriff Dichte noch nicht bekannt war und es letztlich um die Erstellung von Texten ging, war dies nicht weiter relevant.

Physikunterricht der Klasse wurde das Thema Dichte noch nicht erarbeitet, die Schüler_innen konnten also nicht mit der Dichte eines Körpers begründen. Ebenso wenig wurden Hohlkörper thematisiert. Zunächst sollten die Schüler_innen ankreuzen, wobei sie zwischen *schwimmt* und *geht unter* auswählen konnten, und anschließend schriftlich ihre Entscheidung begründen.

Die beiden hier dargestellten Texte stammen von dem_der Schüler_in ABAB. Er_Sie kreuzt *schwimmen* an und schreibt (Der Satzanfang war vorgedruckt, kursiv ist der Text von ABAB):

Der Baumstamm schwimmt, weil ... *„das ~~haub~~ baum aus Holz entschteht."*

Schwimmt dieser Baumstamm oder geht er unter? Bitte begründe deine Entscheidung!

☒ Der Baumstamm schwimmt,   ☐ Der Baumstamm geht unter,

weil *das ~~haub~~ braum*/weil _____

aus Holz entschtet. _____

In der zweiten Aufgabe sollte ABAB begründen, ob und warum eine Metallplatte schwimmt oder untergeht. ABAB kreuzt *sinken* an und begründet:

Eine Metallplatte geht unter, weil *„der platte aus Metall entschteht und der Metall ist immer schwer egal ob es leicht oder schwer ist wen es ein Metall ist dan deht es unter!"*

Eine Metallplatte ☒ geht unter,   ☐ schwimmt,

weil *der platte aus metall*
entschtehd und der metall
ist immer schwer egal
ob es leicht oder schwer ist wen es
ein metall ist dan deht es unter!

16.2 Sprachliche und fachliche Analyse

16.2.1 Sprachlich-linguistische Analyse

Der Text ist sprachlich komplex und es fällt auf, dass der_die Schüler_in über die vorhandenen Zeilen hinaus weiter geschrieben hat. Der Text ist der konzeptionellen Schriftlichkeit zuzuordnen. Er verfügt über eine komplexe hypotaktische Struktur. Es treten sowohl Endstellung des Finitums als auch Inversion und Verbklammer auf. Insbesondere im zweiten Text ist die Begründung ausführlich elaboriert. Den Abschluss des Textes bildet eine physikalisch bedeutsamen Verallgemeinerung, nämlich, dass Metall immer untergeht. Was kann über die sprachliche Normgerechtigkeit bzw. Nicht-Normgerechtigkeit der Texte gesagt werden?

Normgerecht:

- **Syntax:** ABAB bildet die Verbklammer und die Inversion: „dann deht es unter" im Gegensatz zu: „dann untergeht es" (ohne Verbklammer, mit Inversion) oder „dann es untergeht" (ohne Inversion). Zudem setzt er_sie das Verb in Nebensätzen korrekterweise ans Ende („weil das baum aus holz *entschteht.*", „weil der platte aus Metall *entschteht*", „egal ob es leicht oder schwer ist"). Dies entspricht nach Grießhaber der vierten Profilstufe, der Verbendstellung im Nebensatz (Grießhaber 2006). ABAB ist also im Zweitspracherwerbsprozess bereits weit fortgeschritten.
- **Präpositionen:** Die Präposition bestimmt die Bedeutung der gesamten Präpositionalphrase und ist hier von ABAB richtig gewählt (*aus* Metall, *aus* Holz). Korrekterweise tilgt ABAB auch den Artikel der Nomen *Metall* und *Holz*. Er_Sie schreibt nicht, dass der Baum „aus *dem/einem* Holz entschteht", sondern eben nur „aus Holz". Dies kann als Nullartikel bezeichnet werden (vlg. Höhle in: Barkowski & Krumm 2010:231).
- **Artikel:** ABAB verwendet bestimmte und unbestimmte Artikel korrekt sowie den oben erwähnten Nullartikel (wobei man hier nicht von Verwendung, sondern vielmehr von korrekter Nicht-Verwendung sprechen kann). Im Text zur Metallplatte wird die Verwendung des unbestimmten Artikels bei Verallgemeinerungen deutlich: „ ... wen es *ein* Metall ist dann deht es unter".
- **Lexik:** ABAB verwendet größtenteils die passenden Wörter, um auszudrücken, was sie sagen möchte. Lediglich das Präfixverb *entschtehen* ist in diesem Kontext nicht passend, was uns zur Analyse der nicht-normgerechten Merkmale führt.

Nicht-Normgerecht:

Die augenscheinlichsten Normabweichungen treten in der Orthographie und im durch den Artikel markierten Genus auf.

- **Orthographie:** Der Text weist orthographische Fehler im Bereich der Groß- und Kleinschreibung und der Satzorthographie (Kommasetzung) auf. Der orthographische Fehler „ ... dann *deht* es unter" im Gegensatz zu „dann geht es unter" könnte daraus resultieren, dass ABAB auch mit der russischen Schriftsprache vertraut ist. Das handschriftliche Graphem für das Phonem **d** ist im Russischen ein **g**. Es ist zu vermuten, dass sich daraus eine Verwechslung ergeben hat.

 z.B. Düne

- **Genus:** Nicht korrekt sind die Artikel *das* Baum und *der* Platte.
- **Lexik:** Das Präfixverb „entstehen" ist in diesem Zusammenhang nicht passend. Richtiger wäre „bestehen" oder „sein": *Entstehen* ist prozesshaft, während *bestehen* final ist, was in Bezug auf einen Baum angemessener wäre. Ein Baumstamm schwimmt, weil der Baum aus Holz **besteht** bzw. weil der Baum aus Holz **ist**. Das semantisch falsche Präfix, *ent-* im Gegensatz zu **bestehen**, ist ein Fehler, der nicht vordergründig mit der Nicht-Kenntnis von naturwissenschaftlichen Fachwörtern zu tun hat. *Bestehen* und *entstehen* sind dem Alltagswortschatz zuordenbar. Die Verwendung von *entstehen* führt also zu einer zwar vermutlich richtig gemeinten, aber naturwissenschaftlich unpräzisen Aussage.

16.2.2 Fachlich-physikalische Analyse

Um die physikalische Richtigkeit der Antworten einordnen zu können, wurden die Texte mit fünf Physiker_innen diskutiert. Die übereinstimmende Einschätzung war, dass beide Antworten aus physikalischer Sicht richtig sind. Der_Die Schüler_in begründet beide Male das Schwimmen bzw. das Untergehen mit dem Material, dem Stoff, aus dem ein Gegenstand besteht und nicht mit der Größe oder dem Gewicht des Gegenstandes, also mit einer Materialeigenschaft.[26]

Die unten stehenden Tabellen zeigen, dass alle heimischen Holzarten eine geringere Dichte als Wasser aufweisen und nahezu alle Metalle bis auf Lithium und

---

[26] Von einigen Schüler_innen wurde das Schwimmen bzw. Sinken mit der Größe des Gegenstandes begründet.

Natrium eine größere Dichte als Wasser haben. Da für die 7. Klasse nicht davon ausgegangen werden kann, dass Natrium und Lithium bekannt sind und auch nicht als Metall im alltäglichen Sinn verstanden werden, können beide Antworten auch in ihrer verallgemeinernden Form als richtig gewertet werden.

Tabelle 16.1 Die Dichte von Wasser im Vergleich zu diversen Holzarten (Niemz 2005) und Metallarten (Gerthsen et al. 1989:918).

Dichte von Wasser: 1000 kg/m^3 oder 1g/cm^3

Dichten von diversen Holzarten

Holzart	Dichte (kg/m^3)
Fichte	330-470
Linde	350-600
Kirsche	490-680
Wildbirne	690-800
Birke	510-830
Buche	540-910
Eiche	390-930
Ebenholz	900-1300

Dichten von diversen Metallarten

Metallart	Dichte (g/cm^3)
Lithium	0,542
Natrium	1,013
Aluminium	2,70
Eisen	7,87
Kupfer	8,93
Silber	10,50
Blei	11,34
Gold	19,28

Messing und Bronze sind Kupferlegierungen mit anderen Metallen und verfügen daher ebenfalls über eine Dichte, die im Bereich der Dichte von Kupfer liegt und somit in jedem Fall größer als die Dichte von Wasser ist.

Da Dichte eine Materialeigenschaft ist und der_die Schüler_in zur Begründung ebenfalls das Material heranzieht, sind hier also gute Bedingungen gegeben, um am Verständnis des Schülers_der Schülerin anzuknüpfen und die Dichte im Unterricht zu behandeln.

16.3 Fachliche Beurteilung durch Lehrer_innen

Beide Texte wurden 73 Lehrer_innen, die alle in der Sekundarstufe 1 zumindest ein naturwissenschaftliches Fach (Physik, Biologie, Chemie, Naturwissenschaften) unterrichten, zur Beurteilung vorgelegt. Die Lehrer_innen erhielten die Information, dass es sich um einen Text eines Schülers oder einer Schülerin der 7. Klasse handelt und dass der_die Schüler_in im Unterricht noch nicht von Dichte gehört hat, also eine Begründung mit der Dichte eines Materials auch nicht zu erwarten sei. Die Lehrer_innen sollten entscheiden, ob die Texte richtig oder falsch sind, für jeden Text jeweils 0-5 Punkte vergeben und ihre Beurteilung begründen.

16.3.1 Ergebnisse

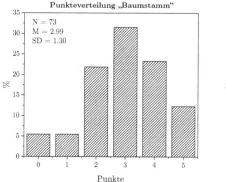
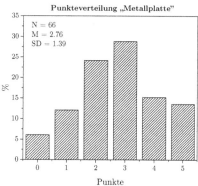

Abb. 16.1 Punkteverteilungen der Lehrenden für die beiden Texte „Baumstamm" und „Metallplatte"

In der Begründung der Beurteilung nehmen die Lehrenden sowohl auf fachliche als auch auf sprachliche Merkmale Bezug, differenzieren dabei tendenziell nicht explizit. Die Beurteilung des Baumstammtextes (Tabelle 16.2) zeigt eine gewisse Unzufriedenheit und defizitorientierte Haltung seitens der Lehrenden. Alle Lehrer_innen *wussten*, dass der_die Schüler_in nicht mit dem Begriff *Dichte* begründen kann, weil sie darüber informiert wurden, dass der_die Schüler_in noch nicht von Dichte im Unterricht gehört hat.

Die Antwort wird als „völlig unsinnig" bezeichnet (BE020921), die Zuordnung „Baum aus Holz" als falsch (BE020911). Dem_Der Schüler_in wird attestiert, dass

Tabelle 16.2 Auswahl an Beurteilungen der Lehrer-innen zum Text „Baumstamm" (Es konnten 0-5 Punkte vergeben werden).

Code	Punkte	Begründung „Baumstamm"
BE0209 02	3	die Antwort ist falsch, weil eine wichtige Information fehlt, da ich positiv denkend diese Information hinter der Antwort vermute würde ich 3 Punkte geben.
BE0209 09	3	Die Begründung ist nicht ausreichend.
BE0209 11	3	Ich vermute, dass der Schüler bereits gesehen hat, dass Baumstämme mit Wasser (Flüsse) transportiert wird. Allerdings ist die Zuordnung *Baum aus Holz* falsch.
BE0209 13	2	Ankreuzen ist richtig, Erklärung nicht ganz nachvollziehbar; scheint eine Erfahrungstatsache zu sein.
BE0209 16	3	Grammatikfehler; Bezug fehlt (welches Holz?); Wasser? Erklärung fehlt
BE0209 19	2	Die Schülerin kann vermutlich mit der Eigenschaft Holz etwas anfangen, kann aber die Erklärung nicht in richtige Worte fassen.
BE0209 21	0	Völlig unsinnige Antwort auf eine unsinnige, nicht klar gestellte Aufgabe
BE0209 24	2	Der Schüler antwortet aus Erfahrung. Der Baum besteht aus Holz und Holz schwimmt. An der kurzen Antwort sieht man jedoch wie schwer es den Schüler fällt zu argumentieren und sich zu artikulieren. Die Begründung nebenbei auch unvollständig

Tabelle 16.3 Auswahl an Beurteilungen der Lehrer-innen zum Text „Metallplatte" (Es konnten 0-5 Punkte vergeben werden).

Code	Punkte	Begründung „Metallplatte"
BE0209 04	1	aus Erfahrung abgeleitet; richtige Gründe fehlen; Bewertung unabhängig von der sprachlichen Richtigkeit
BE0209 05	1	Für die allg. Richtigkeit 1P, aber die Begründung ist tw. widersprüchlich und nicht immer richtig (Oberflächenspannung)
BE0209 06	3	Kreuz ist richtig. Mit der Begründung versucht der Schüler zu erklären, dass Metall immer „schwerer" ist als Wasser, egal ob Blei oder Alu.
BE0209 09	3	Begründung nicht eindeutig.
BE0209 11	2	Vermutlich kennt der Schüler nur Metalle, die schwerer sind als Wasser
BE0209 16	1	Grammatikfehler; Bezug unklar (welches Metall?); Erklärung falsch; Oberfläche?
BE0209 17	3	Text z.T. unverständlich; Sprachl. Mängel
BE0209 20	0	Falsche Zuordnung von Begriffen
BE0209 21	0	Metalle haben unterschiedliche Dichten
BE0209 23	1	Antwort oberflächlich und widersprüchlich begründet, sprachlich unzureichend

er_sie die „Erklärung nicht in richtige Worte fassen kann" (BE020919) und dass es ihm_ihr schwerfällt „zu argumentieren und sich zu artikulieren" (BE020924). Es wird eine „wichtige Information" als fehlend erachtet, aber trotzdem „positiv denkend" 3 Punkte vergeben (BE020902). Aufgrund der Kürze der Antwort werden Probleme der Artikulationsfähigkeit unterstellt (BE020924).

Ein ähnliches Bild zeigt sich in der Bewertung des Textes zur Metallplatte (Tabelle 16.3): So werden 0 Punkte mit der Begründung vergeben, dass „Metalle unterschiedliche Dichten [haben]" (BE020921) oder weil eine „falsche Zuordnung von Begriffen" vorliegt (BE020920). Es wird ein Defizit des Schülers bzw. der Schülerin konstruiert, indem vermutet wird, dass „der Schüler nur Metalle [kennt], die schwerer sind als Wasser" (BE020911), dass das Adjektiv *schwer* physikalisch nicht korrekt ist, ist offenbar nicht bewusst. Zudem sind, wie aus der Dichtetabelle ersichtlich, alle Metalle, die im Alltagsverständnis als Metalle gelten, dichter als Wasser.

Interpretation

Auch von jenen Lehrer_innen, die die Texte fachlich als richtig werten, geben die meisten nicht die volle Punktzahl. Begründet wird damit, dass die Antwort zu wenig exakt sei. Die Lehrenden orientieren sich in ihrer Begründung sowohl an sprachlichen als auch an fachlichen Normen und Maßstäben, die einen Grad an Exaktheit und Abstraktion verlangen, der es ermöglicht, das Allgemein- oder Alltagswissen und die Sprache des Schülers oder der Schülerin als „nicht-normgerecht" und damit als *unzureichend* einzustufen. Die implizite Erwartung an die Exaktheit der Antwort eines Schülers oder einer Schülerin der 7. Klasse, welche zwischen schwimmenden (Lithium) und sinkenden Metallen (alle anderen Metalle) differenziert, ist eine Erwartung, welche der_die Schüler_in mit hoher Wahrscheinlichkeit nicht erfüllen kann und somit scheitern *muss*. Von einigen Lehrenden werden die Texte gar nicht verstanden. Die Schüler_innen, welche diese Texte verfasst haben, werden gewissermaßen *nicht gehört*. Normen legitimieren damit Selektion sowohl auf fachlicher als auch auf sprachlicher Ebene. Dass Normen eine Legitimationsfunktion in Bezug auf Selektion haben, wird in Kapitel 17 in der Konzeptualisierung *Kritischer Sprachbewusstheit im Kontext von Fachunterricht* nochmals aufgegriffen.

16.4 Sprachliche Beurteilung durch Lehramtsstudierende

Um konkrete Hinweise auf die Bezugnahme auf sprachliche Normen zu erhalten, wurde der Text „Metallplatte" 94 Lehramtsstudierenden unterschiedlicher Fächer, welche das Bachelor-Modul „Deutsch als Zweitsprache" an der Humboldt-Universität zu Berlin besucht hatten und daher über linguistische Grundlagen Bescheid wissen konnten, zur Beurteilung vorgelegt. Sie sollten die sprachliche Güte des Textes auf einer Schulnotenskala von 1 (Sehr gut) bis 6 (Ungenügend) bewerten und ihre Bewertung in einer offenen Antwort begründen. Zunächst wurden von mir und zur Gewährleistung der Interraterreliabilität von zwei weiteren Personen unabhängig voneinander aus 20 Begründungen inhaltsanalytisch Kategorien gebildet. Diese drei Kategoriensysteme wurden abgeglichen, argumentativ vereinheitlicht und kodiert. Mit der finalen Kodierung wurden alle anderen Begründungen ausgewertet. Begründungen, die sich als problematisch in der Zuordnung erwiesen, wurden diskutiert und entweder einer bestehenden Kategorie zugeordnet oder aber es wurde als notwendig erachtet, eine neue Kategorie hinzuzufügen. Die Häufigkeitsverteilungen der Nennung der Kategorien sind in Abbildung 16.4 dargestellt.

Ergebnisse

(a)

Defizite	Antworten	
	N	Prozent
Rechtschreibung	47	28,1%
Artikel	23	13,8%
Interpunktion	18	10,8%
Grammatik	16	9,6%
Ausdruck, Verständlichkeit	14	8,4%
Groß-/Kleinschreibung	13	7,8%
Syntax	12	7,2%
Genus	7	4,2%
Wortschatz	6	3,6%
Präfixe	4	2,4%
Defizit - sprachlich: Generelles Statement (falsch)	4	2,4%
Semantik	2	1,2%
Verben	1	0,6%
Gesamt	167	100,0%

(b)

Ressourcen	Antworten	
	N	Prozent
Syntax	31	38,8%
Ausdruck, Verständlichkeit	20	25,0%
Wortschatz	10	12,5%
Artikel	5	6,3%
Groß-/ Kleinschreibung	3	3,8%
Semantik	3	3,8%
Verben	3	3,8%
Ressource - sprachlich: Generelles Statement (richtig)	3	3,8%
Präpositionen	1	1,3%
Grammatik	1	1,3%
Gesamt	80	100,0%

Tabelle 16.4 Sprachliche Beurteilung des Textes zur „Metallplatte" (Mehrfachantworten möglich): (a) genannte Defizite, (b) genannte Ressourcen

Während die in Kapitel 16.2 dargestellte linguistische Analyse zeigte, dass der Text in hohem Maße über normgerechte Merkmale verfügt, werden in den Begründungen der Lehramtsstudierenden vorrangig die *nicht-normgerechten Merkmale* benannt. Die am häufigsten genannten Defizite sind *Rechtschreibung*, gefolgt von *Artikel* und *Grammatik*, wobei Grammatik nicht weiter differenziert wurde. Die am häufigsten genannte Ressource ist *Syntax*, gefolgt von *Ausdruck/Verständlichkeit* und *Wortschatz*.

Abb. 16.2 Sprachliche Beurteilung des Textes „Metallplatte" nach Schulnoten 1 (Sehr gut) bis 6 (Ungenügend), differenziert nach Studierenden naturwissenschaftlicher (links) und sprachlicher Fächer (rechts)

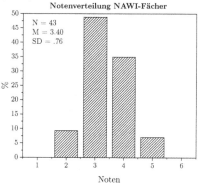

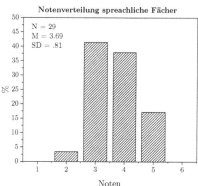

Während die Vermutung naheliegt, dass Studierende der Sprachenfächer andere Ressourcen erkennen als Studierende der naturwissenschaftlichen Fächer, zeigt eine diesbezügliche Analyse der Begründungen keine wesentlichen Unterschiede (Abb. 16.3). In beiden Gruppen werden sowohl Ressourcen als auch Defizite sehr differenziert benannt. Am häufigsten genannt werden von beiden Gruppen Ressourcen im Bereich der Syntax (dazu zählt etwa die Endstellung des finiten Verbs im Nebensatz) und Defizite im Bereich der Rechtschreibung. Zwei Ressourcenkategorien (explizite Nennung von Präpositionen und Verben) werden nur von den Naturwissenschaftsstudierenden genannt. Die Aufforderung nach der sprachlichen Beurteilung und Benotung des Textes stellt einen Impuls zur Bewertung dar und Bewertung impliziert einen Abgleich mit Normen. Es kann also gesagt werden, dass die Studierenden Abweichungen von der Sprachnorm feststellen und die Abweichungen auch differenzieren und benennen konnten.

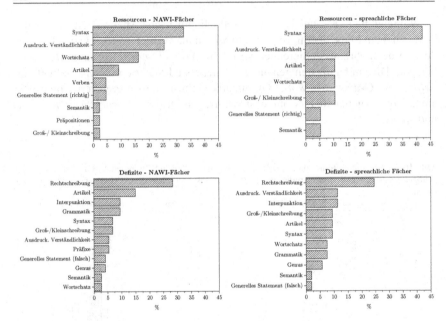

Abb. 16.3 Sprachliche Beurteilung des Textes zur „Metallplatte" (Mehrfachantworten möglich): (a) genannte Defizite, (b) genannte Ressourcen, differenziert nach Studierenden naturwissenschaftlicher und sprachlicher Fächer

16.5 Reflexiv-didaktische Konsequenzen

Die Exploration zeigt, dass Lehrende und Studierende in der Beurteilung des Textes auf Normen Bezug nehmen, die sich an den fachlichen Normen der Physik oder an sprachlichen Normen orientieren, bzw. an Normen, zu denen sie selbst keine genaueren Angaben machen, wenn etwa ABABs Antwort als „unsinnig" als „nicht ausreichend" erachtet wird. Zu fragen wäre, was demgegenüber eine *sinnvolle* Antwort oder eine *ausreichende* Begründung darstellen würde. Zentral ist daher die Frage: *Welches sind die Erwartungen und die Normen, an denen sich die Lehrenden orientieren?*[27]

Die Beurteilungen der Studierenden zu Sprache zeigen, dass linguistische Kenntnisse es ermöglichen, sprachliche Ressourcen des Schülers oder der Schülerin zu erkennnen und zu benennen. Sie ermöglichen jedoch ebenso, unter Be-

---

[27] Mit dem in Kapitel 22 dargestellten *Konkretisierungsraster* wird ein Ansatz für die unterrichtliche Praxis vorgestellt, der es erlaubt, die eigenen Erwartungen in Bezug auf sprachliche Produkte zu reflektieren und die damit verbundenen normativen Erwartungen einer kritischen Prüfung zu unterziehen.

zugnahme auf eine Norm die Normabweichungen *als Fehler* zu benennen und Selektion (Benotung) zu legitimieren. Keinesfalls soll in Zweifel gestellt werden, dass linguistische Kenntnisse von Lehrenden relevant für adäquate Sprachbildung im Fachunterricht sind (vgl. Ohm 2009; Hammer et al. 2013). Gleichzeitig zeigt sich die Relevanz eines reflektierten Umgangs mit fachlichen und sprachlichen Normen. Eine entsprechende Ausbildung stellt ein zentrales Desiderat nicht-diskriminierenden pädagogischen Handelns dar. Insbesondere wenn es darum geht, Gesagtes und Geschriebenes zu beurteilen oder zu verstehen, was der_die Schüler_in meint, ist es auch erforderlich, Normabweichungen *ausblenden* und die Feststellung von Normabweichung in Hinblick auf ihr Selektionspotential reflektieren zu können. Als gangbarer Weg aus reflexiver Perspektive schlage ich die Orientierung an der Sprachhandlungsfähigkeit der Schüler_innen sowie die Reflexion von Normen und deren Relevanz in Bezug auf diese Sprachhandlungsfähigkeit vor (siehe Kapitel 21).

Die oben dargestellten Ergebnisse werfen entscheidende Fragen zu einem möglichen Zusammenhang zwischen Sprachbewusstheit von Lehrer_innen und der Beurteilung fachlicher und sprachlicher Leistungen auf. Die konkreten Dimensionen dieses Zusammenhang sollten unbedingt eingehend empirisch untersucht werden.

Welche Hinweise in Hinblick auf Sprachbewusstheit können aus dem Beurteilungsbeispiel gewonnen werden? Um nicht-exkludierend pädagogisch zu handeln, ist – so kann vermutet werden – eine (Sprach-) Bewusstheit erforderlich, die über eine kognitiv-linguistische Bewusstheit hinausgeht. Ich schlage daher die folgende Aspekte von (Sprach-)Bewusstheit vor:

- *Normative Bewusstheit*: Es stellt sich die Frage, an welchen sprachlichen und fachlichen Normen die Texte gemessen werden. Einerseits werden physikalische Normen sowie die Distanzen der Schüler_innen zu diesen Normen durch die Urteile der Lehrenden ko-konstruiert und damit stabilisiert, andererseits werden unter Bezugnahme auf diese Normen Selektions- und Exklusionsprozesse legitimiert (vgl. dazu die in Kapitel 4.1 dargestellte Hegemoniekritik Lemkes an den Normen der physikalischen Sprache sowie die Befunde von Willems zur Exklusivität des Physikunterrichts in Kapitel 11.4.2).

- *Soziale Bewusstheit*: Die Entscheidungen der Lehrenden scheinen unabhängig von dem Faktum zu sein, dass die Texte von Schüler_innen stammen. Wenn auf den_die Schüler_in Bezug genommen wird, dann wird dies eher als betont wohlwollende Ausnahme gekennzeichnet („da ich positiv denkend diese Information hinter der Antwort vermute ..."). Dass der_die Schüler_in die eigene Erfahrung in seine_ihre Begründung, warum der Baumstamm schwimmt oder die Metallplatte untergeht, miteinbezieht, wird tendenziell als negativ bewertet („Der Schüler antwortet aus Erfahrung"). Dies rückt die Frage nach dem Selbstverständnis der Lehrenden in Hinblick auf ihre *soziale Rolle als Lehren-*

de in den Vordergrund. Es scheint, als ob ein größeres Interesse an der Identifikation der Abweichungen von der fachlichen oder sprachlichen Korrektheit besteht als an der Auseinandersetzung mit der Denkweise der Schüler_innen im Zusammenhang mit der Annäherung an ein naturwissenschaftliches Phänomen. *Wem gegenüber fühlen sich die Lehrenden verpflichteter: den Normen der Physik oder den Schüler_innen?*

▪ *Machtbewusstheit*: Der- oder diejenige, der_die entscheiden kann, was richtig oder falsch, verständlich oder unverständlich ist, hat die Deutungshoheit und damit Macht. Die Dominanzordnung entscheidet, für welche Positionen es legitim ist, *nicht zu verstehen* oder *nicht verständlich zu sein*. So ist es nicht für alle Positionen legitim, *nicht zu verstehen*. Ein_e Schüler_in muss den Unterricht verstehen. Tut sie es nicht, wird das Defizit auf ihrer Seite verortet. Versteht hingegen ein_e Lehrer_in den Text eines Schülers oder einer Schülerin nicht, so ist dieses Nicht-Verstehen legitimiert durch hierarchische und hegemoniale Strukturen und das Defizit wird ebenfalls auf der Seite des Schülers oder der Schüler_in verortet. Entscheiden zu können, wer verstanden wird und wer nicht oder wer gehört wird und wer nicht, ist Zeichen von Dominanz. Vor diesem Hintergrund sind Selektionsprozesse, welche auf *Verständlichkeit* oder auf *angemessene Ausdrucksweise* rekurrieren, immer auch als Gegenstände machtkritischer Reflexion zu begreifen.

Aus der Perspektive der *Reflexiven Physikdidaktik* ist das Verfügen über eine Sprachbewusstheit, welche die oben genannten Aspekte reflektiert, ein Desiderat reflexiver Professionalität. Im nächsten Kapitel werde ich die Konzeptualisierung einer *Kritischen Sprachbewusstheit* als *reflexiver Professionalität* vorstellen, mit welchem den besonderen Anforderungen an die Sprachbewusstheit von Fachlehrkräften Rechnung getragen werden soll.

17 Modellierung: Kritisch-reflexive Sprachbewusstheit

Mit den vorangehenden Kapiteln wurde illustriert, dass Sprache und sprachliche Register in engem Zusammenhang mit fachlichem Lernen und fachlichen Unterrichtsinhalten stehen. Aus Lehrer_innenurteilen konnten Hinweise gesammelt werden, dass in der Beurteilung von Schüler_innentexten auf unterschiedliche Normen bezuggenommen wird, die auf komplexe Weise zusammenwirken und als Legitimation für Selektion fungieren können. Es ist daher im Interesse der Lehrer_innenausbildung und eines bewussten und reflektierten pädagogischen Handelns, sowohl die sprachlichen Anforderungen als auch die Selektionsprozesse von Fachunterricht ins Bewusstsein der Lehrenden zu rufen und damit einer Reflexion zugänglich zu machen.

Im Folgenden schlage ich eine *Konzeptualisierung der Sprachbewusstheit von Lehrenden* im Kontext von Fachunterricht vor, welche einerseits kognitive Aspekte im Sinne von *Sprachwissen* und andererseits reflexive Aspekte der Selektion aufgrund fachlicher und sprachlicher Normen im Sinne von *Machtwissen* zu berücksichtigen vermag. In der Konzeptualisierung beziehe ich mich auf die *Critical Language Awareness* (vgl. Kapitel 13.1.1) als Referenzrahmen und Ausgangsbasis und adaptiere dieses Konzept entsprechend der speziellen Anforderungen fachunterrichtlichen Handelns im migrationsgesellschaftlichen Kontext. In der Adaption an die speziellen Anforderungen orientiere ich mich an der migrationspädagogischen Perspektive (Kapitel 11.1), der kritischen DaZ-Perspektive (Kapitel 10.3), der kritischen physikdidaktischen Perspektiven (Kapitel 4) sowie an jenen konkreten Hinweisen, welche durch die in den Kapiteln 14, 15 und 16 illustrierten Fallbeispiele gewonnenen werden konnten.

Das im Folgenden vorgeschlagene Konzept von Sprachbewusstheit wird als *Kritisch-reflexive Sprachbewusstheit* im migrationsgesellschaftlichen Kontext von Fachunterricht verstanden, welche auch den Machtaspekt sprachlicher und fachlicher Normen einer Reflexion zugänglich machen soll. Im Kontext der Anforderung an Sprachbildung in jedem Unterrichtsfach erscheint eine entsprechende reflexive Bewusstheit von Fachlehrkräfte notwendig, da sie diejenigen Akteure sind, welche hegemoniale Strukturen reproduzieren und Selektions- sowie Exklusionsprozesse über fachliche und sprachliche Normen legitimieren. Kritisch-reflexive Sprachbewusstheit wird hier als Dimension von *professioneller Reflexivität* in Sinne einer nicht-diskriminierenden und ermächtigenden Bildung verstanden.

17.1 Die vier Ebenen „Kritisch-reflexiver Sprachbewusstheit"

Das Konzept der *Kritisch-reflexiven Sprachbewusstheit*, welches hier entwickelt wird, bezieht sich auf die Sprachbewusstheit von Lehrkräften im Kontext von Fachunterricht. Dabei sollen zum einen jene Dimensionen beinhalten, die auch im britischen Ansatz der *Critical Language Awareness* formuliert wurden (James & Garrett 1991; Fairclough 1992), zum anderen soll ein hegemonie-kritischer Fokus expliziert werden, der es ermöglicht, den Common Sense sowie fachliche und sprachliche Normen in Hinblick auf ihre Exklusions- und Selektionsfunktion zu berücksichtigen. Der Begriff *Hegemonie* umfasst die Macht des Alltäglichen, des Common Sense, des Normalen und der Normalisierung (Yıldız 2010; Dzudzek et al. 2012; Habermann 2012; Wullweber 2012), weshalb ich ihn für eine kritische Perspektive im Kontext schulischer Normalitäten (vgl. Kapitel 15) als geeignet erachte. Die *Critical Language Awareness* wird damit speziell für die Sprachbewusstheit von Fachlehrkräften adaptiert und um eine in vier Teildimensionen ausdifferenzierte Machtebene erweitert. Die einzelnen Ebenen der *Kritisch-reflexiven Sprachbewusstheit* werden im Folgenden dargelegt.

17.1.1 Affektive Ebene

In einem Konzept der *Kritischen Sprachbewusstheit* von Lehrkräften ist es nicht ausreichend, die affektive Domäne der Sprachbewusstheit als „Freude an der Sprache" und „positiver Einstellung zum Sprachlernen" (vgl. Kapitel 13.1) weiterzuführen, insbesondere wenn damit eine Instrumentalisierung der positive Einstellung zum Zwecke des schnellen Erwerbs der legitimen Sprache verbunden sind. Gerade dazu ist aus dominanzkritischer Perspektive eine reflexive Haltung erforderlich. Die affektive Ebene der hier vertretenen kritisch-reflexiven Perspektive bedeutet vielmehr, sich als Lehrende_r betroffen zu fühlen und sich aus diesem Grund *kritisch* mit Sprache *auseinandersetzen zu wollen*. Die Affektivität ist also eine *professionsbezogene* und bezieht sich auf die kritische Auseinandersetzung und nicht auf eine Sprache.

17.1.2 Kognitiv-linguistische Ebene

Die kognitive Ebene erweitere ich um soziolinguistische Inhalte. Soziolinguistische Bewusstheit ist in einigen Konzepten von LA auf der sozialen Ebene (Sprach-

gebrauch) verortet, wiederum eher aus der Perspektive des Zweckes eines erfolgreichen Erwerbs der Zielsprache. Für eine reflexive Sprachbewusstheit schlage ich
vor, soziolinguistische Bewusstheit stärker auf der kognitiven Ebene zu verorten.
Diese Ebene beinhaltet damit einerseits metalinguistisches Wissen über Sprache,
aber auch soziolinguistisches Wissen über die Situationsabhängigkeit von Sprache sowie über die von der Unterrichtssituation abhängigen Erfordernisse unterschiedlicher sprachlicher Register. Zur kognitiv-linguistischen Ebene zählen auch
sprachdidaktisches und sprachdiagnostisches Wissen sowie das Wissen zur Differenzierung fachlicher und sprachlicher Lernziele und Lerninhalte. Damit stellt
dieses Wissen ein Repertoire für didaktische Entscheidungsprozesse dar: Auf Basis dieses Wissens werden sprachliche Lernziele formuliert und sprachdidaktische
Maßnahmen im Sinne von Sprachbildung im Fachunterricht ergriffen.

17.1.3 Rechtlich-soziale Ebene

Die soziale Ebene erweitere ich um den Aspekt des Rechts. Damit ist diese Ebene konzipiert als Ebene der Reflexion sozialer Rollen sowie des professionellen
Selbstverständnisses und der damit verbundenen Aufgaben und Pflichten. Auf dieser Ebene ist das institutionelle Verhältnis von Lehrer_in und Schüler_in zu verorten. Schüler_innen haben ein Recht auf Bildung und die Rolle des_der Lehrer_in
ist es, den Zugang zu Bildung durch Unterricht diskriminierungsfrei zu gestalten. Eine professionelle Bewusstheit dieses Faktums erachte ich als relevant, um
die Rechte der Schüler_innen zu wahren und diskriminierungsfrei zu realisieren.
Daher zählt zur sozialen Bewusstheitsebene auch, sich im Zweifelsfall dem diskriminierungsfreien Bildungszugang der Schüler_innen gegenüber verpflichteter zu
fühlen als der Tradierung fachlicher und fachkultureller Normen.

17.1.4 Machtebene

Die Machtebene wird nach vier Aspekten ausdifferenziert, welche die fachunter-
richtsrelevanten Repräsentationen von Macht berücksichtigen. Dazu zählen sprachliche, fachliche und fachkulturelle Normen, die Herstellung von Differenzen, die
fachlichen und unterrichtlichen Selektionmechanismen sowie die unterrichtlichen
Positionierungsangebote. Die Machtebene beinhaltet somit die folgenden Aspekte:

(i) *Kognitiver Aspekt*: **Warum werden Andere zu Anderen gemacht?** Dieser
     Aspekt beinhaltet das Wissen über Hegemonie und Machtverhältnisse sowie

über die Reproduktion hegemonialer Strukturen durch Schule. Dazu zählen bildungspolitische Hintergründe, Zusammenhänge von naturwissenschaftlicher Bildung und politischen Interessen sowie Verwertbarkeitsmotive der Förderung unterrepräsentierter Gruppen.

(ii) *Formaler Aspekt*: **Womit werden Andere sachlich-formal als Andere begründet?** In diesem Aspekt geht es um Normen als formalisierte Macht. Der formale Machtaspekt beinhaltet die Reflexion sachlich-formaler Zusammenhänge, durch welche Exklusion und Selektion im Bildungssystem legitimiert werden. Beispiele dafür sind etwa Bildungsstandards und ihre Funktion, sowie fachkulturelle Normen, die Aussagen über eine „Nähe" bzw. „Distanz" zur Fachkultur ermöglichen und Normalitätskonstruktionen in Bezug auf „günstige Bildungsvoraussetzungen" sowie auf „normale" Alltage (und eine entsprechende „normale" Alltagssprache) ermöglichen.

(iii) *Prozeduraler Aspekt*: **Wie werden Andere als Andere konstruiert?** Dieser Aspekt beinhaltet die Reflexion von Zuschreibungsprozesse, die es ermöglichen, Andere zu konstruieren. Dazu zählen etwa Attribute wie „Deutsch als Zweitsprache", „Migrationshintergrund", „Begabung", „Interesse".

(iv) *Persönlich-emotionaler Aspekt*: **Was bedeutet es, Andere_r zu sein?** Diese Ebene beinhaltet die Reflexion der Komponente des Erlebens, des sich unpassend Fühlens und den Zusammenhang von Positionierungsangeboten und machtinformierte Angst und Scham.

Wie die vier unterschiedlichen Ebenen von Sprachbewusstheit – die affektive, die kognitiv-linguistische, die rechtlich-soziale Ebene sowie die hegemoniale Machtebene – zusammenwirken und im Kontext von Unterrichtspraxis konkret gedacht werden können, soll am Beispiel der Beschreibung eines physikalischen Experiments gedanklich veranschaulicht werden. Ausgangspunkt der Überlegung ist, dass an sich keine Sprachproduktion richtig oder falsch ist. Wann etwas richtig/falsch, gut/schlecht oder passend/unpassend ist, ist ein Produkt des Maßnehmens an einer Norm. Wenn Normen selektierend wirksam werden, ist danach zu fragen, wer durch Selektion besser- und wer schlechtergestellt ist bzw. wie dadurch Dominanzverhältnisse entstehen bzw. aufrechterhalten werden. Normen werden durch Unterricht bestätigt und damit immer wieder neu hervorgebracht. Für eine kritisch-reflexive Praxis des_der Lehrer_in ist es relevant, diese Facetten der Macht zu reflektieren, um Alternativen ausloten zu können.

- **Formale Machtebene [vgl (ii)]: Normen als formalisierte Macht.** Welche physikalischen Experimente im Unterricht gezeigt werden, wie viel Zeit für die Beobachtung und die Versprachlichung der Beobachtung zur Verfügung gestellt wird, an welche Alltagskontexte angeknüpft wird etc., all dies sind Produkte einer Kette von normenbasierten Entscheidungen. Welcher Text gilt als Fachtext? Welches Vorwissen gilt als normal? Welche Alltagsanbindung

Tabelle 17.1 Konzeptualisierung der *Kritisch-reflexiven Sprachbewusstheit* von Lehrenden im Kontext von Fachunterricht

Kritisch-reflexive Sprachbewusstheit im Kontext von Fachunterricht

Ebenen der Sprachbewusstheit	Affektive Ebene	Kognitiv-linguistische Ebene	Rechtlich-soziale Ebene	Hegemoniale Machtebene			
				kognitiv	formal	prozedural	persönlich-emotional
Deskription	Sich im Sinne eines pädagogischen Anliegens mit Bildungsdisparitäten im eigenen Unterrichtsfach beschäftigen wollen	Über Sprache, sprachliche Strukturen und die Vermittlung von Sprache Bescheid wissen	Sich der eigenen Rolle bewusst sein; die Rechte und Würde der Schüler_innen wahren	Über gesellschaftliche, schulische und fachkulturelle hegemoniale Strukturen und hegemoniale Reproduktionsformen Bescheid wissen	Fachliche und sprachliche Normen als sachlich-formalisierte Macht reflektieren	Herstellung von Differenzen als Selektions- und Exklusionsmechanismen reflektieren	Machtinformierte Angst und Scham, Positionierung, Habitus reflektieren
Inhalte und Leitfragen	*„Ich interessiere mich"* Betroffenheit, Anteilnahme	*„Ich weiß"* Linguistik, Sprachregister, Fach-, Alltags-, Bildungssprache, Sprachdiagnose, Sprachdidaktik	*„Ich bin zuständig"* Recht auf Bildung, auf Sprache, auf Nicht-Diskriminierung, auf nicht-inferiorisierende Positionierungsangebote	*„Ich weiß"* Differenzkategorien, Zuschreibungen, Fachkultur, Postkoloniale Aspekte, Othering, Diskriminierung	*„Ich reflektiere"* Was gilt als richtig/falsch, passend/unpassend, gut/schlecht?	*„Ich reflektiere"* Welche Unterscheidungen werden getroffen? Wem kommen diese zugute? (begabt/unbegabt, DaZ/nicht-DaZ)	*„Ich reflektiere"* Wodurch fühlen sich Schüler_innen wohl/un-wohl, sicher/unsicher, passend/unpassend?

gilt als passend? Welche Bearbeitungszeit gilt als angemessen? Diese Entscheidungen orientieren sich an fachkulturellen und schulischen Traditionen, die in Lehrplänen, Bildungsstandards, prüfungsrechtlichen Vorgaben und Rahmensetzungen als Normen formalisiert werden.

- **Prozedurale Machtebene [vgl. (iii)]: Herstellung von Ungleichheit durch selektive und exklusive Angebote.** Der_Die Lehrer_in ist ein Glied in der oben genannten Entscheidungskette. Er_Sie transmittiert die normenbasierten Entscheidungen an die Schüler_innen und stellt eine Aufgabe, z.B. dass ein Experiment genau beobachtet und dann in Alltagssprache in einer bestimmten Zeit beschrieben werden soll. Diese Entscheidung beinhaltet das Potenzial von Selektion und Exklusion. Jene Schüler_innen, die in einer bestimmten Zeit keine Beschreibung formulieren können oder nicht über die passenden alltagssprachlichen Ressourcen verfügen, die als normale Voraussetzung für diese Situation gelten, werden von der Mitsprache an dieser Situation ausgeschlossen. Möglicherweise sind diese Schüler_innen schon als „leistungsschwach" oder „uninteressiert" oder als „DaZ-Schüler_innen" bekannt. Dem_Der Lehrenden steht mit diesen Kategorien ein begriffliches Repertoire zur Verfügung, um Schüler_innen mit nicht-normgemäßen Leistungen in eine Struktur einordnen zu können, welche die Norm reproduziert. Den selektiven und exklusiven Charakter der Situation zu reflektieren bedeutet daher auch, sich zu entscheiden, Alternativen auszuloten.

- **Kognitive Machtebene und persönlich-emotionale Machtebene [vgl. (i) und (iv)]:** Ein_e Lehrer_in, der_die sich der Machtverhältnisse bewusst (kognitive Ebene, soziale Ebene) ist, kann die Unterrichtssituation bewusst so gestalten, dass alternative Positionierungsangebote zur Verfügung stehen, die keine passenden bzw. unpassenden Schüler_innen hervorbringen. Der_Die Lehrer_in kann somit aktiv nicht-diskriminieren. Das Repertoire, aus dem der_die Lehrende schöpfen kann, steht ihm_ihr aufgrund sprachdidaktischer Kenntnisse (diese entsprächen der Bewusstheit auf kognitiv-linguistische Ebene) und aufgrund der Bewusstheit über *Othering* und Diskriminierung (dies entspricht der Machtebene) zur Verfügung.

Professionelle Fähigkeiten, wie etwa die kompetente Auswahl und Durchführung sprachdiagnostischer und sprachdidaktischer Maßnahmen sind auf unterschiedlichen Ebenen zu verorten. Sie erfordern entsprechendes Wissen (kognitiv-linguistische Ebene) und entsprechendes unterrichtliches Handeln (rechtlich-soziale Ebene), aber auch Machtbewusstheit in Bezug auf Normen (formal), auf die Erzeugung von Differenz und die Zuschreibung von Förderbedarf (prozedural) sowie die damit offerierten Positionierungen (persönlich-emotional).

17.2 Dilemma pädagogischen Handelns – ein reflexiver Vorschlag

Lehrende innerhalb der Institution Schule sind nicht frei in ihren Entscheidungen, sie stellen gewissermaßen die Exekutive der Hegemonie dar und arbeiten in einem Spannungsfeld von pädagogisch-didaktischer Überzeugung und hegemonialem Reproduktionsauftrag. Die Widersprüchlichkeit des Auftrags, Schüler_innen einerseits zu einer standardisierten (deutschsprachigen) Bildung zu führen (und auf diesem Weg zu selektieren) und andererseits in deren (mehrsprachiger) Individualität zu fördern und diese „wertzuschätzen", stellt für Lehrende in der Unterrichtsrealität in jedem Fall ein Dilemma dar. Lehrende müssen sich an deutschsprachig-standardorientierte Lehrpläne halten und Bildungserfolg wird mit standardorientierten Aufgaben festgestellt. Interessen, Stärken und Fähigkeiten, die nicht im Kanon der Standards berücksichtigt sind, schlagen nicht als formaler Bildungserfolg zu Buche, sie werden nicht bewertet und haben somit bestenfalls einen informellen, jedoch keinen formalen Wert.

Wie stellt sich der sowohl pädagogisch als auch menschenrechtlich zu befürwortende Anspruch auf Wertschätzung von Mehrsprachigkeit im Kontext von Physikunterricht der Sekundarstufe dar? In den Bildungsstandards für Physik sind keinerlei Hinweise auf Mehrsprachigkeit zu finden. In anderen Zusammenhängen wird auf Mehrsprachigkeit als Mittel zum Zwecke der *Sprach*bildung Bezug genommen, wobei es bei näherer Betrachtung in der Regel um die Förderung des *Deutschen* geht. Durch eine Förderung der Mehrsprachigkeit zum Zwecke des schnelleren und besseren Erwerbs des Deutschen wird die Dominanz des Deutschen als einzig legitimer Sprache eher bestätigt als relativiert. Wie kann unter diesen Rahmenbedingungen das Recht auf naturwissenschaftliche Bildung verwirklicht und nicht-diskriminierend unterrichtet werden? Können Lehrende einerseits zur Stabilisierung von Dominanzstrukturen beitragen und andererseits diese im Sinne von Demokratisierung und Nicht-Diskriminierung aufbrechen?[28] Oder können Lehrende nicht anders als diskriminieren?

Ich erachte die *Kritische Sprachbewusstheit* von Lehrenden als eine notwendige Bedingung, um in dieser Situation Position zu beziehen und eine Haltung einnehmen zu können. Als gangbarer Weg erscheint mir in diesem Zusammenhang die Demaskierung von Machtstrukturen. Durch Offenlegung und Thematisierung dieser Strukturen wird das Implizite zum Expliziten und die Machtverhältnisse werden zum Gegenstand, über den gesprochen werden kann. Dies bedeutet:

- als Lehrer_in eine kritisch-bewusste Haltung einzunehmen,

---

[28] Hier sei auf die Strategie der „affirmative sabotage" und der „befähigenden Verletzung" von Gayatri Spivak verwiesen (Spivak 1994, siehe auch: Dhawan 2014).

- diese kritische Haltung an die Schüler_innen weiterzugeben,
- Machtstrukturen und die eigene Position innerhalb dieser Strukturen gegenüber den Schüler_innen offenzulegen,
- die Schüler_innen zu Handlungsfähigkeit zu ermächtigen (d.h. sie auch in den Besitz der legitimen Sprachkenntnisse und der formalen Bildungsabschlüsse zu bringen),
- die umfassende Sprachhandlungsfähigkeit der Schüler_innen in der legitimen Sprache sowie die als relevant erachtete, naturwissenschaftliche Bildung als Unterrichtsziel zu verfolgen, *damit alle Schüler_innen mitsprachefähig sind.*

Damit wird kritisches Denken *über* Physikunterricht und Sprachbildung zu einem Teil *von* Physikunterricht und Sprachbildung.

18 Fazit zu Teil III

Im Sinne einer *Reflexiven Physikdidaktik* sind alle Barrieren zu beleuchten, die den Zugang zu naturwissenschaftlicher Bildung behindern. Im deutschen Bildungssystem werden Bildungsdisparitäten u.a. durch Sprache erzeugt. Davon ist jeder Unterricht betroffen. Zusätzlich werden im Physikunterricht in fachkulturellspezifischer Weise sprachliche Barrieren erzeugt. Sprache stellt somit eine Differenzlinie dar, die im Sinne einer *Reflexiven Physikdidaktik* berücksichtigt werden muss. Da Sprache ein Instrument zur Verhandlung von Zugehörigkeiten und zur Herstellung und Stabilisierung von Dominanzverhältnissen darstellt, was im migrationsgesellschaftlichen Kontext von besonderer Bedeutung ist, ist der Physikunterricht auf diesbezügliche Hinweise differenziert-machtkritisch zu beleuchten.

Mit der ***Kritisch-reflexiven Sprachbewusstheit*** wurde ein Rahmen entwickelt, der es ermöglichen soll, Sprache im Kontext von naturwissenschaftlicher Bildung auf unterschiedlichen Ebenen zu reflektieren.

(i) *Affektive Ebene:* sich auseinandersetzen wollen
(ii) *Kognitiv-linguistische Ebene:* über Sprache Bescheid zu wissen
(iii) *Rechtlich-soziale Ebene:* sich als Lehrer_in zuständig fühlen
(iv) *Macht- und hegemoniekritische Ebene:* über Hegemonie, Exklusions- und Selektionsprozesse Bescheid wissen

Zu den Komponenten kritisch-reflexiver Sprachbewusstheit zählen damit sowohl Sprachwissen (z.B. jene für Physikunterricht relevanten linguistischen Kenntnissen) als auch das professionelle Verständnis der Rolle als Physiklehrer_in (es als Aufgabe anzusehen, einen nicht-exklusiven und (sprach)barrierefreien Zugang zu naturwissenschaftlicher Bildung zu ermöglichen).

Eine Ausdifferenzierung der *hegemonialen Machtebene* in eine *kognitive*, eine *formale*, eine *prozedurale* und eine *persönlich-emotionale* Komponente ermöglicht es, das Selektions- und Exklusionspotenzial von Sprache sowohl allgemein als auch physikspezifisch zu reflektieren. Zu den Reflexionsgegenständen zählen u.a. fachsprachliche Normen, alltagsbezogene Normalitätsannahmen, die Konstruktion förderbedürftiger Gruppen im Physikunterricht, das Beurteilungsverhalten von Lehrenden und die Positionierungsangebote, welche Schüler_innen im Physikunterricht offeriert werden.

Teil IV

Reflexive Ansätze für die didaktische Praxis

Einleitung zu Teil IV

In Teil I wurde gezeigt, dass den Bildungsdisparitäten der Migrationsgesellschaft in der physikdidaktischen Forschung zum größten Teil mit dem Ansatz der Selbstselektion und einer Output-orientierten Perspektive nachgegangen wird. Teil I schloss mit dem Desiderat nach einer theoretischen Rahmung für alternative naturwissenschaftsdidaktische Forschungsperspektiven.

In Teil II wurde ein theoretischer Rahmen für eine *Reflexive Physikdidaktik*, basierend auf dem Recht auf Bildung, ausformuliert. Es wurde ein Drei-Faktoren-Modell entwickelt, das intersektionale Wirkungsebenen berücksichtigt und die Verortung jener Faktoren ermöglicht, die den Zugang zu naturwissenschaftlicher Bildung beeinflussen. Zudem wurden interdisziplinäre Forschungsperspektiven ausgelotet, die im Kontext physikdidaktischer Forschung bislang noch wenig Berücksichtigung gefunden haben, jedoch als geeignete Anknüpfungspunkte erachtet werden, um ungleichen Bildungsbeteiligung besser verstehbar zu machen.

In Teil III wurde der Fragen nach dem Zusammenhang von Sprache und Fach und den Anforderungen an die Sprachbewusstheit von Fachlehrkräften nachgegangen, da diese Fragen insbesondere im Kontext von „fachintegrierter Sprachbildung" aus reflexiv-physikdidaktischer Perspektive einer Klärung und physikdidaktischen Positionierung bedürfen. Als möglicher Ansatz wurde die *Kritische Sprachbewusstheit* als wesentlicher Aspekt reflexiver Professionalität vorgeschlagen und modelliert.

Mit Teil IV dieser Arbeit soll der Bogen zur Praxis gespannt werden. Die zentrale Frage dieses vierten und letzten Teils dieser Arbeit lautet:

- Wie kann eine reflexive und kritisch-sprachbewusste Haltung in der Praxis des Physikunterrichts, in der Aus- und Fortbildung der Lehrenden sowie in der Projektarbeit auf universitärer Ebene Berücksichtigung finden?

Dazu werden unterschiedliche praktische Ansätze und deren Explorationen vorgestellt:

- Auf der Ebene der **Aus- und Fortbildung von Lehrenden** werden (a) ein Ansatz zur Aktivierung der kritischen Sprachbewusstheit – das *Prinzip Seitenwechsel* – und (b) ein Instrument – *das Konkretisierungsraster* – zur systematischen Reflexion der sprachlichen Anforderungen des Unterrichts vorgestellt.
- Auf der Ebene des **Physikunterrichts** wird die Orientierung an Sprachhandlungen und an der Sprachhandlungsfähigkeit der Schüler_innen als geeigneter Ansatz zur authentischen Verknüpfung von Sprach- und Sachlernen diskutiert.

Welche Rolle dabei lexikalische Unterstützungsmaßnahmen spielen können, wird an einer Exploration zur Sprachhandlung *Beschreiben* illustriert.

- Auf der Ebene **universitärer (Drittmittel-)Projekte** und der Förderung von Schüler_innen „mit Migrationshintergrund" wird am Beispiel des Projekts PROMISE (Tajmel & Starl 2005) illustriert, wie sich eine reflexive Haltung in Projektkonzeption und Projektarbeit widerspiegeln kann.

Allen Ansätzen ist gemein, dass sie reflexiv im Sinne der *Reflexiven Physikdidaktik* (Kapitel 10.4) sind und sich normativ auf das *Recht auf naturwissenschaftliche Bildung* beziehen. Das Recht auf Bildung gilt nur dann als umgesetzt, wenn die angebotene Bildung für den Menschen auch akzeptabel und zugänglich ist und Relevanz besitzt (siehe *Acceptability* und *Accessibility* im 4-A Schema, Kapitel 8.1.3). Da der institutionelle Zugang zu relevanter formalisierter Bildung (Schulabschluss, Zeugnis, Noten) in Deutschland nur über die deutsche Sprache möglich ist, ergibt sich auch für den deutschen Physikunterricht die Notwendigkeit der Vermittlung entsprechender Sprachfähigkeiten im Deutschen. Mit den deutschen Bildungsstandards sind jene fachlichen (und sprachlichen) Vorgaben zu naturwissenschaftlicher Bildung formuliert, die erfüllt sein müssen, um formal als naturwissenschaftlich gebildet zu gelten. Es ist daher notwendig, Physikunterricht sowohl fachlich als auch sprachlich an den Bildungsstandards zu orientieren. Dass Bildungsstandards, sofern sie zur Selektion herangezogen werden, institutionell diskriminierend wirksam werden können, ist auf fachdidaktischer und bildungsinstitutioneller Ebene, also auf jenen Ebenen, wo die diesbezügliche Entscheidungen getroffen werden, unbedingt zu diskutieren. Eine Lehrerin oder ein Lehrer hat als Exekutive der hegemonialen Ordnung innerhalb von Schule und Physikunterricht jedoch nur wenige Möglichkeiten, institutionell diskriminierende Faktoren zu beseitigen. Den Eindruck zu erwecken, dass der_die Lehrer_in die Problematik der sprachlichen Dominanzverhältnisse Kraft seiner_ihrer Rolle lösen könnte, entspräche gewissermaßen einer Entinstitutionalisierung und damit einer Entpolitisierung des Bildungsdiskurses. Hier erachte ich es als angemessen, sich in Anlehnung an Mecheril in *Kompetenzlosigkeitskompetenz* (Mecheril 2002) zu üben und nicht vorzutäuschen, dass es Lösungen gäbe, wo der_die Lehrer_in oder der_die Fachdidaktiker_in eigentlich keine hat. Dieses Dilemma zu reflektieren – nämlich in bestimmten Situationen selbst als machtkritischer Mensch aufgrund der eigenen institutionellen Rolle zur Reproduktion von Machtverhältnissen beizutragen – ist ein wesentliches Merkmal reflexiver Professionalität.

Dies ist der Hintergrund, vor dem die nun vorgestellten praktischen Ansätze zu lesen sind: Als Ansätze für eine reflexive Praxis, welche unter den Bedingungen hegemonialer Strukturen reflexives didaktisches und pädagogisches Handeln ermöglichen sollen.

19 Sprachbewusstheit von Lehrenden: „Prinzip Seitenwechsel"

„Das Repertoire wird nicht nur dadurch bestimmt, was ein sprechendes Subjekt **hat**, sondern manchmal gerade dadurch, was **nicht zur Verfügung** steht und sich in einer gegebenen Situation als Leerstelle, Bedrohung oder Begehren umso mehr bemerkbar macht." (Busch 2013:31, Hervorhebung im Original)

19.1 Anliegen

Die Tatsache, dass Pädagog_innen und Fachdidaktiker_innen in einem von Differenzkategorien bestimmten sozialen Feld sowohl handeln müssen als auch selbst durch Differenzkategorien bestimmt werden, damit positioniert sind und hegemoniale Strukturen reproduzieren, erfordert von den Akteur_innen die Entwicklung einer reflexiven professionellen Haltung. Aus migrationspädagogischer Perspektive werden Schüler_innen durch die Kategorisierung als *DaZ-Schüler_innen* oder als *Schüler_innen „mit Migrationshintergrund"* oder *mit Sprachförderbedarf* zu *Anderen* und als Andere ausgeschlossen. Ein Verständnis für diese Situation zu schaffen und eine reflexive Haltung einnehmen zu können, ist ein Desiderat der Pädagogik und Erziehungswissenschaft für die Ausbildung von Lehrerinnen und Lehrern (vgl. Kalpaka 2006).

Bislang liegen kaum Konzepte für Lehrer_innenaus- und fortbildung zur Vermittlung von Reflexivität vor, die geeignet sind, eine Wir-dekonstruierende und Macht-reflektierende Perspektive auf einer *erlebbaren Ebene* zu vermitteln. Die Frage, die sich für die Professionalisierung von Lehrenden stellt, kann folgendermaßen formuliert werden:

- Welche Maßnahmen und Methoden ermöglichen es, eine Reflexivität in Bezug auf „Othering", auf inferiorisierende Positionierungsangebote und auf normgeprägte Erwartungshaltungen auszulösen?

Sprachlernsituationen nachvollziehen

Auf die Bedeutung der *Erlebbarkeit* von Sprache als Mittel zur Reflexion des eigenen pädagogischen Handelns wird auch in der Fremdsprachen- und der Deutsch-als-Fremdsprachen (DaF)-Didaktik hingewiesen. So wird angenommen, dass die eigene Erfahrung von Lehrenden im Erlernen einer Fremdsprache vorteilhaft für die Unterrichtspraxis ist (Krumm 1973; Seidlhofer 1995). Non-Native Speakers hätten durch ihre eigene Erfahrung als Lernende „eine erhöhte Sensibilität für genau diese Belange" und könnten daher "den sprachlichen Erwartungshorizont der Lernenden besser einschätzen" (Seidlhofer 1995:221). Aus der DaF-Perspektive erscheint es somit sinnvoll, für Lehrkräfte eine Phase des Erwerbs einer ihnen unbekannten Fremdsprache in die Deutschlehrerausbildung zu integrieren, um sie für diese Fremdsprachenlernperspektive zu sensibilisieren (Krumm 1973).

Aus antidiskriminierender und migrationspädagogischer Perspektive stellt sich in Bezug auf schulische Sprachbildung die Frage, wie es gelingen kann, die Bewusstheit der Fachlehrkräfte in Bezug auf mit Sprache verbundenen Aspekten und insbesondere dem Aspekt der *Macht* zu erhöhen.

Um primär Lehrende für die Problematik eines deutschsprachigen Physikunterrichts in einer mehrsprachigen Gesellschaft zu *sensibilisieren*,[29] entwickelte ich im Rahmen des Projekts PROMISE (Tajmel & Starl 2005) das *Prinzip Seitenwechsel* als Teil des Fortbildungskonzepts zu „Sprachbildung im Fachunterricht" und führte das *Prinzip Seitenwechsel* zum ersten Mal im Rahmen einer FörMig-Tagung (vgl. Gogolin et al. 2003) am 24. März 2007 mit dem sogenannten „Kleiderbügelexperiment" durch. Daraufhin wurde das *Prinzip Seitenwechsel* mit dem „Kleiderbügelexperiment" auf weiteren nationalen und internationalen Tagungen und Konferenzen, im Rahmen des Seminars der Language Policy Division im September 2012 beim Europarat in Strassburg, in der Fortbildung der Fachseminarleiter_innen aller Fächer Berlins (Schuljahr 2011/2012), in zahlreichen nationalen und internationalen Lehrerfortbildungsveranstaltungen sowie in meiner eigenen universitären Lehre präsentiert.[30] Im Zuge der Dokumentation und Publikation des Projektes PROMISE wurde das *Prinzip Seitenwechsel* mit dem „Kleiderbügelexperiment" als Video mit deutschem und englischem Begleittext veröffentlicht (Tajmel 2009b) und ist als solches bis heute in Lehrveranstaltungen und Vorträgen von anderen universitären und außeruniversitären Vortragenden in ähnlicher oder abgewandelter Form in Verwendung.

---

[29] Ich verwende den Begriff *Sensibilisierung* im Kontext von Lehrer_innenfortbildung (z.B. als „Sensibilisierung der Fachlehrer_innen für sprachliche Belange") im Sinne von „Interesse wecken" und „Sich zuständig fühlen", was bewusst Empathie-konnotiert sein soll. Im wissenschaftlichen Diskurs zu Sprachbildung und im Diskurs zur Lehrer_innenausbildung halte ich den Terminus *Sensibilisierung* für bedingt adäquat, weil er meines Erachtens die Sprachbildung zu sehr als eine Empathiefrage darstellt. Stattdessen erscheint mir *Sprachbewusstheit* (in Anlehnung an die *Critical Language Awareness* (Fairclough 1992), siehe dazu auch Kapitel 17) für jene sprachspezifische reflexive Professionalität zu sein, die Lehrer_innen vermittelt werden soll.

[30] Insgesamt wurde das *Prinzip Seitenwechsel* von mir persönlich in rund 80 Fortbildungsveranstaltungen vor einem Publikum von im Durchschnitt 50 Personen sowie in mittlerweile mehr als 30 Lehrveranstaltungen vor jeweils etwa 40 Studierenden durchgeführt. Hochgerechnet sind es etwa 5000 Personen, die unter meiner Leitung das Experiment gesehen und die damit verbundenen Aufgaben bearbeitet haben.

19.2 Das „Kleiderbügelexperiment"

Das Kleiderbügelexperiment wurde im Rahmen der PROMISE-Teamarbeit (Tajmel et al. 2009) entwickelt. Für den Versuchsaufbau wurden bewusst Gegenstände und Materialien gewählt, die auch außerhalb des Physikunterrichts Verwendung finden, also aus dem „Alltag" bekannt sein können. Dazu zählen ein Kleiderbügel, ein Stein, Gewichte, ein durchsichtiges Gefäß mit Wasser. Damit sollte gezeigt werden, dass physikalische Experimente mit ganz alltäglichen und nicht nur mit schulischen Experimentiermaterialien durchgeführt werden können.

19.2.1 Aufbau und Durchführung

Der Kleiderbügel wird mittels einer Aufhängevorrichtung so angebracht, dass er frei hängen und sich in alle Richtungen möglichst reibungsfrei bewegen kann. Am Kleiderbügel werden auf der einen Seite ein Stein und auf der anderen Seite Gewichte befestigt. Gewichte und Stein halten sich die Waage. Hinter dem Kleiderbügel ist am Stativ ein Pfeil angebracht, der senkrecht nach unten zeigt. Er soll das Lot darstellen. Anstelle des Pfeils kann auch ein Lot (Gewicht an einem Faden) verwendet werden. Am Kleiderbügel ist ein Zeiger befestigt, der sich im waagrechten Zustand des Kleiderbügels mit dem Lot genau in einer Linie befindet, also mit dem waagrechten Balken des Kleiderbügels einen Winkel von 90° einschließt. Zusätzlich kann am Stativ eine Skala angebracht werden, an der der Ausschlag des Zeigers abgelesen werden kann. Unter dem Stein befindet sich ein mit Wasser gefülltes Messgefäß, das auf einer Laborhebebühne steht.

Das Gefäß wird auf der Hebebühne langsam nach oben geführt, bis der Stein zur Gänze in das wassergefüllte Gefäß eingetaucht ist.

19.2.2 Beobachtung

Sobald der Stein in das Wasser taucht, beginnt sich der Kleiderbügel zu neigen, und zwar zu jener Seite hin, an welcher die Gewichte angebracht sind, und von jener Seite weg, an der der Stein ins Wasser taucht. Der Stein bewegt sich nach oben, die Gewichte nach unten. Die Neigung nimmt solange zu, bis der Stein zur Gänze in das Wasser getaucht ist. Danach bleibt die Neigung konstant, auch wenn das Gefäß mit Wasser höher gehoben wird, solange der Stein nicht auf dem Boden des Behälters aufliegt.

Abb. 19.1 Durchführung des Kleiderbügelexperiments im Unterricht

19.2.3 Anwendungsbereiche

Die Anwendungsbereiche des „Kleiderbügelexperiment" umfassen:

1. als Demonstrationsexperiment zum Themenbereich „Schwimmen – Sinken" im Physikunterricht (Kapitel 20),[31] Unterthemen Auftrieb, Dichte von Körpern, Archimedes u.a.,

2. als Mittel zur Reflexion, Sensibilisierung und Aktivierung der *Kritischen Sprachbewusstheit* von Lehrkräften für jene besondere Situation, ein physikalisches Phänomen in der zweitbesten Sprache beschreiben zu müssen (Kapitel 19.4),

3. als Stimulus zur Elizitation von Schüler_innensprache zum Genre Beschreibung,

---

[31] Die im Rahmen von PROMISE entwickelte Unterrichtseinheit zum Thema „Schwimmen-Sinken" wird in dieser Arbeit nicht weiter ausgeführt. Publiziert wurden die Unterrichtsmaterialien im Band „Science Education Unlimited" (Tajmel et al. 2009)

4. zur Exploration der Auswirkung lexikalischer Hilfsmittel auf das Schreiben von Texten des Genres Beschreibung (Kapitel 21.5),
5. zur Rekonstruktion von Annahmen über die Beschaffenheit „guter physikalischer Beschreibungen",
6. als Basis zur Weiterentwicklung eines Konkretisierungsrasters zur systematischen Analyse der sprachlichen Erfordernisse von Aufgabenstellungen (Kapitel 22).

19.3 Beschreibung des „Prinzip Seitenwechsel"

19.3.1 Entwicklung und Überlegungen zur Durchführung

Zentrales Element des *Prinzip Seitenwechsel* ist, dass Lehrende eine typische Aufgabe aus dem Unterricht, die eine Sprachhandlung erfordert, selbst bearbeiten sollen, jedoch nicht unter Verwendung ihrer besten Sprache, sondern ihre *zweitbeste* Sprache. Damit wird eine Situation simuliert, in welcher die Unterrichtssprache bzw. die im Unterricht legitime Sprache nicht der eigenen besten Sprache entspricht bzw. die eigene beste Sprache nicht die legitime Sprache darstellt.

Das *Prinzip Seitenwechsel* kann auf unterschiedliche Aufgabenstellungen angewendet werden. Entwickelt, erprobt und optimiert wurde es in der Anwendung auf die Situation der Beobachtung eines physikalischen Phänomens zum Auftrieb, mit dem „Kleiderbügelexperiment".[32] Die Auswahl einer Aufgabenstellung zur *Beschreibung eines physikalischen Experiments* ist damit begründet, dass Beobachtung und Beschreibung eines Vorgangs oder Phänomens zu den Standardsituationen im naturwissenschaftlichen Fachunterricht gehören. Mit der Durchführung des *Prinzip Seitenwechsel* am Beispiel des „Kleiderbügelexperiment" wird also Bezug auf eine Unterrichtssituation genommen, von der angenommen werden kann, dass sie allen Physik- und Naturwissenschaftslehrenden gut bekannt ist: Ein Experiment wird vorgeführt, die Schüler_innen sollen genau beobachten und sie sollen *in eigenen Worten* beschreiben, was sie sehen.

---

[32] Die Auswahl und physikdidaktische Klärung des „Kleiderbügelexperiments" sowie seines Ablaufs beruhen auf den physikdidaktischen Diskussionen im Rahmen des PROMISE-Teams der Humboldt-Universität Berlin, allen voran mit Hans-Jörg Holtschke, Johannes Neuwirth und Prof. Lutz-Helmut Schön.

Pilotierung

Das *Prinzip Seitenwechsel* wurde mit 10 Personen, Lehrer-innen, Studierenden und Mitgliedern des PROMISE-Teams, pilotiert. Fünf Personen sollten das „Kleiderbügelexperiment" in deutscher Sprache beschreiben, fünf Personen sollten es in einer selbst gewählten Fremdsprache beschreiben. Die Texte der Gruppe 2 beinhalteten teilweise umständliche Paraphrasierungen. Trotz der Textlänge waren sie nicht präziser, da Gegenstände und Vorgänge nicht explizit benannt wurden. Zudem äußerten die Personen der Gruppe 2 explizit den Wunsch nach Hilfestellung zur Beschreibung des Experiments. Aus dieser Pilotierung wurden die Fragen für den Bearbeitungsbogen formuliert, siehe Abb. 19.2.[33]

19.3.2 Ablauf des ‚Prinzip Seitenwechsel'

Der Ablauf ist folgendermaßen: Die Proband-innen erhalten einen Bearbeitungsbogen und werden aufgefordert, das Experiment genau zu beobachten und danach den Bogen auszufüllen. Sie sollen das Experiment beschreiben, allerdings nicht in ihrer besten Sprache, sondern in ihrer zweitbesten Sprache bzw. in einer Fremdsprache. Diese Beschreibung soll schriftlich sein. Zur Motivation wird gesagt, dass sie sich vorstellen mögen, in einem Land ihrer Wahl den Physikunterricht zu besuchen und in der entsprechenden Unterrichtssprache diese Aufgabe zu bearbeiten. Sie können also die Sprache frei wählen (was Schüler-innen im deutschen Unterricht nicht möglich ist), können daher auch eine Sprache wählen, in der sie sich als kompetent einschätzen.

Es wird kein Zeitlimit für die Bearbeitung der Aufgabe angegeben, es wird auch nicht darauf hingewiesen, dass die Proband-innen alleine für sich arbeiten sollen, die Situation wird bewusst offen gehalten. Aus Akzeptanzgründen wird auch gesagt, dass keine der von den Proband-innen verfassten Texte vorgelesen werden (auch dies ist eine Entlastung der Situation im Vergleich zur Situation der Schüler-innen). Es wird also nicht beurteilt, ob ein Text gut oder schlecht, richtig oder falsch ist. Zudem sollen die Proband-innen notieren, wie sie sich gefühlt haben, wie viel Aufmerksamkeit sie für das Phänomen an sich und wie viel für die Sprache verwendet haben, welche Probleme sie bei der Bearbeitung der Aufgabe hatten und welche Hilfsmittel sie sich wünschen würden.

---

[33] Das *Prinzip Seitenwechsel* kann auch ohne speziellen Bogen durchgeführt werden. Ein Blatt Papier und ein Stift reichen. Es muss allerdings unbedingt geschrieben werden.

1. Beobachten Sie das Experiment. Beschreiben Sie genau, was passiert! Verwenden Sie dazu Ihre **zweitbeste Sprache** (beste Fremdsprache).

2. Schätzen Sie, wie viel Prozent Ihrer Aufmerksamkeit Sie bei der Bearbeitung der Aufgabe für das physikalische Phänomen und wie viel Prozent Sie für die Sprache verwendet haben.
Physik: _ _ _ _ _ _ % Sprache: _ _ _ _ _ _%

3. Hatten Sie Probleme bei der Bearbeitung der Aufgabe? Wenn ja, welche?

4. Welche Hilfsmittel hätten Ihnen geholfen?

5. Bitte beschreiben Sie, wie Sie sich in dieser Situation gefühlt haben.

Abb. 19.2 Aufgabenblatt zum „Prinzip Seitenwechsel"

19.3.3 Zielsetzung und Annahmen

Eine Beobachtung in Worte zu fassen, scheint aus Sicht des_der Lehrer_in keine schwierige Aufgabe zu sein, insbesondere, wenn der Lehrer oder die Lehrerin explizit darauf hinweist, dass keine Fachsprache, sondern die eigenen Worte verwendet werden sollen. Was aber, wenn *die eigenen Worte nicht deutschsprachig* sind? Diese vermeintlich offene und schüler_innenfreundliche Situation ist bei genauerer Betrachtung nicht offen und nicht frei von Erwartungen auf Lehrerseite. Auch in dieser scheinbar offenen Situation gibt es eine bestimmte Sprache, die erlaubte, die legitime Sprache. Damit wird Sprache zu einem Faktor, der darüber entscheidet, wer mitsprechen kann – und somit mitsprache- bzw. sprachhandlungsfähig ist – und wer nicht. Eine Fremdzuweisung seitens der Lehrkraft, wer sprechen darf und wer nicht, ist in der Regel gar nicht notwendig. Je nach Erfahrung mit schulbezogenen Normen haben die Schüler_innen die Sprachnormen bereits verinnerlicht und diejenigen, welche nicht über die legitime Sprache verfügen, halten sich zurück. Die legitime Sprache kann mehr oder weniger konzeptionell mündliche Elemente enthalten, je nach der Auffassung der Lehrkraft, was nach ihrem *Ermessen* zulässig ist und was nicht (vgl. die Beurteilungen der Texte „Baumstamm" und „Metallplatte", Kapitel 16). In jedem Fall ist die erwartete Sprache in dieser Situation Deutsch. Die Anforderung an die Schüler_innen sind daher

- Texte in einer bestimmten Sprache (Deutsch) produzieren zu müssen,
- zielsprachliche und fachliche Normen zu erfüllen,

- implizite, den Schüler-innen (und auch den Lehrer-innen) nicht transparente Erwartungen zu erfüllen.

Ziel des Prinzip Seitenwechsel ist es, auf der Seite der Lehrer-innen ein Bewusstsein für diese Situation zu schaffen. Wesentlich für das Prinzip Seitenwechsel sind daher die folgenden Merkmale:

- *Nicht die beste Sprache verwenden zu dürfen*: Damit wird die beste Sprache zur nicht-legitimen Sprache.
- *Situationsangemessen sprachhandeln zu müssen*: Damit werden die Handlungsmöglichkeiten eingeschränkt.
- *Die Beobachtung verschriftlichen zu müssen*: Damit wird eine weitere Einschränkung der sprachlichen Register vorgenommen.

19.3.4 Sprache ‚erleben'

Mit dem Seitenwechsel wird eine Situation simuliert, die dazu geeignet ist, ein vergleichbares Erleben von „Entmächtigung" hervorzurufen. Die Lehrkräfte erleben eine Unterrichtssituation auf Basis der konkreten Erfahrung, nämlich aus der „DaZ-Position" ein einfaches Experiment zu beobachten und ihre Beobachtung beschreiben zu müssen. Die Position einer Schülerin oder eines Schülers, die der der Kategorie *fremd* oder *andere* zugehörig bezeichneten wird, ist machtärmer als die Position einer Person, die zur (sprachlichen) Norm, zur Mehrheitsgesellschaft, zum gesellschaftlichen *Wir* zählt. Diese *andere* Position kann – so meine Annahme – durch das *Prinzip Seitenwechsel* simuliert und einer Reflexion zugänglich gemacht werden.

Die „andere" Seite

Mit dem Begriff „Seitenwechsel" soll ausgedrückt werden, dass es *zwei* durch eine Differenzlinie getrennte Seiten gibt. Es soll damit die Änderung der *Position* als eine Änderung der *Seite* deutlich gemacht werden. Die eine Seite hat die Definitions- und Deutungshoheit inne, sie bestimmt, welche Sprache legitim ist, was richtig oder falsch ist und welche Positionierungsangebote gemacht werden. Die *andere Seite* wird bestimmt. Mit dem Begriff der *Seite* soll ausgedrückt werden, dass es genau um jene dichotome Relation von *DaZ* und *Deutsch*, von *Andere* und *Wir* geht, welche durch die Differenzlinie Sprache markiert wird.

Der *Seitenwechsel* ist daher auch nicht nur als *Perspektiven*wechsel zu begreifen, weil es nicht um mehrere Perspektiven geht, sondern um die *andere*. Die Entscheidung gegen den Terminus Perspektivenwechsel traf ich, nachdem ich durch die Rückmeldungen von Lehrenden Hinweise sammeln konnte, dass „Perspektivenwechsel" allgemein auch als „sich etwas vorstellen" verstanden werden kann, im Sinne eines „Was wäre wenn ...?". Im konkreten Fall der Beschreibung des Experiments wäre ein solches Verständnis eines Perspektivenwechsel etwa, dass man sich lediglich *vorstellt*, welche sprachlichen Probleme ein Schüler oder eine Schülerin mit einer anderen Sprache in einer Unterrichtssituation haben *könnte*.

Mit dem *Prinzip Seitenwechsel* soll eine Situation nicht nur imaginiert, sondern in möglichst ähnlicher Weise *erlebt* werden. Das Erleben tritt an die Stelle der Imagination, der Modus, in welchem über diese Situation reflektiert wird, ist der Indikativ und nicht der Konjunktiv. „*Mir fehlt* das Wort für Kleiderbügel" im Gegensatz zu „*Der Schülerin könnte* das Wort Kleiderbügel *fehlen*", „*Ich habe* Stress empfunden und hatte Angst, vorlesen zu müssen" im Gegensatz zu „*Der Schüler könnte* durch diese Situation in Stress geraten und Angst haben". Mit diesem Erleben ist das Erleben einer anderen Machtposition verbunden. Der_Die Schüler_in kann nicht so sprachhandeln, wie er_sie gerne würde. Die Position des Schülers oder der Schülerin mit einer *anderen* besten Sprache als der Unterrichtssprache ist daher auch inferior gegenüber der Position des Schülers oder der Schülerin, für welche die Unterrichtssprache auch die beste Sprache ist. Der *Seitenwechsel* kann also als Wechsel von der superioren Seite auf die inferiore Seite verstanden werden.

19.3.5 Seitenwechsel als ‚Prinzip'

Theoretisch-normativ folgt das *Prinzip Seitenwechsel* der Nicht-Diskriminierung: Unterricht muss so gestaltet sein, dass Chancengleichheit hergestellt wird. Im Kontext des *Prinzip Seitenwechsel* bedeutet Chancengleichheit: *gleiche Chancen zu haben, um fachlich und sprachlich im Unterricht handeln zu können.* Es soll zu einem *Prinzip* werden, jede Unterrichtssituation danach zu reflektieren, dass sie potentiell *immer* exkludierend und entmächtigend wirken kann.

Die Lehrkräfte erfahren in dieser Situation, dass ihre Entmächtigung und Inferiorität nicht in einem Merkmal ihrer Person begründet ist, sondern im *Positionierungsangebot*, das sie in dieser Situation erhalten. *Also kann prinzipiell jede_r in eine inferiore Position gelangen.* Bezogen auf die Unterrichtspraxis bedeutet dies: Die Schüler_innen sind nicht deshalb in einer inferioren Position, weil sie über „mangelhafte" Sprachkompetenzen oder „unpassenden" Bildungshintergrund verfügen, sondern weil sie durch Schule und Unterricht in diese inferiore Position gesetzt werden und keine anderen Positionierungsangebote erhalten.

19.4 Exploration zu Sprachbewusstheit

Wie in den vorangegangenen Kapiteln theoretisch begründet und an Fallbeispielen illustriert, scheint es dringend erforderlich zu sein, in einem Konzept für die Sprachbewusstheit von Lehrenden auch den Aspekt der Macht zu berücksichtigen. Dazu wurden in Kapitel 13 die in der Forschung vorliegenden Ansätze zu Sprachbewusstheit auf ihre Eignung gesichtet und ein für die Sprachbewusstheit von Fachlehrkräften adaptiertes Konzept der *Kritischen Sprachbewusstheit* vorgeschlagen, das aus vier Ebenen besteht und insbesondere die Ebene der Macht differenziert berücksichtigt (vgl. Kapitel 17):

- *Affektive Ebene*: sich mit der sprachlichen Bildung der Schüler‿innen im Physikunterricht beschäftigen wollen,
- *kognitiv-linguistische Ebene*: Sprachwissen über z.B. Fachsprache, Registergebrauch, Bildungssprache, Sprachdidaktik,
- *rechtlich-soziale Ebene*: soziale Rolle als Lehrer‿in, Professionsbewusstsein, nicht-diskriminierender Bildungsauftrag, Wissen über Diskriminierung,
- *Machtebene*:
  - *kognitive Machtebene*: Wissen über hegemoniale Strukturen, Fachkultur, Postkoloniale Theorien,
  - *formale Machtebene*: Bewusstheit über Normen (fachlich, sprachlich, gesellschaftlich),
  - *prozedurale Machtebene*: Bewusstheit über Selektions- und Zuschreibungsprozesse (Begabung, Sprachförderung, Interesse, ...),
  - *persönlich-emotionale Machtebene*: Bewusstheit des Erlebens inferiorer Positionen (Scham, Peinlichkeit, Angst).

19.4.1 Fragestellung

Für die Lehrer‿innenaus- und -fortbildung wurde mit dem *Prinzip Seitenwechsel* eine Methode vorgestellt, welche Lehrende in eine Situation versetzen, die Ihnen die Inferiorität der Situation von Schüler‿innen, deren beste Sprache nicht der Unterrichtssprache entspricht, vor Augen führt. Dass das *Prinzip Seitenwechsel* ein diesbezügliches Potenzial besitzt, darf aufgrund zahlreicher Anwendungen und Rückmeldungen aus dem Bereich der universitären und außeruniversitären Lehrer‿innenfortbildung angenommen werden. In einer Exploration sollen systematisch Hinweise darauf gesammelt werden. Die Exploration orientiert sich an den folgenden Fragen:

- Kann mit dem Prinzip Seitenwechsel die kognitive Sprachbewusstheit im „klassischen" Sinne aktiviert werden?
- Können aus den Rückmeldungen der Proband_innen auch Ebenen der Kritischen Sprachbewusstheit – allen voran die Machtebenen – rekonstruiert werden?

19.4.2 Methodische Überlegungen

Zur explorativen Untersuchung des Erlebens der Situation ist eine Befragung im offenen Antwortformat geeignet. Es werden schriftliche Antworten erhoben. Die Fragen entsprechen jenen des Arbeitsbogens, welcher in Begleitung mit dem *Prinzip Seitenwechsel* verwendet wird.

Stichprobe

Die Stichprobe der Exploration bildeten 194 Personen, davon 26 im Beruf stehende Lehrer_innen und 168 Lehramtsstudierende in der letzten Phase ihres Lehramtsstudiums.

Alle 194 Personen bearbeiteten die Fragen 1 bis 4 des Arbeitsbogens. Davon bearbeiteten 48 Personen zusätzlich zu den Fragen 1 bis 4 noch eine fünfte Frage: Sie sollten beschreiben, *wie sie sich gefühlt haben* (Frage 5). Mit den anderen Personen wurde aus Gründen der Rahmenbedingungen diese Frage im Gespräch mündlich diskutiert. Es ergeben sich somit zwei Gruppen der Auswertung:

- GRUPPE 1: Fragen 1 bis 4; N = 146
- GRUPPE 2: Fragen 1 bis 5; N = 48

Angenommen wird, dass die kognitive Ebene der Sprachbewusstheit mit Frage 3 *„Hatten Sie Probleme bei der Bearbeitung der Aufgabe? Wenn ja, welche?"* und Frage 4 *„Welche Hilfsmittel hätten Ihnen geholfen?"* stimuliert wird. Außerdem kann angenommen werden, dass durch die Frage nach dem prozentualen Verhältnis der Aufmerksamkeit auf Physik und Sprache (Frage 2) die Differenzierung der fachlichen und sprachlichen Aufgabenbewältigung stimuliert wird. Frage 5 *„Bitte beschreiben Sie, wie Sie sich in der Situation gefühlt haben."* soll das Erleben der Situation ins Bewusstsein rufen.

Die Antworten der Proband_innen wurden qualitativ inhaltsanalytisch (Mayring 2008; Kuckartz 2012) untersucht. Aus dem Material wurden Kategorien induktiv ermittelt.

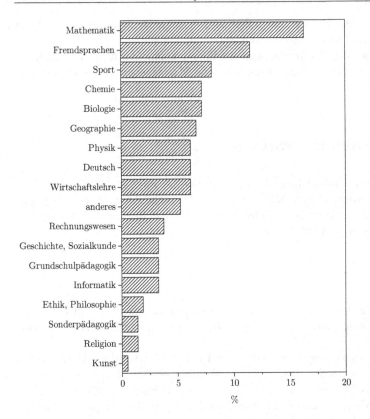

Abb. 19.3 Verteilung der Unterrichtsfächer der 194 Personen

Zur Erarbeitung des Kodiersystems wurden in einem ersten Arbeitszirkel 20 Bögen aus der Teilgruppe, welche alle fünf Fragen beantwortet hat, ausgewertet und aus den offenen Antworten Kategorien gebildet. Nach diesem ersten Zirkel konnten grob drei Kategorien gebildet werden:

- Bezug auf soziale Interaktion und soziale Rollen im Unterricht (Soziale Ebene)
- Bezug auf sprachliches Register, Wortschatz und grammatische Strukturen (Sprache; Sprachbewusstheit im „klassischen"Sinne)
- Bezug auf Unsicherheit, Normabweichung, Überforderung (Macht; Sprachbewusstheit im „kritischen" Sinne)

Es wurden 4 Unterkategorien der kognitiven Ebene und 3 Unterkategorien der Machtebene gebildet. Diese wurden kodiert und mit Ankerbeispielen transparent gemacht. Im Rahmen der Erarbeitung des Kategoriensystems und des Kodierleitfadens wurden die 20 Erhebungsbögen zur Sicherung der Intercoder-Reliabilität von zwei weiteren, voneinander unabhängigen Personen nochmals gesichtet und kodiert (Kuckartz 2012:48f). Die so gewonnenen Kodierungen wurden verglichen und so die finale Kodieranleitung erstellt.

19.5 Ergebnisse der Exploration

Die Exploration liefert begründete Hinweise zur Annahme, dass die kritische Sprachbewusstheit der Lehrkräfte und der Studierenden durch das Prinzip Seitenwechsel auf unterschiedlichen Ebenen aktiviert wird.

- Die Proband_innen erleben Schwierigkeiten, welche jenen von Schüler_innen, die Deutsch als Zweitsprache erwerben, ähnlich sind. (Indikator: Nennung der Probleme, Nennung der erwünschten Hilfsmittel)
- Sie benennen erwünschte Hilfen, die auch in der Sprachdidaktik als adäquate Hilfsmittel erachtet werden. (Indikator: Nennung der Hilfsmittel)
- Sie erfahren sich selbst als *Andere*. Sie sind während des Experiments in der Rolle der Anderen und nicht Angehörige der Mehrheitsgesellschaft. Diese Erfahrung ist für sie neu. (Indikator: Feedback, Äußerung zum Sich-Fühlen, Peinlichkeit)
- Die Proband_innen erfahren sich selbst in einer machtärmeren Position. Sie sind nicht diejenigen, die entscheiden können, weder darüber, was sie tun sollen noch in welcher Sprache sie sprachhandeln sollen. Sie haben nicht die Deutungshoheit und sind damit in einer inferioren Position. (Indikator: Beschreibung der Gefühle in dieser Situation; nicht alles ausdrücken können, was man möchte)

19.5.1 Soziale Ebene

Hinweise darauf, dass die Sprachbewusstheit auf der sozialen Ebene erhöht werden kann, zeigen die Feedbacks der Proband_innen. Aus ihnen geht hervor, dass sie eine Rolle einnehmen und damit eine Erfahrung machen, die sonst Schüler_innen machen.

Tabelle 19.1 Kategorien, ihre Definitionen und Ankerbeispiele zu den unterschiedlichen Aktivierungsebenen des *Prinzip Seitenwechsel*

	Soziale Ebene	Kognitive Ebene	Machtebene
Kategorien	*S1 Interaktionsbedarf:* Nachempfindung des Bedarfs an Austausch und an Hilfestellung, Bezug auf die sozialen Rollen als Lehrer_in oder als Schüler_in	*K1 Lexik: Allgemeine und konkrete Nennung von Nomen, Verben, Präpositionen u.a.* *K2 Morphologie, Syntax, Register:* grammatische Strukturen, Satzanfänge, Text, Register *K3 Mehrsprachigkeit:* andere Sprachen als Hilfe *K4 Fachlichkeit: fachliche Unterstützung*	*M1 Normgerechtigkeit:* Angemessenheit des sprachlichen Ausdrucks und der physikalischen Kenntnisse; nicht das ausdrücken können, was man sagen möchte *M2 Peinlichkeit:* Unsicherheit, Angst, Scham, Schlechtbewertung der eigenen Kenntnisse *M3 Überforderung:* Stress, schwer, erhöhte Konzentration
Definition	Es wird auf die soziale Rolle Bezug genommen (explizite Nennung von Schüler_in, Lehrer_in). Der Wunsch nach Unterstützung und danach, jemanden fragen zu können, wird geäußert. Der_Die Lehrer_in wird in seiner_ihrer Rolle als Helfer_in oder als Beurteilende_r benannt.	Es fehlen sprachliche Mittel auf lexikalischer und grammatischer Ebene. Dies wird entweder allgemein konstatiert oder diese Mittel werden explizit benannt. Als Hilfsmittel werden Wörterbuch, Übersetzungshilfe, Mustertext, Glossar gewünscht. Es wird auf das Register (mündlich, schriftlich, Alltag, Fach) und auf andere Sprachen verwiesen. Es wird auf fehlende fachliche Kenntnisse verwiesen.	Der eigene Text wird als nicht angemessen erachtet, die eigenen Kenntnisse werden als schlecht oder unzureichend bewertet. Die Ungenauigkeit der Beschreibung wird als Problem benannt, Umschreibungen werden als Ausweg benannt, wobei der_die Proband_in damit nicht zufrieden ist. Der_Die Proband_in fühlt sich in der Situation unwohl, bezeichnet sich selbst als „dumm" o.ä., ihm_ihr ist der eigene Text peinlich. Es wird Stress empfunden.
Ankerbeispiele	„Ich bekam eine Ahnung, was unseren Schülern widerfährt" „Ich würde gerne den Lehrer fragen" „Ich würde als Lehrer meine Antwort sicher schlecht benoten." „Nachbarn fragen"	K1 „Substantive"; „Mangel an Vokabular"; „Mir fiel das Wort für Kleiderbügel nicht ein"; „Wörterbuch"; „into oder in water?" K2 „Ich wusste nicht, wie ich beginnen soll."; „Mustertext als Hilfe" K3 „Ich versuchte, die Wörter aus der Fremdsprache herzuleiten" K4 „Physikbuch"; „fachliche Vorbereitung"	M1 „Ich habe genauso beschrieben, wie man es nicht sollte."; „verärgert, weil es mir nicht möglich ist, genau das zu sagen, was ich sagen will." M2 „Ich habe mich ziemlich dumm und ungebildet gefühlt."; „Ich fühlte mich sehr unwohl."; „Ich fühlte mich ein wenig beschämt, dass mir so viele Vokabeln nicht eingefallen sind." M3 „Mich hat diese Situation total unbeholfen gemacht."; „Ich war sehr angespannt."

Das *Prinzip Seitenwechsel* wird als „Augenöffner" bezeichnet, oder als Möglichkeit, auch diejenigen Lehrkräfte für Sprachbildung im Fachunterricht zu interessieren, die bislang kein Interesse zeigten.

„Gute Möglichkeit, um sich in die Schüler hineinzuversetzen, mit welchen Problemen sie konfrontiert werden, bei der Beschreibung eines Experiments." (DUIS14)
„So bekommt man eine Ahnung, was unseren Schülern widerfährt." (NRW020917)

Ohne dazu aufgefordert worden zu sein, begannen die Lehrkräfte bzw. Studierenden nach einiger Zeit zu kooperieren, sie fragten sich gegenseitig nach Wörtern
und Formulierungen. In Bezug auf die gewünschten Hilfsmittel bezogen sich einige Äußerungen der Proband_innen konkret auf die soziale Ebene, etwa wenn als
Hilfsmittel eine „Unterstützung durch die Lehrkraft" oder durch den „Austausch
mit dem_der Partner_in " gewünscht wird.

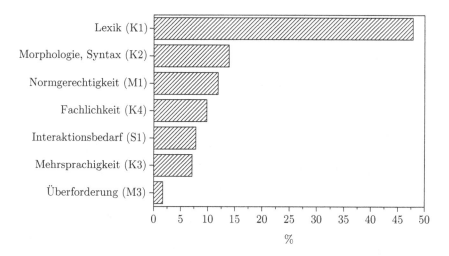

Abb. 19.4 Ergebnisse für Gruppe 1 (Fragen 1-4): Verteilung der Äußerungen zum *Prinzip Seitenwechsel* auf die soziale Ebene (S1), die kognitive Ebene (K1-K4) und die Machtebene (M1-M3)

19.5.2 Kognitive Ebene

Hinweise auf eine Erhöhung der Sprachbewusstheit auf der kognitiven Ebene zeigten sich darin, dass einem Großteil der Proband_innen bewusst wurde, wie viel
Sprache eine solche Situation erfordert. Befragt nach ihrer Einschätzung, wie viel
Prozent ihrer Aufmerksamkeit sie der Sprache und wie viel Prozent sie dem physikalischen Phänomen gewidmet haben, gaben 64% der Probanden an, mindestens
80% ihrer Aufmerksamkeit der sprachlichen Formulierung gewidmet zu haben. Im
Gegensatz widmeten nur 1,5% mindestens 80% ihrer Aufmerksamkeit dem physikalischen Phänomen (siehe Abbildung 19.5).

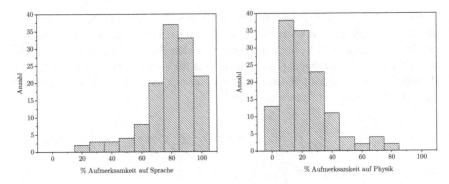

Abb. 19.5 Verteilung der Aufmerksamkeit der Proband-innen (N = 132) auf Sprache (links) und auf Physik (rechts), dargestellt als Histogramm

„Das Verstehen des Experiments gerät eindeutig in den Hintergrund, da das Hauptaugenmerk auf einer passenden Formulierung in der Fremdsprache liegt." (MAVI12)

Dass sich bei Bereitstellung sprachlicher Hilfsmittel die Verteilung zu Gunsten und nicht zu Lasten der Physik verschieben und diese Hilfsmittel den physikalischen Inhalt nicht an den Rand drängen, sondern vielmehr unterstützen würden, wurde im Gespräch von allen Lehrkräften und Studierenden bestätigt. Die meisten Proband-innen gaben an, bei der Bearbeitung der Aufgabe Probleme zu haben. Sie benannten allgemein als Problem, das richtige Vokabular zu finden. Einige benannten konkrete lexikalische oder syntaktische Mittel, die ihnen fehlten (*Kleiderbügel, eintauchen, Gewichte, Lot, Zeiger* u.a.). Einige äußerten explizit, dass sie für die Verbalisierung in der Fremdsprache viel mehr Zeit brauchten als in der Erstsprache. Als gewünschte Hilfsmittel wurden Wörterbücher, Nomen und Verben, Fachwörter als auch „Wörter aus der Alltagssprache, Verben und Strukturen für den Ausdruck" sowie mehr Zeit genannt.

19.5.3 Machtebene

Die Antworten auf Frage 5 „Bitte beschreiben Sie, wie Sie sich in der Situation gefühlt haben", welche nur von Gruppe 2 bearbeitet wurde, lieferten Hinweise auf die Aktivierung der Machtebene auf unterschiedlichen Ebenen (Abbildung 19.6). Die folgenden Antworten veranschaulichen die Aktivierung der Machtebene:

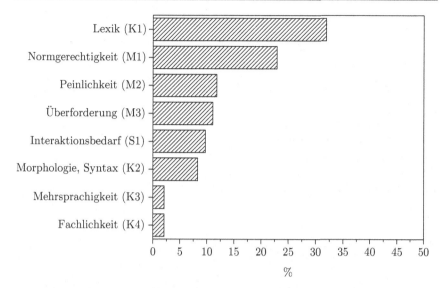

Abb. 19.6 Ergebnisse für Gruppe 2 (Fragen 1-5): Verteilung der Äußerungen zum *Prinzip Seitenwechsel* auf die soziale Ebene (S1), die kognitive Ebene (K1-K4) und die Machtebene (M1-M3) (mit Frage 5: *Wie haben Sie sich gefühlt?*)

Kategorie M1: Normgerechtigkeit, Angemessenheit des sprachlichen Registers, Angemessenheit der physikalischen Kenntnisse, nicht das ausdrücken können, was man sagen möchte

„ein bisschen verärgert, weil (...) es mir nicht möglich ist, genau das, was ich sagen will, auszudrücken." (MAVI18)
„Ich habe genauso beschrieben, wie man es nicht sollte: mit ‚und' und ‚dann'." (MAVI31)
„(...) habe deshalb wahrscheinlich einige Fakten nicht ganz so beschrieben, wie ich sie eigentlich (richtig) gesehen habe." (MAVI35)
„Es ist frustrierend, wenn man weiß, dass das, was man schreibt, nicht zu 100% den Kern der Sache trifft." (MAVI43)

Kategorie M2: Unsicherheit, Peinlichkeit, Angst, Schlechtbewertung der eigenen Kenntnisse

„(...) Mir wurde klar, wie schlecht mein Englisch ist." (MAVI19)
„Erst während des Nachdenkens merkt man, wie ‚unbeholfen' einen eine solche Situation machen kann." (MAVI25)
„Man fühlt sich etwas machtlos ..." (MAVI31)
„Mein Englisch ist nicht sehr gut (...) Ob sich überhaupt jemand vorstellen kann, was genau ich damit meine, bezweifle ich!" (MAVI39)
„Es liest sich und wirkt gleichsam stümperhaft!" (MAVI44)
„Ich habe Angst gehabt, weil ich überlegt habe, wie ich ein Physikexperiment auf Deutsch beschreiben könnte. Ich habe Fachwörter für Physik auf Deutsch nie gelernt." (MAVI47)
„Ich dachte, das können sicher alle besser als ich." (MAVI08)

Kategorie M3: Stress, schwer, Überforderung, erhöhte Konzentration

„Zudem ist man sehr abgelenkt vom Geschehen, wenn man sich neben der Sache, welche zu
erledigen ist, auch noch mit der Sprache, welche normalerweise gedankenlos im Sinne von
mühelos, von der Hand geht, beschäftigen muss" (MAVI33)
„Ich musste mich um einiges mehr auf die Sprache konzentrieren als normalerweise (...)"
(MAVI35)
„Ich war sehr angespannt." (MAVI10)

Allgemein zu beobachten war, dass der Bedarf der Proband-innen an Zeit sehr
hoch war. Dies entsprach der Beobachtung aus der Pilotierung. Zudem konnte beobachtet werden, dass die Proband-innen zur Bewältigung der Situation mehrere
Versionen des Textes erstellten und paraphrasierten, was als Strategie zur Umge-
hung sprachlicher Lücken aufgefasst werden kann.

19.6 Diskussion und didaktische Konsequenzen

Mit den Ergebnissen aus der Exploration des *Prinzip Seitenwechsel* konnten Hinweise zur Rekonstruktion der Machtebene der *kritischen Sprachbewusstheit* und
ihrer Differenzierung gesammelt werden. Eine Differenzierung der Machtebene in
einen *normativen* (M1), einen *prozeduralen* (M3) und einen *emotional-persönlichen
Aspekt* (M2) kann rekonstruiert werden und erweist sich als sinnvoll, um Macht in
ihrer Komplexität zu reflektieren.

Der *Seitenwechsel* führt die Einschränkung der Sprachhandlungsfähigkeit vor
Augen. Dass sich diese nicht nur auf die kognitive Ebene auswirkt, also lediglich ein Problem der mangelnden Sprachkenntnisse darstellt, sondern damit auch
Fragen der Macht und Ermächtigung verbunden sind, wird den Proband-innen bewusst.

Weiterführend sind nun mit den Proband-innen – am besten in jener Phase, in
der die Sprachbewusstheit auf Machtebene noch aktiviert ist, also unmittelbar danach – jene Fragen zu diskutieren, welche pädagogischen und didaktischen Möglichkeiten es für Lehrende gibt, die Situation so zu gestalten, dass alle Schüler-innen ermächtigt werden, sprachhandeln zu können. Diskussionsstimuli dazu können aus den Hilfsmitteln abgeleitet werden, welche die Proband-innen selbst geäußert haben. Das Ergebnis dieser Überlegungen könnte der Entwurf einer sprachlichen Unterstützung durch lexikalische Mittel darstellen, wie sie in Abbildung 21.2
dargestellt ist.

Die mit dem *Prinzip Seitenwechsel* und dem Erleben von Sprache verbundene
Erkenntnis und die für die Lehrkräfte damit plausibel gewordenen didaktischen
Konsequenzen werden durch den folgenden Text deutlich. Dieser gibt die Erfah-
rung eines Lehrers mit dem *Prinzip Seitenwechsel* wieder:

Tabelle 19.2 Von Lehrkräften genannte Probleme und gewünschte Hilfestellungen im Rahmen der Anwendung des *Prinzip Seitenwechsel* an einem Demonstrationsexperiment

Ich hatte folgende Probleme:		Folgende Unterstützung würde mir helfen:
Ich brauche mehr Zeit.	→	Mehr Zeit lassen.
Ich wusste die passenden Wörter nicht (Substantive, Verben). Mir fielen die passenden Wörter nicht ein.	→	Benennung der Gegenstände; ein Wörterbuch, eine Skizze mit Beschriftung der Gegenstände
Ich konnte den richtigen Ausdruck nicht finden.	→	Satzteile oder Beispiele für ähnliche Beschreibungen vorgeben
Ich war mir unsicher, ob man so sagt.	→	Nomen-Verb-Verbindungen und Präpositionen vorgeben.

„Für mich war ein einschneidendes Erlebnis: Ich war auf einer FörMig-Fortbildung in Hamburg. Dort wurde ein naturwissenschaftlicher Versuch aufgebaut. Es war etwas mit Federwaagen und vielen Dingen, die einem nicht so unbedingt geläufig sind als Nichtnaturwissenschaftler. Die Teilnehmer wurden gebeten, diesen Versuchsaufbau in ihrer zweitbesten Sprache zu formulieren. Das war natürlich für die meisten Englisch. Viele, die dort sind, können auch gut Englisch – aber das haben nur wenige wirklich gut hinbekommen. Und das eben ist genau die Situation, in der viele Migrantenkinder sich befinden. Wenn man dafür ein Gespür entwickelt und eine Sensibilität hat, dann ist die Methode, dass man Textbausteine liefert, um solche Aufgaben bewältigen zu können, genau die richtige [Methode]. Ich mache das jetzt auch in meinem Unterricht."(Gogolin et al. 2010:37)

In Kapitel 21 wird das Kleiderbügelexperiment erneut aufgegriffen. Es wird danach gefragt, ob jene durch das *Prinzip Seitenwechsel* identifizierten sprachlichen Mittel tatsächlich eine Hilfestellung für die Schüler_innen darstellen.

- Kann mit lexikalischen Hilfsmittel die Sprachhandlungsfähigkeit seitens der Schüler_innen in der Situation der Beobachtung eines Experiments erhöht werden?

20 Exkurs: Die Physik des Kleiderbügelexperiments

Bevor im nächsten Kapitel exploriert wird, ob und in welcher Weise lexikalische Hilfsmittel einen Einfluss auf die Sprachhandlungsfähigkeit der Schüler_innen bei der Beschreibung des Kleiderbügelexperiments haben, soll zunächst die Physik und die Entwicklung des Kleiderbügelexperiments geklärt werden:

* Warum verändert sich die Stellung des Kleiderbügels, wenn der Stein in das Wasser eintaucht?

20.1 Prinzipielle Überlegungen

Der Kleiderbügel fungiert als Balkenwaage. Eine Balkenwaage dient in der Physik und in der alltäglichen Anwendung dazu, Massen bzw. Gewichte miteinander zu vergleichen. Wenn die beiden Massen gleich groß sind und sich im Vakuum befinden, ist der Waagebalken im horizontalen Zustand. Ist eine Masse größer als die andere oder befindet sich eine Masse in einem anderen Medium (z.B. im Wasser beim Kleiderbügelexperiments), so neigt sich der Waagebalken: Er senkt sich auf der Seite der größeren Masse bzw. des weniger dichten Umgebungsmediums. Unter Verwendung geeichter Wägestücke auf einer Seite der Balkenwaage kann die Masse auf der anderen Seite der Waage auch quantitativ bestimmt werden.

Eine Balkenwaage erfüllt ihren Zweck nur unter der Bedingung von Gravitation. Im gravitationsfreien Raum kann die Waage – unabhängig von der Massenverteilung auf ihre beiden Enden – in jedem beliebigen Neigungszustand stationär stehen. Im Gravitationsfeld der Erde wirkt auf die beiden Massen eine Kraft, die als *Gewicht* oder *Gewichtskraft* bezeichnet wird. Das Gewicht der beiden Massen ist umso größer, je größer ihre Massen sind (die Erdbeschleunigung kann für die Abmessungen einer Balkenwaage als räumlich konstant angenommen werden). Die Neigung des Waagebalkens hängt – sofern alle anderen Bedingungen konstant gehalten werden und sich beide Massen im Vakuum befinden – von der Größe der beiden Massen ab. Im Falle einer perfekt symmetrischen Balkenwaage steht der Balken waagrecht und der Neigungswinkel (definiert als Abweichung des Waagebalkens von der Hotizontalen) $\alpha = 0°$, wenn beide Massen gleich groß sind.

20.2 Gleichgewicht

Im Allgemeinen wird ein Zustand, in welchem sich alle äußeren Kräfte und Drehmomente auf einen Körper aufheben, als *Gleichgewichtszustand* bezeichnet (Abbildung 20.1). Für einen starren (d.h. nicht deformierbaren) Körper gilt daher, dass dieser im Gleichgewicht ist, wenn die Resultierende aller äußeren Kräfte $\mathbf{F}_i$ sowie die Summe aller Drehmomente $\mathbf{T}_i$ um den Drehpunkt verschwinden (vgl. Gerthsen et al. 1989:72):

$$\sum_i \mathbf{F}_i = 0 \qquad (20.1)$$

$$\sum_i \mathbf{T}_i = 0 \qquad (20.2)$$

Alle wirkenden Kräfte addieren sich in diesem Fall vektoriell zu Null und die Angriffspunkte der Kräfte müssen so verteilt sein, dass auch alle Drehmomente verschwinden.

Für den Spezialfall des starren Körpers, an den drei Kräfte *in einer Ebene* angreifen, ist der Gleichgewichtszustand somit dann gegeben, wenn die sich Verlängerungen der angreifenden Kräfte in einem Punkt schneiden und ihre Vektorsumme Null ist (Abbildung 20.1, vgl. Gerthsen et al. 1977:53):

$$\mathbf{F}_1 + \mathbf{F}_2 + \mathbf{F}_3 = 0 \qquad (20.3)$$

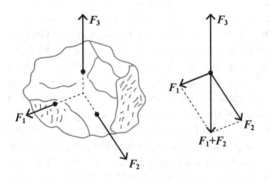

Abb. 20.1 Gleichgewichtsbedingung für den starren Körper unter der Wirkung von drei Kräften in einer Ebene (vgl. Gerthsen et al. 1989:72).

Für den Fall, dass zwei dieser Kräfte (F_1 und F_2) parallel und gleichgerichtet sind, teilt die dritte Kraft F_3 im Gleichgewicht die Verbindungslinie der Angriffspunkte von F_1 und F_2 im umgekehrten Verhältnis der Beträge dieser Kräfte im sogenannten *Kräftemittelpunkt* 0. Die Kraft F_3 ist der Summe der Kräfte F_1 und F_2 entgegengerichtet und gleich groß (Abbildung 20.2). Um den in Abbildung 20.1 dargestellten Gleichgewichtszustand vektoriell zu rekonstruieren, werden an die Angriffspunkte A und B der beiden Kräfte F_1 und F_2 zwei einander entgegengesetzte, gleich große Zusatzkräfte Z und $Z' = -Z$ addiert. Damit ergibt sich eine zu Gl. 20.3 analoge Beziehung über die resultierenden Kräfte F_1' und F_2' (Gerthsen et al. 1977:54).

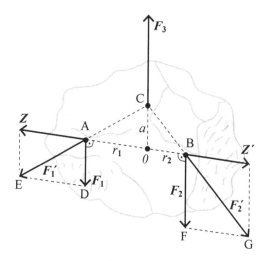

Abb. 20.2 Konstruktion des Kräftemittelpunkts bei der Wirkung von drei parallelen, nicht gleich gerichteten Kräften (vgl. Gerthsen et al. 1977:54).

Abbildung 20.2 veranschaulicht diesen Zusammenhang, der als *Hebelgesetz des Archimedes* bezeichnet wird(Gl. 20.4): Aufgrund der Ähnlichkeit der Dreiecke *AOC* und *EDA* sowie *0BC* und *FGB* lässt sich das Betragsverhältnis der Kräfte F_1 und F_2 über die Abstände r_1 und r_2 ausdrücken. Es folgt aus $\frac{a}{r_1} = \frac{F_1}{Z}$ und $\frac{a}{r_2} = \frac{F_2}{Z}$ schließlich:

$$r_1 \cdot F_1 = r_2 \cdot F_2 \qquad (20.4)$$

$$T_1 = T_2 \qquad (20.5)$$

$T_{1,2} = r_{1,2} \cdot F_{1,2}$ sind die Beträge der Drehmomente $T_{1,2}$ bezüglich einer Achse durch 0, die senkrecht auf jene Ebene orientiert ist, welche sich aus **r** und **F** bildet. Vektoriell ergibt sich über die Definition des Drehmoments als $\mathbf{T_{1,2}} = \mathbf{r_{1,2}} \times \mathbf{F_{1,2}}$ mit 0 als Koordinatenursprung und $\mathbf{r_{1,2}}$ (den Ortsvektoren der Angriffspunkte A und B) schließlich $\mathbf{T_1} + \mathbf{T_2} = 0$. Dies entspricht der Gleichgewichtsbedingung Gl. 20.2.

20.3 Zweiarmiger Hebel

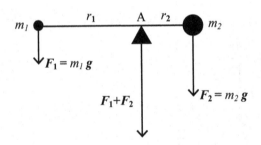

Abb. 20.3 Kräfteverhältnisse am zweiarmigen, durch die Gewichtskräfte F_1 und F_1 belasteten Hebel im Gleichgewicht. Der Aufhängungspunkt A entspricht dem Schwerpunkt des Systems der beiden Massen m_1 und m_2; der Neigungswinkel sei für diesen Fall definiert als $\alpha = 0$ (vgl. Gerthsen et al. 1989:73)

Ein starrer Körper (z.b. eine Stange), an dem Kräfte angreifen und der um eine Achse (Angelpunkt) A drehbar befestigt ist, wird als *Hebel* bezeichnet. Liegt die Achse auf der Verbindungslinie *zwischen* den beiden Angriffspunkten der Kräfte, wird der Körper als *zweiarmiger Hebel* (vgl. Gerthsen et al. 1977:54) bezeichnet. Für einen zweiarmigen belasteten Hebel (Abbildung 20.3) lässt sich unter Einwirkung der Gravitationskraft die Gleichgewichtsbedingung wie folgt formulieren:

$$r_1 \cdot m_1 g = r_2 \cdot m_2 g \qquad (20.6)$$

$$r_1 \cdot m_1 = r_2 \cdot m_2 \qquad (20.7)$$

Die Masse des Hebels wird dabei vernachlässigt. In diesem Fall entspricht A dem Massenmittlepunkt oder *Schwerpunkt S* des Systems der Massen m_1 und m_2.

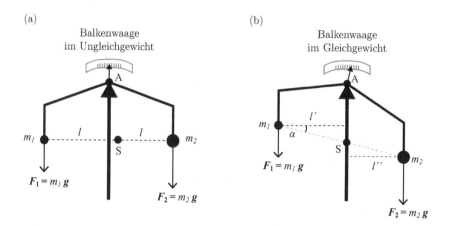

Abb. 20.4 (a) Schematischer Aufbau einer Balkenwaage belastet durch die Gewichtskräfte $F_1 \neq F_1$ *im Ungleichgewicht*. (b) Balkenwaage *im stabilen Gleichgewicht*. Der an der Waage befestigte Zeiger erlaubt es, die Differenz der Massen $\Delta m = m_2 - m_1$ bzw. der Gewichtskräfte $\Delta F = F_2 - F_1$ zu bemessen.

Ein solcher durch zwei (konstante) Massen belasteter Hebel, kann entweder im Gleichgewichts- oder Ungleichgewichtszustand sein. Der Hebel kann jedoch nicht durch Neigung um einen gewissen Neigungswinkel α von einem Ungleichgewichtszustand in einen Gleichgewichtszustand *übergehen*, in welchem $\alpha \neq 90°$ ist, da sich bei Rotation um A das Verhältnis der Beträge der Drehmomente $|\mathbf{T_i}| = r_i F_i \cdot \cos \alpha = r_i m_i g \cdot \cos \alpha$, hervorgerufen durch die Gewichtskräfte $|\mathbf{F_i}| = m_i g$, nicht ändert. Somit gilt für alle Winkel α:

$$\frac{r_1 \cos \alpha \cdot m_1 g}{r_2 \cos \alpha \cdot m_2 g} = \frac{r_1 \cdot m_1}{r_2 \cdot m_2} \tag{20.8}$$

20.4 Balkenwaage

Im Gegensatz zum zweiarmigen Hebel ist eine *Balkenwaage* ein Körper, der einen Übergang von einem Ungleichgewichtszustand in einen Gleichgewichtszustand, in welchem $\alpha \neq 90°$ ist, erlaubt. Sie ist derart ausgeführt, dass die Achse A *über dem*

Massenschwerpunkt S des Systems liegt, wie in Abbildung 20.4 für zwei ungleiche Gewichtskräfte $\mathbf{F_1}$ und $\mathbf{F_2}$ illustriert ist. In Abbildung 20.4a ist eine anfängliche Situation eines *Ungleichgewichts* dargestellt, in der sich die durch die Gewichtskräfte induzierten Drehmomente $\mathbf{T_{1,2}}$ mit den Beträgen $T_{1,2} = l \cdot F_{1,2} = l \cdot m_{1,2} g$ *nicht* kompensieren. Die Balkenwaage geht dann durch Rotation des Waagebalkens um A in einen *stabilen* Gleichgewichtszustand über, für den schließlich gilt: $l' \cdot m_1 = l'' \cdot m_2$ und der dadurch charakterisiert ist, dass der Schwerpunkt S vertikal unter dem Aufhängungspunkt A liegt.

Praktisch relevant ist insbesondere das Einstellen eines Gleichgewichtszustands in horizontaler Balkenlage. Dies erfolgt durch Kompensation des Gewichts einer zu bestimmenden Masse m_2 durch das einer bekannten Masse m_1. Für das Kleiderbügelexperiment wird die gewünschte Ausgangssituation mit horizontalem Waagebalken durch die Kombination kleiner geeichter Massestücke erreicht, die das Gewicht des Steins kompensieren.

Wird nun diese Gleichgewichtssituation derart verändert, dass der Stein in ein anderes Medium (Wasser) mit anderer Dichte gebracht wird (vgl. Abbildung 19.1), so unterscheiden sich die Kräfte, die auf die beiden Massen wirken. Der Stein erfährt im Wasser eine zusätzliche Kraft, die seinem Gewicht F_g entgegen wirkt, die sogenannte *Auftriebskraft* F_A (Anm.: Die Auftriebskraft in Luft ist aufgrund der um knapp drei Größenordnungen geringen Dichte von Luft für das gegenwärtige Experiment vernachlässigbar klein). Die resultierende Kraft auf den Stein ist somit geringer als sein Gewicht in Luft, der Stein hebt sich und der Kleiderbügel beginnt sich zu drehen wie oben beschrieben (vgl. Abbildung 20.4).

20.5 Auftrieb

Physikalisch kann das Phänomen des Auftriebs über den Schweredruck von Flüssigkeiten erklärt werden. Auf einen in Wasser getauchten Körper stoßen die Moleküle das Wassers von allen Seiten. Während sich die seitlichen Stöße aufheben, gilt dies nicht für die vertikalen Stöße. Dies liegt an der Druckverteilung im Wasser und der Zunahme des Schweredrucks ($\Delta p = g \cdot \rho_W \cdot \Delta h$) mit der Tiefe aufgrund der Gravitationskraft. Nachdem Druck gleich Kraft pro Fläche ist, resultiert eine Kraftdifferenz.

Auf die Oberseite des Körpers wirkt eine vertikal nach unten gerichtete Kraft F_1, auf die Unterseite des Körpers wirkt eine vertikal nach oben gerichteten Kraft F_2. Wegen $h_2 > h_1$ und somit $p_2 > p_1$ gilt, dass $F_2 > F_1$ ist, d.h. die Kraft auf die Oberfläche des Körpers ist von unten größer als von oben, während sich die seitlich angreifenden Kräfte kompensieren (Abbildung 20.5).

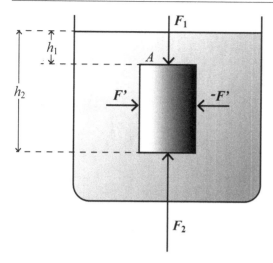

Abb. 20.5 Zum Zustandekommen des Auftriebs (vgl. Gerthsen et al. 1977:74).

Die *Auftriebskraft* F_A stellt diese vertikale Kraftdifferenz dar. Für den in Abbildung 20.5 dargestellten prismatischen Körpers der Grundfläche A ergibt sich betragsgemäß etwa:

$$F_A = F_2 - F_1 = g \cdot \rho_W (h_2 - h_1)A = g \cdot \rho_W \cdot V \qquad (20.9)$$

ρ_W ist die Dichte des verdrängten Mediums (Wasser) und $V = (h_2 - h_1)A$ ist sein Volumen. Somit entspricht F_A dem Gewicht des vom Körper verdrängten Flüssigkeitsvolumens, der eingetauchte Körper verliert somit (scheinbar) so viel an Gewicht, wie das von ihm verdrängte Medium wiegt (*Archimedisches Prinzip*). Die Beziehung 20.9 gilt allgemein für beliebig geformte Körper. Gilt für die Dichte des Körpers $\rho_K > \rho_W$, so wird F_A bei vollständigem Eintauchen kleiner als das Gewicht F_g des Körpers und dieser *sinkt*, für den Fall $\rho_K = \rho_W$ ergibt sich ein indifferentes Gleichgewicht (*Schweben*), für $\rho_K < \rho_W$ ist $F_A > F_g$, der Körper *schwimmt* und taucht nur so weit in das Medium ein, bis das Gewicht der verdrängten Flüssigkeit gleich seinem eigenen Gewicht ist, dh. bis gilt: $F_A = F_g$.

21 Sprachhandlungsfähigkeit von Schüler_innen

In Kapitel 20 illustrierte ich am Beispiel des Kleiderbügelexperiments, dass mit dem *Prinzip Seitenwechsel* die Sprachbewusstheit auf unterschiedlichen Ebenen aktiviert werden kann. Die Aktivierung auf der Ebene des Sprachwissens führt dazu, sich bestimmter lexikalischer und grammatischer Mittel bewusst zu werden, die für eine entsprechende Sprachhandlungsfähigkeit in dieser Situation notwendig sind, um den Unterricht entsprechend zu gestalten. Die Annahme ist, dass diese sprachlichen Mittel auch die Schüler_innen im Unterricht in ihrer Sprachhandlungsfähigkeit unterstützen können. Nun ist von Interesse, ob sie dies auch wirklich tun. Bevor die Exploration vorgestellt wird, sollen zunächst die relevanten Begriffe sowie die Bedeutung von Sprachhandlungen im naturwissenschaftlichen Fachunterricht geklärt werden.

21.1 Sprachhandlungen und Operatoren

21.1.1 Sprachhandlung

Der Begriff der Sprachhandlung wie auch der Sprechhandlung entstammt der Sprechakttheorie, die auf Searle und Austin zurückgeht (Austin 1962; Searle 1969). Als Sprechhandlung werden in der Pragmatik sprachliche Äußerungen verstanden, die zugleich Akte bzw. Handlungen darstellen. Aus sprachphilosophischer Perspektive definierte beispielsweise Wittgenstein Wörter immer auch als Taten und nicht lediglich als Benennung von Dingen (Wittgenstein 1953). Im Kontext des Unterrichts von Deutsch als Fremdsprache wird hauptsächlich der Terminus Sprechhandlung (vgl. Helbig et al. 2001) verwendet, wobei Helbig et al. deutlich machen, dass es terminologische Unklarheiten gibt:

> „Die Begriffe *Sprechhandlung*, *Sprachhandlung*, *Sprechakt* und *Illokution* werden häufig als Synonyme verwendet." (Helbig et al. 2001:238)

Nach der Sprechakttheorie ändern sprachliche Äußerungen aktiv die Realität und sind somit selbst als Handlungen (Akte) aufzufassen. Eine Äußerung setzt sich aus drei Teilakten zusammen: dem lokutiven, dem illokutiven und dem perlokutiven Akt. Die Lokution ist die sprachliche Formulierung der Äußerung, die Illokution ist die kommunikative Intention, die Perlokution ist die Wirkung auf den_die Empfänger_in (Hoffmann 2008).

Eine Sprech- oder Sprachhandlung im Sinne von Performativität bedeutet eine Handlung, die durch das Sprechen selbst geschieht, z.b. *Hiermit schließe ich die Sitzung* (Langshaw 1972). Performative Verben benennen die Sprachhandlung explizit, z.b. *fragen, auffordern, versprechen, feststellen*. Nach Vollmer ist insbesondere Schul- und Bildungssprache u.a. durch performative Verben charakterisiert (Vollmer 2011).

Nach Ehlich kann sprachliches Handeln als eine, der Situation angemessene, effiziente, zweckgerichtete Verwendung von Sprache verstanden werden (Ehlich 2007). Im schulischen Kontext sind Sprachhandlungen eng an Fähigkeiten konzeptuell schriftlicher Art geknüpft, auch wenn sie in eine mündliche Kommunikation eingebunden sind. Zu den prototypischen Sprachhandlungen zählen: *Berichten, Erzählen, Zusammenfassen, Instruieren, Beschreiben, Vergleichen, Erklären, Begründen, Argumentieren*.

Empirisch können für den Erwerb von Sprachhandlungen bestimmte Erwerbsstufen ausgemacht werden, die wiederum durch bestimmte lexikalische und syntaktische Formen charakterisiert sind. *Berichten* und *Beschreiben* zählen zu typisch deskriptiven Sprachhandlungen, *Erklären* und *Argumentieren* zu den stärker kognitiven Sprachhandlungen (Reich 2011). Deskriptive Sprachhandlungen entwickeln sich früher als argumentative, die sich im Alter von 7 bis 9 Jahren entwickeln (Trautmann 2008). Diese Erkenntnisse finden in einigen pädagogischen Sprachdiagnoseinstrumente (Reich 2011; Döll 2013) Berücksichtigung.

21.1.2 Textsorten

Sprecher_innen einer Sprachgemeinschaft verfügen über Wissen, Texte intuitiv und der Situation angemessen zu modifizieren und einen Textsortenwechsel vorzunehmen. Dies zeigt sich darin, dass etwa ein in einer Zeitung abgedruckter Unfallbericht im persönlichen Gespräch als Erzählung wiedergegeben werden kann. Versuche der wissenschaftlichen Klassifizierung von Textsorten führen zu unterschiedlichen Typologisierungsmodellen, wobei formale Modelle funktionalen Modellen gegenüber stehen. Eine induktive Herangehensweise ist die Sammlung aller empirisch auftretender Textsorten und der Generalisierung von Gemeinsamkeiten. Das grammatisch-strukturalistische Modell unterscheidet Texte nach ihren grammatischen Strukturen (Nominal- und Verbalstil) (Weinrich 2003). Situationsmodelle beziehen die Kommunikationssituation in die Typologisierung mit ein, sodass eine Textsorte im Prinzip als Realisierung eines Kommunikationstyps angesehen wird. Funktionsmodelle differenzieren Texte nach ihrer kommunikativen Funktion (Heinemann 2000). Nach diesen Modellen sind Verwendung und Zweck eines Textes maßgeblich für die Klassifikation. Demnach zählen zur „informativen Textsorte" alle Texte, deren Funktion das Vermitteln von Information ist. Nach den Funktionsmodellen können folgende Texte unterschieden werden (Adamzik 2000; Rolf 1993):

- Belehrende Texte (kognitiv): wissenschaftliche Texte, Erläuterungen, Protokolle
- Regelnde Texte (normativ): Vorschriften, Gesetztestexte
- Mitteilende Texte (informativ): Nachrichten, Bericht, Erörterung
- Auffordernde Texte (appellativ): Einladung, Aufruf, Anweisung
- Beschreibend Texte (deskriptiv): Produktbeschreibung
- Unterhaltende Texte (narrativ): Romane, Unterhaltungsliteratur
- Poetisch-deutende Texte (ästhetisch-kreativ): Drama, Lyrik

Eine Differenzierung von Texten nach ihren stilistischen Unterschieden nimmt das Modell der Vertextungsstrategien vor (Dudenredaktion 2009). Nach diesem Modell werden Texte neben ihren funktionalen Eigenschaften hinsichtlich ihrer Inhalte und ihrer sprachlichen Merkmale differenziert, wobei sich an den alltagssprachlichen Begriffen der Vertextung orientiert wird. Vertextungsstrategien, auch Texttypen (Werlich 1975), sind:

- *Beschreiben*: Aussagen über ein Thema werden aneinandergereiht. Explizit verknüpfende Elemente fehlen häufig. Beschreibungen sind im Präsens verfasst. Als Wortarten dominieren Adjektive und Adverbien. Ein zeitlicher Ablauf, sofern vorhanden, geht aus der textuellen Abfolge hervor. Beispiel: Versuchsaufbau
- *Erzählen*: Die Erzählung ist die typische chronologische Vertextungsstrategie. Inhaltlich wird die Veränderung eines Ausgangszustandes hin zu einem Endzustand beschrieben. Als Zeitform wird Präteritum verwendet. Beispiel: Versuchsdurchführung
- *Erklären*: Typisch für Erklärungen sind konditionale Verknüpfungen und kausale Konnektionen. Es treten verstärkt Nominal- und Partizipialkonstruktionen auf. Die Sätze sind überdurchschnittlich lang.
- *Argumentieren*: Es werden konditionale und kausale Konstruktionen verwendet. Argumentative Texte weisen die Absicht auf, den Leser oder die Leserin zu einer Handlung zu führen. Beispiel: Werbetexte, Beweise
- *Anweisen*: Diese Texte haben die unmittelbare Handlungssteuerung des Lesers oder der Leserin zum Ziel. Die Texte sind kurz und nicht argumentativ. Handlungsschritte folgen additiv aufeinander. Der Modus der Texte ist Imperativ,

aber auch Infinitiv. Es dominieren Handlungsverben. Beispiel: Kochrezepte, Gebrauchsanweisungen

Textsorten können unterschiedliche Vertextungsstrategien beinhalten. So finden sich in der Textsorte „Versuchsprotokoll" beschreibende, erzählende, erklärende und argumentierende Elemente.

Textlinguistische Modelle

Eines der ersten textlinguistischen Modelle zur Differenzierung von Textsorten entwarf Barbara Sandig. Sie differenzierte 18 zufällig ausgewählten Texten nach bestimmten Merkmalen und stellte das Vorhandensein oder Nicht-Vorhandensein dieser Merkmale in einer Textsorten-Textmerkmal-Matrix dar (Sandig 1975). Diese merkmalorientierte Klassifikation zeichnet sich dadurch aus, dass unterschiedlichste Kommunikationsbedingungen und „Muster" als distinktive Merkmale in die Textsortendifferenzierung mitaufgenommen werden. Als Beispiele für Muster nennt Sandig Handlungsmuster, Intonation und Stilmuster (Sandig 1989). Zu den Textmerkmalen zählen z.b. gesprochen, spontan, monologisch, dialogisch, räumlich und zeitlicher Kontakt. Diese Unterscheidungsmerkmale entsprechen jenen der konzeptionellen Mündlichkeit bzw. Schriftlichkeit (Koch & Oesterreicher 1985, siehe Kapitel 14.2).

21.1.3 Operatoren

Als *Operatoren* werden im Kontext von Unterricht und Schule Handlungen verstanden, die etwa im Zusammenhang mit Aufgaben oder Leistungsfeststellungen stehen, z.B. *beschreiben, erklären, interpretieren, skizzieren*. Durch sie werden fachliche Kompetenzen operationalisiert. Von der Kultusministerkonferenz herausgegebene und nach Anforderungsbereichen differenzierte Operatorenlisten liegen für nahezu alle Unterrichtsfächer vor (Kultusministerkonferenz 2013), genauere Hinweise auf die damit im funktionalen Zusammenhang stehenden erforderlichen Merkmale sprachlichen Handelns werden nicht gegeben (Tajmel 2011a). Dementsprechend kritisch betrachtet wird die „Sorglosigkeit" (Thürmann 2012:5) der Verwendung von Operatoren, da sie höchst anspruchsvolle kognitive wie sprachliche Leistungen implizieren. Auf die Bedeutung und Konkretisierung von Operatoren und Sprachhandlungen für die Anknüpfbarkeit von sprachlicher Bildung im Fachunterricht naturwissenschaftlicher Fächer konnte ich mit meinen Arbeiten erste Hinweise liefern (Tajmel 2011a, 2012a).

Im Rahmen einer vom Europarat in Auftrag gegebenen Arbeit wurde 2008 von einer deutschen Forschergruppe versucht, „die sprachlichen Anforderungen und Kompetenzerwartungen in der Sekundarstufe I auf Grundlage einer Analyse der üblichen Texttypen sowie der damit verknüpften „Sprach- oder Diskursfunktionen" (Vollmer 2011:1) über alle Fächer hinweg zu identifizieren und zu beschreiben. Die Entscheidung für den Terminus Diskursfunktion wird folgend begründet:

> „Der Begriff der Diskursfunktion ist angemessener als der der Sprachfunktion, weil mit ihm nicht nur die sprachliche Dimension, sondern der enge Zusammenhang zwischen kognitiver Aktivität und seinem sprachlichen Ausdruck bezeichnet wird." (Vollmer 2011:2)

Auf der Makroebene werden acht zentrale Diskursfunktionen identifiziert, wobei kein Anspruch auf Vollständigkeit erhoben wird:

- Aushandeln (*Negotiating*) von Bedeutung wie von Prozessen
- Erfassen / Benennen (*Naming*)
- Beschreiben / Darstellen (*Describing*)
- Berichten / Erzählen (*Reporting/Narrating*)
- Erklären / Erläutern (*Explaining*)
- Argumentieren/Stellung nehmen (*Arguing/Positioning*)
- Beurteilen / (Be)Werten (*Evaluating*)
- Simulieren / Modellieren (*Simulating / Modelling*)

(Vollmer 2011:2)

Als Diskursfunktionen auf Mikroebene oder Teilfunktionen gelten solche, die einer Makrofunktion zugeordnet werden können bzw. sogar notwendig erforderlich sind. So kann etwa *Argumentieren* auch die Teilfunktionen *Nennen* oder *Beschreiben* beinhalten.[34]

Aus sprachtheoretischer Perspektive wäre selbstverständlich eine weitere Schärfung und theoretische Differenzierung der Terminologie zu Sprach- und Sprechhandlung sowie Sprach- und Diskursfunktion wünschenswert. Darauf muss an dieser Stelle verzichtet werden. Das Anliegen dieser Arbeit ist es, eine im Kontext von Sprachbildung und Physikunterricht praxistaugliche Terminologie für die physikdidaktische Forschung zu finden, um *Sprachhandlungsfähigkeit* im Fachunterricht thematisieren und in die didaktische Praxis transferieren zu können. Eine zentrale

---

[34] Zum Argumentieren liegen eine Reihe von Forschungsarbeiten vor (Gromadecki et al. 2007; Fleischhauer et al. 2008; Wächter & Kauertz 2014; Gromadecki-Thiele & Priemer 2015), die sich an den philosophischen Argumentationstheorien (2003) oder Kopperschmidts (2000) orientieren. Konzeptuell wird Argumentieren als sprachliche Handlung im Bereich der Methoden und des Wissenschaftsverständnisses (Gromadecki et al. 2007) und als Teil des Kompetenzbereichs Kommunikation (Wächter & Kauertz 2014) verortet. Kognitionspsychologisch ist das Argumentieren (*to argue*) nach der Taxonomie von Bloom auf der Stufe der *Evaluation* zuzuordnen (Bloom 1969; Krathwohl 1976), also in der höchsten Stufe der kognitiven Lernziele verortet. Im Kontext dieser Arbeit werden das Argumentieren und andere Sprachhandlungen aus soziolinguistischer Perspektive betrachtet.

Frage, der ich mit dieser Arbeit nachgehe, ist jene der Möglichkeiten zur Erhöhung der *Sprachhandlungsfähigkeit* der Schüler_innen. Für das vorliegende Anliegens erachte ich die Termini *Sprachhandlung* oder *sprachliche Handlungen* als adäquat.

21.2 „Beschreiben"

21.2.1 Textsorte Beschreibung

Eine Beschreibung kann einerseits als linguistische Textsorte oder aber als Sprachhandlung mit einer bestimmten Funktion aufgefasst werden. Die Beschreibung gilt als non-narrative Textsorte, die sowohl mündlich als auch schriftlich realisiert werden kann. Etwas zu beschreiben bedeutet, ein Referenzobjekt – gegenständlich oder gegenstandslos – in seinen Einzelheiten darzustellen. Den Referenzobjekten ist gemein, dass sie für den_die Leser_in oder Zuhörer_in nicht unmittelbar zugänglich sind (Rolf 1993:126). Sie liegen damit „außerhalb der aktuellen Kommunikationssituation" (Becker-Mrotzek & Böttcher 2006:114). Aus funktionaler Perspektive ergibt sich die Notwendigkeit, die Beschreibungen so präzise wie möglich zu verfassen. Sie dienen dazu, „dem Adressaten ein Bild, eine Vorstellung von dem thematisierten Gegenstand zu vermitteln" (Rolf 1993:188). Textlinguistisch wird das Beschreiben eher als „Mischform" (Heinemann 2000:363) betrachtet, da es u.a. auch für das Erzählen, Argumentieren und Instruieren eine Rolle spielt (Feilke 2005:47).

Charakteristisch für eine Beschreibung ist eine Vielzahl an Objektdeskriptoren auf Wort-, Satz- und Textebene sowie die Tempusform Präsens als „Ausdruck der Zeitlosigkeit" (Becker-Mrotzek & Böttcher 2006:74). Die begriffliche Genauigkeit wird durch Verwendung von bereichsspezifischen Fachausdrücken erzielt (Garbe et al. 2009:78). Die Sachlichkeit kann mit der Passivform unterstützt werden. Auf der Satzebene sind sowohl Parataxen als auch Hypotaxen möglich, die einzelnen Textmerkmale müssen verständlich verknüpft sein. Auf der Textebene können die einzelnen Teilaspekte nach subjektiver Entscheidung gereiht werden. In der Regel, so Ossner (2005) würden Beschreibungen mit einem Teilaspekt eingeleitet werden und von dem aus die Darstellung des Gegenstandes erfolgen. In der Literatur werden als prototypische Beschreibungen die Gegenstands-, Personen- oder Vorgangsbeschreibung genannt. Nach Heinemann (2000) ist die Beschreibung als objektiv und dem Gegenstand zugeordnet klassifiziert. Im Gegensatz dazu ist eine Schilderung zwar gegenstandsbezogen, aber subjektiv. Die Begrenzung der Beschreibung auf Sichtbares und räumlich Nahes wird u.a. von Feilke (2005) problematisiert, da nicht nur Sichtbares, sondern auch andere Wahrnehmungen, z.b. ein Geschmack, beschrieben werden können (Feilke 2005:47). Klotz unterscheidet wahrnehmungsbasierte und wissensbasierte Beschreibung (Klotz 2013). Feilke konzipiert Beschreiben als ein „Erkennen und Wiedererkennen mit sprachlichen Mitteln", wofür sowohl das Determinieren (im Sinne eines näheren Bestimmens) als auch das Deliminieren (im Sinne eines Abgrenzens zu Bedeutungslosem) relevant ist (Feilke 2005:52). Für die in Kapitel 21.5 vorgestellte Exploration ist Beschreiben als wahrnehmungsbasierte Sprachhandlung mit der Funktion des Wiedererkennens von Bedeutung.

21.2.2 Beschreibung als naturwissenschaftlicher Text

Göpferich (1995; 1998) stellte in ihren Studien zu naturwissenschaftlich-technischen Texten eine Häufung an Passivkonstruktionen fest. Durch das Passiv werden die Subjekt- und die Objektrolle vertauscht. Das, was vormals das Objekt des Aktivsatzes war, wird zum Subjekt des Passivsatzes. Als Beispiel gibt Göpferich einen Satz aus einem technischen Zusammenhang:

- Aktivsatz: Ein starker Kleber bewirkt den Zusammenhalt.
- Passivsatz: Der Zusammenhalt wird durch einen starken Kleber bewirkt.

Durch die Passivkonstruktion wird es möglich, das Handlungsziel, welches das Hauptaugenmerk für den_die Techniker_in darstellt, in Subjektposition zu stellen (Göpferich 1998:162). Für instruktive Texte wie etwa Benutzerinformationen gibt sie als Leitlinie vor, möglichst kurz und prägnant zu sein und daher auf Funktionsverbgefüge (*zum Abschluss bringen* im Gegensatz zu *abschließen*) und einen übertriebenen Nominalstil zu verzichten (Göpferich 1998:245). Ebenso sollten lange Komposita vermieden werden. Für eine technische Beschreibung nennt Göpferich (1998:121) beispielsweise die folgenden Leitlinien:

- Benennung des Mechanismus oder des Systems
- Definiton mit Zweckangabe und ggf. Angabe des (Gesamt-)Aussehens
- Aufbau
- Funktionsweise

Wichtige textinterne Analysekriterien für Fachtexte sind bei Göpferich Passivfrequenz, Nominalisierungstendenzen und syntaktische Komplexität.

21.2.3 Beschreiben im Physikunterricht

Im fachunterrichtlichen Kontext ist Beschreiben als Operator von Bedeutung. In einer von der Kultusministerkonferenz veröffentlichten Operatorenliste lautet die Deskription zum Operator *Beschreiben* folgendermaßen:

> „Sachverhalte wie Objekte und Prozesse nach Ordnungsprinzipien strukturiert unter Verwendung der Fachsprache wiedergeben" (Kultusministerkonferenz 2013)

Als Beispiel wird eine Aufgabenstellung mit dem Operator *Beschreiben* angeführt:

> „Beschreiben Sie Aufbau und Durchführung des Millikan-Versuchs." (ebd.)

Eine Sichtung der Berliner Rahmenlehrpläne der Fächer Physik, Chemie und Biologie ergab, dass *Beschreiben* der am häufigsten genannte Operator ist (Tajmel 2011a, siehe auch Kapitel 22.2). Mustertexte als Beispiele für Beschreibung fehlen zumeist. Ein entsprechender Vorschlag zur Erstellung von Mustertexten, die gewissermaßen die *Erwartungshorizonte* der Aufgabenstellungen darstellen, wird in Kapitel 22 gegeben.

Textmuster

Der Vollständigkeit halber soll auf die Unterscheidung Textsorte und Textmuster eingegangen werden. Linguistisch lassen sich Textsorte und Textmuster nicht eindeutig abgrenzen. Ich beziehe mich auf die Unterscheidung von Martin Fix:

> „Mit ‚TEXTMUSTER' soll (...) der QUALITATIVE ASPEKT dieser Textgruppe erfaßt werden. Man kann es als eine Anweisung für den Umgang mit Texten betrachten, eine Anweisung, die Prototypisches und Freiräume enthält. Es informiert über die jeweiligen inhaltlichen, formalen und funktionalen Gebrauchsbedingungen für Texte dieser Textsorte (...) Mit dem Terminus ‚TEXTSORTE' wird der QUANTITATIVE ASPEKT des Phänomens erfaßt, der nämlich, daß es Gruppen von Texten mit gemeinsamen Mustern gibt. Unter einer Textsorte ist demnach eine Klasse von Texten zu verstehen, die einem gemeinsamen Textmuster folgen." (Fix 2008:71f)

Beschreiben zusammengefasst

Für das Beschreiben im Kontext von Physikunterricht und im Kontext dieser Arbeit sollen die folgenden Punkte hervorgehoben werden:

- Beschreiben ist eine in der Physik und im Physikunterricht bedeutsame Sprachhandlung (vgl. Standards, Lehrpläne, Operatoren).
- Das Wiedererkennen ist eine wesentliche Funktion des Beschreibens, was durch Präzisieren, Determinieren und Deliminieren ermöglicht wird.

- Die Fachsprachlichkeit einer Beschreibung zeigt sich in Passivkonstruktionen, Prägnanz und syntaktischer Komplexität.
- Beschreibungen von natürlichen Phänomenen können als *wahrnehmungsbezogene* Beschreibungen eingeordnet werden, da fachlich eine klare Abgrenzung zur Interpretation oder Erklärung gefordert ist. In der physikalischen Beschreibung soll damit explizit nicht auf Wissen (*wissensbasierte Beschreibung*) zurückgegriffen werden.

21.3 Sprachhandlungsfähigkeit

Die Produktion verständlicher und präziser Texte ist kein Zweck an sich, sondern ein Mittel zum Zwecke einer gelingenden Kommunikation über eine Sache. Einander zu verstehen und über entsprechende sprachrezeptive sowie -produktive Kompetenzen zu verfügen, ist elementar für einen erfolgreichen Unterricht. Von Interesse ist, dass ein_e Lehrer_in genau versteht, was ein_e Schüler_in meint und dass ein_e Schüler_in eine Sprachhandlung so ausführen kann, dass sie auch verstanden wird. Gleichermaßen relevant ist es, dass der_die Lehrer_in das sprachliche Angebot so gestaltet, dass Schüler_innen es verstehen können. Es geht darum, die Wahrscheinlichkeit für Miss- oder Unverständnisse zu minimieren und die Sprachhandlungsfähigkeit zu erhöhen. Es kann angenommen werden, dass dem Wortschatz eine besondere Bedeutung zukommt. Um entsprechend präzise Texte im Fachunterricht produzieren zu können, ist ein dem Sachthema entsprechender Wortschatz notwendig. Dass dieser Wortschatz nicht nur Autosemantika sondern ein differenziertes Repertoire an lexikalischen Mitteln erfordert, wurde mit dem *Prinzip Seitenwechsel* plausibel vor Augen geführt. Besteht die Gewissheit oder auch nur Vermutung, dass dieser Wortschatz den Schüler_innen nicht zur Verfügung steht – aus welchen Gründen auch immer –, so muss aus normativ nicht-diskriminierender Perspektive der Unterricht derart didaktisch gestaltet sein, dass die Sprachhandlungsfähigkeit aller Schüler_innen gewährleistet ist. Welche didaktischen Ansätze dabei in Frage kommen und welche Rolle dem Wortschatz beigemessen wird, soll im Folgenden dargestellt werden.

21.3.1 Zielsprachliche Korrektheit

Sprach- oder Sprechhandlungen, Operatoren oder Diskursfunktionen liefern Hinweise darauf, was unter Sprachhandlungsfähigkeit im Sinne von *Fähigkeit zur*

Ausführung von Sprachhandlungen verstanden werden kann. Sprachhandlungsfähigkeit wird im Kontext von Sprachdiagnose als bedeutsam erachtet (Döll 2012; Fröhlich et al. 2014). Aus diagnostischer Perspektive wird zielsprachliche Korrektheit nicht als bedeutsames Merkmal von Sprachhandlungsfähigkeit gefasst. Ein diesbezüglich indirekter Bezug auf Sprachhandlungsfähigkeit wird im Kontext des HAVAS 5 -Auswerteverfahrens zum Sprachstand Fünfjähriger (Reich & Roth 2007) in der Kategorie „Aufgabenbewältigung" genommen.

> „Zielsprachliche Korrektheit spielt dabei [bei der Aufgabenbewältigung, T.T.] keine Rolle,
> es geht einzig darum festzuhalten, was ein Kind mit seinen schon angeeigneten sprachlichen
> Fähigkeiten zu kommunizieren vermag, um seine Sprachhandlungsfähigkeit im Allgemeinen." (Döll 2012:81)

Der kommunikationsbezogene Charakter von Sprachhandlungsfähigkeit wird in den Erläuterungen zum Kompetenzstufenmodell im Fach Deutsch deutlich:

> „Zudem umfasst der Bereich *Sprache und Sprachgebrauch untersuchen* Teilkompetenzen,
> die sich hinsichtlich ihres Auflösungsgrades und ihrer Ausrichtung deutlich unterscheiden.
> Dabei handelt es sich einerseits um Kompetenzaspekte, die im Sinne von *Sprachhandlungs-*
> *kompetenz* einen stark kommunikationsbezogenen Charakter aufweisen und auf Inhalte und
> Funktion von Sprache abzielen, andererseits aber auch um Aspekte der sprachsystematischen *Grammatikarbeit*, die als eher kleinschrittig und formal beschrieben werden können."
> (Kultusministerkonferenz 2015:6f)

21.3.2 Wortschatz

Dass lexikalisches Wissen und damit Wortschatz eine zentrale Rolle für Sprachhandlungsfähigkeit spielen, wird von Feilke betont:

> „Die herausragende Rolle lexikalischen Wissens i.w.S. für die Sprachhandlungsfähigkeit,
> das semantische Erschließen der Welt und gerade auch für grammatisches Schreiben und
> Sprechen ist in der aktuellen sprachwissenschaftlichen Forschung eines der prominentesten Forschungsfelder. Das liegt vor allem an der relativ neuen Erkenntnis, dass Wörter und
> Wendungen nicht irgendeiner der vielen Bereiche der sprachlichen Kompetenz sind, sondern dass sie das übrige sprachliche Wissen integrieren und für das Handeln organisieren.
> Mit Hilfe von Wörtern und Wendungen kann ein Gespräch gesteuert, können bestimmte
> Textsorten aufgerufen und Sätze grammatisch strukturiert werden." (Feilke 2009, Handout
> zum Vortrag, gehalten am 25.04.2009 in Kiel).

Schüler_innen zum Handeln zu befähigen, wird allgemein als Zweck und Chance von Sprachbildung und Zweitsprachenförderung gesehen (Ohm 2009). Schüler_innen zu Sprachhandlungsfähigkeit zu ermächtigen bedeutet in diesem Sinne, Sie darin zu unterstützen, u.a. über einen für die Sprachhandlungsfähigkeit erforderlichen Wortschatz zu verfügen.

Dem Wortschatz wird im Zusammenhang mit Spracherwerb eine bedeutende Rolle beigemessen (Vasylyeva & Kurtz 2013). Um Texte verfassen zu können, bedarf es eines entsprechenden Wortschatzes. Ist der notwendige Wortschatz nicht vorhanden, ist das Leseverstehen beeinträchtigt, produzierte Texte werden lückenhaft, un- bzw. missverständlich, ungenau, zusammenhanglos, abgebrochen, oder aber es können gar keine Phrasen und somit Texte gebildet werden. Steinhoff bezeichnet Wortschatz als „Schaltstelle des schulischen Spracherwerbs" (Steinhoff 2009:2009), da Wortschatz sowohl mit der Textebene als auch mit der morphosyntaktischen Ebene verwoben ist. Neben dem Zusammenhang zwischen Wortschatz und Leseverstehen ist der Zusammenhang zwischen Wortschatz und kognitiver und begrifflicher Entwicklung zu nennen (Vygotskij 2002). Hierzu zählt der Erwerb von Konzepten und des logischen Folgerns (Nippold 2007), was in Bezug auf Fachunterricht und den Erwerb fachlicher Konzepte von besonderer Bedeutung ist. Es kann daher davon ausgegangen werden, dass die Bildung von Wortschatz eine zentrale schulische Aufgabe darstellt. Ein dritter wesentlicher Zusammenhang besteht zwischen Wortschatz und Register- bzw. Textsortenwissen, also Kompetenzen, die nicht der Semantik, sondern der Pragmatik zugeordnet sind, etwa wenn es um Angemessenheitsurteile zur Verwendung von lexikalischen Einheiten für den jeweiligen Zweck geht (vgl. Feilke 1994; Steinhoff 2007; Vasylyeva & Kurtz 2013).

21.4 Didaktische Ansätze

21.4.1 „Scaffolding

" Scaffolding (Gibbons 2002) ist ein Ansatz, bei dem fachliches und sprachliches Lernen fortlaufend und auf unterschiedlichen Ebenen (auf institutioneller Ebene sowie auf den Ebenen der Unterrichtsplanung, der Unterrichtsgestaltung und der sprachlichen Unterrichtsinteraktion) verbunden werden (Quehl & Trapp 2013:26). Mit Scaffolding wird intendiert, sprachliche Aktionen lernstandsgemäß zu unterstützen, sodass Schüler_innen in der Lage sind, „zu Äußerungen zu gelangen, zu denen sie alleine zu diesem Zeitpunkt noch nicht in der Lage wären" (ebd.). Dazu wird Fachunterricht systematisch in Hinblick auf die sprachlichen Mittel, die er erfordert, geplant (Somani & Mobbs 1997; Gibbons 2002). Theoretisch wird mit dem Ansatz des Scaffolding insbesondere Bezug auf Vygotskij und die „Zone der nächsten Entwicklung" (Vygotskij 2002) genommen.

> „Dieser Unterschied im geistigen Alter oder aktuellen Entwicklungsniveau, das durch selbstständig gelöste Aufgaben bestimmt wird, und dem Niveau, das das Kind beim Lösen von Aufgaben zwar nicht selbstständig, aber in Zusammenarbeit erreicht, bestimmt die Zone der nächsten Entwicklung"(Vygotskij 2002:327)

Mit dem Konzept der „Zone der nächsten Entwicklung" betont Vygotskij die Bedeutung der Anknüpfung von unterrichtlichen Lernprozessen an den aktuellen Ent-
wicklungsstand des Kindes.

> „[D]as, was in einem Stadium einer bestimmten Altersstufe in der Zone der nächsten Ent-
> wicklung liegt, [wird] in einem zweiten Stadium realisiert und [geht] in das Niveau der
> aktuellen Entwicklung über (...). Mit anderen Worten, was das Kind heute in der Zusam-
> menarbeit leisten kann, wird es morgen selbstständig können. Es erscheint deshalb wahr-
> scheinlich, dass Unterricht und Entwicklung in der Schule sich zueinander verhalten wie die
> Zone der nächsten Entwicklung zum Niveau der aktuellen Entwicklung. Nur *der* Unterricht
> im Kindesalter ist gut, der der Entwicklung vorauseilt und sie nach sich zieht."(Vygotskij
> 2002:331, Hervorh. im Original)

Vygotskij betont die Notwendigkeit der Nachahmungsmöglichkeiten. Unterricht
solle sich daher „auf die bereits durchlaufenen Entwicklungszyklen, auf die untere
Schwelle des Unterrichts orientieren"(Vygotskij 2002:331).

> „Er [der Unterricht, T.T.] beginnt immer bei dem, was beim Kind noch nicht ausgereift ist.
> Die Möglichkeiten des Unterrichts werden vor allem durch die Zone der nächsten Entwick-
> lung bestimmt."(Vygotskij 2002:331)

Die Unterstützung der Schüler_innen durch auf die Situation bezogene relevante lexikalische Mittel entspricht im Wesentlichen diesem Ansatz. Die Rolle des
Scaffolding im Kontext von Unterrichtsplanung und der Formulierung sprachlicher Lernziele wird in Kapitel 22 nochmals aufgegriffen.

21.4.2 Form- und Bedeutungsorientierung

Geht es um die Förderung von Sprache, können explizite und implizite Ansätze unterschieden werden. Explizite Sprachförderansätze sind eher formenfokus-
siert (*Focus on Forms – FoFs*), implizite Ansätze sind eher bedeutungsfokussiert
(*Focus on Meaning – FoM*). Bedeutungsbezogene Konzepte stellen die Inhalte
der Sprache in den Mittelpunkt des Unterrichts und es wird angenommen, dass
Grammatik und implizites Sprachwissen automatisch über den sprachlichen Input
erworben werden. Im formenorientierten Unterricht wird Sprache losgelöst von
Inhalt und Verwendungskontext betrachtet. Dieser Unterricht bietet unterschiedliche Gelegenheiten, um grammatische Strukturen anzuwenden und einzuüben. Ein
Bindeglied zwischen FoM- und FoFs-orientiertem Unterricht ist der Focus-on-
Form (FoF)-orientierte Unterricht (Long 1991). Dieser Unterricht ist primär be-
deutungsorientiert, Sprachstrukturen werden explizit thematisiert, aber nur dann,
wenn sie zu Verständigungsproblemen oder Irritationen führen. Im deutschsprachigen Raum wurde formfokussierte Sprachförderung bislang insbesondere im Rahmen des Projekts *BeFo* (Bedeutung und Form) untersucht (Rösch et al. 2012; Rot-

ter 2015), welches sich in der Unterscheidung von FoFs und FoM eng am Ansatz Michael Longs orientiert.

Ein dem FoM ähnlicher Ansatz ist der *Lexical Approach* von Michael Lewis (1993). Auch Lewis geht davon aus, dass der Aufbau sprachlicher Kompetenzen nicht über die Grammatik sondern primär über die Lexik erfolgt. Im Gegensatz zum FoM-Ansatz tritt Lewis für eine grammatikalisierte und in sprachliche Strukturen eingebundene Vermittlung der Lexik ein (z.b. in Präpositionalphrasen, Kollokationen oder als Chunks). Diese Strukturen können durch Wörternetze veranschaulicht werden, in denen ein Wort nicht alleine und in seiner Grundform dargestellt wird, sondern in unterschiedlichen Phrasen und je nach Phrase entsprechend flektiert, z.b. *ins Wort fallen, zu seinem Wort stehen*; *in Worte fassen; die Wörter zählen* (Bachor-Pfeff 2013:192). Da im Lexical Approach Wortschatz auch in Form von mehrgliedrigen Spracheinheiten Verwendung findet und komplexer angelegt ist, geht dieser Ansatz über den FoM-Ansatz hinaus. Große Ähnlichkeiten zum FoF-Ansatz zeigen sich in der Verwendung von Metasprache oder da, wo es darum geht, die grammatischen Strukturen der Spracheinheiten zu erkennen, beispielsweise wenn Präpositionalphrasen entschlüsselt werden. Rösch sieht im Lexical Approach eine gute Möglichkeit zur fachsprachlich ausgestalteten Wortschatzarbeit und damit zur Umsetzung dieses Ansatzes im Fachunterricht (Rösch 2014).

21.4.3 Unterrichtsmethodische Überlegungen

Wie könnte im Kontext des Kleiderbügelexperiments eine lexikalische Unterstützung erfolgen? Im Kontext der Aufarbeitung des *Prinzip Seitenwechsel* wurden von den Proband_innen unterschiedliche Formen an erwünschten Hilfsmitteln genannt. Welche Art von Hilfestellung für die spezifische Situation am geeignetsten ist, möchte ich mit einer Abwägung ihrer Vor- und Nachteile argumentieren. Die Anforderung an die Hilfestellung ist es, eine *begleitenden sprachliche* Unterstützung für eine Situation zu sein, deren Fokus thematisch nicht auf der Sprache, sondern auf der Beobachtung eines Experiments liegt. Zu den verbreitetsten Möglichkeiten, wie begleitend lexikalische Unterstützung gegeben werden kann, zählen Wörterbücher, Glossare, aber auch die Zeit, die zur Verfügung gestellt wird, um Wortbedeutungen auszuhandeln. Diese Möglichkeiten sollen hier gegenübergestellt und abgewogen werden.

(a) *Die Schüler_innen sollen fragen, wenn ihnen ein Wort nicht einfällt.*
Um diese Situation für alle fair zu gestalten, müssen drei Voraussetzungen erfüllt sein: (i) alle Schüler_innen trauen sich zu fragen, (ii) alle Schüler_innen

wissen auch, was sie erfragen wollen und können dies durch Umschreibung oder andere Mittel verständlich machen, (iii) es steht genug Zeit zur Verfügung, sodass alle Schüler_innen jene Wörter erfragen können, die sie brauchen. Es ist davon auszugehen, dass nur in ganz seltenen Fällen alle drei Voraussetzungen erfüllt sind, was wiederum bedeuten würde, dass einige Schüler_innen die benötigten sprachlichen Mittel erhalten werden, andere nicht. Daher wird diese Variante für den vorliegenden Zweck als nicht zielführend erachtet.

(b) *Wörterbücher*

Die Arbeit mit Wörterbüchern erfordert Zeit. Wenn Wörterbücher zum Ziel führen sollen, muss gewährleistet sein, dass das Wort, nach dem gesucht wird, in der „anderen" Sprache auch bekannt ist, sowohl mündlich als auch schriftlich. Es muss dafür gesorgt sein, dass alle Schüler_innen Wörterbücher zur Verfügung haben. Das Nachschlagen dauert mitunter sehr lange. Insbesondere, wenn es darum geht, sich schnell über etwas austauschen zu können, sind Wörterbücher zu umständlich. Sie verlangen eine zusätzliche Kompetenz: Nachschlagen und nachlesen zu können. Sie liefern oft mehr als eine Möglichkeit der Übersetzung. Zudem erfordert es spezifische Sprachkompetenz, aus der Vielzahl an angebotenen Übersetzungen die passende zu finden. Wörterbucharbeit ist ein Lerninhalt für sich. Wenn Wörterbücher eingesetzt werden, und zwar zu dem Zweck, dass alle Schüler_innen sich am Unterricht sprachlich beteiligen können, dann muss gewährleistet sein, dass alle Schüler_innen in der Wörterbucharbeit auch erfolgreich sind. Eine Situation, in welcher jene bevorteilt sind, die schneller im Wörterbuch nachschlagen können und damit schneller die Hilfsmittel nutzen können, ist zu vermeiden. Für eine schnelle sprachliche Unterstützung, die insbesondere auch jenen Schüler_innen zugute kommt, welche die Unterstützung am dringendsten benötigen, sind Wörterbücher daher nur bedingt geeignet.

(c) *Elektronische Übersetzungshilfen*

Ähnlich wie bei den Wörterbüchern ist die Übersetzung nur dann zielführend, wenn gewusst wird, welches Wort übersetzt werden soll. Wenn das Wort für einen bestimmten Gegenstand gar nicht bekannt ist, kann auch die Übersetzungshilfe nicht helfen. Der Vorteil zu Wörterbüchern zeigt sich darin, dass der Zeitaufwand geringer ist.

(d) *Wortlisten, Glossare, Beschriftungen*

Durch die Beschränkung des lexikalischen Materials auf Wörter, die mit dem Thema zusammenhängen, sind Wortlisten und Glossare eine praktikablere Alternative als Wörterbücher. Auch die lange Suche nach dem passenden Wort aus der Fülle an angebotenen Übersetzungen wird hier verkürzt. Da die Schüler_innen nicht suchen müssen, sind auch nicht jene im Vorteil, die schneller finden. Alle erhalten die passenden sprachlichen Mittel, mit denen sie weiterarbeiten können. Um möglichst passende Wortlisten zu erstellen, braucht es zusätzliche Zeit in der Unterrichtsvorbereitung. Im Unterricht selbst wird dafür an Zeit für die Suche gespart.

21.5 Exploration zu Sprachhandlungsfähigkeit

Um Hinweise darauf zu sammeln, welche Auswirkung die Zuhilfenahme lexikalischer Mittel auf die Sprachhandlungsfähigkeit von Schüler_innen haben können, wurden die in Kapitel 19.4 mit Hilfe des *Prinzip Seitenwechsel* identifizierten lexikalischen Mittel mit 13 Schüler_innen, davon 8 männlich und 5 weiblich, einer 7. Klasse erprobt. Alle Schüler_innen sind in Deutschland geboren und wachsen mehrsprachig mit Türkisch und Deutsch auf. Da sich diese Exploration vorrangig auf der Repräsentationsebene (*Welche Sprache gilt im Kontext einer unterrichtlichen Anforderung als angemessen?*) und nicht auf der Identitätsebene (*Über welche Sprachkompetenzen verfügen die Schüler_innen?*) verortet (vgl. Kapitel 9.4), stehen genauere Angaben zu Sprachstand und Sprachbiographie der Schüler_innen nicht im Fokus.

Ziel der Exploration ist es, allgemeine Hinweise zu sammeln, die auf Sprachhandlungsfähigkeit schließen lassen. Eine empirische Untersuchung der Wirksamkeit lexikalischer Mittel differenziert nach den unterschiedlichen Charakteristika der Schüler_innen (*Welche lexikalischen Mittel helfen welchen Schüler_innen?*) empfiehlt sich für künftige Arbeiten.

21.5.1 Fragestellung

In Bezug auf die lexikalischen Hilfsmittel und ihre Anwendung in der Praxis stellen sich für eine erste Orientierung die folgenden Fragen:

(A) *Nutzen des Aufwands*: Werden angebotene sprachliche Mittel tatsächlich genutzt und lohnt sich somit der Aufwand in der Unterrichtsvorbereitung?

(B) *Handlungsfähigkeit der Schüler_innen*: Werden die Schüler_innen durch sprachliche Mittel sprachhandlungsfähiger?

(C) *Qualität des Outputs*: Werden die Sprachprodukte der Schüler_innen durch die Zuhilfenahme der sprachlichen Mittel besser, und zwar sowohl in fachlicher als auch in sprachlicher Hinsicht?

(D) *Bildungssprachlichkeit*: Werden die Texte durch Zuhilfenahme sprachlicher Mittel bildungssprachlicher?

(E) *Bildungserfolg*: Werden jene Texte, die mit lexikalischen Hilfsmitteln zustande kommen, als bessere Texte bewertet?

21.5.2 Anlage der Exploration

Zur Exploration der Auswirkung lexikalischer Mittel auf die Sprachhandlungsfähigkeit wurde 13 Schüler_innen einer 7. Klasse das Kleiderbügelexperiment vorgeführt. Die Schüler_innen sollten das Experiment genau beobachten und es beschreiben. Dazu wurde ihnen ein Arbeitsblatt zur Verfügung gestellt, auf dem das Experiment abgebildet war, im einen Fall *ohne* lexikalische Hilfsmittel, im anderen Fall *mit* lexikalischen Hilfsmitteln.

Von zentralem Interesse waren die individuellen Auswirkungen der lexikalischen Hilfsmittel auf die Sprachhandlungsfähigkeit der Schüler_innen, ob also diese Mittel für den_die einzelne_n Schüler_in eine Hilfe darstellen. Um Hinweise darauf zu erhalten, sollten dieselben Schüler_innen zwei Beschreibungen verfassen: zuerst ohne lexikalische Hilfsmittel und danach einen zweiten Text unter Zuhilfenahme von lexikalischen Hilfsmitteln. Zwischen der Abgabe des ersten Textes und dem erneuten Schreibbeginn wurde nichts gesprochen oder erklärt.

Zu den angebotenen lexikalischen Mitteln zählen:

- Nomen (*der Stein, das Gefäß, der Balken, der Kleiderbügel, der Zeiger, das Gewicht oder die Wägestücke*). Diese werden mit bestimmtem Artikel angeführt, sodass das Genus markiert ist.
- Verben (*eintauchen* – trennbar: *etwas taucht ... ein*; *sich heben* – reflexiv: *etwas hebt sich*)
- Adjektive (*waagrecht, senkrecht, schräg; leicht, schwer*). Für *leicht* und *schwer* wird auch der Komparativ mit Konjunktion angegeben (*schwerer als, gleich schwer wie*)

Darunter war die Aufgabenstellung angeführt und etwa eine halbe A4-Seite Platz und mit Linien versehen, um die Beobachtung zu beschreiben:
„Beobachte das Experiment! Beschreibe, was Du beobachtest!"
Die Hilfsmittel können differenziert werden in Hilfsmittel, die eher zur Alltagssprache zu zählen sind (*Stein, Kleiderbügel, eintauchen, sich heben, leicht, schwer*) und Hilfsmittel, die eher zur Bildungs- bzw. fachspezifischen Bildungssprache zu zählen sind (*Gefäß, Balken, Zeiger, Gewichte, Wägestücke, waagrecht, senkrecht, schräg*).

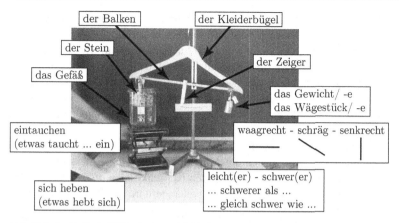

Abb. 21.1 Lexikalische Hilfsmittel zum Kleiderbügelexperiment, ausgewählt und erstellt auf Basis der Arbeitssitzungen des PROMISE-Teams Berlin (Tajmel et al. 2009).

Es wären noch weitere oder andere Hilfsmittel denkbar, etwa auf lexikalischer Ebene (*das Lot, das Stativ, die Skala, sinken* u.a.), die eher als fachsprachlich einzustufen sind, oder auf syntaktischer Ebene (z.B. Satzanfänge und Satzstrukturen: *Zuerst wird ...*; *Wenn der Stein ..., dann ...*; u.a.)

21.5.3 Didaktische Überlegungen

Auswahl und Darstellung der Hilfsmittel

Im PROMISE-Team der Humboldt-Universität Berlin[35] wurden die unterschiedlichen Möglichkeiten an Hilfsmitteln und insbesondere all jene, welche im Zusammenhang mit dem *Prinzip Seitenwechsel* von den Proband‗innen als erwünschte Hilfe genannt wurden, aus physikdidaktischer und sprachdidaktischer Perspektive diskutiert. Zusätzlich wurden in einer Pilotierung vier Schüler‗innen gebeten, das Experiment auf Deutsch (ohne Hilfsmittel) zu beschreiben.

Das Team entschied sich für die in der Abbildung dargestellten Hilfsmittel. Auf weitere Hilfsmittel wurde verzichtet, da weitere Hilfsmittel aufgrund der Fülle als zu aufwendig in Bezug auf die Lesezeit und in Bezug auf die Aufmerksamkeit der Schüler‗innen erachtet wurden. Der Schwerpunkt sollte auf alltags- und bildungs-

---

[35] Den Kern des PROMISE-Teams der Humboldt-Universität Berlin bildeten Hans-Jörg Holtschke, Johannes Neuwirth, Heidi Rösch, Lutz-Helmut Schön und Tanja Tajmel.

sprachlichen Mitteln und nicht auf fachsprachlichen Mitteln liegen. Fachsprachliche Hilfsmittel, zu denen etwa *Lot*, *Skala*, aber auch *Dichte*, *Gewichtskraft* oder *Masse* zu zählen sind, werden nicht angeführt, da der Fokus auf der Beobachtung und der allgemeinsprachlichen Beschreibung liegen und die fachlich-physikalische Klärung erst daran anschließen soll. Zudem ist Dichte nichts, was beobachtbar ist. Es sollte vermieden werden, dass eigentlich komplexe Fachbegriffe, zu denen erst hingeführt werden soll, allein aufgrund der Tatsache, dass sie angeboten werden, gewissermaßen als „Worthülsen" Verwendung finden.

Die Hilfsmittel wurden in Anlehnung an den Lexical Approach teilweise grammatikalisiert angeboten. So wurden die Adjektive *leicht/schwer* auch in ihrer gesteigerten Form *leichter/schwerer* und mit den Konjunktionen *als/wie* dargestellt. Zu allen Nomen wurden die bestimmten Artikel angeführt. Die Verben wurden im Infinitiv und in der 3. Person dargestellt (*sich heben – etwas hebt sich, eintauchen – etwas taucht ein*).

Die Hilfsmittel wurde in Kästchen rund um das am Foto dargestellte Experiment angeordnet. Jene lexikalischen Mittel, welche Gegenstände bezeichnen, wurden mit einem Pfeil mit dem am Foto dargestellten Gegenstand verbunden.

Es kann keine Aussage darüber getroffen werden, ob die ausgewählten Mittel die wichtigsten lexikalischen Hilfsmittel sind und ob andere Hilfsmittel nicht eine bessere Hilfestellungen bieten würden. Aufgrund der Nennung dieser Hilfsmittel durch die Proband_innen des *Prinzip Seitenwechsel* (vgl. Kapitel 19.5) ist die Annahme jedoch plausibel, dass diese Hilfsmittel geeignet sind, um einen guten Teil des Bedarfs an Hilfe abdecken zu können.

Ist der Stein durch das Eintauchen *leichter*?

Hier soll diskutiert werden, ob es aus physikalischer Perspektive nicht problematisch ist, die Adjektive *leicht* und *schwer* im Kontext eines Experiments zum Thema Auftrieb anzuführen. Grundsätzlich kann gesagt werden, dass die Adjektive *leicht/leichter* und *schwer/schwerer* eher der Alltagssprache und nicht der Fachsprache zuzuordnen sind. Dies soll mit den folgenden Beispielen veranschaulicht werden.

1. Beispiel: „Styropor ist leicht, ein Stein ist schwer."

Leicht bzw. schwer in Bezug auf Gewicht verlangt eigentlich ein Komparandum, das jedoch häufig nicht genannt wird. Eine fachsprachlich normgerechte Formulierung in Bezug auf Gewicht könnte lauten:

Ein Stück Styropor mit dem Volumen $V = 1000\,\text{cm}^3$ und der Dichte $\rho = 1,05\,\text{g/cm}^3$ hat aufgrund von $m = \rho \cdot V$ und $F = m \cdot g$ eine Masse von $m = 1050\,\text{g}\ (= 1,05\,\text{kg})$ und ein Gewicht von $F = 10,3\,\text{N}$ (bei $g = 9,81\,\text{m/s}^2$). Damit sind die Masse und das Gewicht des Stücks Styropor geringer als die Masse und das Gewicht eines Steins mit demselben Volumen.

Eine fachsprachliche Formulierung in Bezug auf die Dichte könnte lauten:

Die Dichte von Styropor ist geringer als die Dichte jenes Stoffes, aus dem der Stein besteht.

Das Adjektiv *leicht* als ungesteigerter Positiv ist somit physikalisch nicht verwendbar, da es keine Eigenschaft und kein Merkmal an sich ist, sondern kann – wenn überhaupt – nur in Bezug auf den Vergleich zweier Gewichtskräfte im Komparativ *leichter* verwendet werden.

2. Beispiel: „Der Stein wird durch das Eintauchen leichter."

Wird *leichter* nur auf die Gewichtskraft bezogen, dann ist der Stein durch das Eintauchen nicht leichter, weil die Gewichtskraft nach wie vor dieselbe ist (m und g sind unverändert). Allerdings wirkt eine weitere Kraft – die Auftriebskraft – der Gewichtskraft entgegen. Die resultierende Kraft ist somit die Gewichtskraft minus der Auftriebskraft. Diese resultierende Kraft ist geringer als die resultierende Kraft auf der anderen Seite des Waagebalkens (Gewichtskraft der Gewichte), weshalb sich der Balken zu drehen beginnt. Wird also das leicht/schwer auf die Relation der beiden resultierenden Kräfte bezogen, so ist die resultierende Kraft auf der Seite des Steins *leichter* als die Kraft auf der Seite der Gewichte.

Sprachhandlungsfähigkeit und Alltagsbezug

In der Begründung, warum *leicht* und *schwer* als lexikalische Mittel zulässig sind, beziehe ich mich auf Arbeiten und Überlegungen von Autor_innen, die die Bedeutung der Alltagssprache für das Lernen von Physik thematisierten und sie als notwendig erachten, um *über* physikalische Phänomen sprechen zu können (vgl. Kapitel 15 sowie Lemke 1990; Muckenfuß 1995; Stern et al. 2002; Jonen & Möller 2005; Rincke 2007). Im Alltag wird mit *leicht/schwer* in der Regel entweder Bezug auf das Gewicht oder auf eine Aufgabenstellung genommen. Etwas (ein Ding oder eine Aufgabe) kann leicht oder schwer sein, jedoch nur eine Aufgabe kann auch einfach oder schwierig sein. Die Begriffe *leicht/einfach* und *schwer/schwierig* sind also nur kontextabhängig synonym. Die oben dargestellte Aussage „Styropor ist leicht, ein Stein ist schwer" ist zwar physikalisch ungenau und damit nicht normgerecht, im Alltagsverständnis und in der Alltagssprache ist jedoch für alle verständlich, was gemeint ist. Möchte man die Aussage physikalisch lesen, so bezieht sich leicht/schwer eher auf die Dichte als Materialeigenschaft als auf das Gewicht eines Körpers. Auch die Aussage „Im Wasser ist man leichter" ist im Alltagskontext verständlich. Physikalisch wird hier Bezug auf jene Kraft genommen, die auf einen im Wasser schwimmenden Körper ausgeübt werden muss, um diesen zu bewegen oder zu heben. Werden Balkenwaagen und ihre Verwendung im Alltag betrachtet, etwa auf dem Markt, so ist die Schrägstellung des Waagebalkens ein Zeichen dafür, dass auf der einen Seite weniger von etwas ist als auf der anderen Seite. Die Adjektive *leicht/schwer* und ihre Komparative *leichter/schwerer* sind also in Bezug auf alltagssprachliches Sprachhandeln und in Bezug auf das alltagssprachliche *Sprechen über* physikalische Phänomene als wichtige lexikalische Mittel einzustufen. Zu einer fachsprachliche Formulierung, wie sie oben dargestellt wurde, muss über die fachliche Klärung erst hingeführt werden. In einer Phase, in welcher das physikalische Konzept der Dichte noch gar nicht bekannt und der Unterschied von Masse und Gewicht noch unscharf oder nicht präsent ist – in diese Phase ist das Kleiderbügelexperiment einzuordnen –, sind Adjektive wie *leicht* und *schwer* notwendig, um überhaupt über das Phänomen sprechen zu können.

Ein weiteres Argument für die Bedeutung von *leicht* und *schwer* als lexikalische Hilfsmittel lieferten jene Beschreibungen des Experiments, die in der Pilotierung auch ohne lexikalische Hilfsmittel eine hohe Sprachhandlungsfähigkeit im Deutschen zeigten. Auch in diesen Beschreibung wurden die Adjektive *leicht/leichter* und *schwer/schwerer* verwendet.

Als letztes Argument soll angeführt werden, dass Sprachhandlungsfähigkeit auch bedeutet, falsche Konzepte oder Ungewissheiten versprachlichen und ausdrücken zu können. Denn nur so können sie im Unterricht diskutiert werden. Sprachhandlungsfähigkeit bedeutet nicht, nur „richtige" Aussagen zu treffen, sondern ein sprachliches Repertoire dafür zu habe, um das auszudrücken, was man ausdrücken möchte.

21.5.4 Methodische Überlegungen

Pilotierung

Zunächst galt es abzuklären, wie hoch die Lerneffekte durch die wiederholte Bearbeitung der Aufgabe eingeschätzt werden müssen. Zur Einschätzung sollten drei Schüler_innen einer 7. Klasse, deren Leistungen vom_von der selben Physiklehrer_in als gut, mittelmäßig und schlecht eingeschätzt wurden, zweimal hintereinander ohne lexikalische Hilfsmittel das Experiment schriftlich beschreiben. Beide Versionen der Beschreibungen ließen keine Effekte im Sinne von Lerneffekten erkennen. Die Texte waren weder in ihrer sprachlichen noch fachlichen Qualität deutlich verändert. Die zweiten Text von den als mittelmäßig und als schlecht eingestuften Schüler_innen waren noch etwas kürzer als die ersten Texte, jedoch nicht bildungssprachlicher (im Sinne von Informationsverdichtung). Der Text des_der als gut eingeschätzten Schülers_Schülerin war etwas länger (durch morphosyntaktische Veränderungen, z.b. Perfekt statt Präteritum), die Beschreibung war nicht genauer oder bildungssprachlicher. Die durch die erste Beschreibung zu erwartende Lerneffekte wurden somit als gering eingeschätzt.

Textqualität

Die weiteren Überlegungen beziehen sich auf die Ermittlung der Qualität der Texte. Ein Text kann auf linguistischer Ebene korrekt und damit „gut" sein, jedoch fachlich falsch und damit „schlecht". Beispielsweise ist der Satz „Zwei Massen stoßen einander ab" sprachlich als sehr anspruchsvoll einzustufen (*einander* ist ein Reflexivpronomen, *abstoßen* ist ein trennbares Verb, das mit seinem finiten (*stoßen*) und infiniten (*ab*) Verbteil das Reflexivpronomen einklammert), fachlich ist der Satz falsch (Massen können sich nur anziehen, jedoch nicht abstoßen). Um Aussagen über die sowohl fachliche als auch sprachliche Güte der Texte treffen zu können, wurden unterschiedliche Verfahren der Textanalyse und Textbewertung zur Exploration herangezogen und daraus ein für den speziellen Fall – die Beschreibung eines Experiments mit einem erwartbar relativ kurzen Text – adaptiert.

Zu den Verfahren zählen das Züricher Textanalyseraster (Nussbaumer & Sieber 1994) und die Profilanalyse (Grießhaber 2006). Berücksichtigt wurden zudem Verfahren zur unterrichtsbegleitenden Sprachstandsbeobachtung wie USB DaZ (Fröhlich et al. 2014) und Niveaubeschreibungen für Deutsch als Zweitsprache (Döll 2009). Für die Einschätzung der bildungssprachlichen Nähe wurden jene Merkmale erhoben, die als charakteristisch für Bildungssprache gelten (Rösch et al. 2001; Ohm et al. 2007; Gogolin & Lange 2011; Reich 2008; Riebling 2013a). Zur Einschätzung der Konzeption wurden Merkmale der Mündlichkeit und Schriftlichkeit (Koch & Oesterreicher 1985) betrachtet. Zur Analyse der Fachsprachlichkeit wurden Merkmale der physikspezifischen Normengerechtigkeit (Lemke 1990; Roelcke 2010) erhoben. Zusätzlich zu diesen Verfahren wurden Expert_innenurteile und Lehrer_innenurteile als Interrater erhoben. Im Wesentlichen ergeben sich daher die folgenden Schritte:

1. *Grobanalyse* (alle 26 Texte): Textlänge, Wortschatz, Profilstufe, Expert_innenurteile bezüglich fachlicher und sprachlicher Qualität; Auswahl von 6 Texten zur weiteren Analyse
2. *Detailanalyse* (6 Texte): linguistische Analyse, fachliche Analyse
3. *Interrater* (6 Texte): Urteile von 243 Lehrer_innen und Studierenden
4. *Abschließende Klärung* durch Expert_innendiskussion

Zur Illustration sind in Abbildung 21.2 die transkribierten Texte von einem_einer Schüler_in (SEHA) dargestellt, links ohne lexikalische Hilfsmittel, rechts mit lexikalischen Hilfsmitteln (Tajmel 2013). Im Text rechts sind jene sprachlichen Mittel unterstrichen, die verwendet wurden.

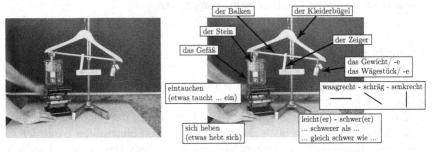

als das diess Becher mit Stein gefült ist, ist das stein leichter geworden als die andere

als das Gefäß mit Wasser gefült ist und den Stein etwas eingetaucht haben wurde das KleiderBügel schräg und das Gewicht wurde schwerer als der Stein, der Zeiger Bewegte sich nach links und das Stein hebte sich etwas.

Abb. 21.2 Transkribierte Texte von SEHA *ohne* (links) und *mit* (rechts) lexikalischen Hilfsmitteln

Grobanalyse aller 26 Texte nach den Kriterien:

- Textlänge / Anzahl der Wörter
- Verwendung der angebotenen lexikalischen Hilfsmittel
- Gesamtprofilstufe nach Grießhaber

Alle 13 Textpaare wurden drei Expert_innen aus den Bereichen Physik, Linguistik und Deutsch als Zweitsprache vorgelegt. Die Expert_innen wurden in Kenntnis gesetzt, dass beide Texte von dem_derselben Schüler_in stammen und sollten jeweils angeben, ob der erste oder der zweite Text besser ist und dies unter Verweis auf Textstellen und Textmerkmale begründen. Sie wurden nicht darüber informiert, dass für die jeweils zweiten Texte lexikalische Hilfsmittel zur Verfügung standen.

Tabelle 21.1 Texte der Schüler-innen EMIH, GENG und SEHA, die jeweils einen Text ohne und einen Text mit lexikalischen Hilfsmitteln (LM) erstellt haben

	Ohne lexikalische Mittel (ohne LM)	Mit lexikalischen Mitteln (mit LM)
EMIH	(S1) Wenn mann das Wassertopf mit Wasser über dem Stein macht wird das Gewicht von dem Stein leichter und das Metal wird schwiriger. ~~Das~~ Der Kleidungsträger halt ein Stein ohne Wasser und ein Metal ohne Wasser das Metal ist ~~schwier~~ schwerer als das Stein.	(S2) der Kleiderbügel trägt ~~einen S~~ auf der linken seite einen Stein und auf der Rechten seite ~~Metalstücke~~ Gewicht das ~~Gaf~~ Gefäß ist mit Wasser gefült wenn mann das Gefäß mit Wasser auf dem Stein hebt wird der Stein leichter und das Gewicht wir schwerer
GENG	(S3) Also unser Lehrer hat ne Waage aufgestellt nen stein und sone schwern Metalteile, als er dan den messbescher mit Wasser langsam hoch gehalten hat, damit der Stein drin is wurde die Waage dan leichter?! Und als er sie rausgenohmen hat war es wieder fast gleich?	(S4) Wenn mann den stein im Wassergefäß eintaucht ~~wirdes~~ geht des schräg nach ~~links~~ rechts Der Stein ist dan leichter als das Gewicht
SEHA	(S5) als das diess Becher mit Stein gefült ist, ist das stein leichter geworden als die andere	(S6) als das Gefäß mit Wasser gefült ist und den Stein etwas eingetaucht haben wurde das KleiderBügel schräg und das Gewicht wurde schwerer als der Stein, der Zeiger Bewegte sich nach links und das Stein hebte sich etwas.

Detailanalyse von 6 ausgewählten Texten

Zur genaueren Analyse wurden gemeinsam mit den Expert-innen die Textpaare von drei Schüler-innen, SEHA, GENG und EMIH, ausgewählt. Durch die Fall-auswahl der extremsten Fälle kann die Spannbreite der Textprodukte verdeutlicht werden (Schreier 2010). In dem einen Fall (SEHA) war der Text mit Hilfsmitteln deutlich *länger* als der Text ohne Hilfsmittel, im zweiten Fall (GENG) deutlich *kürzer* und im dritten Fall (EMIH) waren die beiden Texte *gleich lang*. Diese Auswahl ist darin begründet, um auch den Einfluss der Textlänge auf die Bewertung der Texte durch die Bewertenden mit berücksichtigen zu können. So wird angenommen, dass Textlänge und Textqualität korrelieren (Knopp et al. 2013:308), was womöglich dazu führen könnte, dass längere Texte ohne Berücksichtigung weiterer Textmerkmale von einigen Bewertenden als bessere Texte eingestuft werden.

Tabelle 21.1 zeigt jene drei zur genaueren Analyse ausgewählten Textpaare. Die drei Textpaare wurden als geeignet eingeschätzt, um die Bandbreite unterschiedlichen Texte zu repräsentieren. Die Texte rechts sind jene, welche unter Zuhilfenahme von lexikalischen Mitteln produziert wurden. (Anmerkung zur Anonymisierung: Die beurteilenden Lehrenden wurden nicht darüber informiert, dass jeweils zwei Texte von dem_derselben Schüler_in stammen, sondern von sechs verschiedenen Schüler_innen. Daher wurden für die Lehrendenbeurteilung die Texte fortlaufend von S1 bis S6 nummeriert, die Buchstabencodes waren nicht zu sehen.) Anzumerken ist, dass nur im Falle von GENG der zweite Text in hohem Ausmaß kürzer war als der erste Text, er also gewissermaßen einen „Ausreißer" darstellt. Aufgrund dieser Besonderheit sollten auch die beiden Texte von GENG einer genaueren Analyse unterzogen werden.

Diese Texte wurden nach unterschiedlichen linguistischen und textanalytischen Kriterien untersucht.

Beurteilung der Sprachlichkeit

In der linguistische Analyse wurden die Texte auf semantisch/lexikalischer (Bedeutung) und morphosyntaktischer (Form) Ebene untersucht.

- Lexikalische Ebene: verwendete lexikalische Mittel; Auto- und Synsemantika, komplexe Wörter, Änderungen der Lexik
- Morphosyntaktische Ebene: Komparationen und Pronomina, Deklination: Genus, Numerus, Kasus; Konjugation: Person, Numerus, Tempus, Genus verbi
- Syntaktische Ebene: Anzahl der syntaktischen Einheiten (SE); Para-, Hypotaxe; Inversion; Nominalphrasen, Präpositionalphrasen
- Textebene: Textlänge (Anzahl der Wörter), Pronominasetzung (Kohärenz), Textordnung: inhaltliche Ordnung und die Wiedergabe des chronologischen Ablaufs

  (A) Beschreibung des Zustands vor dem Eintauchen
  (B) Beschreibung des Eintauchens (Wenn der Stein ins Wasser ...)
  (C) Beschreibung der Folge des Eintauchen (dann ...)
  (D) Beschreibung des Endzustandes
  (E) Beschreibung des Zustandes nach dem Experiment

- Soziolinguistische Ebene: Konzeptionell mündlich oder schriftlich

Beurteilung der Fachlichkeit

Zur Einschätzung der fachspezifischen Sprachhandlungsfähigkeit der Schüler_innen wurden Merkmale für Sprachhandlungsfähigkeit rekonstruiert, die aus physikdidaktischer Perspektive für diese spezielle Situation, *die genaue Beobachtung und Beschreibung eines physikalischen Phänomens*, als relevant erachtet werden. Dazu zählen die Genauigkeit und die Fachsprachlichkeit bzw. sprachliche Angemessenheit sowie die Verständlichkeit. Dass Fachsprachlichkeit und Genauigkeit getrennt bewertet werden sollten, ist darin begründet, dass eine Beschreibung in Alltagssprache ebenso präzise sein kann. Zudem ist mit dem Experiment nicht intendiert, dass in der Beschreibung auf eine fachsprachliche Lexik zurückgegriffen wird. Jedoch können fachsprachliche Merkmale auf nicht-lexikalischer Ebene auftreten. Dazu zählen etwa unpersönliche passivische Formulierungen, z.b. „Der Stein wird ins Wasser getaucht" im Gegensatz zu „Unser Lehrer taucht den Stein ins Wasser". Der zweite Satz ist präziser als der erste, weil auch die Person benannt wird, die agiert. Fachsprachliche normgerechter, weil unpersönlich, ist jedoch der erste Satz (vgl. Kapitel 21.2). Eine besondere Bedeutung auf syntaktischer Ebene haben Konditionalsätze (*Wenn ..., dann ...*), da sie auf Allgemeingültigkeit verweisende logische Strukturgebungen darstellen.

Die Bewertungskategorien sind:

- *Genauigkeit*: Die Genauigkeit der Beobachtung (Präzision) wird operationalisiert über entsprechenden Wortschatz (Benennung der Gegenstände und des Vorgangs; Nomen, Verben, Adjektive, Adverbien) sowie entsprechende morpho-syntaktischer Merkmale (Präpositionalphrasen); Textmerkmale (Chronologie des Vorgangs)
- *Fachsprachlichkeit*: Die Fachsprachlichkeit wird operationalisiert über Merkmale der physikspezifische Normengerechtigkeit. Dazu zählen neben einer angemessenen Lexik auch unpersönliche Formulierung, wie sie etwas durch passivische Strukturen zum Ausdruck gebracht werden.
- *Verständlichkeit*: Für die Analyse der Verständlichkeit wurden insbesondere die Ebene der Implizitheit/Explizitheit, die Angemessenheit der Sprachmittel (Wahl von Auto- und Synsemantika) und die Wahl des Registers betrachtet. Wesentlich für eine Einschätzung der Verständlichkeit sind zudem die Urteile von Lehrenden.

Anmerkungen zu:

- *Orthografie*: Da für Sprachhandlungsfähigkeit Kriterien der Korrektheit im Vergleich zu Kriterien der Semantik (Wortschatz) eine untergeordnete Rolle spielen (Döll 2012), wurde insbesondere auf die Semantik das Hauptaugenmerk gelegt.
- *Textlänge*: Für eine fachspezifische Einschätzung muss berücksichtigt werden, dass in den Naturwissenschaften eine Verkürzung der Texte mitunter fachsprachlich normgerechter ist (z.B. Definitionen oder Formalismen) und dass eine genaue Beobachtung und eine präzise Beschreibung derselben aus fach-

licher Perspektive daher als normgerechter einzustufen ist als ein langer Text, aus dem nicht hervorgeht, was genau beobachtet wurde.

Lehrendenurteile

Neben der linguistischen und fachlichen Analyse wurden die Texte 243 Lehrenden und Lehramtsstudierenden, die sich bereits im Masterstudium befanden, zur Beurteilung vorgelegt. Alle Beurteilenden unterrichteten bzw. studierten zumindest ein naturwissenschaftliches Fach. Sie sollten die Texte nach den Kriterien *Fachsprachlichkeit, Genauigkeit* der Beobachtung und *Verständlichkeit* auf einer Schulnotenskala von 1 (sehr gut) bis 6 (ungenügend) beurteilen. Den Beurteilenden wurde das Experiment gezeigt, sodass sie mit dem Kontext vertraut waren. Sie wurden jedoch nicht darüber in Kenntnis gesetzt, dass zwei Texte von jeweils einem_einer Schüler_in verfasst wurden und dass für den zweiten Text lexikalische Hilfsmittel verwendet wurden. Auch wurden keine weiteren Angaben zu den Schüler_innen (Geschlecht, Sprache) gemacht.

21.6 Ergebnisse

21.6.1 Ergebnis der Grobanalyse und Expert_innenurteile

Tabelle 21.2 Grobanalyse der 26 Texte; Profilstufen: 4 (*Endstellung des Finitums im Nebensatz*), 3 (*Inversion*), 2 (*Separierung finiter und infiniter Verbteile*), 1 (*Finitum*)

durchschn. Anzahl der Wörter ohne LM	durchschn. Anzahl der Wörter mit LM	Zuwachs in %	durchschn. Anzahl der verwendeten LM	Profilstufe ohne LM	Profilstufe mit LM
34,0	36,5	10,7 %	4,7 (von 14)	4 (10 Mal)	4 (6 Mal)
				3 (2 Mal)	3 (3 Mal)
				2 (1 Mal)	2 (3 Mal)
					1 (1 Mal)

Die Grobanalyse ergab, dass die Texte mit LM im Durchschnitt um 10,7% länger sind. Durchschnittlich wurden von den 14 angebotenen Hilfsmitteln 4,7 Hilfsmittel verwendet. Mit der Profilanalyse wurde jeweils die Gesamtprofilstufe bestimmt, auf der ein Text einzuordnen ist. Die Analyse zeigte, dass in den Texten mit LM weniger Nebensätze mit finiter Verbendstellung verwendet wurden.

Expert_innenurteile

Alle Expert_innen beurteilten 12 von den 13 Texten, die *mit lexikalischen Hilfsmitteln* verfasst wurden, als besser. In der Beurteilung wurde im Wesentlichen auf die fach- bzw. bildungssprachlichen Merkmale (Lexik: *Gefäß*; Situationsentbundenheit) und die Präzision (Benennung der Gegenstände) Bezug genommen. Nur in einem Text (GENG_S4) waren die Urteile uneindeutig. Die eingehende Analyse nach fachsprachlichen und bildungssprachlichen Kriterien sowie eine Klärung über weitere Expert_innenurteile ergab, dass der Text mit lexikalischen Hilfsmitteln trotz seiner reduzierten Länge (-55%) den fachlich besseren Text darstellt. Dieser Text wurde auch zur genaueren Analyse ausgewählt.

21.6.2 Detailanalyse EMIH (S1, S2)

Tabelle 21.3 Texte von EMIH (S1, S2)

	Ohne lexikalische Mittel (ohne LM)	Mit lexikalischen Mitteln (mit LM)
EMIH	(S1) Wenn mann das Wassertopf mit Wasser über dem Stein macht wird das Gewicht von dem Stein leichter und das Metal wird schwiriger. ~~Das~~ Der Kleidungsträger halt ein Stein ohne Wasser und ein Metal ohne Wasser das Metal ist ~~schwier~~ schwerer als das Stein.	(S2) der Kleiderbügel trägt ~~einen S~~ auf der linken seite einen Stein und auf der Rechten seite ~~Metalstücke~~ Gewicht das ~~Gef~~ Gefä ist mit Wasser gefült wenn mann das Gefäß mit Wasser auf dem Stein hebt wird der Stein leichter und das Gewicht wir schwerer

Lexikalische Ebene

Auf lexikalischer Ebene wurden in Text S2 die Begriffe *Gefäß*, *trägt*, *Kleiderbügel*, *schwer*, *Gewichte* (als Wägestücke im Gegensatz zu Gewicht) verwendet. Auffallend ist, dass in S1 als Verb der unpräzise Begriff „machen" verwendet wurde, der eher für lexikalische Lücken steht und als Strategie zur Überwindung dieser Lücken eingesetzt wird. In S2 wird hingegen das Verb „tragen" verwendet.

Morphosyntaktische Ebene

- Beide Texte sind im Präsens aktiv. Das Agens ist sowohl in S1 als auch in S2 der *Kleiderbügel* (*Kleiderträger*) als auch das unpersönlich *mann*. In beiden Texten findet eine Komparation der Antonyme leicht und *schwer* (*schwirig*) statt. Während in S1 eine Überarbeitung von *schwier* zu *schwerer* vollzogen wird, wird in S2 der zuvor korrigierte Begriff *schwerer* gesichert übernommen. In S1 wird das Nomen *Stein* mit unterschiedlichen Genera und Kasus markiert. In der Nominalphrase *Wasser über dem Stein macht* könnte es sich um einen reinen Kasusfehler oder um einen Kasus-Genusfehler handeln. Tendenziell wird Stein als Neutrum markiert. In S2 wird der Kasus einmal falsch markiert, in der Präpositionalphrase *Gefäß auf dem Stein hebt*. Tendenziell wird Stein als Maskulinum markiert.
- Beide Texte beinhalten 5 syntaktische Einheiten (SE). Während in S1 lediglich eine Aufzählung stattfindet, was der „Kleidungsträger" hält, wird in S2 mit der Präpositionalphrase „auf der linken/rechten Seite" präzisiert, wo sich etwas befindet.
- In S2 finden zwei Selbstkorrekturen statt: In S2 wird unmittelbar nach dem Verb das Akkusativobjekt angesetzt und dann zugunsten der Präpositionalphrase korrigiert. Die zweite Korrektur bezieht sich auf Metalstücke, welche zu Gewicht korrigiert werden.
- Beide Male wird ein Konditionalsatz (*Wenn ..., dann ...*) mit Endstellung des finiten Verbs im Nebensatz und Inversion im darauf folgenden Hauptsatz gebildet. In S1 wird der *Wassertopf mit Wasser **über** dem Stein gemacht*, in S2 wird das *Gefäß mit Wasser **auf** dem Stein gehoben*.
- Unterordnende Konjunktion ist in beiden Texten *wenn*. In S2 wird nicht mehr von „Gewicht von dem Stein" gesprochen, vielmehr findet sich das Gewicht nun auf der anderen Seite, es gibt das Gewicht und den Stein. Dies kann daher rühren, dass die Metallstücke als Gewichte bezeichnet wurden. Beide Sätze werden ohne *dann* formuliert.
- Eine explizite Aussage zum Zustand nach dem Eintauchen findet sich bei S1.

Textebene

Die Texte enthalten etwa die gleiche Anzahl an Wörtern (41 in S1, 40 in S2). Die Textstruktur von S2 ist inhaltlich klarer geordnet als S1. Dies zeigt sich in der Struktur A-B-C, während in S1 der Zustand zu Beginn (A) erst nach der Beschreibung des Eintauchens (B-C) beschrieben wird (Ordnung B-C-A-D). Sowohl

Textkohärenz als auch kontextuelle Einbettung von S2 sind damit höher als in S1. Beide Texte sind in unpersönlicher Form gehalten.

21.6.3 Detailanalyse GENG (S3, S4)

Tabelle 21.4 Texte von GENG (S3, S4); Hervorhebung der relevanten Präzisierung durch Unterstreichung, T.T.

	Ohne lexikalische Mittel (ohne LM)	Mit lexikalischen Mitteln (mit LM)
GENG	(S3) Also unser Lehrer hat ne Waage aufgestehlt nen stein und sone schwern Metalteile, als er dan den messbescher mit Wasser langsam hoch gehalten hat, damit der Stein drin is <u>wurde die Waage dan leichter?!</u> Und als er sie rausgenohmen hat war es wieder fast gleich?	(S4) Wenn mann den stein im Wassergefaß eintaucht ~~wirdes~~ <u>geht des schräg nach ~~links~~ rechts Der Stein ist dan leichter als das Gewicht</u>

Lexikalische Ebene

- GENG verwendet in Text S4 als neue lexikalische Mittel *Wassergefäß*, *Gewicht* und *eintaucht*.

Morphosyntaktische Ebene

- S3 ist im Perfekt und teilweise Präteritum, S4 im Präsens. In beiden Texten findet eine Komparation von *leicht* statt. Während in S3 das *leichter* auf die Waage bezogen wird und nicht in Relation zu etwas anderem gesetzt wurde (*wurde die Waage dan leichter?!*), wird in S4 *leichter* auf den Stein bezogen und in Relation zum Gewicht gesetzt (*leichter als das Gewicht*).
- Sowohl in S3 als auch in S4 sind Kasus und Genus normgerecht.
- S4 weist halb so viele syntaktische Einheiten auf wie S3. Der Text S3 wird mit *Also* eingeleitet, was ein konzeptionell mündliches Merkmal darstellt. Dann folgt ein Hauptsatz mit Verbklammer und eine Aufzählung von Akkusativobjekten. In S4 fehlt eine Beschreibung des Aufbaus.

- S3 setzt fort mit einem Temporalsatz (eingeleitet durch die unterordnende Konjunktion *als*) mit Endstellung des Finitums (im Perfekt) und einer Insertion eines zweiten Nebensatzes mit Verbendstellung.
- Der Text S4 beginnt mit einem Konditionalsatz (eingeleitet durch die unterordnende Konjunktion *wenn*) mit Endstellung des Finitums (im Präsens).
- In S3 schließt der Hauptsatz mit korrekter Inversion an und endet mit einem Frage- und einem Ausrufezeichen. S4 setzt ebenfalls mit einer Inversion fort, wobei die Proform *des* (vermutlich *das*) als Subjekt fungiert. S4 fasst noch einmal zusammen, wie Stein und Gewicht sich zueinander verhalten.
- S3 beschreibt den Zustand nach dem Experiment in einem Nebensatz mit unterordnender Konjunktion *als* und unter Verwendung von Pronomina (*er, sie, es*), was eine Situationsgebundenheit verdeutlicht.

Textebene

- S4 enthält weniger als halb so viele Wörter wie S3 (20 in S4, 45 in S3). Die Textstruktur ist in beiden Texten geordnet (S3: A-B-C-E, S4: B-C-D). Die Pronominasetzung ist im zweiten Text klarer als im ersten (*sie* für die Waage).
- S3 ist in gesprochener Sprache formuliert, indiziert durch den Beginn mit *Also* und die Vielzahl an Apharäsen (*ne* statt *eine, nen* statt *einen, sone* statt *so eine, schwern* statt *schweren,* Tilgung: *drin* statt *drinnen*).
- S3 ist in Form einer Nacherzählung unter Bezugnahme auf die Personen (*unser Lehrer, er*) und unter Verwendung von Vergangenheitsformen gehalten, damit stark situationsgebunden.
- S4 unpersönlich bzw. passivisch (*mann, der Stein*) und im Präsens verfasst, was eine Situationsungebundenheit verdeutlicht.
- Es fällt auf, dass im ersten Text keine Korrekturen stattfinden, während im zweiten Text an zwei Stellen korrigiert wird, was auf die Bemühung, bildungssprachlich adäquat formulieren zu wollen, hinweisen kann.
- Trotz der erheblichen Reduktion der Textlänge wurde der Text bildungssprachlicher, weil unpersönlicher (*Wenn mann ... im Geg.s. zu unser Lehrer hat ...*). Aus fachlicher Perspektive ist der zweite Text präziser: Während im Text ohne LM der Prozess ab dem Zeitpunkt des Eintauchens nicht genauer beschrieben wurde, wird im Text mit LM auch auf die Stellung des Balkens Bezug genommen, wie die beiden Schlüsselstellen zeigen:

    – GENG_ohne LM: „(...) wurde die Waage dann leichter?!"
    – GENG_mit LM: „(...) geht das schräg nach ~~links~~ rechts Der Stein ist dan leichter als das Gewicht"

Dass die „Waage leichter" wird, gibt keine Auskunft über die Relation der beiden Seiten der Balkenwaage. Im Gegensatz dazu wird im zweiten Text „leichter" eindeutig als Relation von Stein und Gewicht ausgedrückt.

21.6.4 Detailanalyse SEHA (S5, S6)

Tabelle 21.5 Texte von SEHA (S5, S6)

	Ohne lexikalische Mittel (ohne LM)	Mit lexikalischen Mitteln (mit LM)
SEHA	(S5) als das diess Becher mit Stein gefült ist, ist das stein leichter geworden als die andere	(S6) als das Gefäß mit Wasser gefült ist und den Stein etwas eingetaucht haben wurde das KleiderBügel schräg und das Gewicht wurde schwerer als der Stein, der Zeiger Bewegte sich nach links und das Stein hebte sich etwas.

Lexikalische Ebene

- In Text S6 werden die lexikalischen Mittel und Phrasen *Gefäß, mit Wasser gefüllt, Stein etwas eingetaucht, Kleiderbügel, schräg, Gewicht, schwerer, Zeiger, bewegte, nach links* und *hebte sich etwas* verwendet.

Morphosyntaktische Ebene

- S6 zeigt eine größere Varietät an Tempusformen. Zweimal wird Präteritum verwendet, davon einmal in übergeneralisierter Form (*hebte*); S6 Insertion des Affixes –ge– (*eingetaucht*)
- In beiden Texten werden Komparativformen verwendet, in S5 *leichter*, in S6 *schwerer*
- In S5 sind alle Genera falsch markiert. In S6 findet insbesondere eine Korrektur des Genus von Stein statt. Hier wird Stein zweimal richtig als Maskulinum markiert und einmal falsch als Neutrum.
- S6 weist dreimal so viele SE auf wie S5. S6 beginnt mit einem Temporalsatz (eingeleitet durch die subordinierte Konjunktion als) und Endstellung des Finitum. Auch S5 beginnt mit einem Temporalsatz (*als*) und Endstellung des

Finitum, ähnlicher wie S6-A. S6 setzt fort mit einem zweiten Nebensatz, der durch die Konjunktion *und* angebunden wird. Im zweiten Nebensatz fehlt das Subjekt. Es folgt ein Wechsel im Genus verbi: nach der verallgemeinernden Passivkonstruktion wird unter Auslassung des Subjektes im Aktiv, 3. Person Plural (*haben*) fortgeführt. Das Verb könnte auch infinit sein. S5 Fortsetzung mit Inversion, Perfekt-Verbklammer und Komparation im Hauptsatz.

▪ S6 setzt fort im Präteritum. Es schließt ein weiterer Hauptsatz an (verbunden durch die Konjunktion *und*). Dieser steht ebenfalls im Präteritum und weist eine Komparation auf (Komparativ mit *als*). S6 schließt mit einer koordinierten Hauptsatzverbindung (*und*), dieser Satz steht ebenfalls im Präteritum.

▪ Auffallend ist die hohe Präzisierung in der Beschreibung der Folge des Eintauchens (Teil C), wie die beiden Schlüsselstellen veranschaulichen.

  – SEHA_ohne LM: „(...)ist das stein leichter geworden als die andere".
  – SEHA_mit LM: „(...) wurde das KleiderBügel schräg und das Gewicht wurde schwerer als der Stein, der Zeiger Bewegte sich nach links und das Stein hebte sich etwas"

Textebene

▪ S6 enthält mehr als doppelt so viele Wörter wie S5 (16 in S5, 37 in S6). Die Textstruktur ist in beiden Texten geordnet (B-C in S5, A-B-C in S6). S5 ist in gesprochener Sprache formuliert, indiziert durch die Vielzahl an Apharäsen bzw. Verkürzungen.

▪ S5 ist in Form einer Nacherzählung unter Bezugnahme auf die Personen (*unser Lehrer, er*) und unter Verwendung von Vergangenheitsformen gehalten, damit stark situationsgebunden.

▪ S6 ist unpersönlich (*mann, der Stein*) und im Präsens verfasst, was eine Situationsungebundenheit verdeutlicht.

▪ Es fällt auf, dass im ersten Text keine Korrekturen stattfinden, während im zweiten Text an zwei Stellen korrigiert wird. SEHA verwendet im zweiten Text *Wasser*, nicht jedoch im ersten Text. *Wasser* ist nicht als Hilfsmittel angegeben.

21.6.5 Lehrenden- und Studierendenurteile

Die von EMIH und SEHA verfassten Texte wurden 243 Lehrenden und Lehramts-studierenden (ca. 28,40 % davon mit mindestens einem naturwissenschaftlichen[36] Fach) zur Beurteilung vorgelegt. Die Anzahl der Urteilsrückläufe schwankt zwischen 243 und 236. Der Text von GENG wurde von einer Teilmenge (190 Lehrende und Lehramtstudierende, ca. 21,05 % davon mit mindestens einem naturwissenschaftlichen Fach) beurteilt, da er zu einem späteren Zeitpunkt in die Exploration aufgenommen wurde. Die Rückläufe schwanken zwischen 190 und 185. Der Anteil an Grundschulpädagog_innen betrug max. 3,29 %. Mindestens 96 % der Beurteilenden können somit dem Sekundarbereich zugeordnet werden.

In den Abbildungen 21.3, 21.4 und 21.5 sind die Beurteilungen der Lehrenden und Lehramtsstudierenden, unterteilt nach den Kriterien *Fachsprachlichkeit*, *Genauigkeit* und *Verständlichkeit*, nach Schulnoten (1 bis 6) mit den jeweiligen Mittelwerten (M) und Standardabweichungen (SD) angeführt. Die festgestellten Mittelwertdifferenzen der Beurteilung der mit und ohne lexikalische Hilfsmittel verfassten Texte sind durchgehend hoch signifikant (Wilcoxon-Test, p ≤ 0.002).

Jene Texte, die *mit LM* gleich lang oder länger sind als *ohne LM* (SEHA und EMIH), wurden in allen Beurteilungskategorien besser beurteilt. Diese Texte wurden als *fachsprachlicher*, *verständlicher* und als *genauere Beobachtungen* eingestuft, was aus physikdidaktischer Perspektive von hoher Relevanz ist.

Werden die Urteile nach Unterrichtsfächern differenziert betrachtet, so zeigt sich ein nahezu identisches Bild. In Tabelle 21.6 sind die Beurteilungen differenziert nach naturwissenschaftlichen (NAWI) und nicht-naturwissenschaftlichen (nicht-NAWI) Lehrenden und Lehramtsstudierenden dargestellt.

Nicht-eindeutige Urteile: GENG

Die nicht eindeutigen Qualitätsurteile in Bezug auf die beiden Texte von GENG sollen genauer betrachtet werden, da der Text mit LM von den Lehrenden schlechter beurteilt wurde als der Text ohne LM: Der Text mit lexikalischen Hilfsmitteln ist viel kürzer als der Text ohne Hilfsmittel (45 Wörter ohne LM, 20 Wörter mit LM). Zur Sicherung wurde das Textpaar GENG_S3 und GENG_S4 weiteren zwei Expert_innen , die sowohl über fachliche als auch über linguistische Expertise verfügen, aber keine Lehrkräfte sind, vorgelegt, wiederum ohne die Hintergrundinformation, dass es sich um denselben_dieselbe Schüler_in handelt. Die beiden Expert_innen bewerteten die Genauigkeit der Beobachtung höher, obwohl der zweite

---

[36] Als naturwissenschaftliche Fächer wurden die Fächer Physik, Chemie, Biologie und Naturwissenschaften gezählt.

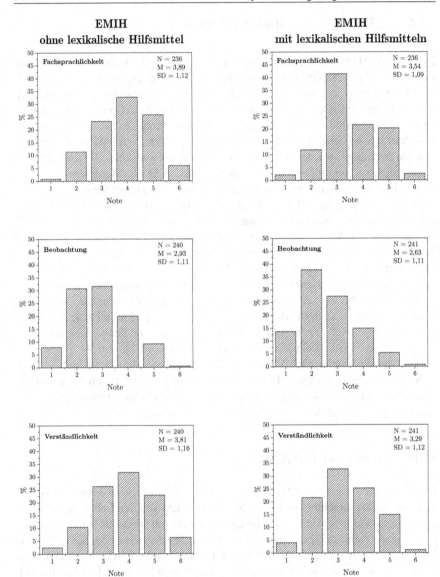

Abb. 21.3 Beurteilungen der Texte von EMIH (S1, S2) durch Lehrende und Lehramtsstudierende auf einer Notenskala von 1 (Sehr gut) bis 6 (Ungenügend); Wilcoxon-Test, p ≤ 0.002

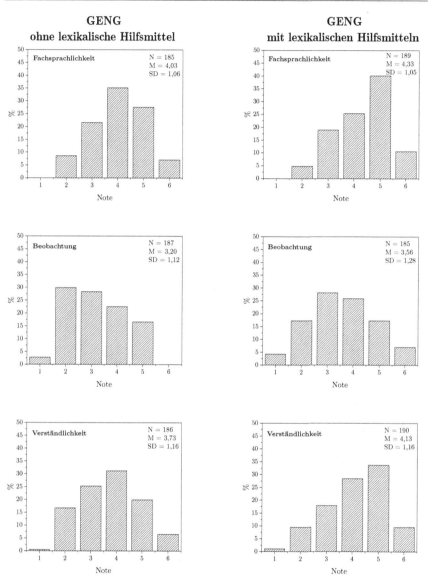

Abb. 21.4 Beurteilungen der Texte von GENG (S3, S4) durch Lehrende und Lehramtsstudierende auf einer Notenskala von 1 (Sehr gut) bis 6 (Ungenügend); Wilcoxon-Test, p ≤ 0.002

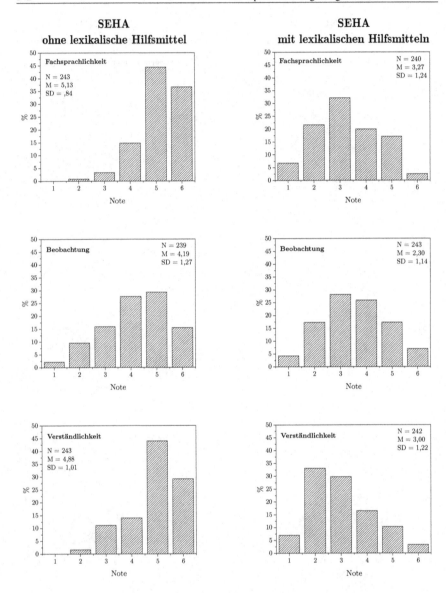

Abb. 21.5 Beurteilungen der Texte von SEHA (S5, S6) durch Lehrende und Lehramtsstudierende auf einer Notenskala von 1 (Sehr gut) bis 6 (Ungenügend); Wilcoxon-Test, p ≤ 0.002

Tabelle 21.6 Gegenüberstellung der Beurteilungen der Texte von EMIH (S1, S2), GENG (S3, S4) und SEHA (S5, S6), die von allen Urteilenden getroffen wurden (vgl. Abbildungen 21.3, 21.4 und 21.5) und der Beurteilungen der Teilmenge NAWI (= Lehrende und Lehramtststudierende naturwissenschaftlicher Fächer) und der komplementären Teilmenge Nicht-NAWI (= Lehrende und Lehramtsstudierende nicht-naturwissenschaftlicher Fächer).

Texte	Kriterien	ALLE			NAWI			Nicht-NAWI		
		N	M	SD	N	M	SD	N	M	SD
EMIH S1	Fachsprachlichkeit	236	3,89	1,12	68	3,71	1,20	168	3,96	1,08
	Beobachtung	240	2,93	1,11	68	2,93	1,20	172	2,93	1,07
	Verständlichkeit	240	3,81	1,16	68	3,66	1,19	172	3,87	1,15
EMIH S2	Fachsprachlichkeit	236	3,54	1,09	66	3,52	1,07	170	3,55	1,09
	Beobachtung	241	2,63	1,11	67	2,63	1,15	174	2,63	1,10
	Verständlichkeit	241	3,29	1,12	68	3,29	1,17	173	3,29	1,11
GENG S3	Fachsprachlichkeit	185	4,03	1,06	38	4,05	1,06	147	4,02	1,06
	Beobachtung	187	3,20	1,12	38	3,00	0,93	149	3,26	1,16
	Verständlichkeit	186	3,73	1,16	38	3,50	1,18	148	3,78	1,16
GENG S4	Fachsprachlichkeit	189	4,33	1,05	40	4,35	1,12	149	4,32	1,04
	Beobachtung	185	3,56	1,28	39	3,33	1,31	146	3,62	1,27
	Verständlichkeit	190	4,13	1,16	39	4,15	1,16	151	4,12	1,17
SEHA S5	Fachsprachlichkeit	243	5,13	0,84	69	5,03	0,87	174	5,17	0,83
	Beobachtung	239	4,19	1,27	69	4,03	1,33	170	4,25	1,25
	Verständlichkeit	243	4,88	1,01	69	4,73	1,01	174	4,94	1,00
SEHA S6	Fachsprachlichkeit	240	3,27	1,24	67	2,79	1,12	173	3,45	1,23
	Beobachtung	243	2,30	1,14	69	1,80	0,98	174	2,50	1,14
	Verständlichkeit	242	3,00	1,22	68	2,60	1,07	174	3,16	1,25

Text über eine stark reduzierte Länge (-55%) verfügte. Die anschließende Diskussion der Expert_innen ergab, dass mit großer Wahrscheinlichkeit der deutliche Unterschied in der Textlänge einen Einfluss auf die Beurteilung gehabt haben könnte.

Wird aufgrund der ähnlichen Textlänge die Beurteilung des Textes S4 (GENG mit LM, 20 Wörter) mit jener des Textes S5 (SEHA ohne LM, 16 Wörter) verglichen, so wird GENG_S4 trotz seiner Kürze als deutlich besser beurteilt als SEHA_S5.

21.7 Diskussion der Ergebnisse

Mit dieser Exploration können keinesfalls allgemeine Aussagen getroffen werden, ob die Sprachhandlungsfähigkeit unter Zuhilfenahme lexikalischer Hilfsmittel steigt. Dies ist u.a. auch davon abhängig, welche lexikalischen Hilfsmittel zur
Verfügung gestellt werden. Für die vorliegenden drei Fälle kann jedoch nach Be-
gutachtung aus unterschiedlichen Perspektiven gesagt werden, dass diese Schü-
ler_innen unter Zuhilfenahme der sorgfältig ausgewählten lexikalischen Hilfsmittel *fachlich präzisere* und *bildungssprachlich bessere* Texte produziert haben. Es
kann daher die Hypothese formuliert werden:

> Lexikalische Hilfsmittel, die nach eingehender fach- und sprachdidaktischer
> Reflexion des Kontexts ausgewählt wurden, können die Sprachhandlungsfä-
> higkeit von Schüler_innen in dem Sinne erhöhen, als die schriftlichen Texte
> der Beschreibung einer physikalischen Beobachtung präziser und bildungs-
> sprachlicher werden.

In welchen Fällen, unter welchen Bedingungen und aufgrund welcher Faktoren
dies zutrifft, sollte empirisch anhand weiterer Daten untersucht werden.

Bei allen Texten ist die Streuung der Beurteilungen sehr hoch. Zur Qualitätsbe-
urteilung aus fachlicher und sprachlicher Hinsicht erscheint daher eine eingehende
Textanalyse in jedem Fall notwendig.

Dass ein nach fachlichen und bildungssprachlichen Kriterien besserer, aber in
der Textlänge kürzerer Text eine schlechtere Beurteilung erhält, lässt vermuten,
dass die Beurteilungen in nicht unerheblichem Maße von der Textlänge beeinflusst sind. Die *Beurteilung* durch die Lehrkräfte muss von der *Qualität* der Texte
unterschieden werden. Die linguistische Analyse der Texte nach unterschiedlichen
Kriterien ergab, dass alle drei Texte, die mit LM verfasst wurden, als bildungssprachlicher, fachsprachlicher und präziser einzustufen sind. Die Beurteilung der
Lehrenden hingegen ergab, dass dies nur für jene zwei Texte zutrifft, deren Textlänge *mit LM* gleich blieb bzw. zunahm.

Dass die Texte unter Zuhilfenahme lexikalischer Hilfsmittel eher eine geringer Profilstufe aufwiesen, kann darauf hindeuten, dass neue Lexeme zuerst in einem einfacherem Satzbau verarbeitet werden. Dass eine geringere Profilstufe nicht
mit geringerer Bildungssprachlichkeit gleichzusetzen ist, zeigt der folgende Aus-
schnitt von GÜYS (Dieser Text zählte nicht zur Auswahl der 3 Textpaare):

- GÜYS_ohne LM: „als wir den Stein nass gemacht haben" (Profilstufe 4)
- GÜYS_mit LM: „und dann haben wir den Stein ins Wasser reingetaucht" (Profilstufe 3)

Obwohl der Text *mit LM* von GÜYS eine geringere Profilstufe aufweist, ist er aufgrund der verwendeten Lexik präziser, weil der Prozess des Eintauchens wiedergegeben wird.

Auf linguistischer Ebene scheinen sich die Verwendung bildungssprachlicher Mittel wie *Gefäß* und die Tempusform *Präteritum* positiv auf die Beurteilung auszuwirken. Eine eingehende empirische Prüfung dieses Zusammenhangs wäre von großem Interesse.

21.7.1 Rückbezug auf die gestellten Fragen

Die im Vorfeld (Kapitel 21.5) gestellten interessierenden Fragen können für die vorliegenden Fälle folgendermaßen beantwortet werden:

(A) **Nutzen des Aufwands**: Werden angebotene sprachliche Mittel tatsächlich genutzt und lohnt sich somit der Aufwand in der Unterrichtsvorbereitung?

Ja, im Durchschnitt werden 4,7 (33%) der 14 angegebenen lexikalischen Mittel verwendet. Es gibt kein lexikalisches Mittel, das kein Mal verwendet wurde. Hingegen wurde in den Texten *mit LM* teilweise neue und präzisere Lexik verwendet, die jedoch nicht als Hilfsmittel angegeben war. Es ist zu vermuten, dass durch die lexikalischen Mittel eine Aktivierung von Sprachwissen stattgefunden hat (z.B. *eintauchen – Wasser*).

(B) **Handlungsfähigkeit der Schüler_innen**: Werden die Schüler_innen durch sprachliche Mittel sprachhandlungsfähiger?

Wird als Indikator der Sprachhandlungsfähigkeit die Präzision und die Verwendung neuer lexikalischer Mittel herangezogen, so kann für alle drei Fälle festgestellt werden: Ja, sowohl die Anzahl als auch Variation der Lexik ist in den Texten mit lexikalischen Hilfsmitteln größer. Im Durchschnitt sind die Texte um 11% länger (durchschnittliche Textlänge ohne LM: 33 Wörter). Im Fall GENG kann aufgrund der um 55% reduzierten Länge des zweiten Textes die Frage gestellt werden, ob GENG durch die lexikalischen Mittel nicht eine Einschränkung der Sprachhandlungsfähigkeit erfahren hat. Dies ist nach meiner und auch nach Ansicht der Expert_innen zu verneinen. Sprachhandlungsfähigkeit bedeutet nicht, dass lange Texte produziert werden *müssen*, sondern dass längere Texte und vor allem auch angemessenere Texte produziert werden *können*. GENG *kann* längere Texte produzieren. Dass sein zweiter Text kürzer ist, ist somit die situative Entscheidung von GENG und nicht dem geschuldet, dass GENG gar nicht in der Lage wäre, längere Texte zu produzieren. Der Text *mit LM* von GENG wird zudem als *angemessenerer* Text beurteilt.

(C) *Qualität des Outputs:* Werden die Sprachprodukte der Schüler_innen durch die Zuhilfenahme der sprachlichen Mittel besser, und zwar sowohl in fachlicher als auch in sprachlicher Hinsicht?

Dies kann für alle 13 Texte unter der Bedingung einer differenzierten fachlichen und sprachlichen Analyse bejaht werden. Die Qualität wurde über die Expert_innenurteile ermittelt. In 12 Texten waren die Urteile für jene Texte, die mit lexikalischen Hilfsmitteln zustande kamen, einstimmig besser. In einem Text (GENG) waren die Urteile uneindeutig. Die eingehende Analyse dieses Textes nach fachsprachlichen und bildungssprachlichen Kriterien sowie eine Klärung über weitere Expert_innenurteile ergab, dass der Text mit lexikalischen Hilfsmitteln trotz seiner reduzierten Länge (-55%) den fachlich besseren, weil präziseren Text darstellt. Dass die erhöhte Präzision in der Beschreibung der Stellung des Kleiderbügels im zweiten Text von GENG von beurteilenden Lehrenden in ihrem Urteil nicht berücksichtigt wurde, stützt die Vermutung, dass die Textlänge einen nicht unerhebliche Einfluss hat. Eine eingehende empirische Untersuchung dieses Zusammenhangs ist von großem Interesse.

(D) *Bildungssprachlichkeit:* Werden die Texte durch Zuhilfenahme sprachlicher Mittel bildungssprachlicher?

Wie in C ist die Übereinstimmung mit bildungssprachlichen Merkmalen in den Texten mit LM größer als in jenen ohne LM. Es wurden in den Texten mit lexikalischen Hilfsmitteln vermehrt Passiv und passivische Formulierungen gewählt. Dies, obwohl dazu keine Hilfsmittel angegeben waren. Dies könnte als Hinweis auf die Aktivierung von registerspezifischem Sprachwissen gedeutet werden.

(E) *Bildungserfolg:* Werden jene Texte, die mit lexikalischen Hilfsmitteln zustande kommen, von den Lehrenden als bessere Texte bewertet?

Eindeutig sind die Urteil bei jenen Texten, deren Textlänge zunahm und jenen, die in der Länge nicht variieren. Auch jene Texte werden tendenziell als besser beurteilt, die unter Zuhilfenahme von LM um 12% bis 16% kürzer sind als die Texte ohne LM. Jener Text (GENG_S4), der mit LM um 55% kürzer ist als ohne LM, wird in der Gesamtbeurteilung schlechter bewertet. Unter den vergleichbar kurzen Texten wird dieser Text allerdings besser beurteilt, als ähnlich kurze Texte, die ohne LM zustand kamen. Dies kann als wichtiges Indiz dafür betrachtet werden, dass nicht nur die Textlänge eine Rolle spielt.

21.7.2 Konsequenzen für die Lehrer_innenausbildung

Dass ein nach fachlichen und bildungssprachlichen Kriterien besserer, aber in der Textlänge kürzerer Text eine schlechtere Beurteilung erhält, lässt vermuten, dass die Beurteilungen in nicht unerheblichem Maße von der Textlänge beeinflusst sind. Dass der kürzere Text von GENG unter jenen Texten mit ähnlicher Textlänge am besten beurteilt wurde, spricht wiederum dafür, dass nicht nur die Textlänge ausschlaggebend ist, sondern die Beurteilung eines Textes auf ein komplexes Zusammenwirken unterschiedlicher Faktoren zurückzuführen ist. Es können aus der Exploration also nur vage Hinweise für die Rekonstruktion des Beurteilungsverhaltens von Lehrenden abgeleitet werden. Auf welche Normen sich Lehrende in ihrer Beurteilung beziehen, sollte im Sinne einer reflexiven Physikdidaktik unbedingt eingehender untersucht werden.

Generell muss insbesondere in Bezug auf die im Vergleich zu geisteswissenschaftlichen tendenziell kürzeren naturwissenschaftlichen Texte unbedingt berücksichtigt werden, dass die Texte mit zunehmender fachlicher Normgerechtigkeit und zunehmendem Grad an konzeptioneller Schriftlichkeit kürzer werden und dies nicht als sprachliches Defizit missinterpretiert werden darf. Darauf sollte im Kontext von „Sprachbildung im Physikunterricht" in der Aus- und Fortbildung von Physiklehrkräften unbedingt eingegangen werden.

Berücksichtigt werden muss auch, dass es nicht nur um die Bereitstellung lexikalischer Hilfsmittel an sich geht, sondern um eine sinnvolle, fach- und sprachdidaktisch reflektierte Auswahl dieser Mittel. Dazu müssen Ansätze gefunden werden, die für Lehrkräfte in der Unterrichtspraxis anwendbar sind. Ein solcher Ansatz wird in Kapitel 22 dargestellt.

Für die fachdidaktische Praxis und die Aus- und Fortbildung von Lehrenden können daher die folgenden Konsequenzen abgeleitet werden:

- Lehrende und Studierende an authentischen Schüler_innentexten schulen
- Kontextbezogen relevante Hilfsmittel identifizieren und antizipieren
- Möglichkeiten zur Bereitstellung lexikalischer Mittel im Unterricht ausarbeiten
- Zwischen fachlichen und sprachlichen Merkmalen differenzieren
- Sprachliche Ungenauigkeiten nicht als fachliche Defizite interpretieren
- Fachsprachliche Merkmale in Schüler_innentexten erkennen (Verdichtung, Präzision)

22 Sprachliche Lernziele: „Konkretisierungsraster"

22.1 Einleitung

In diesem Kapitel wird ein Instrument, das so genannte „Konkretisierungsraster",
vorgestellt, welches eine Weiterentwicklung des *Prinzip Seitenwechsel* darstellt
und die daraus gewonnenen Erkenntnisse in die Unterrichtspraxis transferiert. Die
mit dem Konkretisierungsraster verfolgte Zielsetzung ist, jene *sinnvollen* sprachlichen Mittel kontextbezogen identifizieren zu können, die notwendig sind, um in
einer Unterrichtssituation sprachhandlungsfähig zu sein. Was für das *Beschreiben*
des Kleiderbügelexperiment mit dem *Prinzip Seitenwechsel* gezeigt wurde, soll
für unterschiedliche Aufgaben und Sprachhandlungen – *Beschreiben, Begründen,
Nennen, Argumentieren, usw.* – angewendet werden können. Wiederum soll eine
Aufgabe zuerst von dem_der Lehrer_in selbst bearbeitet werden und diese Bearbeitung zu einer sprachbewussten Reflexion und Umsetzung in die Unterrichtspraxis anregen. Das Ziel ist zum einen, dass der_die Lehrer_in sich seiner_ihrer
Erwartungen bewusst wird (vgl. die Beurteilungen der Texte, Kapitel 16). Zum
anderen sollen durch die Analyse der eigenen Erwartung die notwendigen sprachlichen Mittel auf Wort-, Satz- und Textebene einer Reflexion zugänglich gemacht
werden. Durch Ausformulierung des erwarteten Textes wird zudem bewusst, dass
nicht nur fachsprachliche Mittel wie z.B. Fachnomen notwendig sind, um einen
der erforderlichen Sprachhandlung entsprechenden Text zu erstellen, sondern auch
alltagssprachliche und bildungssprachliche Mittel.

Zunächst soll dieser Ansatz damit begründet werden, welcher Stellenwert den
Sprachhandlungen in den unterrichtlichen Rahmenvorgaben eingeräumt wird, sodass ausreichende Anknüpfungsmöglichkeiten des Konkretisierungsrasters an Lehrpläne und Standards gegeben sind.

22.2 Bildungsstandards und Lehrpläne

22.2.1 Sprachhandlungen in Bildungsstandards

Bildungsstandards und Lehrpläne sind verbindliche staatliche Rahmenfestlegungen für den Unterricht.[37] Durch sie werden Bildungsziele und Bildungsinhalte definiert, womit ihnen eine bedeutende bildungspolitische Funktion in Bezug auf die (Re-)Produktion und Stabilisierung gesellschaftlicher Strukturen zukommt. Die 2004 durch die Kultusministerkonferenz verbindlich festgelegten Nationalen Bildungsstandards für die Fächer Biologie, Chemie und Physik können nach Müller folgendermaßen charakterisiert werden (Müller 2006):

Bildungsstandards ...

- stellen Mindestkompetenzen dar, welche die Schüler_innen bis zu einer gewissen Jahrgangsstufe erworben haben sollen,
- verfolgen zentrale Bildungsziele, die durch Testverfahren überprüfbar sind.
- umfassen die Kernbereich eines Faches,
- beruhen auf Kompetenzmodellen,
- verstehen sich als Mittel zur Qualitätssicherung des Unterrichts.

Die mit dem Unterricht in den Fächern Physik, Chemie und Biologie angestrebten Fähigkeiten und Fertigkeiten der Schüler_innen wurden vier Kompetenzbereichen zugeteilt: Fachwissen, Erkenntnisgewinnung, Kommunikation und Nutzung/Bewertung (Kultusministerkonferenz 2005).

- *Kompetenzbereich Fachwissen* (Sachkompetenz): Physikalische/chemische/ biologische Phänomene, Begriffe, Prinzipien, Fakten, Gesetzmäßigkeiten kennen und Basiskonzepten zuordnen,
- *Kompetenzbereich Erkenntnisgewinnung*: Experimentelle und andere Untersuchungsmethoden sowie Modelle nutzen,
- *Kompetenzbereich Kommunikation* (mit Wissen umgehen): Informationen sach- und fachbezogen erschließen und austauschen,
- *Kompetenzbereich Bewertung*: Physikalische/chemische/biologische Sachverhalte in verschiedenen Kontexten erkennen und bewerten.

---

[37] Teile dieses Kapitels entstammen der Publikation „Sprachliche Lernziele im naturwissenschaftlichen Unterricht" (Tajmel 2011a)

Sprachhandlungen

In den Bildungsstandards finden sich explizite Hinweise auf *Sprachhandlungen*. Sprachliches Handeln ist vor allem im Kompetenzbereich Kommunikation gefordert, findet sich aber auch in den anderen Kompetenzbereichen wieder, wie ich an den folgenden ausgewählten Beispielen aus den vier Kompetenzbereichen (E ... Erkenntnisgewinnung, K ... Kommunikation, B ... Bewertung, F ... Fachwissen) illustrieren möchte. In ihnen sind Sprachhandlungen sowie implizite Hinweise darauf als Schlüsselwörter hervorgehoben:

Die Schülerinnen und Schüler ...

- F2: **geben** ihre Kenntnisse über physikalische Grundprinzipien, Größenordnungen, Messvorschriften, Naturkonstanten sowie einfache physikalische Gesetze **wieder**,
- K1: **tauschen sich** über physikalische Erkenntnisse und deren Anwendungen unter angemessener **Verwendung der Fachsprache** und fachtypischer Darstellungen **aus**,
- K2 **unterscheiden zwischen alltagssprachlicher und fachsprachlicher** Beschreibung von Phänomenen,
- E1 **beschreiben Phänomene** und führen sie auf bekannte physikalische Zusammenhänge zurück
- E6 **stellen** an einfachen Beispielen **Hypothesen auf,**
- E10 **beurteilen** die Gültigkeit empirischer Ergebnisse und deren Verallgemeinerung,
- B1 **zeigen** an einfachen Beispielen die Chancen und Grenzen physikalischer Sichtweisen bei inner- und außerfachlichen Kontexten **auf,**
- B4 **benennen** Auswirkungen physikalischer Erkenntnisse in historischen und gesellschaftlichen Zusammenhängen.

Eine Analyse der aktuellen Bildungsstandards und der Lehrpläne zeigt, dass allen voran die Sprachhandlung *Beschreiben* genannt wird, welche auf einer niedrigen kognitiven Stufe zu verorten ist (vgl. Bloom 1969), jedoch die Basis für jede Versprachlichung der Beobachtung eines physikalischen Phänomens darstellt.

22.2.2 Sprachhandlungen in Lehrplänen

In der ersten Generation der auf Basis der Bildungsstandards erstellten Lehrplänen wurden die von der KMK beschlossenen Bildungsstandards aufgegriffen und themenspezifisch weiter differenziert.

Eine Sichtung des Rahmenlehrplans für Physik des Landes Berlin[38] (SenBJS, Senatsverwaltung für Bildung, Jugend und Sport Berlin 2006) ergibt, dass unterschiedlichste Sprachhandlungen an mehreren Stellen genannt werden. Tabelle 22.1 zeigt die Häufigkeit und den Kontext der Nennung der am häufigsten genannten Sprachhandlungen *Beschreiben, Interpretieren, Begründen, Formulieren* und *Erläutern* im Rahmenlehrplan Physik, Sekundarstufe 1, des Landes Berlin. Ein Vergleich mit der Häufigkeit rein „physikspezifischer Handlungen" wie *Experimentieren, Berechnen, Protokollieren* zeigt, dass diese sogar seltener genannt werden.

Dass die Kompetenzvermittlung zum sprachlichen Handeln nur bedingt aus dem Deutschunterricht transferierbar ist, zeigt der Vergleich mit dem Rahmenlehrplan Deutsch (SenBJS, Senatsverwaltung für Bildung, Jugend und Sport Berlin 2006): Die für den Physikunterricht am häufigsten genannten Sprachhandlungen (*beschreiben, interpretieren, begründen*) werden im Rahmenlehrplan für das Fach Deutsch, Sekundarstufe 1, des Landes Berlin seltener genannt. Zudem unterscheiden sich die Kontexte und Anwendungssituationen dieser Sprachhandlungen in den beiden Fächern.

Jeder Kompetenzbereich und nahezu jeder Bildungsstandard, der im naturwissenschaftlichen Unterricht angestrebt wird, beinhaltet Sprache und sprachliches Handeln. Besonders häufig genannt werden für den Physikunterricht die Sprachhandlungen *Beschreiben, Interpretieren und Begründen*. Diese Sprachhandlungen finden sich auch im Rahmenlehrplan für Deutsch, sie sind also fächerübergreifend in Anwendung, unterscheiden sich jedoch in ihrem Anwendungskontext. Ob und in welchem Ausmaß ein Transfer stattfindet, ist noch zu untersuchen.

22.3 (Bildungs-)Sprachliche Erwartungen

Die hohe Zahl der Sprachhandlungen in den Bildungsstandards und im Rahmenlehrplan des Landes Berlin, der hier exemplarisch angeführt wurde, spiegelt die Bedeutung von Sprachhandlungsfähigkeit für den Fachunterricht auf curricularer Ebene wieder. Die Explizierung und Konkretisierung der mit den Sprachhandlun-

---

[38] Im Schuljahr 2017/18 treten neue Berliner Rahmenlehrpläne in Kraft, in welchen Sprache eine stärkere Berücksichtigung findet. Allen Fächern wird ein Basiscurriculum Sprachbildung zugrunde liegen, auf das der Fachunterricht Bezug nehmen soll.

Tabelle 22.1 Anzahl und Kontext der Sprachhandlungen im Rahmenlehrplan Physik (SenBJS, Senatsverwaltung für Bildung, Jugend und Sport Berlin 2006). Die Sprachhandlungen werden als Verben angeführt und daher klein geschrieben.

Sprachhandlung	Häufigkeit	Kontextbeispiel RLP Physik
beschreiben	52	... Phänomene, ...Geräte, ... Prinzipien, ... Vorgänge, ... Prozesse, ... mit einem Diagramm, ... physikalische Größen
interpretieren	41	... Messdaten, ... Phänomene, ... Diagramme, ... Vorgänge, ... physikalische Größen
begründen	35	... Handlungen, ... Bedeutungen, ... Phänomene, ... Definitionen, ... Abhängigkeiten, ... Entscheidungen
formulieren	21	... Fragen, ...Prinzipien, ...Merkmale, ...Gesetze
erläutern	10	... Prinzipien, ... Prozesse, ... Bedeutungen, ... Merkmale, ... Experimente
argumentieren	6	... mit dem Kraftbegriff
physikspezifische Handlung		
experimentieren	14	---
protokollieren	6	... Messdaten, ... Arbeitsschritte
berechnen	3	... Aufgaben, ... physikalische Größen

Tabelle 22.2 Vergleich der Anzahl der Sprachhandlungen gleichen Namens im Rahmenlehrplan für Physik und im Rahmenlehrplan für Deutsch, Sek. 1. (SenBJS, Senatsverwaltung für Bildung, Jugend und Sport Berlin 2006)

Sprachhandlungen	Ph	D	Kontext (RLP Deutsch)
bechreiben	52	20	... Figuren, ... Personen, ... Wirkungen, ... Vorgänge
interpretieren	41	6	... Texte, ... Gestaltungsmittel
begründen	35	9	... Standpunkte, ... Deutungen, ... Meinungen, ... Entscheidungen

gen verbundenen sprachlichen Erwartungen sind bislang Aufgaben der Lehrenden und somit Teil der Unterrichtsplanung.[39] Was genau von Schüler_innen erwartet wird, wenn sie z.b. ein *physikalisches Phänomen beschreiben* oder *mit dem Kraftgesetz argumentieren* sollen, muss im Unterricht expliziert werden. Zur Bedeutung von Erwartungshorizonten und der Formulierung sprachlicher Lernziele sollen im Folgenden unterschiedliche Ansätze dargestellt werden.

22.3.1 SIOP-Sheltered Instruction Observation Protocoll

Der in den USA der 1980er und 1990er Jahre festgestellte mangelhafte Bildungserfolg von Schülerinnen und Schülern mit „limited English proficiency" (LEP) war für Jana Echevarria und Deborah J. Short Anlass zur Entwicklung eines Projekts zur Modellierung von Fachunterricht unter Einbeziehung von Sprache, um LEP-Schülerinnen und Schüler besser zu unterrichten. Echevarria und Short sehen eine wesentliche Ursache der schlechteren Bildungsabschlüsse in „a mismatch between the needs of the students and teacher preparation" (Short & Echevarria 1999:8). Zentrales Element dieses von ihnen entwickelten Modells ist ein Beobachtungsinstrument, das so genannte Sheltered Instruction Observation Protocoll (SIOP), welches ursprünglich zur Unterrichtsbeobachtung entwickelt und weiter zu einem Instrument zur Unterrichtsplanung ausgebaut wurde. In dieser letzteren Form stellt SIOP eine Checklist für Lehrkräfte dar, die mit Hilfe dieser Liste prüfen können, ob sie den Unterricht sprachsensibel planen und durchführen. Dabei werden konkrete Zielformulierungen, sowohl inhaltliche als auch explizit sprachliche, als besonders wichtig erachtet und stehen am Beginn einer jeden Unterrichtsplanung. Diese formulierten Lernziele werden auch am Beginn des Unterrichts den Schülerinnen und Schülern verständlich mitgeteilt (vgl. Petersen & Tajmel 2015).

22.3.2 Erwartungshorizonte als Macro-Scaffolding

Auch im Ansatz des Scaffolding werden transparente Erwartungen und entsprechend transparente Lernziele – sowohl sprachliche als auch fachliche – als bedeutsam erachtet. Hammond und Gibbons (2005) unterscheiden beim Scaffolding zwischen einer Makroebene, welche die Unterrichtsplanung, und einer Mikroebe-

---

[39] In den im Schuljahr 2017/18 in Kraft tretenden Rahmenlehrplänen für den Physikunterricht der Sek.1 der Länder Berlin und Brandenburg werden für jeden Themenbereich die wichtigsten Fachbegriffe explizit angeführt.

ne, welche die konkrete Unterrichtsinteraktion betrifft. Die Transparenz von unterrichtlichen Erwartungen und Lernzielen wird auf der Makroebene des Scaffolding verortet, ebenso das Auswählen der sprachlichen Unterstützungsangebote. Auf der Mikroebene hingegen werden Überlegungen zu zeitlichen Abläufen und zur situationsbezogenen Modellierung sprachlicher Mittel verortet. Der Unterschied der beiden Ebenen könnte darin zusammengefasst werden, dass alles was vorausgeplant werden kann, auf der Ebene des Makroscaffolding, und alle Unterstützung, die interaktions- und situationsbedingt erfolgt, auf der Mikroebene einzuordnen ist. Riebling (2013a) hat die wichtigsten Merkmale dieser beiden Ebenen des Scaffolding in einer Tabelle (siehe Tab. 22.3) gegenübergestellt.

Tabelle 22.3 Merkmale des Macro- und Micro-Scaffolding, dargestellt nach Riebling (2013a:67)

Merkmale des Macro-Scaffolding	Merkmale des Micro-Scaffolding
‚Dualer Fokus': Berücksichtigung der sprachlichen Schülervoraussetzungen und der Erfordernisse des Lerngegenstands	‚Dualer Fokus': Berücksichtigung der sprachlichen Schülervoraussetzungen und der Erfordernisse des Lerngegenstands
Transparenz: Verdeutlichung der im Unterricht gestellten Erwartungen	Reichhaltige Interaktion: längere Zeiträume, in denen die Schülerinnen und Schüler sprechen können; Zeit für die Formulierung von Gedankengängen
Phasierung: aufeinander aufbauende Sprachaktivitäten	
Methodenvielfalt: Nutzung unterschiedlicher Methoden und Sozialformen	Bereitstellung von Redemitteln/Sprachliche Modellierung: Zusammenfassen, Aufgreifen, Umformen, Erweitern von Schüleräußerungen
Anreichung statt Vereinfachung: Einbindung vielfältiger Darstellungs- und Symbolisierungsformen, Angebot sprachlicher Hilfsmittel	Hilfestellung durch Nachfragen
Strukturierungshilfen: Text oder Gegenstand als ‚Referenzpunkt' des Unterrichts	
Sprachbewusstheit: über Sprache sprechen	

22.3.3 Erwartungshorizonte in Bildungsstandards

Die Frage nach den unterrichtlichen Erwartungen, die mit der sprachlichen Handlung verknüpft sind, ist zentral für alle weiteren didaktischen Überlegungen und insbesondere in Hinblick auf standardorientierten Bildungserfolg. In den Bildungsstandards finden sich explizierte Erwartungen in den Lösungen von Beispielaufgaben. Zur Illustration, wie Aufgaben zur Förderung der vier naturwissenschaftlichen Kompetenzbereiche in den drei Anforderungsbereichen gestaltet sein können, werden in den KMK-Bildungsstandards Aufgabenbeispiele mit den entsprechenden Erwartungshorizonten zu den Lösungen gegeben. Die Erwartunghorizonte implizieren sprachliche Handlungen, die jedoch in den Bildungsstandards dieser Fächer nicht weiter deskribiert werden. Um zu illustrieren, welche sprachlichen Anforderungen erfüllt sein müssen, um den Erwartungshorizonten der Musterlösungen gerecht zu werden, werden die Erwartungshorizonte eines Aufgabenbeispiels aus den Bildungsstandards für Physik hinsichtlich linguistischer Merkmale auf der *Wort-* der *Satz-* und der *Textebene* analysiert.

Im Folgenden ist exemplarisch eine Aufgabenstellung zum Thema „Heißluftballon" aus den Bildungsstandards für Physik dargestellt, in Tabelle 22.4 sind die von der KMK formulierten Erwartungshorizonte zur Lösung dieser Aufgabe sowie die entsprechenden Kompetenzbereiche angeführt, in Tabelle 22.5 ist die linguistische Analyse dieser Erwartungshorizonte dargestellt und in Tabelle 22.6 wird ein Vorschlag zur Deskription des sprachlichen Erwartungshorizonts vorgestellt. Damit können konkrete Hinweise auf die zur Bearbeitung dieser Aufgabe relevanten sprachlichen Mittel erhalten werden.

Beispiel „Heißluftballon" (Bildungsstandards für Physik, Kultusministerkonferenz 2005:19):

> „Fahrten mit dem Heißluftballon werden immer beliebter. Mit einem Gasbrenner wird die Luft im Inneren des Ballons erhitzt. Das Diagramm [Verweis auf ein Diagramm rechts vom Text, in welchem die Dichte in kg/m^3 in Abhängigkeit von der Temperatur in °C aufgetragen ist] zeigt den Zusammenhang zwischen der Dichte und der Temperatur der Luft bei konstantem Druck.
>
> 1. Erklären Sie die Lage der Messpunkte im Diagramm mit der Bewegung der Teilchen.
> 2. Warum schwebt der Heißluftballon? Begründen Sie Ihre Antwort mithilfe des Diagramms.
> 3. Der abgebildete Heißluftballon [Verweis auf das Foto eines Heißluftballons oberhalb des Textes] hat ein Volumen von 1600 m^3. Die Luft im Inneren des Ballons hat eine Temperatur von 100°C. Die Luft, in der der Ballon schwebt, hat eine Temperatur von 0°C. Hülle, Korb und weitere Ausrüstungen wiegen zusammen etwa 340 kg.
>   - Welche Masse hat die Luft im Inneren?
>   - Welche Masse hat die vom Ballon verdrängte Außenluft von 0°C?
>   - Können 5 Personen von je 75 kg gleichzeitig mit dem Ballon fahren?

Zur Lösung dieses Beispiels wurden Musterlösungen oder *Erwartungshorizonte* formuliert. Die Bearbeitung von Frage 1 fordert also die Kompetenz „Fachwissen" im Anforderungsbereich II. Wenn ein_e Schüler_in diese Frage dem Erwartungshorizont gemäß beantwortet, zeigt er_sie also Fachwissenskompetenz auf zweiter Anforderungsstufe. Die zu diesem Beispiel formulierten Erwartungshorizonte werden in Tabelle 22.5 linguistisch analysiert.

Tabelle 22.4 In den Bildungsstandards formulierte Erwartungshorizonte zum Aufgabenbeispiel Heißluftballon (Kultusministerkonferenz 2005). In der rechten Spalte sind die entsprechenden Kompetenzbereiche (F, E, K, B) und Anforderungsbereiche (I, II, III) markiert.

Erwartungshorizont (Kultusministerkonferenz 2005)	Kompetenz/ Anforderung
Zu 1: Jede Temperaturerhöhung führt zu einer Zunahme der mittleren Geschwindigkeit der Gasteilchen und somit zu einer Vergrößerung des mittleren Abstandes zwischen ihnen. Dadurch nimmt die Dichte ab.	<table><tr><td></td><td>F</td><td>E</td><td>K</td><td>B</td></tr><tr><td>I</td><td></td><td></td><td></td><td></td></tr><tr><td>II</td><td>▪</td><td></td><td></td><td></td></tr><tr><td>III</td><td></td><td></td><td></td><td></td></tr></table>
Zu 2: Die Luft im Ballon hat durch ihre höhere Temperatur eine kleinere Dichte als die Luft, die den Ballon umgibt. Der Ballon schwebt, wenn er genauso schwer ist wie die von ihm verdrängte Luft. Deshalb muss aus seinem Inneren durch die Erwärmung so viel Luft verdrängt werden, bis die Masse dieser Luft der von Hülle, Korb und Beladung des Heißluftballons entspricht.	<table><tr><td></td><td>F</td><td>E</td><td>K</td><td>B</td></tr><tr><td>I</td><td></td><td></td><td>▪</td><td></td></tr><tr><td>II</td><td>▪</td><td></td><td></td><td></td></tr><tr><td>III</td><td></td><td></td><td></td><td></td></tr></table>
Zu 3: Aus dem Diagramm wird die Dichte der Luft entnommen. Es wird die Masse der Luft bei 0°C (etwa 2240 kg) und bei 100°C (etwa 1600 kg) berechnet. Die Differenz aus den beiden Massen wird als die Gesamtmasse aus Hülle, Korb und Beladung erkannt (etwa 640 kg). Demzufolge können maximal 4 Personen zu je 75 kg mitfahren.	<table><tr><td></td><td>F</td><td>E</td><td>K</td><td>B</td></tr><tr><td>I</td><td></td><td></td><td></td><td></td></tr><tr><td>II</td><td></td><td></td><td></td><td></td></tr><tr><td>III</td><td></td><td>▪</td><td></td><td></td></tr></table>

Linguistische Analyse der Erwartungshorizonte

Zur Einschätzung, welche sprachlichen Ziele durch die Erwartungshorizonte gesetzt werden, werden die Erwartungshorizonte für das vorliegende Beispiel nach linguistischen Kriterien analysiert. Das Ergebnis der Analyse ist in der rechten Spalte von Tabelle 22.5 dargestellt. Es kann eine hohe Komplexität und bildungssprachliche Dichte festgestellt werden.

Vorschlag zur Explikation der impliziten sprachlichen Ziele

Die Analyse und Identifikation der sprachlichen Anforderungen des Erwartungshorizonts lässt Rückschlüsse auf die mit den fachlichen Standards verbundenen sprachlichen Lernziele zu. Gemäß der Sprachhandlungen, die die Aufgabenstellungen verlangen, werden auf Basis der linguistischen Analyse deskriptive sprachliche Erwartungshorizonte formuliert, wobei die erforderlichen sprachlichen Be-

Tabelle 22.5 Linguistische Analyse der Erwartungshorizonte zum Aufgabenbeispiel Heißluftballon: In der linken Spalte befinden sich die in den Bildungsstandards formulierten Erwartungshorizonte, in der rechte Spalte die linguistische Analyse auf Wort-, Satz- und Textebene.

Erwartungshorizont (Kultusministerkonferenz 2005)	Linguistische Analyse
Zu 1: *Jede Temperaturerhöhung führt zu einer Zunahme der mittleren Geschwindigkeit der Gasteilchen und somit zu einer Vergrößerung des mittleren Abstandes zwischen ihnen. Dadurch nimmt die Dichte ab.*	**Wortebene:** *führt zu …* (bes. Verb) *Temperaturerhöhung, Zunahme, Vergrößerung* (Kompositum, Nominalisierungen) **Satzebene:** *der Geschwindigkeit der Gasteilchen; des mittleren Abstandes* (Genitiv) **Textebene:** *ihnen; somit, Dadurch* (Proformen)
Zu 2: *Die Luft im Ballon hat durch ihre höhere Temperatur eine kleinere Dichte als die Luft, die den Ballon umgibt. Der Ballon schwebt, wenn er genauso schwer ist wie die von ihm verdrängte Luft. Deshalb muss aus seinem Inneren durch die Erwärmung so viel Luft verdrängt werden, bis die Masse dieser Luft der von Hülle, Korb und Beladung des Heißluftballons entspricht.*	**Wortebene:** *im Inneren, Erwärmung, Beladung, Heißlufballon* (Nominalisierungen, Kompositum) *verdrängt, umgibt, entspricht* (bes. Verben) **Satzebene:** *durch ihre Temperatur* (Modaladverbiale); *durch die Erwärmung* (Passivsatz mit Agensphrase); *wenn, dann* (Konditionalsätze) **Textebene:** *Deshalb; die Masse entspricht der von …* (Kohäsion durch kausalen Konnektor und Proform)
Zu 3: *Aus dem Diagramm wird die Dichte der Luft entnommen. Es wird die Masse der Luft bei 0°C (etwa 2240 kg) und bei 100°C (etwa 1600 kg) berechnet. Die Differenz aus den beiden Massen wird als die Gesamtmasse aus Hülle, Korb und Beladung erkannt (etwa 640 kg). Demzufolge können maximal 4 Personen zu je 75 kg mitfahren.*	Erwartet wird, dass das Ergebnis der Berechnung versprachlicht wird. Sogenannte „Antwortsätze" auf Berechnungsaufgaben sind meist kurz und haben die Form von einzelnen Aussagesätzen. **Wortebene:** *Gesamtmasse, Beladung, Demzufolge* (Kompositum, Nominalisierung, bes. Adverb) **Satzebene:** *aus dem Diagramm … entnehmen* (Kollokation), *Masse bei 0°* (fachspr.); *Differenz aus …* **Textebene:** *Demzufolge ; weil …* (Konnektoren, Kausalzusammenhänge); *Nein, keine …* (Negation)

sonderheiten auf Wort-, Satz- und Textebene aus der vorangehenden Analyse explizit genannt werden. Zudem werden Schlüsselelemente der geforderten Sprachhandlung angeführt. Darunter sind jene sprachlichen Merkmale zu verstehen, die charakteristisch für die jeweilige Sprachhandlung sind (siehe Tab. 22.6).

Tabelle 22.6 Vorschläge zur Explikation der sprachlicher Ziele (rechte Spalte), welche mit den Aufgabenstellungen zum Heißluftballon (linke Spalte) verbunden sind

Aufgabenstellung (KMK)	Vorschlag zur Deskription des sprachlichen Erwartungshorizont
Frage 1:	Sprachhandlung: **Erklärung**
Erklären Sie die Lage der Messpunkte im Diagramm mit der Bewegung der Teilchen.	Die Erklärung beinhaltet die für diesen Kontext fachspezifischen Verben *(zu etwas führen)*, Komposita und Nominalisierungen. Es wird der Genitiv verwendet und Textkohäsion wird durch Verwendung von Proformen erzeugt.
	Schlüsselelemente für Erklärung: *somit, Dadurch*
Frage 2:	Sprachhandlung: **Begründung**
Warum schwebt der Heißluftballon? *Begründen Sie Ihre Antwort mithilfe des Diagramms.*	Die Begründung beinhaltet fachsprachliche Verben *(verdrängen, umgeben, entsprechen)* sowie Nominalisierungen. Veränderungen und Vorgänge werden im Passiv ausgedrückt. Textzusammenhänge werden durch Proformen und Konnektoren gebildet.
	Schlüsselelemente für Begründung: *durch ...* (Modaladverbiale), *deshalb; wenn;* (Konditionalsätze)
Frage 3:	Sprachhandlung: **Antwort**
a) Welche Masse hat die Luft im Inneren?	In den Antwortsätzen werden jene Nomen und Verben aus den Angaben wiederholt. Die Sätze sind vollständig und haben etwa diese Form:
b) Welche Masse hat die vom Ballon verdrängte Außenluft von 0 °C?	a) Die Luft *hat eine Masse von ...* kg.
c) Können 5 Personen von je 75 kg gleichzeitig mit dem Ballon fahren?	b) Die vom Ballon verdrängte Luft *hat eine Masse von ...* kg.
	c) *Nein,* es können *nur* maximal 4 Personen mitfahren.
	Schlüsselelemente für Antwortsätze: Wiederholung der Wörter aus der Angabe; Negation

22.4 Das „Konkretisierungsraster"

Das *Konkretisierungsraster* ist ein Instrument zur systematischen Analyse und Identifikation jener sprachhandlungsrelevanten Mittel, welche mit Aufgabenstellungen verbunden sind. Dadurch können sprachliche Lernziele auf Wort-, Satz- und Textebene konkretisiert werden. Damit versteht sich das Konkretisierungsraster als ein Ansatz auf der Ebene des Makroscaffolding und somit als ein Instrument zur Planung und Vorbereitung unterrichtlicher Lernprozesse sowie zur Transparentmachung von Erwartungen und angestrebten Lernzielen. Mit dem Konkretisierungsraster werden neben den fachsprachlichen Elementen auch die notwendigen bildungs- und allgemeinsprachlichen Elemente identifiziert. Das Raster knüpft an

Sprachhandlungen des Fachunterrichts an und kann bei all jenen Aufgabenstellungen eingesetzt werden, die sprachliche Operatoren beinhalten (*nennen, beschreiben, vergleichen, erklären, begründen, interpretieren u.a.*).

Tabelle 22.7 Das *Konkretisierungsraster* zur systematischen Analyse von Sprachhandlungen mit Leitfragen zur Vorgehensweise

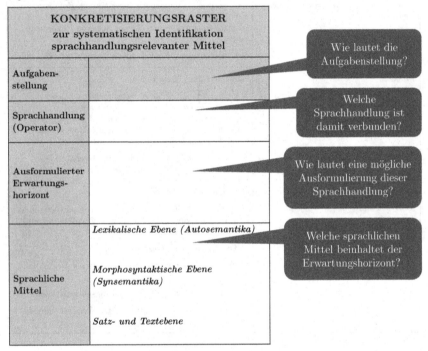

Die Leitfragen der Vorgehensweise lauten:

1. *Wie lautet die Aufgabenstellung?*
2. *Welche Sprachhandlung ist damit verbunden?* (Beschreiben, Erklären, etc.)
3. *Wie lautet eine mögliche Variante des ausformulierten Erwartungshorizonts?*
4. *Welche sprachlichen Mittel beinhaltet dieser Erwartungshorizont?* (Angabe der allgemein-, bildungs- und fachsprachliche Mittel auf lexikalischer und morphosyntaktischer Ebene sowie der Satz- und Textebene)

Mit dem *Konkretisierungsraster* wird intendiert, dass die Lehrenden sich der sprachlichen Anforderungen bewusst werden und somit gezielt die Sprachhandlungsfähigkeit der Schüler-innen unterstützen können. Sie reflektieren und analysieren ihre eigenen sprachlichen Erwartungen. Damit wird die Sprachbewusstheit der Lehrenden auf der kognitiv-linguistischen Ebene aktiviert. Eine insbesondere für das Konkretisierungsraster bedeutsame Klassifikation dessen, was gemeinhin unter „Wortschatz" verstanden wird, ist die Unterscheidung nach Auto- und Synsemantika (Helbig & Buscha 2013). Ein Autosemantikum ist ein Lexem, das eine lexikalische Bedeutung aufweist, welche unabhängig vom Kontext ist. Sie können auch als „inhaltstragende Wörter" bezeichnet werden. Zu den Autosemantika zählen Substantive, Verben, Adjektive und Adverbien. Ein Synsemantikum hingegen besitzt keine eigene lexikalische Bedeutung, hat aber innerhalb eines Satzes eine grammatische Funktion. Synsemantika können daher auch als Funktions- oder Strukturwörter bezeichnet werden. Zu den Synsemantika zählen Artikel, Konjunktionen, Partikel, Pronomen, Präpositionen und Modal- sowie Hilfsverben. Synsemantika treten in Texten generell weitaus häufiger auf als Autosemantika, weshalb ihnen auch in Hinblick auf die sprachliche Bildung im Fachunterricht eine bedeutende Rolle zukommt (Rösch et al. 2001). Häufig wird mit „Wortschatzarbeit" die Vermittlung von Autosemantika praktiziert, während die Synsemantika vernachlässigt werden. Im Konkretisierungsraster werden auf der lexikalischen Ebene Autosemantika angeführt, auf der morphosyntaktischen Ebene die Synsemantika sowie Flexionen (Genitiv, Passiv, Partizipien, Steigerungsform u.a.).

Ein Vorteil des Konkretisierungsrasters ist eine direkte Anknüpfbarkeit an die Aufgaben des Fachunterrichts. Somit werden die realen sprachlichen Anforderungen des Unterrichts identifiziert. Mit dem Konkretisierungsraster sollen den Lehrenden auch jene sprachlichen Anforderungen des Unterrichts bewusst werden, die über Fachsprache hinaus gehen. Damit stellt das Raster eine Möglichkeit dar, neben der in der Regel stärker ausgeprägten Fachsprachenbewusstheit der Lehrenden auch eine *Bewusstheit bezüglich bildungs- und allgemeinsprachlicher Elemente* zu fördern.

22.4.1 Beispiel: „Das ‚Kleiderbügelexperiment' beschreiben"

Im Folgenden wird an jenem Beispiel aus dem Physikunterricht die Erarbeitung des Konkretisierungsrasters veranschaulicht, mit dem schon exemplarisch das *Prinzip Seitenwechsel* durchgeführt wurde: mit dem *Kleiderbügelexperiment*. Gefragt ist, wie jene für eine fachspezifische Sprachhandlung erforderlichen sprachlichen Mittel mit dem Konkretisierungsraster identifiziert und sprachliche Lernziele formuliert werden können.

Tabelle 22.8 Konkretisierungsraster zur Beschreibung des „Kleiderbügelexperiments"

Konkretisierungsraster zur systematischen Identifikation sprachhandlungsrelevanter Mittel (exemplarische Ausarbeitung)	
Aufgabenstellung	Beobachte das Kleiderbügelexperiment. Beschreibe so genau wie möglich, was Du beobachtest!
Sprachhandlung/ mündlich oder schriftlich	Beschreiben / mündlich
Ausformulierter Erwartungshorizont	*An einem Kleiderbügel hängen auf der einen Seite ein Stein und auf der anderen Seite Gewichte. Der Kleiderbügel steht waagrecht. Nun wird der Stein langsam in ein Gefäß mit Wasser getaucht. Dabei hebt sich die Seite mit dem Stein und der Kleiderbügel steht schräg. Der Stein geht so lange weiter nach oben, bis er ganz in das Wasser eingetaucht ist. Dann verändert sich nichts mehr.*
Sprachliche Mittel	*Lexikalische Ebene (Autosemantika)* *Nomen:* der Kleiderbügel, der Stein, die Gewichte, das Gefäß, das Wasser *Verben:* hängen (an etwas), tauchen, eintauchen, sich heben (reflexiv), sich verändern, gehen (nach oben) *Adjektive:* langsam, waagrecht (stehen), schräg, ganz (zur Gänze) *Morphosyntaktische Ebene (Synsemantika)* auf der einen/auf der anderen Seite (Präpositionalphrase) wird eingetaucht (Passiv) dabei (Proform) Nun ..., Dann ..., bis ... (Adverbien) *Syntaktische Merkmale* Inversionen (Subjekt folgt dem Verb bei Nun ..., Dann ...) Hypotaxe (..., bis er ganz eingetaucht ist.)

Eine Differenzierung der sprachlichen Mittel hinsichtlich Allgemein- Bildungs- und Fachsprache zeigt, dass zur Beschreibung der Beobachtung hauptsächlich allgemeinsprachliche Mittel erforderlich sind. *Gewichte* kann als fachsprachlich klassifiziert werden, weil damit ein bestimmter Gegenstand benannt wird, der bei Messprozessen Verwendung findet (im Gegensatz zum abstrakten *Gewicht* im Sinne von Gewichtskraft). *Gefäß* und *waagrecht* können als bildungssprachliche Begriffe klassifiziert werden, weil in der Allgemeinsprache dieser Altersgruppe eher von *Becher* oder *Schüssel* gesprochen wird (siehe Antworten der drei Schüler_innen). Alle anderen Begriffe können als allgemeinsprachlich klassifiziert werden. Für die Beschreibung dieses Experiments ist also in erster Linie ein allgemeinsprachlicher Wortschatz erforderlich.

22.4.2 Bedeutung des Erwartungshorizonts

Bei der Bearbeitung des Raster ist zu beachten, dass der sprachliche Erwartungshorizont *wörtlich* ausformuliert wird. Es wird also auch hier die *Seite* gewechselt, indem eine Aufgabe bearbeitet wird, welche im Unterricht von Schüler_innen bearbeitet werden soll (vgl. *Prinzip Seitenwechsel*, Kapitel 19). Dabei ist zu berücksichtigen, ob es sich um einen mündlichen oder einen schriftlichen Text handeln soll. So stellen z.B. komplexe Nebensatzstrukturen und Partizipialkonstruktionen in mündlichen Äußerungen unauthentische Erwartungen dar.

22.4.3 Potenzial des Konkretisierungsrasters

Erwartungshorizonte wurden bislang eher zur Leistungsbeurteilung oder, wie oben gezeigt, als exemplarische Lösungen der Beispielaufgaben der Bildungsstandards und anderer standardisierter Tests formuliert. Die Formulierung der Erwartungshorizonte in den Bildungsstandards ist hoch elaboriert und hat vielmehr das Ziel, möglichst exakt zu sein, als ein realistisches Beispiel eines Schüler_innentextes darzustellen. Erwartungshorizonte, die für Prüfungsaufgaben zur Leistungsbeurteilung formuliert werden, sind hingegen häufig in der Form einer Deskription dessen, was die Schüler_innen tun sollen, gehalten, z.B. "Die SuS beschreiben das Experiment unter Verwendung von Fachsprache". Ein solcher Erwartungshorizont liefert jedoch keine Hinweise auf die sprachlichen Mittel, die tatsächlich erforderlich sind, wie z.B. Synsemantika oder alltagssprachliche Mittel. Somit bleiben genau jene sprachlichen Mittel unberücksichtigt und werden nicht expliziert, die eigentlich notwendig sind, um einen Text zu erstellen und sprachhandeln zu können.

Mit dem Konkretisierungsraster wird gefordert, den Erwartungshorizont aus der Position einer Person wiederzugeben, die diese Aufgabe bearbeiten soll (*Prinzip Seitenwechsel*). Damit wird eine Sprachhandlung ausgeführt und ein Text formuliert, der nicht hypothetisch bleibt, sondern real ist und daher neben den fachsprachlichen auch all jene sprachlichen Mittel beinhaltet, die nicht fachsprachlich, aber zur Texterstellung erforderlich sind. Mit dem Konkretisierungsraster können somit die realen sprachlichen Anforderungen von Aufgabenstellungen zweckgerichtet und systematisch analysiert.

Anwendung und Ausblick auf weitere Ergebnisse

Das Konkretisierungsraster kann im Prinzip auf nahezu alle Aufgabenstellungen angewendet werden, die einen sprachlichen Operator beinhalten und eine Sprachhandlung erfordern. Sein Einsatzbereich ist die Unterrichtsplanung und im Zuge dessen die Klärung und Ausformulierung der Unterrichtsziele für den_die Lehrer_in selbst. Damit kommt dem Konkretisierungsraster eine *informative Funktion* im Sinne eines *Sich-Bewusst-Werdens* und *keine* normative Funktion im Sinne eines *So-Sein-Sollens* zu. Jeder Lehrer und jede Lehrerin wird unterschiedliche Erwartungshorizonte formulieren. Relevant ist, dass er_sie sich seiner_ihrer Erwartungen bewusst wird, diese auf der Basis der Sprachbewusstheit (vgl. Kapitel 19.4) reflektiert und auf dieser Reflexion basierend die Auswahl lexikalischer Mittel systematisch und nicht beliebig erfolgt.

Mit dem „Konkretisierungsraster" wurde und wird im Rahmen von Fortbildungen aber auch im regulären Unterricht, sowohl in Bezug auf naturwissenschaftliche Aufgabenstellungen als auch auf Aufgabenstellungen anderer Sachfächer, wie z.B. Sport, Kunst, Geschichte u.a., gearbeitet. Auf Basis der Arbeit mit dem Raster werden Materialien zu Sprachbildung erarbeitet. Die Erfahrungen aus dieser Arbeit (auf die an dieser Stelle nicht weiter eingegangen werden kann) hat gezeigt, dass Lehrkräfte mittels des Konkretisierungsrasters – nach vorgeschalteter Einführung in die Arbeitsweise mit dem Raster – neben den fachsprachlichen Mitteln auch jene für die Sprachhandlung relevanten allgemeinsprachlichen und bildungssprachlichen Mittel identifizieren konnten, die ihnen davor noch nicht bewusst waren (Tajmel 2012b; RAA-MV 2012; Tajmel & Hägi 2017).

22.4.4 Vorschlag für Bildungsstandards

Auf Basis der Erkenntnis, dass Bildungsstandards verbunden sind mit sprachlichen Fähigkeiten und somit auch als sprachliche Lernziele aufgefasst werden können (Kapitel 22.3), soll nun überlegt werden, wie diese impliziten sprachlichen Lernziele, die in gewisser Weise „geheime" sprachliche Standards darstellen, explizit und transparent gemacht werden können. Auch hier kann das Konkretisierungsraster Hinweise liefern. Die Leitfragen der Durchführung sind:

1. *Welcher Standard / welches Lernziel wird angestrebt?*
2. *Welche Sprachhandlung ist damit verbunden?* (Beschreiben, Erklären, etc.)
3. *Welches ist der sprachlich ausformulierte Erwartungshorizont?*
4. *Welche sprachlichen Mittel beinhaltet dieser Erwartungshorizont?*
5. *Wie lautet der um das sprachliche Lernziel erweiterte Standard?* (Wiederholung des angestrebten Standards und Deskription des sprachlichen Leistung; Nennung der wichtigsten Begriffe und der sprachlichen Schlüsselmerkmale)

Aus der Perspektive der Sprachbildung und damit auch der Bewusstmachung von Sprache könnten die als relevant identifizierten sprachlichen Mittel in einer erweiterten Formulierung des Bildungsstandards Berücksichtigung finden.

Grundsätzlich kann das Konkretisierungsraster in allen Fächern eingesetzt werden, in denen Sprachhandlungen durch sprachliche Operatoren indiziert sind. Dadurch, dass von den Sprachhandlungen ausgegangen wird, die in jedem Fach in hoher Zahl auftreten, erachte ich diese auch als gute Anknüpfungspunkte für Sprachbildungsmaßnahmen im Fachunterricht.

Kritisch-reflexive Überlegungen

Wie an mehreren Stellen dieser Arbeit diskutiert, werden hegemoniale Strukturen u.a. durch Normen formalisiert. Die Bildungsstandards sind normative Vorgaben für den naturwissenschaftlichen Unterricht. Es ist daher auch kritisch zu reflektieren, ob eine Erweiterung der Standards um sprachliche Konkretisierungen nicht eher eine weitere Legitimationsgrundlage für Selektion darstellt. Dazu ist grundsätzlich nach der Funktion der Bildungsstandards zu fragen: Werden die Standards zur *Information* didaktischen Handelns eingesetzt, also zur Orientierung an einem Ziel, so sind sie in Bezug auf Diskriminierung nicht als problematisch zu bewerten, denn sie tragen dazu bei, entsprechend differenzierte Maßnahmen zur Erreichung dieses Ziels setzen zu können. Kommt Bildungsstandards jedoch auch eine *Selektionsfunktion* zu, so sind sie in Bezug auf Diskriminierung in jedem Fall – ob fachlich oder sprachlich – als problematisch einzuschätzen.

> „Werden die Tests zur Überprüfung der Bildungsstandards, wie geplant, in den Abschlussklassen durchgeführt, können die Standards außerdem eine Selektionsfunktion erhalten und als Prüfungsstandards fungieren, während die Identifikation von Förderbedarfen und eine daran anschließende Leistungsförderung in den Hintergrund treten. Das Potenzial von Bildungsstandards, durch eine erhöhte Verbindlichkeit des in der Schule zu vermittelnden Wissens und Könnens ausgleichend auf Bildungsungleichheit zu wirken, würde so eingeschränkt." (Fürstenau 2007:29)

Auf den konkreten Fall der vorgeschlagenen Erweiterung der Bildungsstandards durch ihre sprachliche Konkretisierungen bezogen bedeutet dies: In der Funktion einer pädagogisch-didaktischen Information sind diese Erweiterungen sinnvoll und notwendig. Sprachlich relevante Merkmale von Bildungs- und Lernzielen, die davor nur implizit vorlagen und unbewusste Erwartungen darstellten, werden dadurch bewusst und besser verfolgbar. Durch die sprachliche Konkretisierung *weiß* der_die Lehrer_in, auf welches Bildungsziel er_sie hinarbeiten soll. Soll das Kleiderbügelexperiment beschrieben werden, so zählt zu diesem *Wissen* etwa, dass reflexive Verben wie *sich heben*, Komparative wie *leichter/schwerer* oder bildungssprachliche Mittel wie *Gefäß* die Sprachhandlungsfähigkeit erheblich erhöhen, ja sogar unabdingbar sind (vgl. kognitive Ebene der Sprachbewusstheit, Kapitel 19.4). Diese Bewusstheit bildet die Grundlage für weitere (sprach)didaktische Entscheidungen. Eine Nicht-Beachtung der untrennbar mit dem Bildungsziel verbundenen sprachlichen Merkmale wäre ein Ignorieren des Faktums, dass jedes fachliche Bildungsziel auch mit einer bestimmten sprachlichen Handlungsfähigkeit verbunden ist, und damit ein Ignorieren des Selektionspotenzials von Sprache. Werden die sprachlichen Erweiterungen der Standards jedoch zur Selektion eingesetzt, so sind sie genauso problematisch wie die fachlichen Standards selbst.

23 „Wir"- dekonstruierende Ansätze auf Projektebene

23.1 PROMISE – Promotion of Migrants in Science Education

23.1.1 Anliegen

Die Projektidee zu PROMISE („*Promotion of Migrants in Science Education*") (Tajmel & Starl 2005) wurde 2004 aus Anlass der aktuell veröffentlichten Ergebnisse der Schulleistungsstudien zu den Disparitäten in der naturwissenschaftlichen Bildung entwickelt. Der Diskurs um „Migrationshintergrund" im Kontext von fachunterrichtlicher Schulbildung war im Entstehen. Das Anliegen war, Materialien für den Physikunterricht zu erarbeiten, um der Unterrepräsentanz von Schüler_innen „mit Migrationshintergrund" gezielt entgegenzuwirken. Da im Rahmen der Universität ein solches Vorhaben ohne Drittmittelfinanzierung nicht realisiert werden konnte, wurde nach Finanzierungsmöglichkeiten gesucht. Klaus Starl vom Europäischen Trainingszentrum für Menschenrechte und Demokratie Graz (ETC Graz), Prof. Lutz-Helmut Schön und ich von der Humboldt-Universität kamen darin überein, einen Projektantrag im 6. Rahmenprogramm der Europäischen Kommission, *Science and Society*, zu stellen. Zur Kofinanzierung konnte der Arbeitgeberverband Gesamtmetall, vertreten durch Wolfgang Gollub, gewonnen werden. Der Antrag war erfolgreich und die Projektarbeit wurde im Oktober 2005 aufgenommen und im September 2007 beendet.

Etwa zur selben Zeit startete in einigen deutschen Bundesländern das Projekt FörMig („Förderung von Kindern und Jugendlichen mit Migrationshintergrund", Gogolin et al. 2003). Das Thema „Sprachbildung" (damals noch *Sprachförderung*) war neu und es musste auf allen Ebenen viel Überzeugungsarbeit geleistet werden, dass Sprache auch ein für den naturwissenschaftlichen Unterricht relevantes Thema darstellt. In die deutsche physikdidaktische Forschung wurde der Diskurs zur Benachteiligung von Migrant_innen maßgeblich durch die im Rahmen von PROMISE entstandenen Arbeiten befördert (Neumann et al. 2007b; Tajmel & Schön 2007, 2008; Rentzsch et al. 2009). Diese waren der Anstoß für weitere Forschungsarbeiten, insbesondere im Bereich der Sprachbildung im Kontext von naturwissenschaftlichem Unterricht.

Dekonstruktion der Deutungshoheit

Davon ausgehend, dass ein von der EC finanziertes und von deutschen Institutionen durchgeführtes Projekt „Förderung von Migrant-innen" paternalistisch-eurozentristisch-hegemoniale Züge trägt, wurden in die Projektstruktur gezielt rassismus- und kolonialismuskritische Elemente eingebaut. Um das *Wir*, also jene Seite, der die Deutungshoheit zukommt, wer die Förderer und wer die zu Fördernden sind und welche Förderziele verfolgt werden, zu dekonstruieren, sollten nicht nur Deutschland bzw. deutschsprachige Institutionen beteiligt sein, sondern in gleichberechtigter Weise auch wissenschaftliche Institutionen jener Länder, die als „Migrationsherkunftsländer" gelten. Alle Entscheidungen im Projekt wurden mit gleicher Stimmenverteilung von allen beteiligten Institutionen getroffen. Daraus ergab sich eine sogenannte „Zusammenarbeit von Migrationsherkunfts- und –zielländern", ein Erfahrungs- und Wissensaustausch „auf gleicher Augenhöhe".

23.1.2 Interdisziplinäre Breite

Dass nur mit einer breiten interdisziplinären Betrachtung den Exklusions- und Selektionsmechanismen auf die Spur zukommen war, sollte durch die Einbeziehung unterschiedlicher Institutionen deutlich werden: Physikdidaktik (*Humboldt-Universität zu Berlin*, Deutschland, und *Universität Wien*, Österreich), Fachphysik (*Universität Sarajewo*, Bosnien-Herzegowina), Erziehungswissenschaften (*Yildiz Technical University Istanbul*, Türkei), Menschenrechtsforschung (*Europäisches Trainingszentrum für Menschenrechte und Demokratie*, Universität Graz, Österreich) und Arbeitgeberverbände als Repräsentanten der Rekrutierung und Qualifizierung von Arbeitnehmer-innen (*Deutsche Gesamtmetall Arbeitgebervereinigung*).

Die Einbeziehung des Arbeitgeberverbandes als jener nach gut ausgebildeten Fachkräften fordernden Institution legte die utilitaristischen Aspekte des Diskurses offen und ermöglichte damit eine entsprechend klare theoretische Abgrenzung und Schärfung der menschenrechtlichen Perspektive. Diese unterschiedlichen Interessen und Perspektiven wurden im Projekt permanent reflektiert und auch in öffentlichen Präsentationen expliziert und thematisiert.

In nationalen Untergruppen – sogenannten *PROMISE-Teams* – wurden Fragen der Bildungsbeteiligung in den Naturwissenschaften aus nationaler Perspektive diskutiert. In den halbjährlichen Treffen aller vier nationalen Gruppen wurden die Phänomene aus der eigenen sowie aus der Perspektive der anderen Teams beleuchtet. Die Experten verteilten sich folgendermaßen (in Klammer die Nationen):

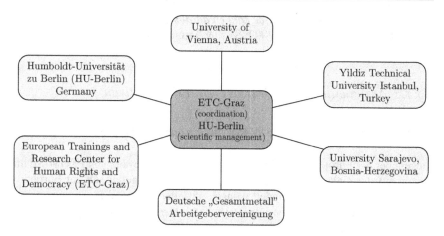

Abb. 23.1 Die Struktur des Projekts PROMISE.

- Physikdidaktik (D, A, T, B-H)
- Physiklehrende (D, A, T, B-H)
- Partizipation von Schülerinnen (D, A, T, B-H)
- Fachphysik (T, B-H)
- Deutsch als Zweitsprachen (D)
- Erziehungswissenschaften (T, D)
- Menschenrechte- und Demokratieforschung (A, B-H)
- Rekrutierung und Qualifizierung (D)

Zu den zentrale Fragen, die im Rahmen von PROMISE unter Hinzuziehung der Expertise von Forscher_innen aus den Rechtswissenschaften, Sprachwissenschaften und Sozialwissenschaften bearbeitet wurden, zählten (in Klammern jene Publikationen, die zu diesen Fragen im Rahmen des Projekts entstanden sind):

- *Wie wird Bildungsbeteiligung in den einzelnen Nationen behindert, gewährleistet und reguliert?* (Baer 2009; Erden 2009; Fer 2009; Gilardi et al. 2009; Herzog-Punzenberger 2009; Starl 2009; Starl & Bauer 2009)
- *Welche Barrieren können in Form von Selektions- und Exklusionsmechanismen speziell in der naturwissenschaftlichen Bildung identifiziert und welche Gegenmaßnahmen ergriffen werden?* (Neuhäuser-Metternich & Krummacher 2009; Tajmel 2009a; Tajmel & Hadžibegović 2009; Wodzinski & Wodzinski 2009)
- *Welche Rolle kommt der Sprache zu?* (Gogolin 2009; Rentzsch et al. 2009; Rösch 2009; Tajmel et al. 2009)

- *Welche gemeinsamen Schlüsse können daraus gezogen werden?* (Tajmel et al. 2008; Baer 2009; Sjøberg 2009; Starl & Tajmel 2009)

23.1.3 Argumente für PROMISE – zwei Perspektiven

Politische Argumente von PROMISE auf europäischer Ebene

Gegenüber der Europäischen Kommission wurde die Relevanz von PROMISE mit Bezug auf die Ziele des Rahmenprogramms und den Ergebnissen der Eurobarometer Studie von 2001 begründet, wonach 45% der Europäer_innen zwar an naturwissenschaftlichen Themen interessiert sind, aber nur 29% sich entsprechend informiert fühlen. Weitere 45% sind laut Studie gar nicht interessiert an Naturwissenschaften (European Commission 2001:11).

Als eine Begründung für das Projekt wurden die „Lissabon-Ziele" der Europäischen Kommission angeführt (Europäischer Rat 2000). Das gesetzte Ziel ist, die Europäische Union „zum wettbewerbsfähigsten und dynamischsten wissensbasierten Wirtschaftsraum in der Welt zu machen – einem Wirtschaftsraum, der fähig ist, ein dauerhaftes Wirtschaftswachstum mit mehr und besseren Arbeitsplätzen und einem größeren sozialen Zusammenhalt zu erzielen." Für das Projekt wurde mit dem Report des European Monitoring Centre (EUMC) argumentiert, dass eine Unterrepräsentanz bestimmter Gruppen in der Bildung für eine Gesellschaft, die diese Ziele erreichen möchte, nicht tragbar ist, insbesondere, wenn dies durch soziale Ausgrenzung oder ein inadäquates Bildungssystem geschieht (EUMC European Monitoring Centre on Racism and Xenophobia 2004:53).

Menschenrechtliche Argumente von PROMISE

Im Rahmen von PROMISE wurde davon ausgegangen, dass innerhalb des naturwissenschaftlichen Bildungsrahmens – der Schule im Allgemeinen und des Physikunterrichts im Speziellen – Diskriminierungen passieren, die Migrant_innen den Zugang zu naturwissenschaftlicher Bildung erschweren. Diese Annahme wurde rekonstruiert auf Basis von Befunden der sozialwissenschaftlichen und erziehungswissenschaftlichen Forschung sowie der Geschlechterforschung (siehe Teil I und Teil II, insbes. Kapitel 1 und Kapitel 11.4). Es wurde daher ein Ansatz gewählt, der nicht primär die Schülerinnen und Schüler im Fokus hat, sondern die Schule und die Lehrkräfte. Gesucht wurde nach Möglichkeiten, die verhindern, dass Barrieren aufgebaut werden bzw. die dazu beitragen, Barrieren abzubauen.

Heterogenität wurde daher auch nicht als „neues" oder „zunehmendes Phänomen" betrachtet. Vielmehr wurde danach gefragt, wie und mit welcher Funktion Heterogenität konstruiert wird, welche Zuschreibungen damit verbunden sind und welche „Förderansätze" daraus abgeleitet werden. Die „förderbedürftigen Schüler‑innen" sollten eher dekonstruiert werden, die *eigentlich Förderbedürftigen* waren im Sinne von PROMISE die Lehrerinnen und Lehrer sowie schulische und universitäre Institutionen, also die Repräsentations- und Strukturebene von Schule. Gefördert werden sollten die Akteure und Akteurinnen dieser Ebenen in ihrer Bewusstheit und Reflexivität in Bezug auf Diskriminierung aufgrund von Sprache, Geschlecht oder Herkunft.

23.1.4 Praktische Umsetzbarkeit als Ziel

Zentrales Anliegen von PROMISE war es, Ansätze für die Praxis zu entwickelt, die zu einem Abbau der Barrieren, insbesondere solcher Barrieren, die Schülerinnen „mit Migrationshintergrund" am Bildungserfolg im naturwissenschaftlichen Unterricht hindern, beitragen sollen. Im Rahmen des Projekts wurden daher eine Reihe von Unterrichtsmaterialien entwickelt, die reflexiv in Bezug auf Differenzkategorien und explizit nicht-diskriminierend sein sollten (Canca 2009; Dekić et al. 2009; Faast-Kallinger 2009; Mindoljević et al. 2009; Rentzsch et al. 2009; Rösel 2009; Schüller 2009; Tajmel et al. 2009) u.a. Zudem wurden Fort- und Weiterbildungskonzepte für Lehrer‑innen durch zum Teil videogestützte Beobachtungen von Physikunterricht entwickelt (Rentzsch et al. 2009; Tajmel 2009a; Tosun 2009) und spezielle Maßnahmen im Sinne von *Affirmative Actions* zur Förderung von Schülerinnen durch die Gründung von Arbeitsgemeinschaften an allen Partneruniversitäten (*Club Lise*) getroffen.

23.2 „Club Lise"

Der „Club Lise" wurde im Rahmen des Projekts PROMISE als eine spezielle Maßnahme zur Förderung naturwissenschaftlich interessierter und leistungsstarker Schülerinnen „mit Migrationshintergrund" gegründet und ist bis heute aktiv.[40] Zielgruppe sind Schülerinnen, welche sich bereits im letzten oder vorletzten Schuljahr vor dem Abitur befinden und ein mathematisch-technisch-naturwissenschaft-

---

[40] http://didaktik.physik.hu-berlin.de/club-lise/

liches Studium in Erwägung ziehen. Diese Schülerinnen werden in der Übergangs-
phase von Schule zu Universität durch Mentorinnen begleitet und beraten.

23.2.1 Intersektionalität

Der „Club Lise" wurde aus der Perspektive des Intersektionalitätsansatzes konzipiert (siehe Kapitel 8.3). Durch den „Club Lise" sollen genau jene Schülerinnen
erreicht und gefördert werden, die aufgrund von intersektional diskriminierenden
Faktoren aus anderen Fördermaßnahmen fallen:

- aus der Mädchenförderung (z.b. „Girls' Day"), weil „Migrationshintergrund"
  und nicht „weiß",
- aus der naturwissenschaftlichen Begabtenförderung[41] (z.b. Schülergesellschaf-
  ten, Physikolympiade), weil „weiblich" und nicht „männlich",
- aus typischen Maßnahmen zur sogenannten „Migrant_innenförderung", weil
  „bildungserfolgreich" und nicht „bildungsfern".

Damit begründet sich auch die Notwendigkeit der Verwendung von Kategorien: zum Zwecke der *Vermeidung* von Diskriminierung und zur Steuerung von
gezielten Gegenmaßnahmen.
Mit diesem Ansatz der Adressierung multipler Diskriminierung war der „Club
Lise" das erste Projekt für Schülerinnen seiner Art, sowohl im deutschsprachigen
als auch im europäischen Raum, und ist seitdem zu einem wichtigen Impulsgeber
für andere Projekte geworden.
Der „Club Lise" an der Humboldt-Universität Berlin konnte dank der kontinuierlichen Kofinanzierung durch die *Deutsche Gesamtmetall Arbeitgebervereinigung* auch nach Projektende weitergeführt werden. Der aktuelle Schwerpunkt des
„Club Lise" liegt auf dem Mentoring (Spintig & Tajmel 2017).

23.2.2 Affirmative Maßnahme

Konzeptionell gründen sich PROMISE und „Club Lise" auf das *Recht auf naturwissenschaftliche Bildung* (Kapitel 9), welches die Verfügbarkeit, Zugänglichkeit,
Annehmbarkeit und Anpassungsfähigkeit von Bildung als Verpflichtungen der Institutionen feststellt. Damit werden Bildungsdisparitäten unter der Perspektive ei-

---

[41] Die Statistik zu den Teilnehmer_innen der Physikolympiaden zeigt, dass der Anteil an Schülerinnen
marginal war und ist (Petersen 2011)

nes fremdselektiven Ansatzes analysiert (vgl. Kapitel 1.2.3), die Selektions- und Exklusionsmechanismen werden in den Institutionen und nicht in den Individuen verortet. Ziel des Club Lise war es daher, in Hinblick auf die Differenzkategorie „Migrationshintergrund" nicht-selektive Angebote zu gestalten. Indikator für das Gelingen dieses Vorhabens waren nicht allein der „gute Wille" und die Einschätzung der Organisator_innen, sondern die realen Anmeldezahlen jener Schülerinnen, die sich selbst der Kategorie „Migrationshintergrund" zuzählten. Die Schüler_innen wurden nicht als „Migrant_innen " adressiert. Ob ein diversitätsbewusstes Angebot vorliegt, wurde somit am Ergebnis bemessen. Als zusätzliches Steuerelement wurde eine Quote eingeführt, nach der mindestens 50% der Schülerinnen „Migrant_innen" sein sollten.

Der Club Lise verstand sich von Beginn an als Begabtenförderung und stieß damit auf ein Problem, mit dem der Club Lise auch in der inneruniversitären Wahrnehmung zu kämpfen hat, nämlich: dass aufgrund des dominant defizitorientierten Diskurses im Zusammenhang mit Migrationshintergrund ein Projekt für „Jugendliche mit Migrationshintergrund" und insbesondere für junge Frauen „mit Migrationshintergrund" niemals als Begabtenförderprojekt *wahrgenommen* wird. Dieses klassische Problem der Intersektionalität trifft den Club Lise in seiner Wahrnehmung bis heute.

23.3 „Mädchen und Migranten" – Ansätze zur Dekonstruktion

Aufgrund seiner internationalen und interdisziplinären Zusammensetzung ergab sich im Projekt PROMISE die Möglichkeit, spezifische Probleme im Bereich der naturwissenschaftlichen Bildung als „deutsche Probleme" zu erkennen. Dazu zählt etwa das Stereotyp der „naturwissenschaftlich leistungsschwachen Schülerinnen türkischer Herkunft". Das Projekt bot damit die Möglichkeit, das *Wir* multiperspektivisch zu reflektieren und die *Anderen* zu dekonstruieren. Dazu entstanden im Rahmen des Projekts unterschiedliche Arbeiten, wie etwa (i) internationale Vergleiche von Universitätsstatistiken, (ii) Interviews mit *anderen* Physiker_innen und (iii) Vergleiche des Wahlverhaltens von Schülerinnen in Bezug auf das Schulfach Physik und der Berufsaspirationen von Schülerinnen in Bezug auf naturwissenschaftliche Berufe. Gefragt wurde danach, ob das vielzitierte „geringe Interesse von Mädchen an Naturwissenschaften" und die Konstruktion von Geschlecht im Kontext von Migration (Weber 2003) in den am Projekt beteiligten Nationen eine Entsprechung findet und welche Dekonstruktionsmöglichkeiten sich durch die internationale Zusammenarbeit ergeben können.

23.3.1 Physikstudentinnen in Berlin und Sarajewo

Zur Ent-Essentialisierung des Widerspruchs von Frau und Naturwissenschaft sowie der Ethnisierung von Leistungsdefiziten und Bildungsinteresse bedienten wir uns eines einfachen wie überzeugenden Mittels, nämlich des statistischen Belegs. So zeigt der Vergleich der Universitätsstatistik der Humboldt-Universität zu Berlin und der Universität Sarajewo, dass die Unterrepräsentanz von Frauen in Physik nicht in allen Ländern und an allen Universitäten gleichermaßen vorliegt. An der Universität Sarajewo liegt in allen Phasen des Physikstudiums der Frauenanteil höher, im Durchschnitt beträgt der Anteil 60%. Im Physikstudium der HU-Berlin liegt der Frauenanteil bei 20%.

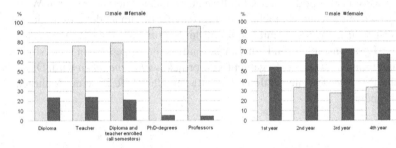

Abb. 23.2 Universitäre Statistiken. Links: Physik-Studierende und Wissenschaftler‑innen an der HU-Berlin im Studienjahr 2004/05. Rechts: Physik-Studierende an der Universität Sarajewo im Studienjahr 2005/06.

Bezogen auf die im Projekt untersuchten Universitäten HU-Berlin, Universität Wien, University of Sarajevo und Yildiz Technical University Istanbul und in Bezug auf Studierende und Wissenschaftlerinnen wurde festgestellt:

"We found that the proportion of women in physics in Germany and Austria is lower than their proportion in society, whereas the proportion of women in physics in Bosnia-Herzegovina and Turkey is equal or even a bit higher than their proportion in society." (Tajmel & Hadžibegović 2009:112)

Ein Diskurs zum „Förderbedarf von Mädchen in Naturwissenschaften" besteht in Bosnien-Herzegowina als auch in der Türkei nicht in vergleichbarer Form. In diesem Faktum sahen wir eine Chance, im Rahmen des Projekts Materialien für die Lehrer‑innenausbildung und die Unterrichtspraxis zu entwickeln, die zur Dekonstruktion der Physik als männlich/westlich/weiß beitragen können.

23.3.2 „Andere" Physiker_innen

Wie in Teil II ausgeführt, tragen sowohl Physikunterricht als auch Medien zur Ko-Konstruktion der Physik als männlich und westlich/weiß dadurch bei, dass, falls überhaupt Naturwissenschaftlerinnen Erwähnung finden, diese in den allermeisten Fällen mitteleuropäisch-weiß sind und zumeist nicht mehr leben (Lise Meitner, Marie Curie, u.a., vgl. Erlemann 2009). Unsere Annahme war, dass die Sichtbarmachung von lebenden und – nach dem deutschen Common Sense – nicht der dominante Gruppe zugehörigen Physikerinnen zu einer Dekonstruktion dieses (deutschen) Bildes beitragen kann.

Da es in jenen Bildungsbereichen, die im Rahmen des Projekts betrachtet wurden, keinen vergleichbaren türkischen Diskurs zur „Förderung von Frauen in MINT" gibt, wird die Kategorie Geschlecht gar nicht oder nicht in dem Maße aufgerufen, wie in Deutschland. In diesem Nicht-Aufrufen besteht die Möglichkeit, Geschlecht zu entdramatisieren und damit die männlich-weiße Physik zu dekonstruieren.[42]

Dazu lieferte die Projektgruppe der Yildiz Technical University Istanbul einen wesentlichen Beitrag. Sie erstellten Videos von Interviews mit renommierten türkischen Physikerinnen, in denen die Physikerinnen zu ihrer Forschungsarbeit und ihrer wissenschaftlichen Motivation befragt wurden (Canca 2009). Ich möchte im Folgenden die Besonderheit dieses Vorgehens einer analytischen Betrachtung unterziehen.

Analyse der Dekonstruktion

Wird eine in Deutschland oder Österreich wirkende Physikerin gefragt, wie es ihr in einem *männerdominierten Feld* ergehe oder wie sie *als Frau* zur Physik gekommen sei, so wird sie damit als eine *Ausnahme* adressiert. Diese Fragen sind in der Erforschung der Identitätsebene von Diskriminierung unbedingt zu stellen, da sie wesentliche Erkenntnisse über intersektionale Diskriminierung liefern. Wird allerdings die *Besonderheit* der „Frau als Physikerin" zum *Common Sense*(Geertz

---

[42] Es geht hier explizit um die *Dramatisierung* von Geschlecht im Kontext von Physik. Keinesfalls gesagt werden soll damit, dass es allgemein in der physikalischen Forschungslandschaft der Türkei keine Geschlechterdisparitäten in Karrierechancen und Prestige- oder Ressourcenverteilung gäbe. Diese sind weder in der Türkei noch in Deutschland ausgeglichen. Der Global Gender Gap Index 2014 liegt für Deutschland bei einem Wert von 0,7780, für die Türkei bei 0,6183. Bei einem Wert von 1 liegt eine Gleichstellung der Geschlechter vor. Subskalen des Gender Gap Index sind Economic Participation and Opportunity, Educational Attainment, Health and Survival und Political Empowerment (World Economic Forum 2014, http://reports.weforum.org/global-gender-gap-report-2014/)

1997), so ist zu vermuten, dass dieser zugeschriebene „Sonderstatus" der Frau in der Physik eher zu einer Ko-Konstruktion der „normal-männlichen" Physik beiträgt. Die weibliche Physikerin ist damit die *Andere*. Eine entsprechende Dekonstruktion erweist sich innerhalb des deutschen Diskurses, in welchem Geschlecht in Bezug auf MINT und naturwissenschaftlichen Unterricht besonders dramatisiert wird (vlg. Willems 2007), als schwierig.

Es kann daher angenommen werden, dass für die Dekonstruktion der männlich-weißen Physik mehr erforderlich ist, als Physikerinnen sichtbar zu machen. Die Kategorien Geschlecht oder Herkunft müssen auch *entdramatisiert* werden (Willems 2007). In diesem Nicht-Dramatisieren liegt das Potenzial einer Dekonstruktion.

In den Videointerviews ist die Art und Weise der Präsentation der interviewten Physikerinnen von besonderer Bedeutung. Sie sollen eben nicht *als türkisch* oder *als Frau* adressiert und positioniert werden. Dies gelingt zum einen, indem einzig ihr Forschungsthema und ihr persönliches Interesse an der Physik im Zentrum des Interviews stehen und nicht *Geschlecht* oder *Herkunft*. Zum anderen wird die Physikerin alleine schon deshalb nicht *als türkische* Physikerin adressiert, weil das Interview *von türkischen Schülerinnen in der Türkei* geführt wurde, türkisch also die Normalität, das Wir, darstellte und dies daher nicht weiter thematisiert oder dramatisiert wurde.

Der Bildausschnitt in Abbildung 23.3 zeigt Ayşe Erzan, Professorin für Systemtheorie, im Gespräch mit Schülerinnen des Club Lise Istanbul zu erkenntnistheoretischen Fragen. Das Video ist Teil der Unterrichtsmaterialien, die im Rahmen von PROMISE erstellt und publiziert wurden.

Abb. 23.3 Die Systemtheoretikerin Ayşe Erzan im Gespräch mit Schülerinnen des Club Lise Istanbul.

„To make proper observations and to see all these differences – naming is a tool. Even this is not taught in secondary schools and in high schools. That is to say, there are many things to do (...) I am very curious about what kind of projects you will do" (Ayşe Erzan, Transkript: Deniz Canca, in: Tajmel & Starl 2009)

23.3.3 „Herkunft" und naturwissenschaftliches Interesse

Für den schulischen Misserfolg werden nach wie vor Merkmale wie Herkunftssprache, Migrationshintergrund, Bildungshintergrund als Explanata herangezogen. Zur Dekonstruktion der „nicht an Naturwissenschaft interessierten Schülerin mit Migrationshintergrund" wurden Schülerinnen der beteiligten Nationen zu ihrer Kurswahl in der Sekundarstufe II befragt. Für Bosnien-Herzegowina zeigte sich, dass Physik jenes Fach ist, das von den befragten Schülerinnen am häufigsten gewählt wurde. Mehr als die Hälfte der Schülerinnen wählten Naturwissenschaften. Von den naturwissenschaftlichen Fächern wählten 21% Physik, 16% Chemie und 13% Biologie. Damit wird Physik häufiger gewählt als Biologie. In Deutschland ist von allen naturwissenschaftlichen Fächern Biologie jenes Fach, das am meisten Zuspruch von weiblichen Schüler_innen erhält.

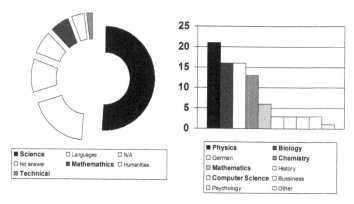

Abb. 23.4 Choices of majors of female students in Bosnia-Herzegowina, grade 10-13, N=150

"[M]ore than 50% of the female students choose science as major subject. Science includes physics, biology and chemistry. Figure 4 illustrates in detail, out of these three subject physics was chosen by most of the students (21%) followed by biology (16%) and chemistry (13%)." (Tajmel & Hadžibegović 2008, GIREP 2007, Conferenceproceeding)

Im Vergleich dazu das deutsche Ergebnis: Von 119 befragten Schülerinnen (85 „mit" und 34 „ohne Migrationshintergrund") aus vier Berliner Gymnasien wählten nur 11 Schülerinnen Physik, darunter 10 Schülerinnen „mit Migrationshintergrund" (Tajmel & Hadžibegović 2008).

Die Mehrzahl der Schülerinnen aus Bosnien-Herzegowina gaben an, dass sie sich vorstellen konnten, Physik zu studieren. Unter den befragten deutschen Schülerinnen war nur eine Schülerin von 119, die sich vorstellen konnte, Physik zu studieren. Beide Eltern dieser Schülerin sind in der Türkei geboren, die Schülerin hat also nach der PISA-Definition „Migrationshintergrund".

Die Ergebnisse sind nicht repräsentativ, die Befragungen wurden nur an jenen Schulen durchgeführt wurden, deren Lehrer_innen am Projekt beteiligt waren. Jedoch erachten wir sie als Ansatz geeignet, um das Bild von der „förderbedürftigen bildungsfernen Migrantin" zu dekonstruieren.

24 Fazit zu Teil IV

Zentral für den Teil IV dieser Arbeit war die Frage:

- Wie kann eine reflexive und kritisch-sprachbewusste Haltung in der Praxis des Physikunterrichts, in der Aus- und Fortbildung der Lehrenden sowie in der Projektarbeit auf universitärer Ebene Berücksichtigung finden?

Das bewusste Bestreben, naturwissenschaftliche Bildungsangebote sowohl aus sprachlicher als auch aus fachlicher Hinsicht für Schüler_innen verfügbar, annehmbar und zugänglich sowie für diverse Bedürfnisse entsprechend adaptierbar zu gestalten, kann als wesentliches Merkmal reflexiver und kritisch-sprachbewusster Praxisansätze bezeichnet werden. Damit ist eine Orientierung am Recht auf naturwissenschaftliche Bildung und an einem diskriminierungsfreien Bildungszugang gegeben (vgl. 4 A-Schema, Teil II). Die 4A-Merkmale sollen in diesem Fazit noch einmal in Hinblick auf die vorgestellten praktischen Ansätze zusammengefasst werden:

Verfügbarkeit bedeutet, dass ein Bildungsangebot in ausreichendem Umfang zur Verfügung steht. Dazu zählen auch außerschulische Initiativen, wie z.B. Projekte. Ein entsprechender Ansatz wurde mit dem Projekt PROMISE vorgestellt (Kapitel 23.1). Als ausreichend ist zu verstehen, dass aufgrund knapper Bildungsressourcen keine Privilegien für bestimmte Gruppen entstehen. Ob der Umfang des naturwissenschaftlichen Bildungsangebots tatsächlich ausreichend ist, um die als Standards formulierte naturwissenschaftliche Bildung für alle Schüler_innen sprachlich als auch fachlich verfügbar zu machen, ist ein Forschungsdesiderat auf fachdidaktisch-institutioneller Ebene, welches in Kapitel 22 diskutiert wurde.

Annehmbarkeit bedeutet, dass das Bildungsangebot nicht mit inferiorisierenden Positonierungsangeboten verbunden sein darf. Die Annehmbarkeit von Förderung, die auf defizitorientierten Merkmalszuschreibungen, *Othering* (Kapitel 11.1) oder unreflektierter Dramatisierung von Differenzkategorien basieren, ist daher zu hinterfragen. Gegenstand einer kritischen Reflexion von Annehmbarkeit ist etwa die Konstruktion von Identitäten und damit zusammenhängenden Positionierungsangeboten im und durch Physikunterricht. Ein entsprechender Ansatz wurden mit dem *Prinzip Seitenwechsel* vorgestellt (Kapitel 19), in welchem Proband_innen ein Positionierungsangebot erhalten, welches sie in eine inferiore Position setzt. Ein Physikunterricht, in welchem inferiorisierende Positionierungsan-

gebote vermieden werden, ist annehmbarer, weil ermächtigender, als ein Physikunterricht, in welchem nicht dafür Sorge getragen wird.

Zu den Reflexionsgegenständen der Reflexiven Physikdidaktik zählt auch der
wissenschaftliche Diskurs, der mit dazu beiträgt, dass die Aussage „Mädchen und
Migranten verschlechtern deutsches Ergebnis" zum *Common Sense* (Geertz 1997)
gehört. Ansätze der Dekonstruktion der *Anderen in Physik* wurden mit den im
Rahmen des *Club Lise* entstandenen Arbeiten vorgestellt (Kapitel 23.3).

Zugänglichkeit bedeutet, dass das naturwissenschaftliche Bildungsangebot sowohl sprachlich als auch fachlich so gestaltet ist, dass alle Schüler_innen daran
anknüpfen können. Dazu zählt einerseits, die Unterrichtsinhalte sprachlich und
inhaltlich für alle Schüler_innen verstehbar zu gestalten und die Anbindung an
Alltagskontexte zu ermöglichen. Andererseits muss allen Schüler_innen ermöglicht werden, im Unterricht gleichermaßen (sprach-)handlungsfähig sein und aktiv
teilnehmen zu können.

Zur Reflexion der Sprachhandlungsfähigkeit wurde explorativ gezeigt, dass mit
dem *Prinzip Seitenwechsel* die Sprachbewusstheit und insbesondere die Macht-
komponente der Sprachbewusstheit aktiviert werden kann (Kapitel 19.5). Eine
Formulierung der Hypothese „Durch das *Prinzip Seitenwechsel* wird die Sprachbewusstheit der Lehrenden erhöht" erscheint daher zulässig, eine genauere empirische Prüfung, insbesondere in Hinblick auf die Rekonstruktion der Ebenen der
Sprachbewusstheit, ist von großem Interesse.

Indizien dafür, dass durch die Zuhilfenahme lexikalischer Mittel die Sprachhandlungsfähigkeit unter bestimmten Bedingungen erhöht werden kann, wurde am
Beispiel von Schüler_innentexten zur Beschreibung des „Kleiderbügelexperiments"
illustriert (Kapitel 21.6). Auch formaler Bildungserfolg muss zugänglich sein.
Diesbezüglich stellen die durch die Exploration gewonnenen Hinweise zum Zustandekommen von Lehrer_innenurteilen und zu den Normen und Faktoren, die
diese Urteile beeinflussen, aus reflexiver Perspektive ein wichtiges Forschungsdesiderat dar.

Auf Basis des *Prinzip Seitenwechsel* wurde das *Konkretisierungsraster* (Kapitel 22) zur systematischen Analyse von Sprachhandlungen entwickelt. Mit diesem
Raster können fachunterrichtliche Sprachhandlungen hinsichtlich der erforderlichen sprachlichen Mittel durchleuchtet werden.

Adaptierbarkeit bedeutet, als Lehrkraft über ein Repertoire zu verfügen, um auf
differenzierte Bedürfnisse, etwa durch differenzierte Lernunterstützungen, einge-
hen zu können. Adaptierbarkeit bedeutet auch, auf fachlich-institutioneller Ebene über entsprechende Flexibilität zu verfügen, um migrationsgesellschaftliche
Bedingungen entsprechend zu berücksichtigen. In dieser Hinsicht sind Bildungsstandards nach ihrer Funktion – zur Information oder zur Selektion – zu befragen und jene durch sie gesetzten „geheimen", weil impliziten Standards (sprach-

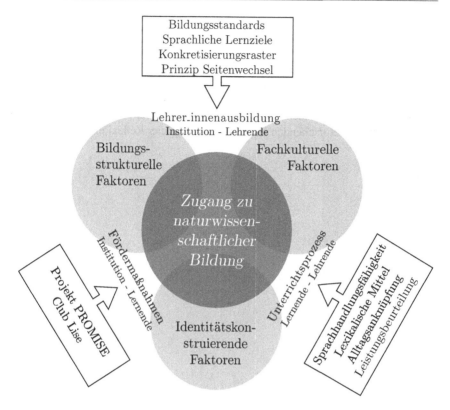

Abb. 24.1 Einordnung der praktischen Ansätze in das Drei-Faktoren-Modell des Zugangs zu natur-wissenschaftlicher Bildung (vgl. Abbildung 9.2)

liche, „alltägliche" u.a.) offenzulegen. An der Beispielaufgaben „Heißluftballon" aus den Bildungsstandards wurde die Explizierung sprachlicher Erwartungen illustriert (Kapitel 22.3.3).

Ein Ansatz zur systematischen Offenlegung und sprachlichen Erweiterung der fachlichen Bildungsstandards und zur Formulierung der standardbezogener sprachlicher Lernziele wurde mit dem *Konkretisierungsraster* vorgestellt (Kapitel 22).

Abbildung 24.1 zeigt die Verortung der in Teil IV vorgestellten Ansätze, eingeordnet in das Drei-Faktoren-Modell (Kapitel 9.4) des Zugangs zu naturwissenschaftlicher Bildung.

Die vorgestellten Ansätze können nur einen kleinen Eindruck vermitteln, was unter einer *reflexiven physikdidaktischen Herangehensweise* an die Praxis verstanden werden kann. Viele essentielle Praxisbereiche konnten nicht oder nur unzureichend berücksichtigt werden. Dazu zählen Unterrichtsinhalte, Unterrichtsplanung, Curriculumsentwicklung, Physiklehrer_innenausbildung, Fachkulturelle Merkmale – Themen, die aus reflexiver Perspektive dringend in Bezug auf ihr Selektions- und Exklusionspotenzial zu untersuchen sind. *Cui bono?* – Wer profitiert? Diese Frage könnte für die zu beforschenden Bereiche ein geeigneter Reflexionsanstoß sein.

Zusammenfassung

Mit der vorliegenden Arbeit wird das Anliegen verfolgt, eine auf aktuelle gesellschaftliche Herausforderungen bezugnehmende physikdidaktische Perspektive zu entwickeln, aus welcher die Disparitäten in der naturwissenschaftlichen Bildung ohne Rekurs auf Verwertbarkeitsargumente beforscht und Maßnahmen zur Begegnung der Disparitäten konsistent begründet werden können. Ich zeige in dieser Arbeit, dass mit dem Recht auf naturwissenschaftliche Bildung eine geeignete normative Basis für einen solchen Ansatz formuliert werden kann. Aus dieser Perspektive ergibt sich die physikdidaktische Bedeutung des Themas Sprache und der fachunterrichtlichen Sprachbildung. Mit unterschiedlichen Beispielen sowie kleineren und mittelgroßen Explorationen begründe ich einerseits die Relevanz meines Anliegens, andererseits leite ich daraus Ansätze für eine nicht-diskriminierende physikdidaktische Praxis ab.

Zu den Erkenntnissen, die mit dieser Arbeit gewonnen werden konnten, zählen die folgenden:

(i) Teil I der Arbeit widmet sich der Erforschung physikdidaktischer Wissensbestände. Der Anteil an sozial- und kulturwissenschaftlichen Forschungsperspektiven in der physikdidaktischen Forschung ist gering. Dies ist der Befund meiner explorativen Analyse des Migrationsdiskurses in der deutschsprachigen physikdidaktischen Forschung. Zum Ergebnis dieser Analyse zählt, dass Bildungsdisparitäten nahezu ausschließlich aus der outputorientierten Verwertbarkeitsperspektive beforscht werden, mit welcher jedoch bestimmte Ursachen der Disparitäten nicht erfasst werden können. Ein geeigneter Rahmen für eine alternative Betrachtung stellt daher ein Desiderat dar.

(ii) Teil II der Arbeit ist der Ausleuchtung und Ausformulierung eines geeigneten analytischen Rahmens gewidmet, welcher einer Beforschung von Diskriminierungsphänomene im Zugang zu naturwissenschaftlicher Bildung zugrunde liegen kann. Ich argumentiere naturwissenschaftliche Bildung als gesellschaftlich relevante Bildung und die Gültigkeit des Rechts auf Bildung gleichermaßen auch für naturwissenschaftliche Bildung. Jene Strukturmerkmale, durch welche der Zugang zum Recht auf Bildung charakterisiert ist, adaptiere ich für naturwissenschaftliche Bildung. Mit Rekurs auf den Analyseansatz der Intersektionalität konzeptualisiere ich drei Ebenen, auf welchen Diskriminierungen im Zugang zum Recht auf Bildung verortet werden können: die Ebene der Identitätskonstruktion, die Ebene der Repräsentation und die Ebene der Strukturen. Den Zugang zu naturwissenschaftlicher Bildung stelle ich als *Drei-Faktoren-Modell* dar. Als Hauptmerkmale einer *Reflexiven Physikdidaktik* schlage ich Nicht-Diskriminierung und eine (selbst)kritisch-reflexive Haltung vor.

(iii) In Teil III begründe ich die fachdidaktische Notwendigkeit der Berücksichtigung von Sprache im Physikunterricht. Die Bedeutung der Sprache leite ich aus dem Zugang zum Recht auf naturwissenschaftliche Bildung ab, da der Faktor Sprache auf allen drei Ebenen diskriminierend wirksam werden kann. Auf Basis des Ansatzes der Critical Language Awareness modelliere ich eine *Kritische Sprachbewusstheit von Lehrenden im Kontext von Fachunterricht*. Die Kritische Sprachbewusstheit ist durch vier Ebenen charakterisiert, die affektive, die linguistisch-kognitive, die rechtlich-soziale Ebene sowie die hegemoniale Machtebene. Die Machtebene teilt sich in eine kognitive, eine formale, prozedurale und eine emotionale Machtebene. Damit soll den unterschiedlichen fachlichen und sprachlichen Dimensionen von Macht Rechnung getragen werden.

(iv) In Teil IV werden reflexive Ansätze für die physikdidaktische Praxis vorgestellt. Mit dem *Prinzip Seitenwechsel* stelle ich einen Ansatz vor, mit welchem es gelingt, bestimmte Ebenen der *Kritischen Sprachbewusstheit* zu aktivieren. Aus den Erkenntnissen zum Prinzip Seitenwechsel entwickle ich ein Instrument zur systematischen Analyse von Sprachhandlungen, das *Konkretisierungsraster*. Ich stelle eine exemplarische Analyse in Anwendung auf die Bildungsstandards vor und zeige damit eine Möglichkeit auf, wie jene mit den fachlichen Standards verbundenen sprachlichen Lernziele transparent und einer Reflexion zugänglich gemacht werden können. In einem weiteren Schritt gehe ich der Frage nach, wie im Sinne des Rechts auf Bildung und des Verständnisses von Bildung als Ermächtigung die Sprachhandlungsfähigkeit von Schüler_innen erhöht werden kann und exploriere dies am Beispiel lexikalischer Mittel. Die Exploration zeigt, dass lexikalische Mittel die Sprachhandlungsfähigkeit unterstützen können. Ansätze, welche im Rahmen des Projekts PROMISE zur Dekonstruktion der „förderbedürftigen Schülerin mit Migrationshintergrund" erarbeitet wurden, schließen Teil IV ab.

Literaturverzeichnis

Abels, S. (2011): Lehrerinnen und Lehrer als „Reflective Practitioner". Die Bedeutsamkeit von Reflexionskompetenz für einen demokratieförderlichen Naturwissenschaftsunterricht. VS Verlag, Wiesbaden.

Abels, S., Busch, H., Lembens, A., Puddu, S. & Ralle, B. (2013): Eine Klasse, viele SchülerInnen - Vielfalt im Naturwissenschaftsunterricht. In: Bernholt, S. [Hrsg.]: Inquiry-based Learning - Forschendes Lernen, 380–382. IPN-Verlag, Kiel.

Adamzik, K. (2000): Textsorten. Reflexionen und Analysen. Stauffenburg, Tübingen.

Aikenhead, G. (1996): Science Education: Border Crossing into the Subculture of Science. In: Studies in Science Education, **27**: 1–52.

Aikenhead, G. (1997): Recognizing And Responding To Complexity: Cultural Border Crossing Into Science. In: Globalization of Science Education: International Conference on Science Education (May 26-30, 1997), 101–106.

Aikenhead, G. (2006): Science Education for Everyday Life. Evidence-Based Practice. Teachers College Press, Columbia University, New York.

Alfermann, D. (1996): Geschlechterrollen und geschlechtstypisches Verhalten. Kohlhammer, Stuttgart.

American Sociological Association - ASA (2003): Statement of the American Sociological Association on The Importance of Collecting Data and Doing Social Scientific Research on Race. URL: http://files.eric.ed.gov/fulltext/ED478272. pdf, abgerufen am 20. Februar 2016.

Ananin, D. & Pospiech, G. (2010): Physiklehramtsausbildung in der Bundesrepublik Deutschland und der Russischen Föderation in multikultureller Hinsicht. In: Höttecke, D. [Hrsg.]: Entwicklung naturwissenschaftlichen Denkens zwischen Phänomen und Systematik, 281–283. LIT-Verlag, Münster.

Andresen, H. & Funke, R. (2003): Entwicklung sprachlichen Wissens und sprachlicher Bewusstheit. In: Bredel, U., Günther, H. & u.a [Hrsg.]: Didaktik der deutschen Sprache. Ein Handbuch., Bd. 1, 438–451. Schöningh, Paderborn.

Andresen, H. & Funke, R. (2006): Entwicklung sprachlichen Wissens und sprachlicher Bewusstheit. In: Bredel, U., Günther, H., Klotz, P., Ossner, J. & Siebert-Ott, G. [Hrsg.]: Didaktik der deutschen Sprache, 438–451. Schöningh, Paderborn.

Anger, C., Koppel, O. & Plünnecke, A. (2014): MINT und das Geschäftsmodell Deutschland. In: IW-Positionen - Beiträge zur Ordnungspolitik, Institut für deutsche Wirtschaft Köln, **67**.

Anthias, F. (2001): The Material and the Symbolic in Theorizing Social Stratification: Issues of Gender, Ethnicity and Class. In: British Journal of Sociology, **52**: 367–390.

Anthias, F. (2003): Erzählungen über Zugehörigkeit. In: Apitzsch, U. & Jansen, M. [Hrsg.]: Migration, Biographie und Geschlechterverhältnisse, 20–37. Westfälisches Dampfboot, Münster.

Arbeitsgruppe Geschlechterrollen und Gleichstellung auf der Sekundarstufe II (1998): Kriterienkatalog Geschlechtergleichstellung in Unterrichtsgestaltung und Schulentwicklung. Schweizerisches Institut für Berufspädagogik (SIBP) Schweizerische Zentralstelle für die Weiterbildung von Mittelschullehrpersonen (WBZ-CPS), Zollikofen, Luzern.

Argyris, C. & Schön, D. A. (1996): Organizational Learning II. Addison Wesley, Boston.

Artelt, C., Baumert, J., Klieme, E., Neubrand, M., Prenzel, M., Schiefele, U., Schneider, W., Schümer, G., Stanat, P., Tillmann, K.-J. & Weiß, M. (2001): PISA 2000. Zusammenfassung und zentrale Befunde. Max-Planck-Institut für Bildungsforschung, Berlin.

Association for Language Awareness (ALA) (online): Language Awareness defined. URL: http://www.lexically.net/ala/la_defined.htm, abgerufen am 20. Februar 2016.

Auer, P. (1995): The Pragmatics of Code-switching: A Sequential Approach. In: Milroy, L. & Muysken, P. [Hrsg.]: One Speaker, Two Languages, 115–135. Cambridge University Press, Cambridge.

Auer, P. (2009): Competence in performance: Code-switching und andere Formen bilingualen Sprechens. In: Gogolin, I. & Neumann, U. [Hrsg.]: Streitfall Zweisprachigkeit – The Bilingualism Controversy, 91–110. VS Verlag, Wiesbaden.

Auernheimer, G. (2002): Interkulturelle Kompetenz - ein neues Element pädagogischer Professionalität? In: Auernheimer, G. [Hrsg.]: Interkulturelle Kompetenz und pädagogische Professionalität., 183–205. Westdeutscher Verlag, Opladen.

Aufschnaiter, C. v. & Blömeke, S. (2010): Professionelle Kompetenz von (angehenden) Lehrkräften erfassen - Desiderata. In: Zeitschrift für Didaktik der Naturwissenschaften, **16**: 361–367.

Aufschnaiter, S. v. (1970): Ein Curriculum: Gendanken zur Reform des Physikunterrichts. In: Physikalische Blätter, **26**, 9: 410–417.

Austin, J. L. (1962): How to do things with words. Clarendon Press, Oxford.

Autorengruppe Bildungsberichterstattung (2014): Bildung in Deutschland 2014. Ein indikatorengestützter Bericht mit einer Analyse zur Bildung von Menschen mit Behinderungen. W. Bertelsmann Verlag, Bielefeld.

Bachor-Pfeff, N. (2013): Wortschatzarbeit mit Zweitsprachenlernern im Literarischen Sprachunterricht (Dissertation). Universität Karlsruhe, Karlsruhe.

Baer, S. (2009): Equal Opportunities and Gender in Research: Germany's Science Needs a Promotion of Quality. In: Tajmel, T. & Starl, K. [Hrsg.]: Science Education Unlimited. Approaches to Equal Opportunities in Learning Science, 103–110. Waxmann, Münster, New York.

Baer, S., Bittner, M. & Göttsche, A. L. (2010): Mehrdimensionale Diskriminierung – Begriffe, Theorien und juristische Analyse. Teilexpertise. Teilexpertise im Auftrag der Antidiskriminierungsstelle des Bundes. URL: http://www.antidiskriminierungsstelle.de/SharedDocs/Downloads/DE/publikationen/Expertisen/Expertise_Mehrdimensionale_Diskriminierung_jur_Analyse.pdf?__blob=publicationFile, abgerufen am 20. Februar 2016.

Barkowski, H. & Krumm, H.-J. (2010): Fachlexikon Deutsch als Fremd- und Zweitsprache. Narr Francke Attempto Verlag GmbH. & Co. KG, Tübingen, Basel.

Barton, A. C. (1998): Feminist Science Education. Teachers College Press, Columbia University, New York.

Bartosch, I. (2015): Subjektive Theorien von Lehrkräften und Chancengerechtigkeit. In: Bernholt, S. [Hrsg.]: Heterogenität und Diversität - Vielfalt der Voraussetzungen im naturwissenschaftlichen Unterricht. Gesellschaft für Didaktik der Chemie und Physik, Jahrestagung in Bremen 2014, 190–192. IPN, Kiel.

Barz, H. (2011): Der PISA-Schock. Über die Zukunft von Bildung und Wissenschaft im Land der „Kulturnation". In: Besier, G. [Hrsg.]: 20 Jahre neue Bundesrepublik. Kontinuitäten und Diskontinuitäten., 215–238. Vandenhoeck & Ruprecht, Göttingen.

Baumann, B. & Becker-Mrotzek, M. (2014): Sprachförderung und Deutsch als Zweitsprache an deutschen Schulen: Was leistet die Lehrerbildung? Mercator-Institut für Sprachförderung und Deutsch als Zweitsprache, Köln.

Baumert, J. (2008): Falscher Verdacht. Die deutsche Pisa-Studie ist nicht verwirrend, wie Klaus Klemm behauptet, sondern klar und präzise. Unklarheit stiften andere (2. Juni 2008). URL: http://www.zeit.de/2008/23/C-Aufmacher, abgerufen am 20. Februar 2016.

Baumert, J., Bos, W. & Lehmann, R. (2000): Mathematische und naturwissenschaftliche Grundbildung am Ende der gymnasialen Oberstufe, *TIMSS/II. Dritte Internationale Mathematik- und Naturwissenschaftsstudie – Mathematische und naturwissenschaftliche Bildung am Ende der Schullaufbahn.*, Bd. 2. Leske+Budrich, Opladen.

Baumert, J., Klieme, E., Neubrand, M., Prenzel, M., Schiefele, U., Schneider, W., Stanat, P., Tillmann, K.-J. & Weiß, M. (2001): PISA 2000. Basiskompetenzen von Schülerinnen und Schülern im internationalen Vergleich. Leske + Budrich, Opladen.

Baumert, J. & Kunter, M. (2006): Stichwort: Professionelle Kompetenz von Lehrkräften. In: Zeitschrift für Erziehungswissenschaft, 9, 4: 469–520.

Baumgart, F. (2004): Pierre Bourdieu im Gespräch - Die feinen Unterschiede (original 1983). In: Baumgart, F. [Hrsg.]: Theorien der Sozialisation, Erläuterungen, Texte, Arbeitsaufgaben, 3. Aufl., 206–216. Klinkhardt, Bad Heilbronn/Obb.

Becker-Mrotzek, M. & Böttcher, I. (2006): Schreibkompetenz entwickeln und beurteilen. Praxishandbuch für die Sekundarstufe I und II. Cornelsen Scriptor, Berlin.

Becker-Mrotzek, M., Hentschel, B., Hippmann, K. & Linnemann, M. (2012): Sprachförderung in deutschen Schulen - die Sicht der Lehrerinnen und Lehrer. Universität Köln, Köln.

Bernhard, A., Kremer, A. & Rieß, F. (2003a): Reformimpulse in Pädagogik, Didaktik und Curriculumsentwicklung, *Kritische Erziehungswissenschaft und Bildungsreform. Programmatik - Brüche - Neuansätze*, Bd. 2. Schneider Verlag Hohengehren, Baltmannsweiler.

Bernhard, A., Kremer, A. & Rieß, F. (2003b): Theoretische Grundlagen und Widersprüche, *Kritische Erziehungswissenschaft und Bildungsreform. Programmatik - Brüche - Neuansätze*, Bd. 1. Schneider Verlag Hohengehren, Baltmannsweiler.

Bernholt, S. (2015): Heterogenität und Diversität - Vielfalt der Voraussetzungen im naturwissenschaftlichen Unterricht (GDCP-Tagungsband), Bd. 35. IPN Kiel, Kiel.

Bernstein, B. (1971): Class, codes and control, Volume I: Theoretical studies towards a sociology of language. Routledge, London.

Bernstein, B. (1996): Pedagogy, Symbolic Control and Identity. Theory, Research and Critique. Rowman & Littlefield Publishers, Lanham, Boulder, New York, Oxford.

Bernstein, B. (1999): Vertical and Horizontal Discourse: an essay. In: British Journal of Sociology of Education, 20, 2: 157–173.

Bielefeldt, H. (2007): Menschenrechte in der Einwanderungsgesellschaft. Plädoyer für einen aufgeklärten Multikulturalismus. transcript Verlag, Bielefeld.

Blömeke, S., Kaiser, A. & Lehmann, R. (2008): Professionelle Kompetenz angehender Lehrerinnen und Lehrer. Wissen, Überzeugungen und Lerngelegenheiten deutscher Mathematikstudierender und –referendare. Waxmann, Münster.

Bloom, B. S. (1969): Taxonomy of educational objectives: The classification of educational goals: Handbook I, Cognitive domain. McKay, New York.

BMBF (2014): Perspektive MINT: Initiativen für gut ausgebildete Fachkräfte. URL: http://www.bmbf.de/de/20492.php, abgerufen am 12. Dezember 2015.

BMI - Bundesministerium des Innern (2008): Nationaler Aktionsplan der Bundesrepublik Deutschland zur Bekämpfung von Rassismus, Fremdenfeindlichkeit, Antisemitismus und darauf bezogene Intoleranz. URL: http://www.bmi.bund.de/cae/servlet/contentblob/150674/publicationFile/18318/Nationaler_Aktionsplan_gegen_Rassismus.pdf, abgerufen am 20. Februar 2016.

Bos, W., Bonsen, M., Baumert, J., Prenzel, M., Selter, C. & Walther, G. (2008): TIMSS 2007: Mathematische und naturwissenschaftliche Kompetenzen von Grundschulkindern in Deutschland im internationalen Vergleich. Waxmann Verlag, Münster.

Bos, W., Bonsen, M., Kummer, N., Lintorf, K. & Frey, K. (2009): TIMSS 2007. Dokumentation der Erhebungsinstrumente zur Trends in International Mathematics and Science Study. Waxmann, Münster.

Bos, W., Hornberg, S., Arnold, K.-H., Faust, G., Fried, L., Lankes, E.-M., Schwippert, K. & Valtin, R. (2007): IGLU 2006. Lesekompetenzen von Grundschulkindern in Deutschland im internationalen Vergleich. Waxmann Verlag, Münster.

Bos, W., Wendt, H., Köller, O. & Selter, C. (2012): TIMSS 2011. Mathematische und naturwissenschaftliche Kompetenzen von Grundschulkindern in Deutschland im internationalen Vergleich. Waxmann, Münster.

Bourdieu, P. (1987): Der feine Unterschied. Kritik der gesellschaftlichen Urteilskraft (frz. 1979, Übersetzung: Bernd Schwibs und Achim Russer), *suhrkamp taschenbuch wissenschaft*, Bd. 658. Suhrkamp, Frankfurt/Main.

Bourdieu, P. (1990): Was heisst sprechen? Die Ökonomie des sprachlichen Tausches. (frz. 1980). Braumüller, Wien.

Bourdieu, P. (1991): Language and symbolic power. Harvard University Press, Cambridge.

Bourdieu, P. (1993): Narzißtische Reflexivität und wissenschaftliche Reflexivität. In: Berg, E. & Fuchs, M. [Hrsg.]: Kultur, soziale Praxis, Text. Die Krise der ethnographischen Repräsentation, 365–374. Suhrkamp, Frankfurt/Main.

Bourdieu, P. (1998): Über das Fernsehen. Suhrkamp, Frankfurt/Main.

Bourdieu, P. (1999): Die Regeln der Kunst. Genese und Struktur des literarischen Feldes. Suhrkamp, Frankfurt/M.

Bredel, U., Fuhrhop, N. & Noack, C. (2011): Wie Kinder lesen und schreiben lernen. Franke, Tübingen.

Brämer, R. (1983): Naturwissenschaft im NS-Staat. Reihe SozNat: Mythos Wissenschaft. Redaktionsgemeinschaft SozNat, Marburg.

Brämer, R. & Kremer, A. (1980a): Naturwissenschaftlicher Unterricht im Zwielicht der Geschichte. In: Natur subjektiv. Daten und Fakten zur Natur-Beziehung in der Hightech-Welt, 9.

Brämer, R. & Kremer, A. (1980b): Physikunterricht im „Dritten Reich". Sonderband 1. Materialien zur naturwissenschaftlichen Lehrerausbildung. Redaktionsgemeinschaft SozNat, Marburg/Lahn.

Brämer, R. & Nolte, G. (1983a): Das Männlichkeitssyndrom - Über das beiderseitige Angstverhältnis von Naturwissenschaften und Frauen. In: Brämer, R. & Nolte, G. [Hrsg.]: Die heile Welt der Wissenschaft. Zur Empirie des „typischen Naturwissenschaftlers", Reihe SozNat: Mythos Wissenschaft, 9–46. Redaktionsgemeinschaft SozNat, Marburg/Lahn.

Brämer, R. & Nolte, G. (1983b): Die heile Welt der Wissenschaft. Zur Empirie des „typischen Naturwissenschaftlers". Reihe SozNat: Mythos Wissenschaft. Redaktionsgemeinschaft SozNat, Marburg/Lahn.

Brämer, R. & Nolte, G. (1983c): Zu diesem Buch. In: Brämer, R. & Nolte, G. [Hrsg.]: Die heile Welt der Wissenschaft. Zur Empirie des „typischen Naturwissenschaftlers", Reihe SozNat: Mythos Wissenschaft, 7–8. Redaktionsgemeinschaft SozNat, Marburg/Lahn.

Bös, M. (2005): Rasse und Ethnizität. Zur Problemgeschichte zweier Begriffe in der amerikanischen Soziologie. Verlag für Sozialwissenschaften, Wiesbaden.

Budde, J. (2012): Die Rede von der Heterogenität in der Schulpädagogik. Diskursanalytische Perspektiven. In: Forum Qualitative Sozialforschung / Forum: Qualitative Social Research, 13, 2. URL: http://nbn-resolving.de/urn:nbn:de:0114-fqs1202160, abgerufen am 20. Februar 2016.

Budde, J., Offen, S. & Schmidt, J. (2014): Soziale Differenzkategorien als Gegenstand der Lehrer*innenbildung - ein empirischer Beitrag. In: Eisenbraun, V. & Uhl, S. [Hrsg.]: Geschlecht und Vielfalt in Schule und Lehrerbildung, 223–237. Waxmann, Münster.

Budde, M. (2001): Sprachsensibilisierung: Unterricht auf sprachreflektierender und sprachbetrachtender Grundlage, eine Einführung ; Fernstudienprojekt zur Fort- und Weiterbildung im Fach Deutsch als Zweitsprache. Universität Kassel.

Burger, H. (2007): Phraseologie. Eine Einführung am Beispiel des Deutschen. Erich Schmidt Verlag, Berlin.

Busch, B. (2013): Mehrsprachigkeit. facultas wuv (UTB), Wien.

Busch, H. & Ralle, B. (2010): Förderung der (Fach-) Sprache im Chemieunterricht. In: Höttecke, D. [Hrsg.]: Entwicklung naturwissenschaftlichen Denkens zwischen Phänomen und Systematik., 443–445. LIT-Verlag, Münster.

Busch, H. & Ralle, B. (2011): Förderung der (Fach-) Sprache im Chemieunterricht. In: Höttecke, D. [Hrsg.]: Naturwissenschaftliche Bildung als Beitrag zur Gestaltung partizipativer Demokratie., 599–601. LIT-Verlag, Münster.

Butler, J. (2001): Psyche der Macht: Das Subjekt der Unterwerfung (Original 1997: The Psychic Life of Power. Theories in Subjection; Übersetzung von Reiner Ansén). Suhrkamp, Frankfurt a.m.

Bybee, R. W. (1997): The Sputnik Era: Why is this educational reform different from all other reforms? URL: http://www.nas.edu/sputnik/bybee1.htm, abgerufen am 20. Februar 2016.

Bybee, R. W. & Fuchs, B. (2006): Preparing the 21st Century Workforce: A New Reform in Science and Technology Education. In: Journal of Research in Science Teaching, **43**, 4: 349–352.

Canca, D. (2009): Female Role Models (Club Lise Istanbul). In: Tajmel, T. & Starl, K. [Hrsg.]: Science Education Unlimited. Approaches to Equal Opportunities in Learning Science. Waxmann, Münster.

Castro Varela, M. d. M. & Dhawan, N. (2015): Postkoloniale Theorien. Eine kritische Einführung. Cultural Studies. transkript Verlag, Bielefeld.

Castro Varela, M. d. M. & Mecheril, P. (2010): Grenze und Bewegung. Migrationswissenschaftliche Klärungen. In: Mecheril, P., Castro Varela, M. d. M., Dirim, İ., Kalpaka, A., Melter, C., Hurrelmann, K., Palentien, C. & Schröer, J. [Hrsg.]: Migrationspädagogik, Bachelor I Master, book section 2, 23–53. Beltz, Weinheim und Basel.

Cattaneo, M. A. & Wolter, S. C. (2012): Migration Policy Can Boost PISA Results – Findings from a Natural Experiment. In: SKBF Staff Paper 7.

CESCR (1999): General Comment No. 13, The Right to Education (Art.13), Twenty-first session, 8 December, 1999. URL: http://www.right-to-education.org/sites/right-to-education.org/files/resource-attachments/CESCR_General_Comment_13_en.pdf, abgerufen am 20. Februar 2016.

Chambers, D. W. (1983): Stereotypic Images of the Scientist: the Draw-A-Scientist Test. In: Science Education, **67**, 2: 255–265.

Clark, E. V. & Andersen, E. S. (1979): Spontaneous repairs: Awareness in the process of acquiring language. In: Biennial Meeting of the Society for Research in Child Development. Papers & Reports on Child Language Development, Bd. 16, 1–12. Stanford University.

Clark, U. (2005): Bernstein's theory of pedagogic discourse: Linguistics, educational policy and practice in the UK English/literacy classroom. In: English Teaching: Practice and Critique, **4**, 3: 32–47.

Cloos, P. & Thole, W. (2006): Pädagogische Forschung im Kontext von Ethnografie und Biografie. In: Cloos, P. & Thole, W. [Hrsg.]: Ethnografische Zugänge, book section 1, 9–18. VS Verlag.

Collot, M. & Belmore, N. (1996): Electronic language. A new variety of English. In: Herring, S. C. [Hrsg.]: Computer mediated communication., 13–28. John Benjamins Publishing Co., Amsterdam.

Cornelißen, W. (2005): Gender-Datenreport. 1. Datenreport zur Gleichstellung von Frauen und Männern in der Bundesrepublik Deutschland. Report, Bundesministerium für Familie, Senioren, Frauen und Jugend.

Costa, V. (1995): When science is "another world": Relationships between worlds of family, friends, school, and science. In: Science Education, **79**: 313–333.

Cremer, H. (2010): Ein Grundgesetz ohne „Rasse" – Vorschlag für eine Änderung von Artikel 3 Grundgesetz. URL: http://www.institut-fuer-menschenrechte.de/fileadmin/user_upload/Publikationen/Policy_Paper/policy_paper_16_ein_grundgesetz_ohne_rasse.pdf, abgerufen am 20. Februar 2016.

Crenshaw, K. (1989): Demarginalizing the Intersection of Race and Sex: A Black Feminist Critique of Antidiscrimination Doctrine, Feminist Theory and Antiracist Politics. In: The University of Chicago Legal Forum, **1989**, 1. URL: http://chicagounbound.uchicago.edu/cgi/viewcontent.cgi?article=1052&context=uclf, abgerufen am 20. Februar 2016.

Cummins, J. (1979): Cognitive/academic language proficiency, linguistic interdependence, the optimum age question and some other matters. In: Working Papers on Bilingualism, **19**: 121–129.

Cummins, J. (2006): Sprachliche Interaktionen im Klassenzimmer: Von zwangsweise auferlegten zu kooperativen Formen von Machtbeziehungen. In: Mecheril, P. & Quehl, T. [Hrsg.]: Die Macht der Sprachen. Englische Perspektiven auf die mehrsprachige Schule, 36–62. Waxmann, Münster/New York.

Dahrendorf, R. (1966): Bildung ist Bürgerrecht. Nannen-Verlag, Hamburg.

Dausien, B. (2007): Reflexivität, Vertrauen, Professionalität. Was Studierende in einer gemeinsamen Praxis qualitativer Forschung lernen können. Diskussionsbeitrag zur FQS-Debatte „Lehren und Lernen der Methoden qualitativer Sozialforschung". In: Forum Qualitative Sozialforschung / Forum: Qualitative Social Research, **8**, 1.

DeBoer, G. E. & Bybee, R. W. (1995): The goals of science curriculum. In: Bybee, R. W. & McInerney, J. D. [Hrsg.]: Redesigning the science curriculum: A report on the implications of standards and benchmarks for science education, 71–74. Biological Sciences Curriculum Study, Colorado Springs.

Decker, O., Rothe, K., Weißmann, M., Geissler, N. & Brähler, E. (2008): Ein Blick in die Mitte: Zur Entstehung rechtsextremer und demokratischer Einstellungen. Friedrich-Ebert-Stiftung, Berlin.

Dekić, M., Mekić, A., Kozlić, E., Agić, A. & Džaferović, E. (2009): Hands-On Experiments (PROMISE-Team Sarajevo). In: Tajmel, T. & Starl, K. [Hrsg.]:

Science Education Unlimited. Approaches to Equal Opportunities in Learning Science. Waxmann, Münster.

DGB Bundesvorstand (2013): Frauen in MINT-Berufen - Weibliche Fachkräfte im Spannungsfeld Familie, Beruf und beruflichen Entwicklungsmöglichkeiten. In: Arbeitsmarkt aktuell, **3**.

Dhawan, N. (2014): Deutsch. Lieben. Lernen (Interview). URL: http://www.migrazine.at/artikel/deutsch-lieben-lernen, abgerufen am 20. Februar 2016.

Diaz-Bone, R. (2005): Zur Methodologisierung der Foucaultschen Diskursanalyse (Art. 6). In: Forum Qualitative Sozialforschung / Forum: Qualitative Social Research, **7**, 1.

Dieckmann, W. (1998): Sprachliche Ausdrucksformen wissenschaftlicher Autorität. In: Zeitschrift für germanistische Linguistik, **26**, 2: 177–194.

Diehm, I. & Radtke, F.-O. (1999): Erziehung und Migration. Eine Einführung, *Grundriß der Pädagogik*, Bd. 3. Kohlhammer, Stuttgart.

Dirim, İ. (2010): „Wenn man mit Akzent spricht, denken die Leute, dass man auch mit Akzent denkt oder so." Zur Frage des (Neo-)Linguizismus in den Diskursen über die Sprache(n) der Migrationsgesellschaft. In: Mecheril, P., Dirim, İ., Gomolla, M., Hornberg, S. & Stojanov, K. [Hrsg.]: Spannungsverhältnisse. Assimilationsdiskurse und interkulturell-pädagogische Forschung, 91–114. Waxmann, Münster.

Dirim, İ. (2015a): Hochschuldidaktische Interventionen. DaZ-Lehrende und Studierende eruieren Spielräume machtkritisch positionierten Handelns. In: Thoma, N. & Knappik, M. [Hrsg.]: Sprache und Bildung in Migrationsgesellschaften. Machtkritische Perspektiven auf ein prekarisiertes Verhältnis, 299–316. transcript Verlag, Bielefeld.

Dirim, İ. (2015b): Umgang mit migrationsbedingter Mehrsprachigkeit in der schulischen Bildung. In: Leiprecht, R. & Steinbach, A. [Hrsg.]: Sprache - Rassismus - Professionalität, *Schule in der Migrationsgesellschaft*, Bd. 2, 25–48. Debus Pädagogik Verlag, Schwalbach im Taunus.

Dirim, İ. & Auer, P. (2004): Türkisch sprechen nicht nur die Türken. Über die Unschärfebeziehung zwischen Sprache und Ethnie in Deutschland. de Gruyter, Berlin.

Dirim, İ. & Mecheril, P. (2010): Die Schlechterstellung Migrationsanderer. Schule in der Migrationsgesellschaft. In: Mecheril, P., Castro Varela, M. d. M., Dirim, İ., Kalpaka, A., Melter, C., Hurrelmann, K., Palentien, C. & Schröer, J. [Hrsg.]: Migrationspädagogik, Bachelor I Master, Kap. 6, 121–149. Beltz, Weinheim und Basel.

Döll, M. (2009): Beobachtung und Dokumentation von Kompetenz und Kompetenzzuwachs im Deutschen als Zweitsprache mit den Niveaubeschreibungen DaZ. In: Lengyel, D., Reich, H. H., Roth, H.-J. & Döll, M. [Hrsg.]: Von der Sprachdiagnose zur Sprachförderung, FörMig Edition, 109–114. Waxmann, Münster.

Döll, M. (2012): Beobachtung der Aneignung des Deutschen bei mehrsprachigen Kindern und Jugendlichen. Modellierung und Prüfung eines sprachdiagnostischen Beobachtungsverfahrens. Herausforderung Bildungssprache - und wie man sie meistert. Waxmann, Münster/New York.

Döll, M. (2013): Sprachdiagnostik und Durchgängige Sprachbildung – Möglichkeiten der Feststellung sprachlicher Fähigkeiten mehrsprachiger Jugendlicher in der Sekundarstufe. In: Gogolin, I., Lange, I., Michel, U. & Reich, H. H. [Hrsg.]: Herausforderung Bildungssprache - und wie man sie meistert, FörMig Edition, 170–180. Waxmann, Münster.

Döll, M., Hägi, S. & Dirim, I. (2014): Kompetenzen für eine kritische Bildungsarbeit im Bereich Deutsch als Zweitsprache. Impulse für die Ausbildung von DaZ-Lehrenden. In: maiz – Autonomes Zentrum von und für Migrantinnen [Hrsg.]: Deutsch als Zweitsprache. Ergebnisse und Perspektiven eines partizipativen Forschungsprozesses, 162–177. maiz Eigenverlag, Linz. URL: http://maiz.at/sites/default/files/deutsch-als-zweitsprache_www-2.pdf, abgerufen am 20. Februar 2016.

DPG (2014): Zur fachlichen und fachdidaktischen Ausbildung für das Lehramt Physik. Deutsche Physikalische Gesellschaft e.V., Bad Honnef/Berlin.

Drach, E. (1928): Bildungssprache. In: Schwartz, H. [Hrsg.]: Pädagogisches Lexikon Band XII, 665–673. Velhagen & Klasing, Bielefeld.

Drumm, S. (2010): Die Sprachbewusstheit von schulischen Lehrkräften der naturwissenschaftlichen Fächer. Masterarbeit, TU Darmstadt.

Dudenredaktion (2009): Die Grammatik, *Der Duden in zwölf Bänden*, Bd. 4. Bibliographisches Instiut GmbH, Mannheim/Zürich.

Duit, R., Gropengießer, H. & Kattmann, U. (2005): Towards science education research that is relevant for improving practice: The model of educational reconstruction. In: Fischer, H. E. [Hrsg.]: Developing Standards in Research on Science Education. The ESERA Summer School 2004, 1–10. Taylor & Francis, Leiden.

Duit, R. & Rhöneck, C. v. (1971): Die Entwicklung eines IPN curriculum für den Physikunterricht im 5. und 6. Schuljahr. In: Der Physikunterricht, **5**, 1: 5–7.

Duit, R. & Treagust, D. (2003): Conceptual Change: A Powerful Framework for Improving Science Teaching and Learning. In: International Journal of Science Education, **25**, 6: 671–688.

Dzudzek, I., Kunze, C. & Wullweber, J. (2012): Einleitung: Poststrukturalistische Hegemonietheorien als Gesellschaftskritik. In: Dzudzek, I., Kunze, C. & Wullweber, J. [Hrsg.]: Diskurs und Hegemonie. Gesellschaftskritische Perspektiven, 7–28. transcript Verlag, Bielefeld.

Edelsky, C. (1990): With literacy and justice for all: Rethinking the social in language and education. The Falmer Press, London.

Ehlich, K. (1998): Medium Sprache. In: Strohner, H., Sichelschmidt, L. & Hielscher, M. [Hrsg.]: Medium Sprache. Forum Angewandte Linguistik., 9–22. Lang, Frankfurt, Berlin.

Ehlich, K. (1999): Alltägliche Wissenschaftssprache. In: Info DaF, **26**, 1: 3–24.

Ehlich, K. (2007): Sprache und sprachliches Handeln. Band 3. Diskurs - Narration - Text - Schrift. De Gruyter, Berlin.

Ehlich, K., Valtin, R. & Lütke, B. (2012): Expertise Erfolgreiche Sprachförderung unter Berücksichtigung der besonderen Situation Berlins. Senatsverwaltung für Bildung, Jugend und Wissenschaft, Berlin.

Ehmke, T., Klieme, E. & Stanat, P. (2013): Veränderungen der Lesekompetenz von PISA 2000 nach PISA 2009. Die Rolle von Unterschieden in den Bildungswegen und in der Zusammensetzung der Schülerschaft. In: Jude, N. & Klieme, E. [Hrsg.]: PISA 2009 - Impulse für die Schul- und Unterrichtsforschung, Zeitschrift für Pädagogik, 132–150. Beltz, Weinheim.

Eichler, W. & Nold, G. (2007): Sprachbewusstheit. In: Klieme, E. & Beck, B. [Hrsg.]: Sprachliche Kompetenzen. Konzepte und Messung. DESI-Studie (Deutsch Englisch Schülerleistungen International)., 63–82. Beltz, Weinheim.

Eierdanz, J. & Kremer, A. (2000): Deutschland im Kalten Krieg. Eine einführende Problemskizze. In: Eierdanz, J. & Kremer, A. [Hrsg.]: „Weder erwartet noch gewollt": kritische Erziehungswissenschaft und Pädagogik in der Bundesrepublik Deutschland zur Zeit des Kalten Krieges, 1–12. Schneider Verlag Hohengehren, Baltmannsweiler.

Ellis, E. (2012): Language awareness and its relevance to TESOL. In: University of Sydney Papers in TESOL, **7**: 1–23.

Elshout, J. (1995): Talent: the ability to become an expert. In: Freeman, J., Span, P. & Wagner, H. [Hrsg.]: Actualising Talent: a Lifelong Challenge, 87–96. Cassell, London.

England (1994): Getting Personal: Reflexivity, Positionality, and Feminist Research. In: The Professional Geographer, **46**, 1: 80–89.

Engström, S. & Carlhed, C. (2014): Different habitus: different strategies in teaching physics? Relationships between teachers' social, economic and cultural capital and strategies in teaching physics in upper secondary school. In: Cultural Studies of Science Education, **9**: 699–728.

Erden, M. (2009): Education in Turkey: In View of Children's Rights to Education and Equal Opportunity in Education. In: Tajmel, T. & Starl, K. [Hrsg.]: Science Education Unlimited. Approaches to Equal Opportunities in Learning Science, 119–133. Waxmann, Münster, New York.

Erlemann, M. (2009): Menschenscheue Genies und suspekte Exotinnen. Die Ko-Konstruktion von Physik und Geschlecht in öffentlichen Diskursen. Thesis, Universität Wien.

Esser, H. (2006): AKI-Forschungsbilanz, Bd. 4. Arbeitsstelle Interkulturelle Konflikte und gesellschaftliche Integration (AKI), Wissenschaftszentrum Berlin für Sozialforschung (WZB), Berlin.

Euler, P. (2014): Bildungspolitische MINT-Werbung versus Verstehen der Naturwissenschaften als Aufgabe schulischer Bildung. In: Unternehmerverbände Südhessen – Fortbildungsprogramm 2014/2015, 54–55. Arbeitskreise Schule Wirtschaft Südhessen Arbeitskreis Hochschule Wirtschaft Unternehmensverbände Südhessen.

EUMC European Monitoring Centre on Racism and Xenophobia (2004): Migrants, Minorities and Education - Documenting Discrimination and Integration in 15 Member States of the European Union. URL: https://fra.europa.eu/sites/default/files/fra_uploads/186-CS-Education-en.pdf, 20. Februar 2016.

European Commission (2001): Eurobarometer Studies 55.2. Europeans, Science and Technology. URL: https://ec.europa.eu/research/press/2001/pr0612enreport.pdf, abgerufen am 20. Februar 2016.

Europäischer Rat (2000): Schlussfolgerungen des Vorsitzes. 23. und 24. März 2000. URL: http://www.europarl.europa.eu/summits/lis1_de.htm, abgerufen am 20. Februar 2016.

Faast-Kallinger, B. (2009): Building Parachutes - Gender Lab (Grade 10) (PROMISE-Team Vienna). In: Tajmel, T. & Starl, K. [Hrsg.]: Science Education Unlimited. Approaches to Equal Opportunities in Learning Science. Waxmann, Münster.

Fairclough, N. (1989): Language and Power. Pearson Education Limited, Harlow, England.

Fairclough, N. (1992): Critical Language Awareness. Longman, London.

Faulstich-Wieland, H. (2004): Mädchen und Naturwissenschaften in der Schule. Expertise für das Landesinstitut für Lehrerbildung und Schulentwicklung Hamburg. URL: https://www.ew.uni-hamburg.de/ueber-die-fakultaet/personen/faulstich-wieland/files/expertise-pdf.pdf, abgerufen am 20. Februar 2016.

Feilke, H. (1994): Common sense-Kompetenz. Überlegungen zu einer Theorie des „sympathischen" und „ natürlichen"Meinens und Verstehens. Suhrkamp, Frankfurt am Main.

Feilke, H. (2005): Beschreiben, erklären, argumentieren - Überlegungen zu einem pragmatischen Kontinuum. In: Klotz, P. & Lubkoll, C. [Hrsg.]: Beschreibend wahrnehmen - wahrnehmend beschreiben. Sprachliche und ästhetische Aspekte kognitiver Prozesse, 45–60. Rombach Litterae, Freiburg/Breisgau.

Feilke, H. (2009): Wörter und Wendungen: kennen, lernen, können. (Basisartikel). In: Praxis Deutsch, **218**: 4–13.

Feilke, H. (2012): Bildungssprachliche Kompetenzen - fördern und entwickeln. In: Praxis Deutsch, **233**: 4–13.

Fer, S. (2009): Social Constructivism and Social Constructivist Curricula in Turkey to Meet the Needs of Young People Learning Science: Overview in Light of the PROMISE Project. In: Tajmel, T. & Starl, K. [Hrsg.]: Science Education Unlimited. Approaches to Equal Opportunities in Learning Science, 179–199. Waxmann, Münster, New York.

Fischer, H. E. (1998): Scientific Literacy und Physiklernen. In: Zeitschrift für Didaktik der Naturwissenschaften, **4**, 2: 41–52.

Fischer, H. E., Klemm, K., Leutner, D., Sumfleth, E., Tiemann, R. & Wirth, J. (2003): Naturwissenschaftsdidaktische Lehr-Lernforschung: Defizite und Desiderata. In: Zeitschrift für Didaktik der Naturwissenschaften, **9**: 179–209.

Fix, M. (2008): Texte schreiben. Schreibprozesse im Deutschunterricht. Schöningh UTB, Paderborn.

Fleischhauer, J., Rogge, C., Riemeier, T. & Aufschnaiter, C. v. (2008): Welche Anlässe regen Schüler zum Argumentieren an? In: Höttecke, D. [Hrsg.]: Kompetenzen, Kompetenzmodelle, Kompetenzentwicklung, 314–316. LIT-Verlag, Münster.

Flitner, E. (1999): Fallanalyse oder Illustration? In: Ohlhaver, F. & Wernet, A. [Hrsg.]: Schulforschung Fallanalyse Lehrerbildung, book section 11, 179–187. VS Verlag.

Fluck, H.-R. (1996): Fachsprachen. Einführung und Bibliographie, *Uni-Taschenbücher*, Bd. 483. 5. Aufl. Francke - UTB, Tübingen.

Foucault, M. (1981): Archäologie des Wissens (1973). Suhrkamp, Frankfurt/Main.

Foucault, M. (1992): Die Ordnung des Diskurses (1974). Fischer Taschenbuch Verlag, Frankfurt/Main.

Foucault, M. (2005): Subjekt und Macht. In: Foucault, M. [Hrsg.]: Analytik der Macht, 6. Aufl., 240–263. Suhrkamp, Frankfurt/Main.

Frank, M. & Gürsoy, E. (2014): Sprachbewusstheit im Mathematikunterricht in der Mehrsprachigkeit. Zur Rekonstruktion von Schülerstrategien im Umgang mit sprachlichen Anforderungen von Texgaufgaben. In: Ferraresi, G. & Liebner, S. [Hrsg.]: SprachBrückenBauen. 40. Jahrestagung des Fachverbandes Deutsch als Fremd- und Zweitsprache an der Universität Bamberg 2013, *Materialien Deutsch als Fremdsprache*, Bd. 92, 29–46. Universitätsverlag Göttingen, Göttingen.

Fröhlich, L., Döll, M. & Dirim, İ. (2014): Unterrichtsbegleitende Sprachstandsbeobachtung Deutsch als Zweitsprache (USB DaZ). Bundesministerium für Bildung und Frauen, Wien.

Fürstenau, S. (2007): Bildungsstandards im Kontext ethnischer Heterogenität. Erfahrungen aus England und Perspektiven in Deutschland. In: Zeitschrift für Pädagogik, **53**, 1: 16–33.

Fürstenau, S. (2015): Migrationsbedingte Mehrsprachigkeit und symbolische Hierarchien in Familien und Bildungsinstitutionen. In: Migration und Soziale Arbeit, **4**: 313–320.

Fürstenau, S. & Gomolla, M. (2011): Migration und schulischer Wandel: Mehrsprachigkeit. VS Verlag, Wiesbaden.

Fürstenau, S. & Niedrig, H. (2011a): Die kultursoziologische Perspektive Pierre Bourdieus: Schule als sprachlicher Markt. In: Fürstenau, S. & Gomolla, M. [Hrsg.]: Migrations und schulischer Wandel: Mehrsprachigkeit, 69–87. VS Verlag, Wiesbaden.

Fürstenau, S. & Niedrig, H. (2011b): Mehrsprachigkeit und Partizipation im Kontext transnationaler Migration. URL: https://heimatkunde.boell.de/2011/05/18/mehrsprachigkeit-und-partizipation-im-kontext-transnationaler-migration, abgerufen am 20. Februar 2016.

Gantefort, C. (2013): ‚Bildungssprache' - Merkmale und Fähigkeiten im sprachtheoretischen Kontext. In: Gogolin, I., Lange, I., Michel, U. & Reich, H. H. [Hrsg.]: Herausforderung Bildungssprache - und wie man sie meistert, *FÖRMIG Edition*, Bd. 9, 71–105. Waxmann, Münster/ New York.

Garbe, C., Holle, K. & Jesch, T. (2009): Texte lesen. Lesekompetenz - Textverstehen - Lesedidaktik - Lesesozialisation. Schöningh UTB, Paderborn.

Geertz, C. (1973): The interpretation of culture. Basic Books, New York.

Geertz, C. (1997): Common sense als kulturelles System. In: Geertz, C. [Hrsg.]: Dichte Beschreibungen. Beiträge zum Verstehen kultureller Systeme, 261–288. Suhrkamp, Frankfurt/Main.

Gehalt.de (2012): Wie viel verdient ein Physiker? URL: http://www.gehalt.de/news/Wie-viel-verdient-ein-Physiker, abgerufen am 20. Februar 2016.

Gerthsen, C., Kneser, H. O. & Vogel, H. (1977): Physik: Ein Lehrbuch zum Gebrauch neben Vorlesungen. 13. Aufl. Springer-Verlag, Berlin u.a.

Gerthsen, C., Kneser, H. O. & Vogel, H. (1989): Physik: ein Lehrbuch zum Gebrauch neben Vorlesungen. 16. Aufl. Springer-Verlag, Berlin u.a.

GFK, G. F. (1951): Abkommen über die Rechtsstellung der Flüchtlinge (vom 28. Juli 1951), Art. 1, A2.

Gibbons, P. (2002): Scaffolding language, scaffolding learning. Teaching second language learners in the mainstream classroom. Heinemann, Portsmouth, NH.

Gibbons, P. (2006): Unterrichtsgespräche und das Erlernen neuer Register in der Zweitsprache. In: Mecheril, P. & Quehl, T. [Hrsg.]: Die Macht der Sprachen. Englische Perspektiven auf die mehrsprachige Schule, 269–290. Waxmann, Münster/New York.

Gilardi, S., Bauer, V., Kumar, S. & Starl, K. (2009): Special Protection for Migrants in Education? In: Tajmel, T. & Starl, K. [Hrsg.]: Science Education Unlimited. Approaches to Equal Opportunities in Learning Science, 37–47. Waxmann, Münster, New York.

Gültekin, N. (2006): Interkulturelle Kompetenz: Kompetenter professioneller Umgang mit sozialer und kultureller Vielfalt. In: Leiprecht, R. & Kerber, A. [Hrsg.]: Schule in der Einwanderungsgesellschaft, 2. Aufl., book section 4, 367–386. Wochenschau Verlag, Schwalbbach/Ts.

Günther, H. (1997): Mündlichkeit und Schriftlichkeit. In: Balhorn, H. & Niemann, H. [Hrsg.]: Sprachen werden Schrift. Mündlichkeit - Schriftlichkeit - Mehrsprachigkeit, 64–73. Lengwil.

Gogolin, I. (1994): Der monolinguale Habitus der multilingualen Schule. Waxmann, Münster.

Gogolin, I. (2005): Erziehungsziel Mehrsprachigkeit. In: Röhner, C. [Hrsg.]: Erziehungsziel Mehrsprachigkeit. Diagnose von Sprachentwicklung und Förderung von Deutsch als Zweitsprache, 13–24. Juventa, Weinheim.

Gogolin, I. (2009): „Bildungssprache" - The Importance of Teaching Language in Every School Subject. In: Tajmel, T. & Starl, K. [Hrsg.]: Science Education Unlimited. Approaches to Equal Opportunities in Learning Science, 91–110. Waxmann, Münster, New York.

Gogolin, I. & Lange, I. (2011): Bildungssprache und durchgängige Sprachbildung. In: Fürstenau, S. & Gomolla, M. [Hrsg.]: Migration und schulischer Wandel, 107–127. VS Verlag, Wiesbaden.

Gogolin, I., Lange, I., Michel, U. & Reich, H. H. (2013): Herausforderung Bildungssprache - und wie man sie meistert, *FÖRMIG Edition*, Bd. 9. Waxmann, Münster, New York.

Gogolin, I., Lange, I. & unter Mitarbeit von Grießbach, D. (2010): Durchgängige Sprachbildung. Eine Handreichung, *FÖRMIG Material*, Bd. 2. Waxmann, Münster, New York.

Gogolin, I. & Neumann, U. (2009): Streitfall Zweisprachigkeit. VS Verlag, Wiesbaden.

Gogolin, I., Neumann, U. & Roth, H.-J. (2003): Förderung von Kindern und Jugendlichen mit Migrationshintergrund. Expertise für die Bund-Länder-Kommission für Bildungsplanung und Forschungsförderung, *BLK- Materialien zur Bildungsplanung und Forschungsförderung*, Bd. 107. BLK.

Gomolla, M. (1997): Mechanismen institutionalisierter Diskriminierung von Migrantenkindern in Bildungsorganisationen am Beispiel von Selektionsentscheidungen im Primarbereich. In: Gleichmann, P. R., Kürsat, E., Tan, D. & Waldhoff, H. P. [Hrsg.]: Brücken zwischen den Zivilisationen, 153–174. Verlag für Interkulturelle Kommunikation, Frankfurt/Main.

Gomolla, M. (2010): Fördern und Fordern allein genügt nicht! Mechanismen institutioneller Diskriminierung von Migrantenkindern im deutschen Schulsystem. In: Auernheimer, G. [Hrsg.]: Schieflagen im Bildungssystem. Die Benachteiligung der Migrantenkinder, 4. Aufl., 87–102. VS Verlag, Wiesbaden.

Gomolla, M. (2015): Institutionelle Diskriminierung im Bildungs- und Erziehungssystem. In: Leiprecht, R. & Steinbach, A. [Hrsg.]: Grundlagen - Diversität - Fachdidaktiken, *Schule in der Migrationsgesellschaft.*, Bd. 1, 193–219. Wochenschau-Verlag, Schwalbach im Taunus.

Gomolla, M. & Radtke, F.-O. (2009): Institutionelle Diskriminierung. In: Institutionelle Diskriminierung. Die Herstellung ethnischer Differenz in der Schule, 35–58. VS Verlag.

Gottfried, A. W., Gottfried, A. E., Brathhurst, K. & Guerin, D. W. (1994): Gifted IQ: Early Development Aspects. The Fullerton Longitudinal Study. Plenum Press, New York.

Göpferich, S. (1995): Textsorten in Naturwissenschaften und Technik. Pragmatische Typologie - Kontrastierung - Translation., *Forum für Fachsprachenforschung*, Bd. 27. Gunter Narr Verlag, Tübingen.

Göpferich, S. (1998): Interkulturelles Technical Writing. Fachliches adressatengerecht vermitteln. Forum für Fachsprachenforschung. Gunter Narr Verlag, Tübingen.

Gräber, W. & Nentwig, P. (2002): Scientific Literacy - Naturwissenschaftliche Grundbildung in der Diskussion. In: Gräber, W., Nentwig, P., Koballa, T. & Evans, R. [Hrsg.]: Scientific Literacy. Der Beitrag der Naturwissenschaften zur Allgemeinen Bildung, 7–20. Leske + Budrich, Opladen.

Grießhaber, W. (2006): Lernende unterstützen: die Profilanalyse als didaktisch nutzbares Werkzeug der Lernersprachenanalyse. URL: http://spzwww.uni-muenster.de/griesha/pub/tlernendeunterstuetzen06.pdf, abgerufen am 20. Februar 2016.

Griffiths, M. (1998): Educational Research for Social Justice: Getting off the Fence. Open University Press, Milton Keynes.

Griffiths, M. (2009): Critical Approaches in Qualitative Educational Research. University of Edinburgh.

Gromadecki, U., Mikelskis-Seifert, S. & Duit, R. (2007): Naturwissenschaftliches Argumentieren im Anfangsunterricht Physik. In: Höttecke, D. [Hrsg.]: Naturwissenschaftlicher Unterricht im internationalen Vergleich, 166–168. LIT-Verlag, Münster.

Gromadecki-Thiele, U. & Priemer, B. (2015): Argumentationsmuster von Lehramtskanidaten in Physik. In: Bernholt, S. [Hrsg.]: Heterogenität und Diversität - Vielfalt der Voraussetzungen im naturwissenschaftlichen Unterricht. Gesellschaft für Didaktik der Chemie und Physik. Jahrestagung in Bremen 2014, 256–258. IPN, Kiel.

Grupp, H. (1997): Messung und Erklärung des Technischen Wandels: Grundzüge einer empirischen Innovationsökonomie. Springer-Verlag, Heidelberg, New York.

Götze, L., Helbig, G., Henrici, G. & Krumm, H.-J. (2010): Die Strukturdebattte als Teil der Fachgeschichte. In: Krumm, H.-J., Fandrych, C., Hufeisen, B. & Riemer, C. [Hrsg.]: Deutsch als Fremd- und Zweitsprache. Ein internationales Handbuch. Band 1, 19–33. deGruyter Mouton, Berlin, New York.

Habermann, F. (2012): „Alle Verhältnisse umwerfen!" Und dafür eine subjektfundierte Hegemonietheorie. In: Dzudzek, I., Kunze, C. & Wullweber, J. [Hrsg.]: Diskurs und Hegemonie. Gesellschaftskritische Perspektiven, 85–104. transcript Verlag, Bielefeld.

Habermas, J. (1977): Umgangssprache, Wissenschaftssprache, Bildungssprache. In: Max Planck, G. [Hrsg.]: Jahrbuch der Max-Planck-Gesellschaft 1977, 36–51. Max-Planck-Gesellschaft, Göttingen.

Hall, S. (1989): Rassismus als ideologischer Diskurs. In: Das Argument, **178**: 913–921.

Haller, I., Vrohlings, M., Frietsch, R. & Grupp, H. (2007): Analyse des technischen und wissenschaftlichen Beitrags von Frauen. Studie im Rahmen der Berichterstattung zur Technologischen Leistungsfähigkeit Deutschlands, gefördert durch das Bundesministerium für Bildung und Forschung (BMBF), *Studie zum deutschen Innovationssystem*, Bd. 18. Frauenhofer Institut, System- und Innovationsforschung Universität Karlsruhe (TH) IWW.

Halliday, M. A. K. (1978): Language as Social Semiotic: The Social Interpretation of Language and Meaning. Edward Arnold, London.

Halliday, M. A. K. (1982): Beiträge zur funktionalen Sprachbetrachtung. Schroedel Verlag GmbH., Braunschweig.

Halliday, M. A. K. (1993): Towards a Language-Based Theory of Learning. In: Linguistics and Education, **5**: 93–116.

Halliday, M. K. A. (1965): Comparison and translation. In: Halliday, M., Kirkwood, A., McIntosh, A. & Strevens, P. [Hrsg.]: The linguistic sciences and language teaching. Longmans, Green & Co.

Hammer, S., Rosenbrock, S., Ehmke, T., Gültekin-Karakoç, N., Koch-Priewe, B., Köker, A. & Ohm, U. (2013): Kompetenzmodellierung und Kompetenzerfassung im Hochschulsektor: Deutsch-als-Zweitsprache-Kompetenz. URL: http://www.kompetenzen-im-hochschulsektor.de/Dateien/ Poster_130306_DaZKom_1.pdf, abgerufen am 20. Februar 2016.

Hammond, J. & Gibbons, P. (2005): Putting scaffolding to work: The contribution of scaffolding in articulating ESL education. In: Prospect, **20**, 1: 6–30.

Hannover, B. & Kessels, U. (2004): Self-to-prototype matching as a strategy for making academic choices. Why German high school students do not like math and science. In: Learning and Instruction, **14**, 1: 51–67.

Hany, E. (2002): Entwicklung und Förderung hochbegabter Schüler aus psychologischer Sicht. Vortrag im Rahmen der Ringvorlesung der Universität Erfurt „Herausforderungen der Bildungsgesellschaft", 11. 6. 2002. URL: http://www.db-thueringen.de/servlets/DerivateServlet/Derivate-1215/hany.html, abgerufen am 20. Februar 2016.

Haraway, D. (1988): Situated Knowledges: The Science Question in Feminism and the Priviledge of Partial Perspective. In: Feminist Studies, **14**: 575–599.

Haraway, D. (1989): Primate Visions: Gender, Race and Nature in the World of modern Science. Routlege, London/New York.

Haraway, D. (1991): Simians, Cyborgs, and Women: The Reinvention of Nature. Routledge, New York.

Harding, S. (1991): Whose Science? Whose Knowledge? Thinging from Women's Lives. Cornell University Press, Ithace, New York.

Harding, S. (2003): The Feminist Standpoint Theory Reader. Intellectual and Political Controversies. Routledge, London.

Harding, S. (2006): Science and Social Inequality. Feminist and Postcolonial Issues. Race and Gender in Science Studies. University of Illinois Press, Urbana and Chicago.

Hausmann, F. J. (2007): Die Kollokation im Rahmen der Phraseologie - systematische und historische Darstellung. In: Zeitschrift für Anglistik und Amerikanistik, **55**, 3: 217–234.

Hawkins, E. (1987): Awareness of Language: An Introduction. Cambridge University Press.

Hecke, B., Pastille, R. & Bolte, C. (2010): Spracharbeit im Schulversuch Mercator – ein Kooperationsprojekt. In: Höttecke, D. [Hrsg.]: Entwicklung naturwissenschaftlichen Denkens zwischen Phänomen und Systematik., 125–127. LIT-Verlag, Münster.

Heinemann, W. (2000): Aspekte der Textsortendifferenzierung. In: Brinker, K., Antos, G., Heinemann, W. & Sager, S. F. [Hrsg.]: Text- und Gesprächslinguistik / Linguistics of Text and Conversation, Handbücher zur Sprach- und Kommunikationswissenschaft / Handbooks of Linguistics and Communication Science / [HSK] 16/1. de Gruyter, Berlin, New York.

Heinzel, F. (2006): Lernen am schulischen Fall — wenn Unterricht zum kommunizierbaren Geschehen wird. In: Cloos, P. & Thole, W. [Hrsg.]: Ethnografische Zugänge, book section 3, 35–47. VS Verlag.

Heise, H., Sinzinger, M., Struck, Y. & Wodzinski, R. (2014): DPG-Studie zur Unterrichtsversorgung im Fach Physik und zum Wahlverhalten der Schülerinnen und Schüler im Hinblick auf das Fach Physik. Deutsche Physikalische Gesellschaft.

Helbig, G. & Buscha, J. (2013): Deutsche Grammatik: Ein Handbuch für den Ausländerunterricht. Langenscheidt bei Klett, München.

Helbig, G., Götze, L., Henrici, G. & Krumm, H.-J. (2001): Deutsch als Fremdsprache. Ein internationales Handbuch. deGruyter, Berlin, New York.

Henning, M. & Müller, C. (2009): Wie normal ist die Norm? Sprachliche Normen im Spannungsfeld von Sprachwissenschaft, Sprachöffentlichkeit und Sprachdidaktik. Kassel University Press, Kassel.

Hentig, H. v. (2003): Die vermessene Bildung. Die ungewollten Folgen von TIMSS und PISA. In: Neue Sammlung, **43**, 2.

Hericks, U. & Körber, A. (2007): Methodologische Perspektiven quantitativer und rekonstruktiver Fachkulturforschung in der Schule. In: Lüders, J. [Hrsg.]: Fachkulturforschung in der Schule, Studien zur Bildungsgangforschng, 31–48. Barbara Budrich, Opladen.

Herzog, W., Neuenschwandner, M. P., Violi, E. & Gerber, C. (1999): Mädchen und Jungen im koedukativen Physikunterricht: Ergebnisse einer Interventionsstudie auf der Sekundarstufe II. In: Bildungsforschung und Bildungspraxis, **1**: 99–124.

Herzog-Punzenberger, B. (2009): Learning while Transgressing Bounderies - Understanding Societal Processes Impacting Students with a Migration Background. In: Tajmel, T. & Starl, K. [Hrsg.]: Science Education Unlimited. Approaches to Equal Opportunities in Learning Science, 49–63. Waxmann, Münster, New York.

Hess-Lüttich, E. W. B. (1998): Fachsprachen als Register. In: Hoffmann, L., Kalverkämper, H. & Wiegand, H. E. [Hrsg.]: Fachsprachen, 208–218. deGruyter, Berlin/New York.

Hierdeis, H. (2009): Selbstreflexion als Element pädagogischer Professionalität, Vortrag. Report, Institut für Erziehungswissenschaften der Universität Innsbruck. URL: www.uibk.ac.at/iezw/texte/hierdeis.pdf, abgerufen am 20. Februar 2016.

Hoffmann, L., Häußler, P. & Lehrke, M. (1998a): Die IPN-Interessenstudie. IPN, Kiel.

Hoffmann, L., Kalverkämper, H. & Wiegand, H. E. (1998b): Fachsprachen - Languages for Special Purposes. Ein internationales Handbuch zur Fachsprachenforschung und Terminologiewissenschaft – An International Handbook of Special Languages and Terminology Research. Handbücher zur Sprach- und Kommunikationswissenschaft. de Gruyter, Berlin, New York.

Hoffmann, M. (2008): Semantisch - pragmatisch - ästhetisch: Perspektiven auf die Bedeutung sprachlicher Zeichen. In: Pohl, I. [Hrsg.]: Semantik und Pragmatik -

Schnittstellen, Sprache. System und Tätigkeit, 65–84. Peter Lang, Frankfurt am Main.

Hofstede, G. (2001): Lokales Denken, globales Handeln: Interkulturelle Zusammenarbeit und globales Management. Verlag C. H. Beck, München.

Hossenfelder, M. (2000): Der Wille zum Recht und das Streben nach Glück. Grundlegung einer Ethik des Wollens und Begründung der Menschenrechte. C.H. Beck, München.

Höttecke, D. (2001): Die Natur der Naturwissenschaften historisch verstehen. Fachdidaktische und wissenschaftshistorische Untersuchungen. Studien zum Physiklernen. Logos-Verlag, Berlin.

Höttecke, D. & Rieß, F. (2007): Rekonstruktion der Vorstellungen von Physikstudierenden über die Natur der Naturwissenschaften - eine explorative Studie. In: Physik und Didaktik in Schule und Hochschule (PhyDid), **1**, 6: 1–14.

Huber, L. (2001): Stichwort Fachliches Lernen. Das Fachprinzip in der Kritik. In: Zeitschrift für Erziehungswissenschaft, **3**: 307–331.

Huber, L., Liebau, E., Portele, G. & Schütte, W. (1983): Fachcode und studentische Kultur - zur Erforschung der Habitusausbildung in der Hochschule. In: Becker, E. [Hrsg.]: Reflexionsprobleme der Hochschulforschung, Blickpunkt Hochschuldidaktik, 144–170. Beltz, Weinheim.

Hug, M. (2007): Sprachbewusstheit und Mehrsprachigkeit. Diskussionsforum Deutsch. Schneider-Verlag Hohengehren.

Häußler, P. & Hoffmann, L. (1998): Chancengleichheit für Mädchen im Physikunterricht - Ergebnisse eines erweiterten BLK-Modellversuchs. In: Zeitschrift für Didaktik der Naturwissenschaften, **4**, 1: 51–67.

Hussénius, A. (2014): Science education for all, some or just a few? Feminist and gender perspectives on science education: a special issue. In: Cultural Studies of Science Education, **9**, 2: 255–262.

Hutchins, E. (1980): Culture and inference. Harvard University Press, Cambridge, MA.

Ickler, T. (1997): Die Disziplinierung der Sprache: Fachsprachen in unserer Zeit. Narr, Tübingen.

Inhetveen, R. (1977): Naturwissenschaften und Kapitalismus. In: Rieß, F. [Hrsg.]: Kritik des mathematisch naturwissenschaftlichen Unterrichts, 207. päd.extra Buchverlag, Weinheim.

Jahnke-Klein, S. (2013): Benötigen wir eine geschlechtsspezifische Pädagogik in den MINT-Fächern? Ein Überblick über die Debatte und den Forschungsstand. In: Schulpädagogik heute. Lernen und Geschlecht, **4**, 8.

James, C. & Garrett, P. (1991): Language Awareness in the Classroom. Longman.

James, C., Garrett, P. & Candlin, C. (2014): Language Awareness in the Classroom. Taylor & Francis.

Jeuk, S. (2003): Erste Schritte in der Zweitsprache Deutsch. Eine empirische Untersuchung zum Zweitspracherwerb türkischer Migrantenkinder in Kindertageseinrichtungen. Fillibach, Freiburg.

Jäger, S. (2004): Kritische Diskursanalyse. Eine Einführung. 4. Aufl. Unrast, Münster.

Jonen, A. & Möller, K. (2005): Die KiNT-Boxen - Kinder lernen Naturwissenschaften und Technik. Klassenkisten für den Sachunterricht. Paket I: Schwimmen und Sinken. Spectra, Essen.

Jösting, S. & Seemann, M. (2006): Einleitung. In: Jösting, S. & Seemann, M. [Hrsg.]: Gender und Schule. Geschlechterverhjältnisse in Theorie und schulischer Praxis, 19–26. BIS-Verlag, Oldenburg.

Kaiser, A. (1985): Mädchen und Jungen - eine Frage des Sachunterrichts? Ergebnisse eines Forschungsprojekts. In: Valtin, R. & Warm, U. [Hrsg.]: Frauen machen Schule., 52–64. Arbeitskreis Grundschule, Frankfurt.

Kalpaka, A. (1998): Interkulturelle Kompetenz - Kompetentes (Sozial)pädagogisches Handeln in der Einwanderungsgesellschaft. In: IZA Zeitschrift für Migration und Soziale Arbeit, 3-4: 77–79.

Kalpaka, A. (2006): Pädagogische Professionalität in der Kulturalisierungsfalle - Über den Umgang mit ‚Kultur' in Verhältnissen von Differenz und Dominanz. In: Leiprecht, R. & Kerber, A. [Hrsg.]: Schule in der Einwanderungsgesellschaft, Politik und Bildung, 387–405. Wochenschauverlag, Schwalbach.

Kalpaka, A. (2015): Pädagogische Professionalität in der Kulturalisierungsfalle - Über den Umgang mit ‚Kultur' in Verhältnissen von Differenz und Dominanz. In: Leiprecht, R. & Steinbach, A. [Hrsg.]: Sprache - Rassismus - Professionalität, *Schule in der Migrationsgesellschaft*, Bd. 2, 289–312. Wochenschau-Verlag, Schwalbach im Taunus.

Kalpaka, A. & Mecheril, P. (2010): „Interkulturell". Von spezifisch kulturalistischen Ansätzen zu allgemein reflexiven Perspektiven. In: Mecheril, P., Castro Varela, M. d. M., Dirim, İ., Kalpaka, A. & Melter, C. [Hrsg.]: Migrationspädagogik, BACHELOR / MASTER, book section 6, 77–98. Beltz, Weinheim und Basel.

Keiner, D. (2003): Bildungspolitik des Staates und die Erziehungswissenschaft - oder: Gedanken zum Verhältnis von Kritischer Theorie der Gesellschaft und Fachwissenschaft aus Anlass der PISA-Studie und im Lichte früher Erkenntnisse zu den Bildungsverhältnissen der BRD. In: Bernhard, A., Kremer, A. & Rieß, F. [Hrsg.]: Theoretische Grundlagen und Widersprüche, *Kritische Erziehungswissenschaft und Bildungsreform*, Bd. 1, 146–164. Schneider Verlag Hohengehren, Baltmannsweiler.

Keller, E. F. (1985): Reflections on Gender and Science *(Deut. Übers. Bettina Blumenberg*. Liebe, Macht und Erkenntnis. Männliche oder weibliche Wissenschaft? *Fischer, Frankfurt a.M. 1998)*. Yale University Press, New Haven.

Keller, R. (2001): Wissenssoziologische Diskursanalyse. In: Keller, R., Hirseland, A., Schneider, W. & Viehöver, W. [Hrsg.]: Handbuch Sozialwissenschaftliche Diskursanalyse: Band I: Theorien und Methoden, 113–143. VS Verlag, Wiesbaden.

Keller, R. (2007): Diskurse und Dispositive analysieren. Die Wissenssoziologische Diskursanalyse als Beitrag zu einer wissensanalytischen Profilierung der Diskursforschung. In: Forum Qualitative Sozialforschung/ Forum: Qualitative Social Research, 8, 2.

Kessels, U. (2002): Undoing Gender in der Schule. Eine empirische Studie über Koedukation und Geschlechtsidentität im Physikunterricht. Juventa, Weinheim.

Kessels, U. & Taconis, R. (2011): Alien or Alike? How the Perceived Similarity Between the Typical Science Teacher and a Student's Self-Image Correlates with Choosing Science at School. In: Research in Science Education, 42, 6: 1049–1071.

Klein, W. P. (2006): Vergebens oder vergeblich? Ein Modell zur Analyse sprachlicher Zweifelsfälle. In: Breindl, E., Gunkel, L. & Strecker, B. [Hrsg.]: Grammatische Untersuchungen. Analysen und Reflexionen., 581–599. Narr, Tübingen.

Klieme, E. (2004): Was sind Kompetenzen und wie lassen sie sich messen? In: Pädagogik, 56, 6: 10–13.

Klieme, E., Artelt, C., Hartig, J., Jude, N., Köller, O., Prenzel, M., Schneider, W. & Stanat, P. (2010): PISA 2009. Bilanz nach einem Jahrzent. Waxmann, Münster.

Klieme, E., Avenarius, H., Blum, W., Döbrich, P., Gruber, H., Prenzel, M., Reiss, K., Riquarts, K., Rost, J., Tenorth, H.-E. & Vollmer, H. J. (2007): Zur Entwicklung nationaler Bildungsstandards - Expertise, *Bildungsforschung*, Bd. 1. Bundesministerium für Bildung und Forschung (BMBF), Bonn, Berlin.

Klinger, C. (2003): Ungleichheit in den Verhältnissen von Klasse, Rasse und Geschlecht. In: Knapp, G.-A. & Wetterer, A. [Hrsg.]: Achsen der Differenz. Gesellschaftskritik und feministische Theorie II, 14–48. Westfälisches Dampfboot, Münster.

Klippert, H. (2010): Heterogenität im Klassenzimmer. Wie Lehrkräfte effektiv und zeitsparend damit umgehen können. Beltz, Weinheim.

Klotz, P. (2013): Beschreiben. Grundzüge einer Deskriptologie. Erich Schmidt Verlag, Berlin.

kmii Köln (online): Netzwerk „kein mensch ist illegal". URL: http://www.kmii-koeln.de/, abgerufen am 20. Februar 2016.

Knappik, M., Dirim, İ. & Döll, M. (2013): Migrationsspezifisches Deutsch und die Wissenschaftssprache Deutsch: Aspekte eines Spannungsverhältnisses in der LehrerInnenausbildung. In: Vetter, E. [Hrsg.]: Professionalisierung für sprachliche Vielfalt, 42–61. Schneider Verlag Hohengehren, Baltmannsweiler.

Kniffka, G. & Siebert-Ott, G. (2008): Deutsch als Zweitsprache. Lehren und Lernen. UTB, Paderborn.

Knopp, M., Becker-Mrotzek, M. & Grabowski, J. (2013): Diagnose und Förderung von Teilkomponenten der Schreibkompetenz. In: Redder, A. & Weinert, S. [Hrsg.]: Sprachförderung und Sprachdiagnostik - interdisziplinäre Perspektiven, 296–315. Waxmann, Münster.

Koch, P. & Oesterreicher, W. (1985): Sprache der Nähe - Sprache der Distanz. Mündlichkeit und Schriftlichkeit im Spannungsfeld von Sprachtheorie und Sprachgegeschichte. In: Romanistisches Jahrbuch, **36**, 36: 15–43.

Kolb, D. A. & Fry, R. (1975): Toward an applied theory of experiential learning. In: Cooper, C. [Hrsg.]: Theories of Group Process. John Wiley, London.

Koller, H.-C. (2014): Einleitung: Heterogenität - Zur Konjunktur eines pädagogischen Konzepts. In: Koller, H.-C., Casale, R. & Ricken, N. [Hrsg.]: Heterogenität. Zur Konjunktur eines pädagogischen Konzepts, Bildungs- und Erziehungsphilosophie, 9–18. Ferdinand Schöningh, Paderborn.

Koller, H.-C. & Lüders, J. (2004): Möglichkeiten und Grenzen der Foucaultschen Diskursanalyse. In: Ricken, N. & Rieger-Lladich, M. [Hrsg.]: Michel Foucault: Pädagogische Lektüren, 57–79. VS Verlag, Wiesbaden.

Kopperschmidt, J. (2000): Argumentationstheorie zur Einführung. Junius, Hamburg.

Korner, M. & Hopf, M. (2015): Cross-Age Peer Tutoring: Lernerfolge in Elektrizitätslehre und Optik. In: Bernholt, S. [Hrsg.]: Heterogenität und Diversität - Vielfalt der Voraussetzungen im naturwissenschaftlichen Unterricht. Gesellschaft für Didaktik der Chemie und Physik, Jahrestagung in Bremen 2014, 94–96. IPN, Kiel.

Kornmann, R. (2010): Die Überrepräsentation ausländischer Kinder und Jugendlicher in Sonderschulen mit Schwerpunkt Lernen. In: Auernheimer, G. [Hrsg.]: Schieflagen im Bildungssystem. Die Benachteiligung der Migrantenkinder, 4. Aufl., 71–86. VS Verlag, Wiesbaden.

Krais, B. (1993): Geschlechterverhältnisse und symbolische Gewalt. In: Gebauer, G. & Wulf, C. [Hrsg.]: Praxis und Ästhetik. Neue Perspektiven im Denken Pierre Bourdieus., 208–250. Suhrkamp, Frankfurt am Main.

Krathwohl, D. R. (1976): Taxonomie von Lernzielen im kognitiven Bereich. Beltz, Weinheim, Basel.

Kremer, A. (1985): Naturwissenschaftlicher Unterricht und Standesinteresse. Zur Professionalisierungsgeschichte der Naturwissenschaftslehrer an höheren Schulen. Reihe Soznat: Mythos Wissenschaft. Soznat, Marburg.

Kremer, A. (2003a): Kritische Naturwissenschaftsdidaktik: Theoretisches Selbstverständnis und Reformpraxis im Wandel. In: Bernhard, A., Kremer, A. & Rieß, F. [Hrsg.]: Reformimpulse in Pädagogik, Didaktik und Curriculumentwicklung, *Kritische Erziehungswissenschaft und Bildungsreform*, Bd. 2, 233–264. Schneider Verlag Hohengehren, Baltmannsweiler.

Kremer, A. (2003b): Motive, Verlaufsdynamik und Ergebnisse der Bildungsreform. In: Bernhard, A., Kremer, A. & Rieß, F. [Hrsg.]: Theoretische Grundlagen und Widersprüche, *Kritische Erziehungswissenschaft und Bildungsreform*, Bd. 1, 165–182. Schneider Verlag Hohengehren, Baltmannsweiler.

Kremer, K. (2010): Die Natur der Naturwissenschaften verstehen - Untersuchungen zur Struktur und Entwicklung von Komeptenzen in der Sekundarstufe I. Thesis, Universität Kassel.

Krofta, H., Fandrich, J. & Nordmeier, V. (2013): Praxisseminare im Schülerlabor: Forschendes Lernen im Lehramtsstudium. In: Bernholt, S. [Hrsg.]: Inquiry-based Learning - Forschendes Lernen, 713–715. IPN_Verlag, Kiel.

Krumm, H.-J. (1973): Analyse und Training fremdsprachlichen Lehrverhaltens. Beltz, Weinheim.

Kuckartz, U. (2012): Qualitative Inhaltsanalyse. Methoden, Praxis, Computerunterstützung. Beltz Juventa, Weinheim.

Kulgemeyer, C. & Schecker, H. (2009): Kommunikationskompetenz in der Physik: Zur Entwicklung eines domänenspezifischen Kommunikationsbegriffs. In: Zeitschrift für Didaktik der Naturwissenschaften, **15**.

Kultusministerkonferenz (2005): Bildungsstandards im Fach Physik für den Mittleren Schulabschluss (Jahrgangsstufe 10). Beschlüsse der Kultusministerkonferenz. Luchterhand - Wolters Kluwer, München, Neuwied.

Kultusministerkonferenz (2013): Operatorenliste Naturwissenschaften (Physik, Biologie, Chemie). URL: http://www.kmk.org/fileadmin/pdf/Bildung/Auslandsschulwesen/Kerncurriculum/Operatoren_Ph_Ch_Bio_Februar_2013.pdf, abgerufen am 15. Januar 2016.

Kultusministerkonferenz (2015): Kompetenzstufen zu den Bildungsstandards im Fach Deutsch im Kompetenzbereich Sprache und Sprachgebrauch untersuchen für den Primarbereich (Überarbeiteter Entwurf, Version vom 24. März 2015). URL: https://www.iqb.hu-berlin.de/bista/ksm/KSM_Deutsch_Spra.pdf, abgerufen am 15. Januar 2016.

Kultusministerkonferenz, Sekretariat der KMK (1998): Einheit in der Vielfalt. Luchterhand, Neuwied u.a. URL: http://www.kmk.org/wir-ueber-uns/gruendung-und-zusammensetzung/zur-geschichte-der-kmk.html, abgerufen am 20. Februar 2016.

Kunz, R. (2015): Situative Kasuistik – Die Relationierung von Theorie und Praxis durch Schlüsselsituationen. In: Bolay, E., Iser, A. & Weinhardt, M. [Hrsg.]: Methodisch Handeln – Beiträge zu Maja Heiners Impulsen zur Professionalisierung der Sozialen Arbeit, Forschung und Entwicklung in der Erziehungswissenschaft, book section 6, 77–89. Springer Fachmedien, Wiesbaden.

Langshaw, J. (1972): Zur Theorie der Sprechakte. Reclam.

Latour, B. (1987): Science in action. Harvard University Press, Cambridge, MA.

Lederman, N. G., Abd-El-Khalick, F., Bell, R. L. & Schwartz, R. S. (2002): Views of Nature of Science Questionnaire: Toward Valid and Meaningful Assessment of Learners' Conceptions of Nature of Science. In: Journal of Research in Science Teaching, **39**, 6: 497–521.

Lehrerbildung, E. (2012): Ausbildung von Lehrkräften in Berlin. Senatsverwaltung für Bildung, Jugend und Wissenschaft, Berlin.

Leiprecht, R. (2001): Alltagsrassismus. Eine Untersuchung bei Jugendlichen in Deutschland und den Niederlanden. Waxmann, Münster/New York.

Leiprecht, R. (2002): Interkulturelle Kompetenz als Schlüsselqualifikation aus der Sicht von Arbeitsansätzen in pädagogischen Handlungsfeldern. In: IZA Zeitschrift für Migration und Soziale Arbeit, **3-4**: 87–91.

Leiprecht, R. (2004): Kultur- was ist das eigentlich? Arbeitspapiere IBKM No.7. Carl von Ossietzky Universität Oldenburg.

Leiprecht, R. (2006): Förderung interkultureller und antirassistischer Kompetenz. In: Leiprecht, R., Riegel, C., Held, J. & Wiemeyer, C. [Hrsg.]: International Lernen – Lokal Handeln., 17–52. Iko-Verlag, Berlin.

Leiprecht, R. (2015): Zum Umgang mit Rassismen in Schule und Unterricht. In: Leiprecht, R. & Steinbach, A. [Hrsg.]: Sprache - Rassismus - Professionalität, *Schule in der Migrationsgesellschaft*, Bd. 2, 115–149. Debus Pädagogik Verlag, Schwalbach im Taunus.

Leiprecht, R. & Lutz, H. (2006): Intersektionalität im Klassenzimmer: Ethnizität, Klasse, Geschlecht. In: Leiprecht, R. & Kerber, A. [Hrsg.]: Schule in der Einwanderungsgesellschaft, Politik und Bildung, 218–234. Wochenschauverlag, Schwalbach.

Leisen, J. (1998): Sprache(n) im Physikunterricht. In: Praxis der Naturwissenschaft - Physik, **2**, 47: 2–4.

Leisen, J. (2011): Sprachförderung. Der sprachsensible Fachunterricht. In: BLuS, **8**: 6–15.

Leisen, J. (2013): Handbuch Sprachförderung im Fach. Sprachsensibler Fachunterricht in der Praxis. Klett, Stuttgart.

Lemke, J. (1990): Talking Science: Language, Learning and Values. Language and Educational Processes. Ablex Publishing, Westport.

Lemke, J. (2011): The secret identity of science education: masculine and politically conservative? In: Cultural Studies of Science Education, **6**: 287–292.

Lemke, J. L. (2001): Articulating communities: Sociocultural perspectives on science education. In: Journal of Research in Science Teaching, **38**, 3: 296–316.

Lengyel, D. (2010): Bildungssprachförderlicher Unterricht in mehrsprachigen Lernkonstellationen. In: Zeitschrift für Erziehungswissenschaft, **13**: 593–608.

Leutner, D., Klieme, E., Meyer, K. & Wirth, J. (2004): Problemlösen. In: Deutschland, P.-K. [Hrsg.]: PISA 2003. Der Bildungsstand der Jugendlichen in Deutschland - Ergebnisse des zweiten internationalen Vergleichs, 147–176. Waxmann, Münster.

Lewis, M. (1993): The lexical approach: the state of ELT and a way forward. Language Teaching Publications, Hove.

Löffler, H. (2010): Germanistische Soziolinguistik. Grundlagen der Germanistik, 4. Aufl. Erich Schmidt Verlag GmbH & Co, Berlin.

LI-NRW (2011): Landesinstitut Nordrhein-Westfalen, Kernlehrplan für die Gesamtschule – Sekundarstufe I in Nordrhein-Westfalen. Naturwissenschaften: Biologie. URL: http://www.standardsicherung.schulministerium.nrw.de/lehrplaene/upload/klp_SI/GE/NW/GE_NW_Bio_Che_Phy_Endfassung.pdf, abgerufen am 15. Januar 2016.

Liebers, K., Mikelskis, H., Otto, R., Schön, L.-H. & Wilke, H.-J. (2000): Physik plus. Gymnasium Klassen 7 und 8. Volk und Wissen, Berlin.

Liebert, W.-A. (1994): Das analytische Konzept Schlüsselwort in der linguistischen Tradition. Bericht Nr. 83. Report, Institut für deutsche Sprache, Universität Mannheim. URL: http://www.psychologie.uni-heidelberg.de/institutsberichte/SFB245/SFB083.pdf, abgerufen am 20. Februar 2016.

Long, M. H. (1991): Focus on form: A design feature in language teaching methodology. In: de Bot, K., Ginsberg, R. & Kramsch, C. [Hrsg.]: Foreign language research in cross-cultural perspective., 39–52. John Benjamins, Amsterdam.

Longino, H. (1995): Gender, Politics, and the Theoretical Virtues. In: Synthese, **104**: 383–397.

Lütke, B. & Tajmel, T. (2009): DaZ im Fachunterricht – didaktische und curriculare Modellierung des fächerübergreifenden DaZ-Moduls in der Lehrerausbildung der HU Berlin. (Vortrag, 39. Tagung der Gesellschaft für Angewandte Linguistik, 17.09.2009, Karlsruhe).

Luchtenberg, S. (2010): Language Awareness. In: Ahrenholz, B. & Oomen-Welke, I. [Hrsg.]: Deutsch als Zweitsprache, Deutschunterricht in Theorie und Praxis, 107–117. Schneider Verlag Hohengehren, Baltmannsweiler.

Lucius-Hoene, G. & Deppermann, A. (2004): Narrative Identität und Positionierung. In: Gesprächsforschung - Online-Zeitschrift zur verbalen Interaktion, **5**: 166–183.

Lugones, M. (1987): Playfulness, "world"-travelling, and loving perception. In: Hypatia, **2**, 2: 3–19.

Lutz, H. (2001): Differenz als Rechenaufgabe: über die Relevanz der Kategorien Race, Class und Gender. In: Lutz, H. & Wenning, N. [Hrsg.]: Unterschiedlich verschieden, kap. 12, 215–230. VS Verlag.

Markic, S. (2010): Umgang mit sprachlichen Defiziten von Schülerinnen und Schülern im Chemieunterricht. In: Höttecke, D. [Hrsg.]: Entwicklung naturwissenschaftlichen Denkens zwischen Phänomen und Systematik., 496–498. LIT-Verlag, Münster.

Markic, S. (2012): Umgang mit sprachlicher Heterogenität im naturwissenschaftlichen Unterricht. In: Bernholt, S. [Hrsg.]: Konzepte fachdidaktischer Strukturierung für den Unterricht, 188–190. LIT-Verlag, Münster.

Mayring, P. (2008): Qualitative Inhaltsanalyse. Grundlagen und Techniken. Pädagogik, 10. Aufl. Beltz, Weinheim u. Basel.

Mecheril, P. (2002): „Kompetenzlosigkeitskompetenz". Pädagogisches Handeln unter Einwanderungsbedingungen. In: Auernheimer, G. [Hrsg.]: Interkulturelle Kompetenz und pädagogische Professionalität., 15–34. Westdeutscher Verlag, Opladen.

Mecheril, P. (2004): Einführung in die Migrationspädagogik. Beltz, Weinheim Basel.

Mecheril, P. (2007): Diversity. Die Macht des Einbezugs. In: Heimatkunde. Migrationspolitisches Portal. Heinrich Böll Stiftung.

Mecheril, P. (2008): „Kompetenzlosigkeitskompetenz". Pädagogisches Handeln unter Einwanderungsbedingungen. In: Auernheimer, G. [Hrsg.]: Interkulturelle Kompetenz und pädagogische Professionalität, 15–34. Springer.

Mecheril, P. (2010a): Anerkennung und Befragung von Zugehörigkeitsverhältnissen. Umrisse einer migrationspädagogischen Orientierung. In: Mecheril, P., Castro Varela, M. d. M., Dirim, İ., Kalpaka, A., Melter, C., Hurrelmann, K., Palentien, C. & Schröer, J. [Hrsg.]: Migrationspädagogik, Bachelor | Master, kap. 8, 179–191. Beltz, Weinheim und Basel.

Mecheril, P. (2010b): Die Ordnung des erziehungswissenschaftlichen Diskurses in der Migrationsgesellschaft. In: Mecheril, P., Castro Varela, M. d. M., Dirim, İ., Kalpaka, A., Melter, C., Hurrelmann, K., Palentien, C. & Schröer, J. [Hrsg.]: Migrationspädagogik, Bachelor | Master, kap. 3, 54–76. Beltz, Weinheim und Basel.

Mecheril, P. (2010c): Migrationspädagogik. Hinführung zu einer Perspektive. In: Mecheril, P., Castro Varela, M. d. M., Dirim, İ., Kalpaka, A., Melter, C., Hurrelmann, K., Palentien, C. & Schröer, J. [Hrsg.]: Migrationspädagogik, Bachelor | Master, kap. 1, 7–22. Beltz, Weinheim und Basel.

Mecheril, P., Castro Varela, M. d. M., Dirim, İ., Kalpaka, A. & Melter, C. (2010): Migrationspädagogik. Beltz, Weinheim und Basel.

Mecheril, P. & Quehl, T. (2006): Sprache und Macht. Theoretische Facetten eines (migrations-)pädagogischen Zusammenhangs. In: Mecheril, P. & Quehl, T. [Hrsg.]: Die Macht der Sprachen. Englische Perspektiven auf die mehrsprachige Schule, 355–382. Waxmann, Münster/New York.

Mecheril, P. & Quehl, T. (2015): Die Sprache der Schule. In: Thoma, N. & Knappik, M. [Hrsg.]: Sprache und Bildung in Migrationsgesellschaften. Machtkritische perspektiven auf ein prekarisiertes Verhältnis, 151–178. transcript Verlag, Bielefeld.

Mecheril, P. & Teo, T. (1994): Andere Deutsche. Zur Lebenssituation von Menschen multiethnischer und multikultureller Herkunft. Dietz, Berlin.

Mecheril, P. & Vorrink, A. J. (2014): Heterogenität, Sondierung einer (schul)pädagogischen Gemengelage. In: Koller, H.-C., Casale, R. & Ricken, N. [Hrsg.]: Heterogenität. Zur Konjunktur eines pädagogischen Konzepts, Bildungs- und Erziehungsphilosophie, 87–114. Ferdinand Schöningh, Paderborn.

Melter, C. & Mecheril, P. (2009): Rassismuskritik. Band 1: Rassismustheorie und -forschung. Wochenschau Verlag, Schwalbach/Taunus.

Messerschmidt, A. (2008): Postkoloniale Erinnerungsprozesse in einer postnationalsozialistischen Gesellschaft - vom Umgang mit Rassismus und Antisemitismus. In: Peripherie, **109**: 42–60.

Meyer, H. (2003): Skizze eines Stufenmodells zur Analyse von Forschungskompetenz. In: Obolenski, A. & Meyer, H. [Hrsg.]: Forschendes Lernen, 99–115. Klinkhardt, Bad Heilbrunn.

Mindoljević, V., Mujić, N., Markotić, M., Lagumdžija, A., Sakotić, A. & Hadžibegović, Z. (2009): Astronomy Workshop (PROMISE-Team Sarajevo). In: Tajmel, T. & Starl, K. [Hrsg.]: Science Education Unlimited. Approaches to Equal Opportunities in Learning Science. Waxmann, Münster, New York.

Mineva, G. & Salgado, R. (2015): Mehrsprachigkeit: Relevant, aber kulturalisierend? In: Thoma, N. & Knappik, M. [Hrsg.]: Sprache und Bildung in Migrationsgesellschaften. Machtkritische Perspektiven auf ein prekarisiertes Verhältnis, 245–262. transcript Verlag, Bielefeld.

Müller, W. (2006): Vom Lehrplan zu den Zielen des Unterrichts. In: Mikelskis, H. [Hrsg.]: Physik-Didaktik. Praxishandbuch für die Sekundarstufe I und II., 38–51. Cornelsen Scriptor, Berlin.

Müller-Roselius, K. (2007): Habitus und Fachkultur. In: Lüders, J. [Hrsg.]: Fachkulturforschung in der Schule, Studien zur Bildungsgangforschng, 15–30. Barbara Budrich, Opladen.

Motakef, M. (2006): Das Menschenrecht auf Bildung und der Schutz vor Diskriminierung - Exklusionsrisiken und Inklusionschancen. Deutsches Institut für Menschenrechte, Berlin.

Muckenfuß, H. (1995): Lernen im sinnstiftenden Kontext. Entwurf einer zeitgemäßen Didaktik des Physikunterrichts. Cornelsen Verlag, Berlin.

Muñoz, V. (2007): Report of the Special Rapporteur on the right to education. Addendum MISSION TO GERMANY, A/HRC/4/29/Add.3, 9 March 2007. URL: https://documents-dds-ny.un.org/doc/UNDOC/GEN/G07/117/59/PDF/G0711759.pdf?OpenElement, abgerufen am 16. Dezember 2016.

Murmann, L. & Pech, D. (2007): Biografisches Stolpern. Anzeige eines wissenschaftlichen Klärungsbedarfs zur Person und den Schriften Martin Wagenscheins im Nationalsozialismus und der Rezeptionsgeschichte Wagenscheins in der Sachunterrichtsdidaktik. URL: http://www.widerstreit-sachunterricht.de/ebeneI/superworte/zumsach/wagenschein.pdf, 20. Februar 2016.

Nagel, T. (1986): The View From Nowhere. Oxford University Press, New York.

NBPTS -National Board for Professional Teaching Standards (2002): What Teachers Should Know and Be Able to Do. NBPTS, Arlington.

Neuhäuser-Metternich, S. & Krummacher, S. (2009): Ada Lovelace Mentoring - Engaging Girls and Women with Science and Technology. In: Tajmel, T. & Starl, K. [Hrsg.]: Science Education Unlimited. Approaches to Equal Opportunities in Learning Science, 169–178. Waxmann, Münster, New York.

Neumann, K., Kauertz, A., Lau, A., Notarp, H. & Fischer, H. E. (2007a): Die Modellierung physikalischer Kompetenz und ihrer Entwicklung. In: Zeitschrift für Didaktik der Naturwissenschaften, 13: 113–121.

Neumann, S., Nagel, C. & Stadler, H. (2007b): Ansätze zur Untersuchung von Barrieren von Schüler/innen mit Migrationshintergrund im naturwissenschaftlichen Unterricht. In: Höttecke, D. [Hrsg.]: Naturwissenschaftlicher Unterricht im internationalen Vergleich., 475–477. LIT-Verlag, Münster.

Neumann, U. (2011): Schulischer Wandel durch bilinguale Klassen. In: Fürstenau, S. & Gomolla, M. [Hrsg.]: Migration und schulischer Wandel: Mehrsprachigkeit, 181–190. VS Verlag, Wiesbaden.

Neuner, G., Glienecke, S. & Schmitt, W. (1998): Deutsch als Zweitsprache in der Schule. Grundlagen, Rahmenplanung und Arbeitshilfen für den interkulturellen Unterricht. Langenscheidt, Berlin.

Niedrig, H. (2002): Bildungsinstitutionen im Spiegel der sprachlichen Ressourcen von afrikanischen Flüchtlingsjugendlichen. URL: http://www.themenpool-migration.eu/download/dorigi02.pdf, abgerufen am 20. Februar 2016.

Niedrig, H. (2015): Postkoloniale Mehrsprachigkeit und „Deutsch als Zweitsprache". In: Thoma, N. & Knappik, M. [Hrsg.]: Sprache und Bildung in Migrationsgesellschaften. Machtkritische Perspektiven auf ein prekarisiertes Verhältnis, 69–86. transcript Verlag, Bielefeld.

Niemz, P. (2005): Physik des Holzes. Eidgenössische Technische Hochschule, Zürich.

Nippold, M. (2007): Later Language Development. School-Age Children, Adolescents, and Young Adults. Pro Ed., Austin.

Nitz, S. (2012): Fachsprache im Biologieunterricht: Eine Untersuchung zu Bedingungsfaktoren und Auswirkungen. Thesis, Christian-Albrechts-Universität zu Kiel.

Nitz, S., Nerdel, C. & Prechtl, H. (2012): Entwicklung eines Erhebungsinstruments zur Erfassung der Verwendung von Fachsprache im Biologieunterricht. In: Zeitschrift für Didaktik der Naturwissenschaften, **18**: 117–139.

Norris, S. P. & Phillips, L. M. (2003): How literacy in its fundamental sense is central to scientific literacy. In: Science Education, **87**: 224–240.

Nowak, M. (2001): The Right to Education. In: Eide, A., Krause, C. & Rosas, A. [Hrsg.]: Social and Cultural Rights. A Textbook, 259. Martinus Nijhoff Publishers, The Hague.

N'sir, I., Adamik, F., Pastille, R. & Bolte, C. (2011): Naturwissenschaftsbezogene Sprachförderung im Ferienkurs „Mercator". In: Höttecke, D. [Hrsg.]: Naturwissenschaftliche Bildung als Beitrag zur Gestaltung partizipativer Demokratie., 617–619. LIT-Verlag, Münster.

Nussbaumer, M. & Sieber, P. (1994): Texte analysieren mit dem Züricher Textanalyseraster. In: Sieber, P. [Hrsg.]: Sprachfähigkeiten - Besser als ihr Ruf und nötiger denn je!, 141–186. Sauerländer, Aarau.

OECD (1999): Measuring students knowledge and skills: A new framework for assessment. (Organisation for Economic Co-Operation and Development). OECD, Paris.

OECD (2006): Where Immigrant Students Succeed - A Comparative Review of Performance and Engagement in PISA 2003. OECD, Paris.

OECD (2014): PISA 2012 Ergebnisse: Exzellenz durch Chancengerechtigkeit (Band II): Allen Schülerinnen und Schülern die Voraussetzungen zum Erfolg sichern. PISA. W. Bertelsmann Verlag, Germany.

OECD (2015): The ABC of Gender Equality in Education: Aptitude, Behaviour, Confidence. PISA. OECD Publishing. URL: http://dx.doi.org/10.1787/9789264229945-en, abgerufen am 20. Februar 2016.

Oelkers, J. (1998): Schulen in erweiterter Verantwortung. Eine Positionsbestimmung aus erziehungswissenschaftlicher Sicht. In: Zeitschrift für Pädagogik, **44**: 179–190.

Office of the United Nations High Commissioner for Human Rights (1969): International Convention on the Elimination of All Forms of Racial Discrimination. URL: http://www.ohchr.org/EN/ProfessionalInterest/Pages/CERD.aspx, abgerufen am 20. Februar 2016.

Ohm, U. (2009): Zur Professionalisierung von Lehrkräften im Bereich Deutsch als Zweitsprache: Überlegungen zu zentralen Kompetenzbereichen für die Lehrerausbildung. In: Zeitschrift für Interkulturellen Fremdsprachenunterricht, **14**, 2: 28–36.

Ohm, U., Kuhn, C. & Funk, H. (2007): Sprachtraining für Fachunterricht und Beruf. Fachtexte knacken - mit Fachsprache arbeiten. FörMig Edition. Aufl. Waxmann, Münster.

Oomen-Welke, I. (2003): Eintwicklung sprachlichen Wissens und Bewusstseins im mehrsprachigen Kontext. In: Bredel, U. [Hrsg.]: Didaktik der deutschen Sprache, *Große Reihe*, Bd. 1, 452–463. Schöningh UTB, Paderborn.

Orland, B. & Scheich, E. (1995): Das Geschlecht der Natur. Surhkamp, Frankfurt am Main.

Ortner, H. (2009): Rhetorisch-stilistische Eigenschaften der Bildungssprache. In: Fix, U., Gardt, A. & Knape, J. [Hrsg.]: Rhetorik und Stilistik, Teilband 2, 2227–2240. de Gruyter Mouton, Berlin/New Xork.

Ossner, J. (2005): Begriff und Beschreibung - zwei Seiten einer Medaille. In: Fix, M. & Jost, R. [Hrsg.]: Sachtexte im Deutschunterricht, 120–132. Schneider-Verlag Hohengehren, Baltmannsweiler.

Ossner, J. (2008): Sprachdidaktik Deutsch. Schöningh UTB GmbH, Paderborn.

Overwien, B. & Prengel, A. (2007): Recht auf Bildung. Zum Besuch des Sonderberichterstatters der Vereinten Nationen in Deutschland. Verlag Barbara Budrich, Opladen.

Pels, D. (2000): Reflexivity. One Step Up. In: Theory, Culture & Society, **17**, 3: 1–25.

Petersen, I. & Tajmel, T. (2015): Bildungssprache als Lernmedium und Lernziel des Fachunterrichts. In: Leiprecht, R. & Steinbach, A. [Hrsg.]: Sprache - Rassismus - Professionalität, *Schule in der Migrationsgesellschaft*, Bd. 2, 84–111. Wochenschau-Verlag, Schwalbach im Taunus.

Petersen, S. (2011): Lösungen und Bewertungsvorschläge zu den Aufgaben der 1. Runde des Auswahlverfahrens für die 42. IPhO 2011. URL: http://wettbewerbe. ipn.uni-kiel.de/ipho/data/42_IPhO_2011_1Rd_Loesungen.pdf, abgerufen am 15. Januar 2016.

Petersen, S. (2014): Bericht über die 45. Internationale PhysikOlympiade vom 13. bis 21. Juli 2014 in Astana, Kasachstan und den nationalen Auswahlwettbewerb in Deutschland. IPN-Leibniz-Institut für Pädagogik der Naturwissenschaften und Mathematik, Kiel.

Phelan, P., Davidson, A. & Cao, H. (1991): Students' multiple worlds: Negotiating the boundaries of family, peer, and school cultures. In: Anthropology and Education Quarterly, **22**, 3: 224–250.

Phillips, L. M. & Norris, S. P. (1999): Interpreting popular science: what happens when the reader's world meets the world on paper? In: International Journal of Science Education, **21**, 3: 317–327.

Phillips, L. M., Norris, S. P., Smith, M. L., Buker, J. & Kasper, C. (2009): Assessment techniques corresponding to scientific texts in commercial reading programs: Do they promote scientific literacy? In: The Alberta Journal of Educational Research, **55**, 4: 435–452.

Picht, G. (1964): Die deutsche Bildungskatastrophe, Analysen und Dokumentation. Walter-Verlag, Freiburg im Breisgau.

PISA-Konsortium, D. (2001): PISA 2000. Basiskompetenzen von Schülerinnen und Schülern im internationalen Vergleich. Leske + Budrich, Opladen.

PISA-Konsortium, D. (2000): Schülerleistungen im internationalen Vergleich: Eine neue Rahmenkonzeption für die Erfassung von Wissen und Fähigkeiten. Max-Planck-Institut für Bildungsforschung, Berlin.

Portmann-Tselikas, P. R. (1998): Sprachförderung im Unterricht. Handbuch für den Sach- und Sprachförderunterricht in mehrsprachigen Klassen. Orell Füssli, Zürich.

Portmann-Tselikas, P. R. (2001): Sprachaufmerksamkeit und Grammatiklernen. In: Portmann-Tselikas, P. R. & Schmölzer-Eibinger, S. [Hrsg.]: Grammatik und Sprachaufmerksamkeit, 9–48. Studien Verlag, Innsbruck.

Quehl, T. (2003): Möglichkeiten interkultureller und antirassistischer Pädagogik in der Grundschule. In: Kloeters, U., Lüddecke, J. & Quehl, T. [Hrsg.]: Schulwege in die Vielfalt. Handreichung zur Interkulturellen und Antirassistischen Pädagogik in der Schule, 253–315. Iko-Verlag, Berlin.

Quehl, T. (2015): Rassismuskritische und diversitätsbewusste Bildungsarbeit in der Schule. In: Leiprecht, R. & Steinbach, A. [Hrsg.]: Sprache - Rassismus - Professionalität, *Schule in der Migrationsgesellschaft*, Bd. 2, 179–206. Debus Pädagogik Verlag, Schwalbach im Taunus.

Quehl, T. & Trapp, U. (2013): Sprachbildung im Sachunterricht der Grundschule. Mit dem Scaffolding-Konzept unterwegs zur Bildungssprache. FÖRMIG Material. Waxmann, Münster/New York.

RAA-MV (2012): Praxisbaustein Deutsch als Zweitsprache: Bildungssprache und sprachsensibler Fachunterricht. Regionale Arbeitsstelle für Bildung, Integration und Demokratie (RAA) Mecklenburg-Vorpommern e. V, Waren/Müritz.

Radtke, F.-O. (2003): Die Erziehungswissenschaft der OECD - Aussichten auf die neue Performanzkultur. In: Nittel, D. & Seitter, W. [Hrsg.]: Die Bildung des Erwachsenen. Erziehungs- und sozialwissenschaftliche Zugänge, 277–304. W. Bertelsmann Verlag, Bielefeld.

Radtke, F.-O. (2005): Die Schwungkraft internationaler Vergleiche. In: Bank, V. [Hrsg.]: Vom Wert der Bildung. Bildungsökonomie in wirtschaftspädagogischer Perspektive neu gedacht. Haupt Verlag, Bern/Stuttgart/Wien.

Radtke, F.-O. (2008): Intelligenter Umgang mit Heterogenität? (Vortragsmanuskript). URL: http://www.network-migration.org/konferenz2008/docs/Radtke_Manuskript.pdf, abgerufen am 20. Februar 2016.

Radtke, F.-O. (2013a): Frühkindliche Förderung ist nicht die Lösung (Interview). URL: http://www.migazin.de/2013/11/13/fruehkindliche-foerderung-ist-nicht-die-loesung/2/, abgerufen am 20. Februar 2016.

Radtke, F.-O. (2013b): Schulversagen - Migrantenkinder als Objekt der Politik, der Wissenschaft und der Publikumsmedien. In: Mediendienst Integration. URL: http://mediendienst-integration.de/fileadmin/Dateien/Essay_FOR_Schulversagen_MDI_final.pdf, abgerufen am 20. Februar 2016.

Raidt, T. (2009): Bildungsreformen nach PISA. Paradigmenwechsel und Wertewandel. Thesis, Universität Düsseldorf.

Ralle, B. (2015): Sprachliche Heterogenität und fachdidaktische Forschung. In: Bernholt, S. [Hrsg.]: Heterogenität und Diversität - Vielfalt der Voraussetzungen im naturwissenschaftlichen Unterricht. Gesellschaft für Didaktik der Chemie und Physik, Jahrestagung in Bremen 2014, 4–18. IPN, Kiel.

Reich, H. H. (2008): Materialien zum Workshop „Bildungssprache". Unveröffentlichtes Schulungsmaterial für die FörMig-Weiterqualifizierung „Berater(in) für sprachliche Bildung, Deutsch als Zweitsprache".

Reich, H. H. (2011): Prozessbegleitende Diagnose schriftsprachlicher Fähigkeiten auf der Sekundarstufe I. URL: http://www.bamf.de/SharedDocs/Anlagen/DE/Downloads/Infothek/Themendossiers/Dialogforum-7/dialogforum-7-lernerfolge-2011-diagnose-schriftsprache.pdf?__blob=publicationFile, abgerufen am 20. Februar 2016.

Reich, H. H. & Roth, H.-J. (2007): HAVAS 5 - das Hamburger Verfahren zur Analyse des Sprachstands bei Fünfjährigen. In: Reich, H. H., Roth, H.-J. & Neumann, U. [Hrsg.]: Sprachdiagnostik im Lernprozess. Verfahren zur Analyse von Sprachständen im Kontext von Zweisprachigkeit, FörMig Edition, 3. Aufl., 71–94. Waxmann, Münster.

Rentzsch, W., Stangl, A. & Krische, C. (2009): Hands-On Experiments - Temperature (Grade 6/7) (PROMISE-Team Vienna). In: Tajmel, T. & Starl, K. [Hrsg.]: Science Education Unlimited. Approaches to Equal Opportunities in Learning Science. Waxmann, Münster, New York.

Rieß, F. (1977): Ideologiekritik des naturwissenschaftlichen Unterrichts. In: Rieß, F. [Hrsg.]: Kritik des mathematisch naturwissenschaftlichen Unterrichts, 322–340. päd.extra Buchverlag, Weinheim.

Rieß, F. (2003): Kritische Naturwissenschaftsdidaktik: Inhaltsbereiche und Forschungspraxis. In: Bernhard, A., Kremer, A. & Rieß, F. [Hrsg.]: Reformimpulse in Pädagogik, Didaktik und Curriculumsentwicklung, *Kritische Erziehungswis-*

senschaft und Bildungsreform, Bd. 2, 265–276. Schneider Verlag Hohengehren, Baltmannsweiler.

Riebling, L. (2013a): Die Heuristik der Bildungssprache. In: Gogolin, I., Lange, I., Michel, U., Reich, H. H., Gogolin, I., Lengyel, D., Neumann, U., Reich, H. H., Roth, H.-J. & Schwippert, K. [Hrsg.]: Herausforderung Bildungssprache - und wie man sie meistert, Förmig Edition, 106–153. Waxmann, Münster.

Riebling, L. (2013b): Sprachbildung im naturwissenschaftlichen Unterricht. Eine Studie im Kontext migrationsbedingter sprachlicher Heterogenität. Interkulturelle Bildungsforschung. Waxmann, Münster.

Rieder, K. (2002): Sprachbewusstes Handeln : eine Schlüsselqualifikation für LehrerInnen. In: SWS-Rundschau, **42**, 4: 449–463.

Rincke, K. (2007): Sprachentwicklung und Fachlernen im Mechanikunterricht. Sprache und Kommunikation bei der Einführung in den Kraftbegriff. Dissertation, Universität Kassel.

Rincke, K. (2010): Alltagssprache, Fachsprache und ihre besondere Bedeutung für das Lernen. In: Zeitschrift für Didaktik der Naturwissenschaften, **16**: 235–260.

Roelcke, T. (2010): Fachsprachen. Grundlagen der Germanistik, 3. Aufl. Erich Schmidt Verlag, Berlin.

Rolf, E. (1993): Die Funktionen der Gebrauchstextsorten. Grundlagen der Kommunikation und Kognition. De Gruyter, Berlin.

Romaner, E. & Thomas-Olalde, O. (2014): „Materialisierte Diskurse". Einige Aspekte einer theoriegeleiteten Analyse von DaZ-Materialien. In: maiz – Autonomes Zentrum von und für Migrantinnen [Hrsg.]: Deutsch als Zweitsprache. Ergebnisse und Perspektiven eines partizipativen Forschungsprozesses, 131–160. maiz Eigenverlag, Linz. URL: http://maiz.at/sites/default/files/deutsch-als-zweitsprache_www-2.pdf, abgerufen am 20. Februar 2016.

Rose, G. (1997): Situating Knowledges: Positionality, reflexivity and other tactics. In: Progress in Human Geography, **21**, 3: 305–320.

Roth, W.-M. & Lee, S. (2002): Scientific literacy as collective praxis. In: Public Understanding of Science, **11**, 1: 33–56.

Rotter, D. (2015): Der Focus on Form-Ansatz zur Förderung des Deutschen als Zweitsprache – eine empirische Untersuchung zur Lehrer-Lerner-Interaktion im Grundschulkontext, *Mehrsprachigkeit*, Bd. 40. Waxmann, Münster.

Rösch, H. (2009): German as a Second Language - Linguistic and Didactic Foundations. In: Tajmel, T. & Starl, K. [Hrsg.]: Science Education Unlimited. Approaches to Equal Opportunities in Learning Science, 149–167. Waxmann, Münster, New York.

Rösch, H. (2011): Deutsch als Zweit- und Fremdsprache. Akademie Studienbücher, Sprachwissenschaft. Akademie Verlag GmbH, Berlin.

Rösch, H. (2014): BeFo und die Folgen für die DaZ-Didaktik. In: Lütke, B. & Petersen, I. [Hrsg.]: Deutsch als Zweitsprache: erwerben, lernen und lehren. Beiträge aus dem 9. Workshop „Kinder mit Migrationshintergrund", 195–208. Fillibach bei Klett, Stuttgart.

Rösch, H. (2015): Literaturunterricht und sprachliche Bildung. In: Lütke, B., Petersen, I. & Tajmel, T. [Hrsg.]: Fachintegrierte Sprachbildung: Forschung, Theoriebildung und Konzepte für die Unterrichtspraxis (in Vorbereitung). deGruyter, Berlin, New York.

Rösch, H., Ahrenholz, B., Ahrens, R., Grassau, U., Röhner-Münch, K. & Thimm, M. (2001): Handreichung Deutsch als Zweitsprache. Senatsverwaltung für Schule, Jugend und Sport Berlin, Berlin.

Rösch, H., Rotter, D. & Darsow, A. (2012): FoF und FoM: Konzeption der sprachsystematischen und fachbezogenen Zweitsprachförderung im BeFo-Projekt. In: Ahrenholz, B. [Hrsg.]: Sprachstand erheben – Spracherwerb erforschen, 173–186. Fillibach bei Klett, Stuttgart.

Rösel, F.-G. (2009): Newton's Experiments - Describing Experiments (Grade 10/11) (PROMISE-Team Vienna). In: Tajmel, T. & Starl, K. [Hrsg.]: Science Education Unlimited. Approaches to Equal Opportunities in Learning Science. Waxmann, Münster.

Said, E. (1978): Orientalism. Vintage, New York.

Sandig, B. (1975): Zur Differenzierung gebrauchsspezifischer Textsorten im Deutschen. In: Gülich, E. & Raible, W. [Hrsg.]: Textsorten. Differenzierungskriterien aus linguistischer Sicht., 2. Aufl. Athenaion, Wiesbaden.

Sandig, B. (1989): Stilistische Mustermischungen in der Gebrauchssprache. In: Zeitschrift für Germanistik, 10, 2: 133–155.

Scaracella, R. (2003): Academic English: A Conceptual Framework. Report, The University of California Linguistic Minority Research Institute.

Scheich, E. (1996): Vermittelte Weiblichkeit. Feministische Wissenschafts- und Gesellschaftstheorie. Hamburger Edition, Hamburg.

Schelle, C. (2011): Fallarbeit in der Lehrerbildung - Strukturmerkmale schulischer und unterrichtlicher Interaktion. In: Erziehungswissenschaft - Mitteilungen der DGfE, 43: 85–92.

Scherr, A. (2008): Diskriminierung – eine eigenständige Kategorie für die soziologische Analyse der (Re-)Produktion sozialer Ungleichheiten in der Einwanderungsgesellschaft? In: Rehberg, K.-S. [Hrsg.]: Die Natur der Gesellschaft. Verhandlungen des 33. Kongresses der Deutschen Gesellschaft für Soziologie in Kassel 2006., 2007–2017. Campus Verlag, Main.

Scheuer, R., Kleffken, B. & Alborn-Gockel, S. (2010): Experimentieren als neuer Weg der Sprachförderung - Verknüpfung naturwissenschaftlicher und sprachlicher Bildung. In: Höttecke, D. [Hrsg.]: Entwicklung naturwissenschaftlichen Denkens zwischen Phänomen und Systematik., 248–250. LIT-Verlag, Münster.

Schiewe, J. (1994): Sprache des Verstehens - Sprache des Verstandenen Martin Wagenscheins Stufenmodell zur Vermittlung der Fachsprache im Physikunterricht. In: Akademie der Wissenschaften zu Berlin & Weinrich, H. [Hrsg.]: Linguistik der Wissenschaftssprache, Forschungsbericht, 281–299. de Gruyter, Berlin.

Schirilla, N. (2014): Postkoloniale Kritik an Interkultureller Philosophie als Herausforderung für Ansätze interkultureller Kommunikation. In: Jammal, E. [Hrsg.]: Kultur und Interkulturalität: Interdisziplinäre Zugänge, 157–168. Springer VS, Wiesbaden.

Schlegel, U. (2014): Von Männerfeindinnen und Genossinnen. In: EMMA, **317**: 88–90.

Schöler, H., Fromm, W. & Kany, W. (1998): Sprachpathologie: Fenster zur Untersuchung von Sprache und Kognition? Edition Schindele im Universitätsverlag Winter, Heidelberg.

Schlichting, J. H. (2000): Fachdidaktik interkulturell: Physik. In: Reich, H. H., Holzbrecher, A. & Roth, H.-J. [Hrsg.]: Fachdidaktik interkulturell. Ein Handbuch, 359–387. Leske + Budrich, Obladen.

Schüller, M. (2009): Electric Bell (Grade 5-8) (PROMISE-Team Vienna). In: Tajmel, T. & Starl, K. [Hrsg.]: Science Education Unlimited. Approaches to Equal Opportunities in Learning Science. Waxmann, Münster, New York.

Schmenk, B. (2011): Grammatik ganz autonom? Werch ein Illtum! In: Schmenk, B. & Würffel, N. [Hrsg.]: Drei Schritte vor und manchmal auch sechs zurück. Internationale Perspektiven auf Entwicklungslinien im Bereich Deutsch als Fremdsprache, 97–110. Gunter Narr Verlag, Tübingen.

Schmid-Barkow, I. (1999): Kinder lernen Sprache sprechen, schreiben, denken. Lang, Frankfurt.

Schön, D. A. (1984): The Reflective Practioner. How Professionals think in Action. Basic Books, USA.

Schneider, W., Baumert, J., Becker-Mrotzek, M., Hasselhorn, M., Kammermeyer, G., Rauschenbach, T., Roßbach, H.-G., Roth, H.-J., Rothweiler, M. & Stanat, P. (2012): Expertise „Bildung durch Sprache und Schrift (BISS)" (Bund-Länder-Initiative zur Sprachförderung, Sprachdiagnostik und Leseförderung). URL: http://www.biss-sprachbildung.de/pdf/BiSS-Expertise.pdf, abgerufen am 20. Februar 2016.

Schreier, M. (2010): Fallauswahl. In: Mey, G. & Mruck, K. [Hrsg.]: Qualitative Forschung in der Psychologie, 238–251. VS Verlag, Wiesbaden.

Schröter, M. (2011): Schlagwörter im politischen Diskurs. In: Mitteilungen des Deutschen Germanistenverbandes, **3**: 249–257.

Schützeichel, R. (2007): Soziale Repräsentationen. In: Schützeichel, R. [Hrsg.]: Handbuch Wissenssoziologie und Wissensforschung, 450–455. UVK, Konstanz.

Searle, J. R. (1969): Speech acts. An essay in the philosophy of language. Cambridge University Press, Cambridge.

Seidlhofer, B. (1995): Die Rolle der Native Speakers im Fremdsprachenunterricht: eine kritische Bestandsaufnahme. In: de Cillia, R. & Wodak, R. [Hrsg.]: Sprachenpolitik in Mittel und Osteuropa, 217–226. Passagen, Wien.

Seiverth, A. (2007): Traumatisierung und Notstandssemantik. Bildungspolitische Kontinuität vom Sputnik- zum PISA-Schock. In: DIE Zeitschrift für Erwachsenenbildung, **14**, 4: 32–35.

Sen, A. (1986): Inequality Re-examined. Harvard University Press, Cambridge, Massachusetts.

SenBJS, Senatsverwaltung für Bildung, Jugend und Sport Berlin (2006): Rahmenlehrplan für die Sekundarstufe I, Jahrgangsstufe 7-10, Physik.

Short, D. J. & Echevarria, J. (1999): The Sheltered Instruction Observation Protocol: A Tool for Teacher-Research Collaboration and Professional Development.

Sjøberg, S. (2007): PISA and 'Real Life Challenges': Mission Impossible? In: Hopman [Hrsg.]: PISA according to PISA. Does PISA keep what it promises? LIT-Verlag, Vienna.

Sjøberg, S. (2009): Foreword. In: Tajmel, T. & Starl, K. [Hrsg.]: Science Education Unlimited. Approaches to Equal Opportunities in Learning Science, 7–9. Waxmann, Münster, New York.

Sjøberg, S. & Schreiner, C. (2010): The ROSE project. An overview and key findings. URL: http://roseproject.no/network/countries/norway/eng/nor-Sjoberg-Schreiner-overview-2010.pdf, abgerufen am 20. Februar 2016.

Söll, L. (1985): Gesprochenes und geschriebenes Französisch. In: Grundlagen der Romanistik, **6**.

Smith, K. & Edelsky, C. (2005): Different Lenses for Looking at the Writing of English Language Learners. In: Cohen, J., McAlister, K. T., Rolstad, K. & MacSwan, J. [Hrsg.]: ISB4: Proceedings of the 4th International Symposium on Bilingualism, 2133–2142. Cascadilla Press, Somerville, MA.

Snow, C. P. (1969): Die zwei Kulturen. In: Kreuzer, H. [Hrsg.]: Literarische und naturwissenschaftliche Intelligenz. Dialog über die 'zwei Kulturen', 11–25. Klett, Stuttgart.

Solga, H. & Dombrowski, R. (2009): Soziale Ungleichheiten in schulischer und außerschulischer Bildung. Stand der Forschung und Forschungsbedarf, *Arbeitspapier*, Bd. 171. Setzkasten GmbH, Düsseldorf.

Solga, H. & Powell, J. (2006): Gebildet - Ungebildet. In: Lessenich, S. & Null-meier, F. [Hrsg.]: Deutschland - eine gespaltene Gesellschaft, 175–190. Campus Verlag, Frankfurt/New York.

Somani, N. & Mobbs, M. (1997): Using Pauline Gibbons Planning Framework: Examples of Practice. In: NALDIC News 13. Nov. 1997.

Soznat Redaktion (1982): Soznat-Prospekt. In: Soznat Archiv. URL: http://www. xn--studel-cua.de/schriften_LS/Soznat-Archiv/Soznat_ueber_Soznat.pdf, abgerufen am 20. Februar 2016.

Spillner, J. (2011): Physik für Mädchen und Jungen? Betrachtung des Genderaspekts in Physikschulbüchern. Masterthesis, TU Braunschweig.

Spindler, G. (1987): Education and cultural process: Anthropological approaches. Waveland Press, Prospect Heights, IL.

Spintig, S. & Tajmel, T. (2017): Das Leitbild eines Diversity-gerechten Mentoring-Programmes. In: Petersen, R. & Budde, M. [Hrsg.]: Praxishandbuch Mentoring in der Wissenschaft. Springer VS.

Spitta, G. (2000): Sind Sprachbewusstheit und Sprachbewusstsein dasselbe? oder Gedanken zu einer vernachlässigten Differenzierung. In: Deutschdidaktische Perspektiven. Eine Schriftenreihe des Studiengangs Primarstufe an der Universität Bremen im Fachbereich 12: Bildungs- und Erziehungswissenschaften.

Spivak, G. C. (1985): The Rani of Sirmur. An Essay in Reading the Archives. In: Barker, F. [Hrsg.]: Europe and its Others, 128–151. University of Essex, Colchester.

Spivak, G. C. (1994): Can the Subaltern Speak? In: Williams, P. & Chrisman, L. [Hrsg.]: Colonial Discourse and Post-Colonial Theory. Harvester Wheatsheaf, Hemel Hemstead.

Springsits, B. (2014): Normen und Normalitätsannahmen in Curricula von Lehrgängen im Bereich Deutsch als Zweitsprache in Österreich. Vortrag, Symposion Deutschdidaktik, Basel, 7-11 September 2014.

Sprung, A. (2009): Migration, Rassismus, Interkulturalität – (k)ein Thema für die Weiterbildungsforschung? In: MAGAZIN erwachsenenbildung.at. Das Fachmedium für Forschung, Praxis und Diskurs, 7.

Stachel, J., Großmann, S. & Hertel, I. (2014): Vorbemerkungen. In: Deutsche Physikalische Gesellschaft e.V. [Hrsg.]: Zur fachlichen und fachdidaktischen Ausbildung für das Lehramt Physik, 1–3. Deutsche Physikalische Gesellschaft e.V., Bad Honnef/Berlin.

Stamm, M. (2007): Begabung, Leistung und Geschlecht. Neue Dimensionen erziehungswissenschaftlicher Forschung im Lichte eines alten Diskurses. In: International Review of Education, 53, 4: 417–437.

Stanat, P. (2006): Schulleistungen von Jugendlichen mit Migrationshintergrund: Die Rolle der Zusammensetzung der Schülerschaft. In: Baumert, J., Stanat, P.

& Watermann, R. [Hrsg.]: Herkunftsbedingte Disparitäten im Bildungswesen: Differenzielle Bildungsprozesse und Probleme der Verteilungsgerechtigkeit. VS Verlag, Wiesbaden.

Stanat, P., Artelt, C., Baumert, J., Klieme, E., Neubrand, M., Prenzel, M., Schiefele, U., Schneider, W., Schümer, G., Tillmann, K.-J. & Weiß, M. (2002): PISA 2000: Die Studie im Überblick. Grundlagen, Methoden und Ergebnisse. Max-Planck-Institut für Bildungsforschung, Berlin.

Stapleton, S. R. (2015): Supporting teachers for race-, class, and gender-responsive science teaching. In: Cultural Studies of Science Education, **10**: 411–418.

Starauschek, E. (2006): Zur Rolle der Sprache beim Lernen von Physik. In: Mikelskis, H. F. [Hrsg.]: Physikdidaktik. Praxishandbuch für die Sekundarstufe I und II, 183–196. Cornelsen Scriptor, Berlin.

Starauschek, E. (2011): Bevorzugen Schülerinnen und Schüler mit türkischem Migrationshintergrund MINT-Berufe? In: Höttecke, D. [Hrsg.]: Naturwissenschaftliche Bildung als Beitrag zur Gestaltung partizipativer Demokratie., 375–377. LIT-Verlag, Münster.

Starl, K. (2009): The Human Rights Approach to Science Education. In: Tajmel, T. & Starl, K. [Hrsg.]: Science Education Unlimited. Approaches to Equal Opportunities in Learning Science, 19–36. Waxmann, Münster, New York.

Starl, K. & Bauer, V. (2009): The Claim and Reality of the „Knowledge Society". In: Tajmel, T. & Starl, K. [Hrsg.]: Science Education Unlimited. Approaches to Equal Opportunities in Learning Science, 85–90. Waxmann, Münster, New York.

Starl, K. & Tajmel, T. (2009): Towards Science Education Unlimited - Conclusions and Recommendations. In: Tajmel, T. & Starl, K. [Hrsg.]: Science Education Unlimited. Approaches to Equal Opportunities in Learning Science, 217–218. Waxmann, Münster, New York.

Statistisches Bundesamt (online): Migrationshintergrund. URL: https: //www.destatis.de/DE/ZahlenFakten/GesellschaftStaat/Bevoelkerung/ MigrationIntegration/Migrationshintergrund/Migrationshintergrund.html, abgerufen am 15. Januar 2016.

Steinhoff, T. (2007): Wissenschaftliche Textkompetenz. Sprachgebrauch und Schreibentwicklung in wissenschaftlichen Texten von Studenten und Experten. Niedermeyer, Tübingen.

Steinhoff, T. (2009): Der Wortschatz als Schaltstelle des schulischen Spracherwerbs. In: Didaktik Deutsch, **27**: 33–51.

Stern, E., Möller, K., Hardy, I. & Jonen, A. (2002): Warum schwimmt ein Baumstamm? In: Physik Journal, **1**, 3: 63–67.

Steurer, L. (2015): Gender und Diversity in MINT-Fächern. Eine Analyse der Ursachen des Diversity-Mangels. Best Masters. Springer, Wiesbaden.

Storrer, A. (2009): Chat-Sprache: Wie verändern neue Schreibformen im Internet die Sprache? URL: http://www.studiger.tu-dortmund.de/images/Storrerakademie.pdf, abgerufen am 15. Januar 2016.

Strahl, A., Jaromin, J. & Müller, R. (2014): Gender in Physik-Schulbüchern - Entwicklung eines Codierschemas und Anwendung auf zehn Schulbücher. In: PhyDid B - Didaktik der Physik - Beiträge zur DPG-Frühjahrstagung. URL: http://phydid.physik.fu-berlin.de/index.php/phydid-b/article/view/535/683, abgerufen am 20. Februar 2016.

Sunar, S. (2011): Analysis of Science Textbookds for A-Levels in the UK: Issues of Gender Representations. In: Bruguière, C., Tiberghien, A. & Clément, P. [Hrsg.]: ESERA 2011. European Science Education Research Association.

Tajmel, T. (2009a): Does Migration Background Matter? Preparing Teachers for Cultural and Linguistic Diversity in the Science Classroom. In: Tajmel, T. & Starl, K. [Hrsg.]: Science Education Unlimited. Approaches to Equal Opportunities in Learning Science, 201–214. Waxmann, Münster, New York.

Tajmel, T. (2009b): „Prinzip Seitenwechsel". In: Tajmel, T. & Starl, K. [Hrsg.]: Science Education Unlimited. Approaches to Equal Opportunities in Learning Science, 204. Waxmann, Münster, New York.

Tajmel, T. (2010a): DaZ-Förderung im naturwissenschaftlichen Fachunterricht. In: Ahrenholz, B. [Hrsg.]: Fachunterricht und Deutsch als Zweitsprache, 167–184. Narr, Tübingen.

Tajmel, T. (2010b): Sensitizing science teachers to the needs of second language learners. In: Benholz, C., Kniffka, G., Winters-Ohle, E. & Rehbein, J. [Hrsg.]: Fachliche und sprachliche Förderung von Schülern mit Migrationsgeschichte. Beiträge des Mercator-Symposions im Rahmen des 15. AILA-Weltkongresses ›Mehrsprachigkeit: Herausforderung und Chancen‹, Mehrsprachigkeit, 53–72. Waxmann, Münster.

Tajmel, T. (2011a): Sprachliche Lernziele im naturwissenschaftlichen Unterricht. URL: http://www.uni-due.de/imperia/md/content/prodaz, abgerufen am 20. Februar 2016.

Tajmel, T. (2011b): Wortschatzarbeit im mathematisch-naturwissenschaftlichen Unterricht. In: „Wort.Schatz", *ide. informationen zur deutschdidaktik*, Bd. 1. Studienverlag, Innsbruck.

Tajmel, T. (2012a): Möglichkeiten der sprachlichen Sensibilisierung von Lehrkräften naturwissenschaftlicher Fächer. In: Röhner, C. & Hövelbrinks, B. [Hrsg.]: Fachbezogene Sprachförderung in Deutsch als Zweitsprache: Theoretische Konzepte und empirische Befunde zum Erwerb bildungssprachlicher Kompetenzen. Juventa, Weinheim.

Tajmel, T. (2012b): Wie sprachsensibler Fachunterricht vorbereitet werden kann. In: RAA-MV [Hrsg.]: Praxisbaustein Deutsch als Zweitsprache: Bildungssprache und sprachsensibler Fachunterricht, 12–33. Regionale Arbeitsstelle für Bildung, Integration und Demokratie (RAA) Mecklenburg-Vorpommern e. V, Waren/Müritz.

Tajmel, T. (2013): Bildungssprache im Fach Physik. In: Gogolin, I., Lange, I., Michel, U., Reich, H. H., Gogolin, I., Lengyel, D., Neumann, U., Reich, H. H., Roth, H.-J. & Schwippert, K. [Hrsg.]: Herausforderung Bildungssprache - und wie man sie meistert, *FÖRMIG Edition*, Bd. 9, 239–256. Waxmann, Münster/ New York.

Tajmel, T. & Hadžibegović, Z. (2008): Would you like to study physics?- A comparative study on intentions of female students in Germany and Bosnia-Herzegovina to study science. In: Proceeding of the GIREP (Group International de Recherche sur l'Enseignement de la Physique) - EPEC Conference, Frontiers of Physics Education, 26-31 August 2007. University of Rijeka.

Tajmel, T. & Hadžibegović, Z. (2009): What About the Gender Gap? The Aspirations of Female High School Students to Study Physics. In: Tajmel, T. & Starl, K. [Hrsg.]: Science Education Unlimited. Approaches to Equal Opportunities in Learning Science, 111–118. Waxmann, Münster.

Tajmel, T., Hadžibegović, Z., Erden, M., Fer, S. & Starl, K. (2008): Promotion of Migrants in Science Education: Austrian, German, Bosnian and Turkish Perspectives. In: Proceedings of the XIII IOSTE Symposium "The use of science and technology education for peace and sustainable development" 21-26 September 2008, Izmir, Turkey. Dokuz Eylul University, Izmir.

Tajmel, T. & Hägi, S. (2017): Sprachbewusste Unterrichtsplanung: Prinzipien, Methoden und Beispiele für die Umsetzung, *Förmig-Material*, Bd. 9. Waxmann, Münster, New York.

Tajmel, T., Neuwirth, J., Holtschke, J., Rösch, H. & Schön, L.-H. (2009): Schwimmen-Sinken. Sprachförderung im Physikunterricht. Unterrichtsmodule für Klassenstufe 5-8 (Floating-Sinking. Teaching Content and Language. Teachingmodules for Grade 5-8) (CD-ROM). In: Tajmel, T. & Starl, K. [Hrsg.]: Science Education Unlimited. Approaches to Equal Opportunities in Learning Science. Waxmann, Münster, New York.

Tajmel, T. & Schön, L.-H. (2007): Das Projekt PROMISE – ein Ansatz zur Förderung der Chancengleichheit in der naturwissenschaftlichen Bildung von SchülerInnen mit Migrationshintergrund. In: Höttecke, D. [Hrsg.]: Naturwissenschaftlicher Unterricht im internationalen Vergleich., 472–474. LIT-Verlag, Münster.

Tajmel, T. & Schön, L.-H. (2008): Internationale Zusammenarbeit zur Förderung von Migrantinnen und Migranten in den Naturwissenschaften – das Projekt PROMISE. In: Nordmeier, V. & Grötzebauch, H. [Hrsg.]: Didaktik der Physik. Beiträge zur Frühjahrstagung der DPG, Didaktik der Physik. Beiträge zur Frühjahrstagung der DPG. Deutsche Physikalische Gesellschaft, Berlin.

Tajmel, T. & Starl, K. (2005): PROMISE - Promotion of Migrants in Science Education. ETC Occasional Paper No. 18. URL: http://etc-graz.at/typo3/index.php? id=74, abgerufen am 15. Dezember 2015.

Tajmel, T. & Starl, K. (2009): Science education unlimited. Equal opportunities in learning science (Book and CD-ROM). Waxmann, Münster, New York.

Terhart, E. (2000): Perspektiven der Lehrerbildung in Deutschland. Abschlussbericht der von der Kultusministerkonferenz eingeestzten Kommission. Beltz, Weinheim/Basel.

Thimm, C. (2000): Medienkultur im Alltag. (Neue) Kommunikationskulturen und ihre sprachliche Konstituierung. In: Schlosser, H. D. [Hrsg.]: Sprache und Kultur, *Forum angewandte Linguistik*, Bd. 38, 47–59. Peter Lang, Frankfurt, Berlin.

Thoma, N. & Knappik, M. (2015): Sprache und Bildung in Migrationsgesellschaften. Machtkritische Perspektiven auf ein prekarisiertes Verhältnis. transcript Verlag, Bielefeld.

Thomas, A. (1996): Analyse der Handlungswirksamkeit von Kulturstandards. In: Thomas, A. [Hrsg.]: Psychologie interkulturellen Handelns, 107–135. Hogrefe, Göttingen.

Thon, B. (1998): Schulbezogene Konzepte zur Förderung zugewanderter Schülerinnen und Schüler. In: Neuner, G., Glienecke, S. & Schmitt, W. [Hrsg.]: Deutsch als Zweitsprache in der Schule. Grundlagen, Rahmenplanung und Arbeitshilfen für den interkulturellen Unterricht, 50–82. Langenscheidt, Berlin.

Thürmann, E. (2012): Lernen durch Schreiben? thesen zur Unterstützung sprachlicher Risikogruppen im Sachfachunterricht. In: dieS-online, 1.

Tobin, K. (2009): Difference as a resource for learning and enhancing science education. In: Cultural Studies of Science Education, 4, 4: 755–760.

Tomaševski, K. (2001): Human rights obligations: making education available, accessible, acceptable and adaptable. URL: http://www.right-to-education.org/ sites/right-to-education.org/files/resource-attachments/Tomasevski_Primer% 203.pdf, abgerufen am 20. Februar 2016.

Tomaševski, K. (2005): Racism and Education. In: United Nation Educational, S. & Cultural, O. [Hrsg.]: Dimensions of Racism. UNESCO, Paris. (UNESCO).

Tomaševski, K. (2006): Human Rights Obligations in Education: The 4-A Scheme. Wolf Legal Publishers, Nijmegen.

Tosun, M. (2009): Solar Eclipse (Grade 7/8) (PROMISE-Team Vienna). In: Tajmel, T. & Starl, K. [Hrsg.]: Science Education Unlimited. Approaches to Equal Opportunities in Learning Science. Waxmann, Münster, New York.

Toulmin, S. E. (2003): The Uses of Argument. Updated Edition. Cambridge University Press, Cambridge.

Tracy, R. (2008): Wie Kinder Sprachen lernen. Und wie wir sie dabei unterstützen können. Francke Verlag, Tübingen.

Trautmann, C. (2008): Pragmatische Basisqualifikationen I und II. In: Ehlich, K., Bredel, U. & Reich, H. H. [Hrsg.]: Referenzrahmen zur altersspezifischen Sprachaneignung - Forschungsgrundlagen., *Bildungsforschung*, Bd. 29/II, 31–50. Bundesministerium für Bildung und Forschung, Bonn, Berlin. (BMBF).

Traweek, S. (1988): Beamtimes and Lifetimes. The World of High Energy Physicists. Harvard University Press, USA.

Tunali, N. & Sumfleth, E. (2011): Der Einfluss der Sprachkompetenz auf die Chemieleistung. In: Höttecke, D. [Hrsg.]: Naturwissenschaftliche Bildung als Beitrag zur Gestaltung partizipativer Demokratie., 608–610. LIT-Verlag, Münster.

Tunali, N. & Sumfleth, E. (2012): Eine Förderstudie zur Chemischen Fachsprache. In: Bernholt, S. [Hrsg.]: Konzepte fachdidaktischer Strukturierung für den Unterricht, 575–577. LIT-Verlag, Münster.

Tunmer, W. E. & Hoover, W. A. (1992): Cognitive and linguistic factors in learning to read. In: Gough, P. B., Ehri, L. C. & Treiman, R. [Hrsg.]: Reading acquisition, 175–214. Lawrence Erlbaum Associates, Hillsdale, England.

UNESCO (2001): Verfassung der Organisation der Vereinten Nationen für Bildung, Wissenschaft und Kultur (UNESCO). Neue deutsche Textfassung, erarbeitet von der Deutschen UNESCO-Kommission in Zusammenarbeit mit der Österreichischen und der Nationalen Schweizerischen UNESCO-Kommission (2001). URL: http://www.unesco.de/infothek/dokumente/unesco-verfassung.html, abgerufen am 15. Dezember 2015.

UNESCO (online): Migrant/Migration. URL: http://www.unesco.org/most/migration/glossary_migrants.htm, abgerufen am 15. Dezember 2015.

United Nations Statistical Division, Department of Economic and Social Affairs (1998): Recommendations on Statistics of International Migration, Statistical Papers Series M, No.58, Rev.1. United Nations, New York. URL: http://unstats.un.org/unsd/publication/SeriesM/SeriesM_58rev1E.pdf, abgerufen am 15. Dezember 2015.

van Eijck, M. (2013): Reflexivity and Diversity in Science Education Research in Europe: Towards Cultural Perspectives. In: Mansour, N., Wegerif, R., Milne, C., Siry, C. & Mueller, M. P. [Hrsg.]: Science Education for Diversity, Cultural Studies of Science Education, 65–78. Springer, Heidelberg New York London.

van Lier, L. (1995): Introducing Language Awareness. Penguin, London.

Vasylyeva, T. & Kurtz, G. (2013): Die Rolle des Wortschatzes für den Spracherwerb.

Vetter, E. (2013): Sprachliche Bildung macht den Unterschied. Sprachen in schulischen Lehrkontexten. In: Vetter, E. [Hrsg.]: Professionalisierung für sprachliche Vielfalt, 238–258. Schneider Verlag Hohengehren, Baltmannsweiler.

Vollmer, H. J. (2011): Schulsprachliche Kompetenzen: Zentrale Diskursfunktionen. URL: http://www.home.uni-osnabrueck.de/hvollmer/VollmerDF-Kurzdefinitionen.pdf, abgerufen am 20. Februar 2016.

Vygotskij, L. S. (2002): Denken und Sprechen (Übersetzung von Joachim Lompscher und Georg Rückriem, Originalausgabe in Russisch 1934). Beltz, Weinheim.

Wacquant, L. J. (1996): Auf dem Weg zu einer Sozialpraxeologie. Struktur und Logik der Soziologie Pierre Bourdieus. In: Bourdieu, P. & Wacquant, L. J. D. [Hrsg.]: Reflexive Anthropologie, 17–93. Suhrkamp, Frankfurt a.M.

Wagenschein, M. (1978): Die Sprache im Physikunterricht. In: Bleichroth, W. [Hrsg.]: Didaktische Probleme der Physik, 313–336. Wissenschaftliche Buchgesellschaft, Darmstadt.

Wagenschein, M. (1988): Naturphänomene sehen und verstehen. Genetische Lehrgänge. Klett, Stuttgart.

Walgenbach, K. (2014a): Heterogenität. Bedeutungsdimensionen eines Begriffs. In: Koller, H.-C., Casale, R. & Ricken, N. [Hrsg.]: Heterogenität. Zur Konjunktur eines pädagogischen Konzepts, Bildungs- und Erziehungsphilosophie, 19–44. Ferdinand Schöningh, Paderborn.

Walgenbach, K. (2014b): Intersektionale Subjektpositionen – Theoretische Modelle und Perspektiven. In: Philipp, S., Meier, I., Apostolovski, V., Starl, K. & Schmidlechner, K. M. [Hrsg.]: Intersektionelle Benachteiligung und Diskriminierung: Soziale Realitäten und Rechtspraxis, 1. Aufl., 73–88. Nomos Verlagsgesellschaft mbH & Co. KG, Baden-Baden.

Walls, L., Buck, G. A. & Akerson, V. L. (2013): Race, Culture, Gender, and Nature of Science. In: Bianchini, J. A., Akerson, V. L., Barton, A. C., Lee, O. & Rodriguez, A. J. [Hrsg.]: Moving the Equity Agenda Forward. Equity Research, Practice, and Policy in Science Education, Cultural Studies of Science Education, 131–152. Springer, Dordrecht.

Watermann, R. & Baumert, J. (2000): Der Übergang in die berufliche Erstausbildung und Aspekte der Benachteiligung aufgrund sozialer und ethnischer Herkünfte beim Übergang in die Sekundarstufe II. In: Baumert, J., Bos, W. & Lehmann, R. [Hrsg.]: Mathematische und naturwissenschaftliche Grundbildung am Ende der Pflichtschulzeit., *TIMSS/II. Dritte Internationale Mathematik- und Naturwissenschaftsstudie – Mathematische und naturwissenschaftliche Bildung am Ende der Schullaufbahn.*, Bd. 1. Leske/Budrich, Opladen.

Wächter, M. & Kauertz, A. (2014): Argumentieren im Physikunterricht – Kompetenzmodellierung und -messung. In: Bernholt, S. [Hrsg.]: Naturwissenschaftliche Bildung zwischen Science- und Fachunterricht. Gesellschaft für Didaktik der Chemie und Physik, Jahrestagung in München 2013, 369–371. IPN, Kiel.

Weber, M. (2003): Heterogenität im Schulalltag. Konstruktion ethnischer und geschlechtlicher Unterschiede. Leske + Budrich, Opladen.

Wegerif, R., Postlethwaite, K., Skinner, N., Mansour, N., Morgan, A. & Hetherington, L. (2013): Dialogic Science Education for Diversity. Theory and Practice. In: Mansour, N., Wegerif, R., Milne, C., Siry, C. & Mueller, M. P. [Hrsg.]: Science Education for Diversity, Cultural Studies of Science Education, 3–22. Springer, Heidelberg New York London.

Weinert, F. E. (2002): Leistungsmessung in der Schule. Beltz, Weinheim, Basel.

Weinrich, H. (2003): Textgrammatik der deutschen Sprache. 4. Aufl. Georg Olms Verlag, Hildesheim.

Wengeler, M. (2013): Argumentationsmuster und die Heterogenität gesellschaftlichen Wissens. Ein linguistischer Ansatz zur Analyse kollektiven Wissens am Beispiel des Migrationsdiskurses. In: Viehöver, W., Keller, R. & Schneider, W. [Hrsg.]: Diskurs, Sprache, Wissen. Interdisziplinäre Beiträge zum Verhältnis von Sprache und Wissen in der Diskursforschung, 145–166. Springer VS, Wiesbaden.

Wenz, K. (1998): Formen der Mündlichkeit und Schriftlichkeit in digitalen Medien. URL: http://www.linguistik-online.de/wenz.htm, abgerufen am 20. Februar 2016.

Werlich, E. (1975): Typologie der Texte. Entwurf eines textlinguistischen Modells zur Grundlegung einer Textgrammatik. Quelle & Meyer, Heidelberg.

Westphal, M. (2007): Interkulturelle Kompetenzen - ein widersprüchliches Konzept als Schlüsselqualifikation. In: Müller, H.-r. & Stravoravdis, W. [Hrsg.]: Bildung im Horizont der Wissensgesellschaft, 85–111. VS Verlag, Wiesbaden.

Will, G. & Rühl, S. (2004): Analytical Report on Education. National Focal Point for GERMANY. Europäisches Forum für Migrationsstudien/European Forum for Migration Studies (EFMS), Bamberg. URL: https://fra.europa.eu/sites/default/files/fra_uploads/284-R4-EDU-DE.pdf, abgerufen am 20. Februar 2016.

Willems, K. (2007): Schulische Fachkulturen und Geschlecht. Physik und Deutsch - natürliche Gegenpole? Theorie Bilden. transcript Verlag, Bielefeld.

Winker, G. & Degele, N. (2009): Intersektionalität. Zur Analyse sozialer Ungleichheit. transcript Verlag, Bielefeld.

Wittgenstein, L. (1953): Philosophische Untersuchungen. Blackwell, Oxford.

Wodzinski, R. (2009): Mädchen im Physikunterricht (Kapitel 17). In: Kircher, E., Girwidz, R. & Häußler, P. [Hrsg.]: Physikdidaktik. Theorie und Praxis, 2. Aufl., 583–604. Springer, Berlin.

Wodzinski, R. & Wodzinski, C. (2009): Differences between students - differences in instruction? How to make physics instruction effective for all students. In:

Tajmel, T. & Starl, K. [Hrsg.]: Science Education Unlimited. Approaches to Equal Opportunities in Learning Science, 137–148. Waxmann, Münster.

Wolcott, H. (1991): Propriospect and the acquisition of culture. In: Anthropology and Education Quarterly, **22**, 3: 251–273.

Wolff, D. (2010): Spracherwerb und Sprachbewusstheit: Sind mehrsprachige Menschen bessere Sprachenlerner? In: Cuadernos de Filología Alemana, **2**: 177–190.

Wolter, A. (2011): Hochschulzugang und soziale Ungleichheit in Deutschland. URL: https://heimatkunde.boell.de/2011/02/18/hochschulzugang-und-soziale-ungleichheit-deutschland, abgerufen am 20. Februar 2016.

Wright, T. & Bolitho, R. (1993): Language awareness: a missing link in language teacher education? In: ELT Journal, **47**, 4: 292–304.

Wullweber, J. (2012): Konturen eines politischen Analyserahmens - Hegemonie, Diskurs und Antagonismus. In: Dzudzek, I., Kunze, C. & Wullweber, J. [Hrsg.]: Diskurs und Hegemonie. Gesellschaftskritische Perspektiven, 29–58. transcript Verlag, Bielefeld.

Yıldız, E. (2010): Über die Normalisierung kultureller Hegemonie im Alltag. Warum Adnan keinen „normalen Bürgersmann" spielen darf. In: Mecheril, P., Dirim, İ., Gomolla, M., Hornberg, S. & Stojanov, K. [Hrsg.]: Spannungsverhältnisse. Assimilationsdiskurse und interkulturell-pädagogische Forschung, 59–78. Waxmann, Münster.

Yore, L. D., Pimm, D. & Tuan, H.-L. (2007): The Literacy Component of Mathematical and Scientific Literacy. In: International Journal of Mathematics and Science Education, **5**, 4: 559–589.

Zanoni, P., Janssens, M., Benschop, Y. & Nkomo, S. (2009): Guest Editorial: Unpacking Diversity, Grasping Inequality: Rethinking Difference Through Critical Perspectives. In: Organization, **17**, 9: 9–29.

Zeichner, K. M. & Liston, D. P. (1990): Traditions of reform in U.S. teacher education. In: Journal of Teacher Education, **34**, 2: 3–20.

Zellmann, C. (2010): Register. In: Barkowski, H. & Krumm, H.-J. [Hrsg.]: Fachlexikon Deutsch als Fremd- und Zweitsprache, 271–272. Narr Francke Attempto Verlag GmbH & Co. KG, Tübingen, Basel.

Zimmermann, M. & Welzel, M. (2007): Kompetenzentwicklung von Erzieherinnen im Rahmen eines Fortbildungs- und Coachingkonzeptes. In: Höttecke, D. [Hrsg.]: Naturwissenschaftlicher Unterricht im internationalen Vergleich, 254–256. LIT-Verlag, Münster.

Zimmermann, M. & Welzel, M. (2008): Entwicklung und Analyse von Reflexionskompetenz im Rahmen von früher naturwissenschaftlicher Förderung. Analysen zur Kompetenzentwicklung von Erzieherinnen. Frühjahrstagung des Fachverbands Didaktik der Physik der Deutschen Physikalischen Gesellschaft, Berlin 2008.

Zwiorek, S. (2006): Mädchen und Jungen im Physikunterricht. In: Mikelskis, H. F. [Hrsg.]: Physik-Didaktik. Praxishandbuch für die Sekundarstufe I und II, 73–85. Cornelsen Verlag Scriptor, Berlin.

Sachverzeichnis

Printed in the United States
By Bookmasters